＼初心者から／

ちゃんとしたプロになる

InDesign 基礎入門

InDesign 2024 対応！

NEW STANDARD FOR INDESIGN

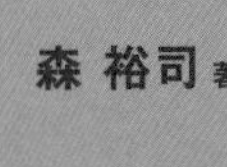

森 裕司 著

改訂2版

books.MdN.co.jp
MdN
エムディエヌコーポレーション

はじめに

この本は、InDesignの初級者および中級者の方に向け、“仕事をする上で必要な知識・スキルを網羅した”一冊です。多機能であるがゆえ、難しいと思われがちのInDesignですが、基本をしっかりと押さえ、その動作を理解すればけっして難しくはありません。本書では、単なる機能解説だけでなく、InDesignを使ううえで“戸惑いやすい部分”や“覚えておきたい考え方”をできるだけ解説したつもりです。基本的な動作を理解しておけば、疑問点やトラブルにも適切に対処できるでしょう。また、印刷物を制作するうえでは、印刷や造本の知識も欠かせません。印刷用語についても解説していますので、併せて参考にしてください。

なお、本書ではInDesignのすべての機能を解説しているわけではありません。“プロとして仕事をするなら、新人であっても覚えておくべき内容”に絞って解説していますが（すべての機能を解説すると、もっとページ数が必要です）、本書をきっちり理解すれば、問題なくInDesignを扱えるはずです。さらに機能を勉強したい方は、筆者が運営するWebサイト「InDesignの勉強部屋（https://study-room.info/id/）」をご覧ください。こちらにも、多くの情報を掲載しています。

本書は2024度版のバージョンに対応した内容になっていますが、それ以前のバージョンでも基本的な使い方は同じです。とは言え、現在は最新の2バージョンしかダウンロードできないので、できるなら最新のバージョンを使用する方が良いでしょう。また。最近のバージョンでは、あまり新機能は追加されていませんが、多くのバグフィックスがなされており、安心して使える製品になっています。

ぜひ、本書を読んで、InDesignをバリバリ使えるようになってください！

2023年11月
森 裕司

Contents 目次

本書の使い方

本書は、InDesignを仕事で使えるようになることを目指している方を対象に、制作現場の実践的な操作技術や印刷データ制作の周辺知識を解説したものです。紙面の構成は以下のようになっています。

① 記事テーマ

記事番号とテーマタイトルを示しています。

② 解説文

記事テーマの解説。文中の重要部分は黄色のマーカーで示しています。

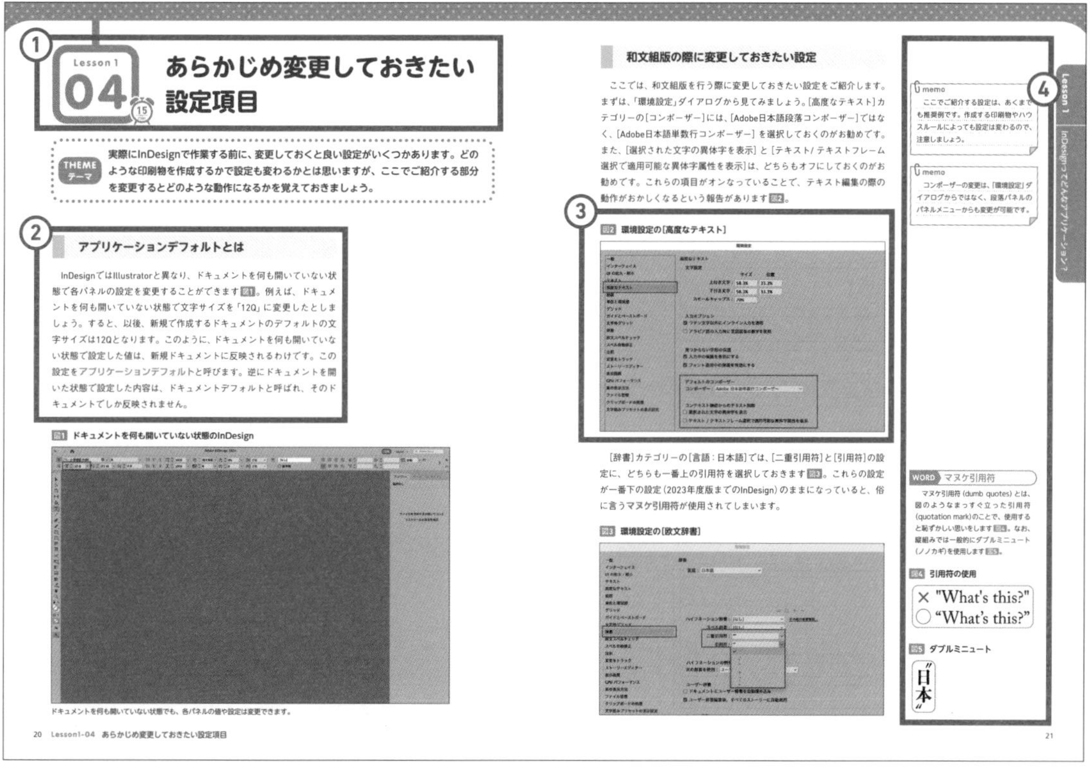

Lesson 1 04 あらかじめ変更しておきたい設定項目

THEME テーマ 実際にInDesignで作業する前に、変更しておくと良い設定がいくつかあります。どのような印刷物を作成するかで設定も変わるかとは思いますが、ここでご紹介する部分を変更するとどのような動作になるかを覚えておきましょう。

アプリケーションデフォルトとは

InDesignではIllustratorと異なり、ドキュメントを何も開いていない状態で各パネルの設定を変更することができます 図1。例えば、ドキュメントを何も開いていない状態で文字サイズを「12Q」に変更したとしましょう。すると、以後、新規で作成するドキュメントのデフォルトの文字サイズは12Qとなります。このように、ドキュメントを何も開いていない状態で設定した値は、新規ドキュメントに反映されるわけです。この設定をアプリケーションデフォルトと呼びます。逆にドキュメントを開いた状態で設定した内容は、ドキュメントデフォルトと呼ばれ、そのドキュメントでしか反映されません。

図1 ドキュメントを何も開いていない状態のInDesign

ドキュメントを何も開いていない状態でも、各パネルの値や設定は変更できます。

20 Lesson1-04 あらかじめ変更しておきたい設定項目

和文組版の際に変更しておきたい設定

ここでは、和文組版を行う際に変更しておきたい設定をご紹介します。まずは、「環境設定」ダイアログから見てみましょう。[高度なテキスト]カテゴリーの[コンポーザー]には、[Adobe日本語段落コンポーザー]ではなく、[Adobe日本語単数行コンポーザー]を選択しておくのがお勧めです。また、[選択された文字の異体字を表示]と[テキスト/テキストフレーム選択で適用可能な異体字属性を表示]は、どちらもオフにしておくのがお勧めです。これらの項目がオンなっていることで、テキスト編集の際の動作がおかしくなるという報告があります 図2。

図2 環境設定の[高度なテキスト]

[辞書]カテゴリーの[言語:日本語]では、[二重引用符]と[引用符]の設定に、どちらも一番上の引用符を選択しておきます 図3。これらの設定が一番下の設定(2023年度版までのInDesign)のままになっていると、俗に言うマヌケ引用符が使用されてしまいます。

図3 環境設定の[欧文辞書]

memo ここでご紹介する設定は、あくまでも推奨例です。作成する印刷物やハウスルールによっても設定は変わるので、注意しましょう。

memo コンポーザーの変更は、「環境設定」ダイアログからではなく、段落パネルのパネルメニューからも変更が可能です。

WORD マヌケ引用符 マヌケ引用符(dumb quotes)とは、図のようなまっすぐ立った引用符(quotation mark)のことで、使用すると恥ずかしい思いをします 図4。なお、縦組みでは一般的にダブルミニュート(ノノカギ)を使用します 図5。

図4 引用符の使用

× "What's this?"
○ “What's this?”

図5 ダブルミニュート

〝日本〟

Lesson 1 InDesignってどんなアプリケーション?

21

③ 図版

InDesignのパネル類や作例画像などの図版を掲載しています。

④ 側注

POINT 解説文の黄色マーカーに対応し、重要部分を詳しく掘り下げています。

memo 実制作で知っておくと役立つ内容を補足的に載せています。

WORD 用語説明。解説文の色つき文字と対応しています。

MacとWindowsとの違いについて

本書の内容はMacとWindowsの両OSに対応していますが、紙面はMacを基本にしています。MacとWindowsで操作キーが異なるときは、Windowsの操作キーをoption〔Alt〕のように〔〕で囲んで表記しています。

サンプルのダウンロードデータについて

本書の解説で使用しているサンプルデータは、下記のURLからダウンロードしていただけます。

https://books.mdn.co.jp/down/3223303030/

数字

【ダウンロードできないときは】

・ご利用のブラウザーの環境などによりうまくアクセスできないことがあります。その場合は再読み込みしてみたり、別のブラウザーでアクセスしてみてください。
・本書のサンプルデータは検索では見つかりません。アドレスバーに上記のURLを正しく入力してアクセスしてください。

【注意事項】

・解凍したフォルダー内には「お読みください.html」が同梱されていますので、ご使用の前に必ずお読みください。
・弊社Webサイトからダウンロードできるサンプルデータは、本書の解説内容をご理解いただくために、ご自身で試される場合にのみ使用できる参照用データです。その他の用途での使用や配布などは一切できませんので、あらかじめご了承ください。
・弊社Webサイトからダウンロードできるデータを実行した結果については、著者および株式会社エムディエヌコーポレーションは一切の責任を負いかねます。お客様の責任においてご利用ください。

Lesson 1

InDesignってどんなアプリケーション？

「ページ物」と呼ばれる印刷物の多くは、Adobe InDesignを使用して制作されています。まず初めに、InDesignでどのようなことができるのか、そして実際に作業を始める前に覚えておきたいことについて解説します。

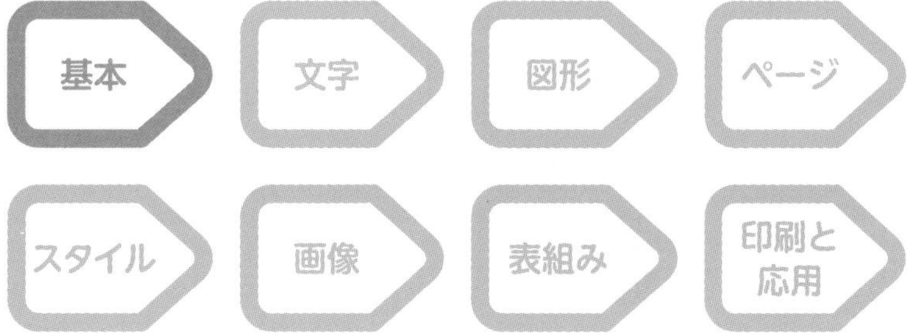

InDesignでできること

まずは「InDesignを使うことで、どんなことができて、どんなものを作成できるのか」を理解しましょう。似たようなことができるアプリケーションにIllustratorもありますが、どのような違いがあるのかも知っておくとよいでしょう。

印刷物制作に使用されるInDesign

InDesignは、印刷物用のドキュメントを作成するために開発されたアプリケーションです。印刷物の見開きの概念を持っており、ページ物を制作するためのさまざまな機能が搭載されています。

書籍などをはじめとするページ物に必要な要素には、**ノンブル**（ページ番号）や**柱**（セクションマーカー）、目次、索引などがありますが、InDesignにはこれらの要素を作成する機能がはじめから搭載されており、効率よく印刷物用のデータを作成することができます。

また、美しい文字組みを実現するための多くの機能も搭載されています。縦組みはもちろん、**約物**の処理や文字詰め、ルビ、圏点など、和文組版にも強いのが大きな特徴です。海外で開発されたアプリケーションは、一般的にメニューなどを日本語にローカライズしただけの製品が多いなか、日本語版独自に、和文組版に必要な機能が開発されたアプリケーションでもあります。

WORD ノンブルと柱

ノンブルとは冊子の各ページに付けるページ番号のことで、柱（はしら）とは各ページの版面の外に入れる書名や章名などのこと 図1。InDesignでは、「ページ番号」の機能を使用してノンブルを、「セクションマーカー」の機能を使用して柱を設定します。

WORD 約物

約物（やくもの）とは、句読点や括弧類など、文字組みで使用する記述記号のことです。

図1 ページ物に必須なノンブルと柱

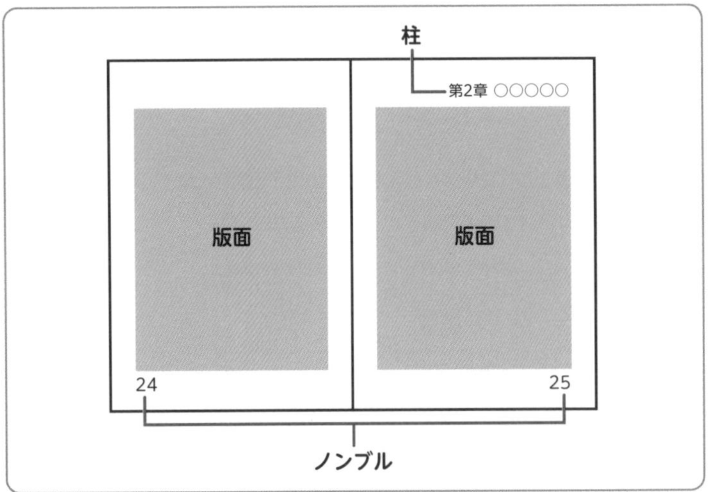

InDesignにはノンブルや柱を作成するための機能が備わっています。

図2 InDesignの「新規ドキュメント」ダイアログ

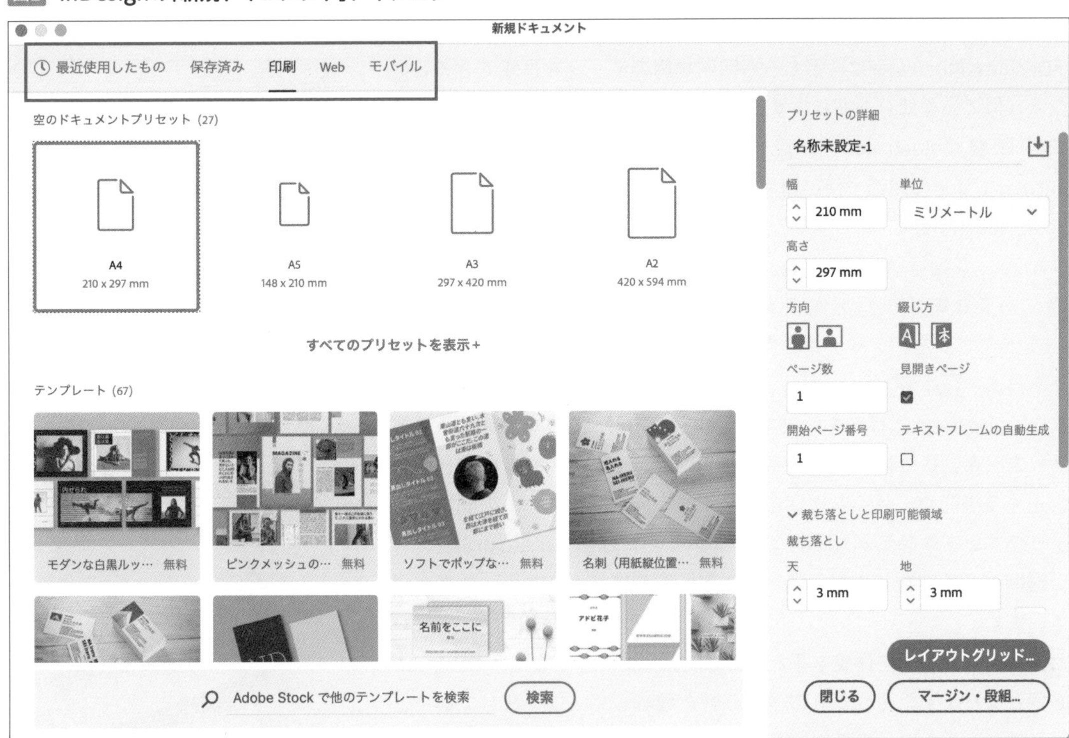

[最近使用したもの][保存済み][印刷][Web][モバイル]のいずれかを選ぶことができます。

なお、InDesignでは新規ドキュメントを作成する際に、印刷用だけでなく、Webやモバイル用のドキュメントも作成することができます。[Web]や[モバイル]を選択すると、電子書籍用のデータを作成したり、Webで使用するパーツなどを作成することができますが、基本的にInDesignは印刷物用のドキュメントを作成する際にもっとも威力を発揮します 図2 。

POINT

「新規ドキュメント」ダイアログ 図2 で[印刷]を選択すると、そのドキュメントのカラーモードは[CMYK]に、定規の単位には[mm]が設定されます 図3 。これに対し、[Web]や[モバイル]を選択するとカラーモードは[RGB]、定規の単位には[ピクセル]が設定されます 図4 。

図3 [印刷]を選択した場合

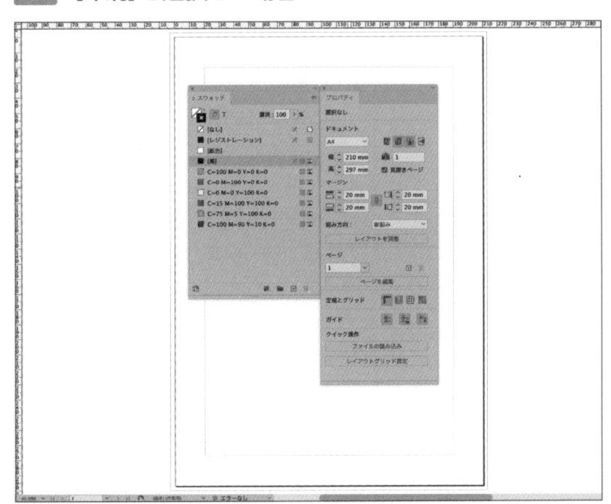

[印刷]を選択した際のプロパティパネルとスウォッチパネル

図4 [Web]を選択した場合

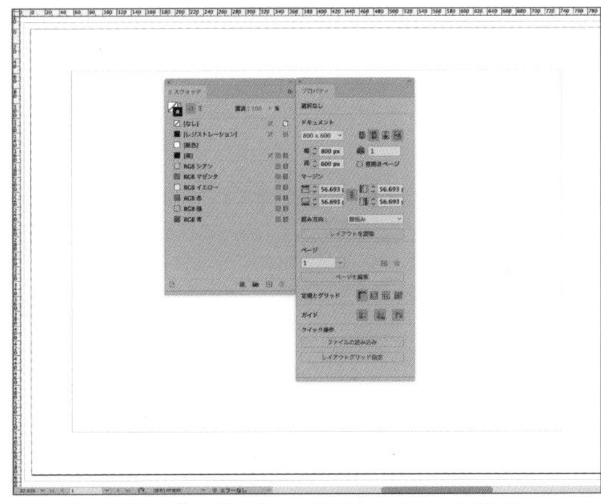

[Web]を選択した際のプロパティパネルとスウォッチパネル

InDesignとIllustratorの違い

InDesignとIllustratorは、どちらも印刷物用のデータを作成できるという点では似ている部分もあります。実際、チラシやリーフレットなど、多くの印刷物がIllustratorで作成されています。しかし、InDesignとIllustratorではその用途や使い勝手が大きく異なります。

まず、Illustratorには「ページ」という概念がありません。そのため、ノンブル(ページ番号)や柱(セクションマーカー)、目次、索引といったページ物に必要なアイテムを作成するための専用の機能がありません。Illustratorでこれらのアイテムを作成するには、すべてを手作業で行う必要があります 図5 図6。

また、Illustratorには表を作成する機能や、ルビ・圏点(けんてん)を作成する機能もありません。さらには、縦組みで横倒しになった半角数字の向きを自動修正する機能や、**特色**を掛け合わせる機能、ドキュメントの問題点をチェックするプリフライト機能など、InDesignにはあってIllustratorには無い機能が多く存在します。美しく文字を組む機能もInDesignの方が優れています。

とは言え、印刷物を作成するためにはInDesignだけでなく、Illustratorも必要となります。それぞれの得意分野を理解して、使い分けていくことが、スムーズなワークフロー構築に役立ちます。

図5 Illustratorのアートボード

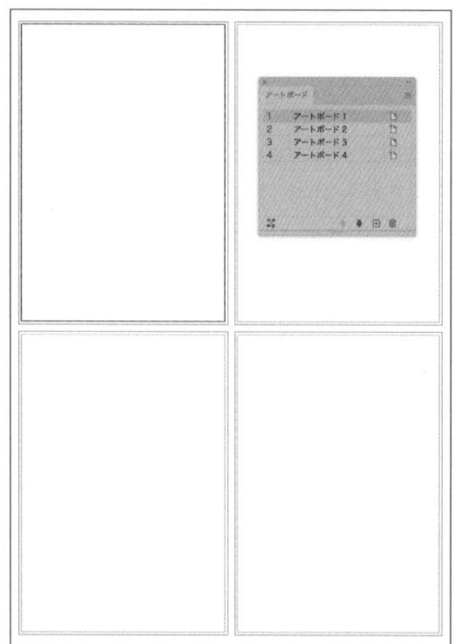

Illustratorでは、「アートボード」を複数作成することで、疑似的にページ物のようなドキュメントを作成できますが、Illustratorでページ物を作成することはあまりお勧めできません。

図6 InDesignのページパネル

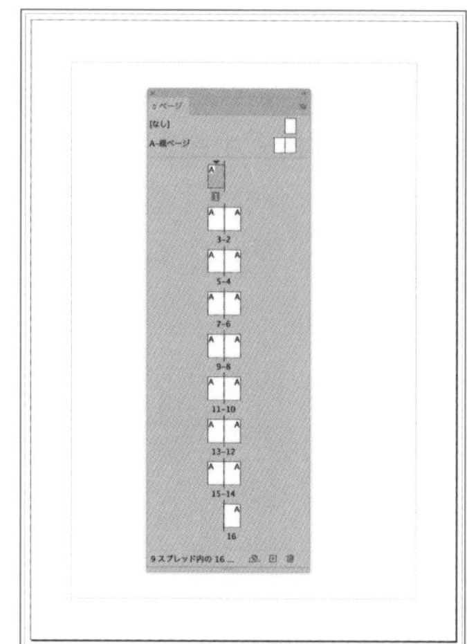

InDesignではページパネルを使用して、ページに関する操作を行います。

WORD 特色

通常、カラー印刷ではプロセス4色(CMYK)が使用されます。しかし、プロセスカラーでは再現できない色(蛍光色や金、銀、パステルカラーなど)を表現したい場合や、印刷費用を抑えるために少ない色数で印刷する場合には、「特色」といわれるインキを使用して印刷します。スポットカラーや特練色とも呼ばれ、特練色は「特別に調合した(練った)色」という意味です。なお、特色の色見本にはDICやPANTONEがよく使用されます 図7。

図7 DIC color guide

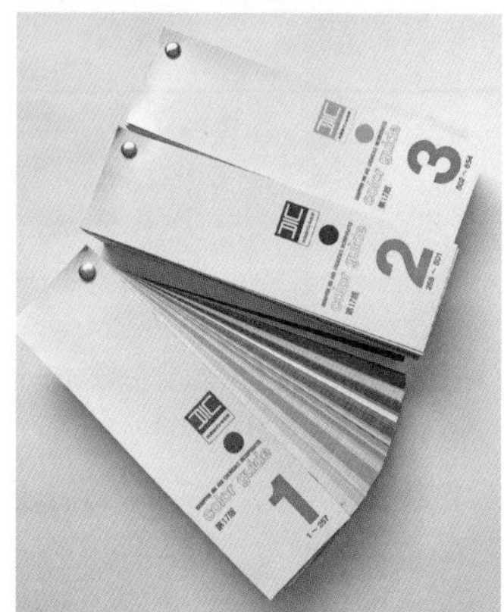

DICの特色の色見本帳

memo

Illustratorは本来、その名前の通り、イラストや地図などのパーツを作成するためのアプリケーションです。日本では、Illustratorだけで印刷物用のデータを仕上げてしまうデザイナーも多いですが、欧米では基本的に印刷物用データはInDesignで作成し、Illustratorはあくまでもパーツを作成するためのアプリケーションとして使用されます。ペンツールをはじめとしたパスを描画する機能は、Illustratorの方がずっと優れていますよね。

InDesignの画面構成

2024度版InDesignで新規ドキュメントを作成すると、デフォルト設定では、上部にアプリケーションバー、左側にツールパネル、右側に各種パネル類が表示されます。これらは自由に場所を変更したり、表示/非表示を切り替えることができます。

ホーム画面

InDesignを初めて起動した際に表示されるのが、ホーム画面です 図1。この画面から新規でドキュメントを作成したり、既存のドキュメントを開いたりできますが、[学ぶ]をクリックすればInDesignのチュートリアルが表示され、InDesignを学習することができます 図2。また、ウィンドウ上部右にある[検索]アイコン(虫眼鏡のアイコン)をクリックすることで、作業ドキュメントやチュートリアル、ヘルプ、Adobe Stock内の画像等の検索も可能です 図3。

図1 ホーム画面の[ホーム]

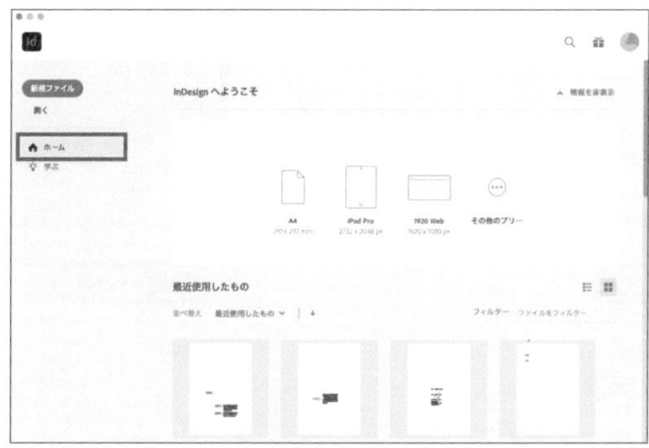

図2 ホーム画面の[学ぶ]

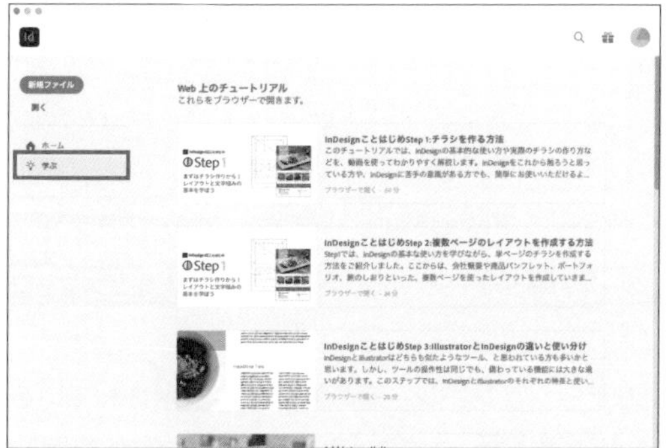

図3 ホーム画面に表示された検索結果

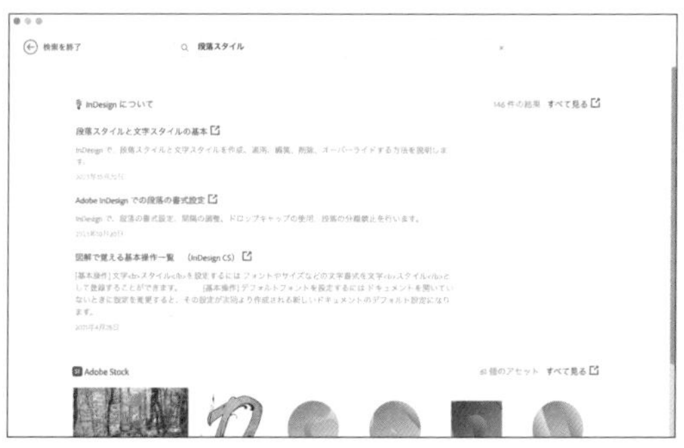

memo

ホーム画面右上にある青い円グラフのようなアイコンをクリックすると、Webブラウザーでアドビアカウントの管理画面を表示できます。

作業エリア

新規ドキュメントを作成した際のデフォルト設定では、最上部にアプリケーションバー、左端にはツールパネル、右端には各種パネル類が表示されます。アプリケーションバーや各パネルは、表示／非表示を切り替えたり、好きな位置に置いたりして、自分が作業しやすいように配置することができます図4。

memo

デフォルト設定では、すべてのパネルやウィンドウが1つの統合ウィンドウとして表示され、アプリケーション全体が1つのユニットとして扱われます。これをアプリケーションフレームと呼びますが、Mac版のみ、ウィンドウメニュー→"アプリケーションフレーム"をオフにすることで、それぞれのパネルやウィンドウを個別に扱うことができます。

図4 InDesignの作業エリア

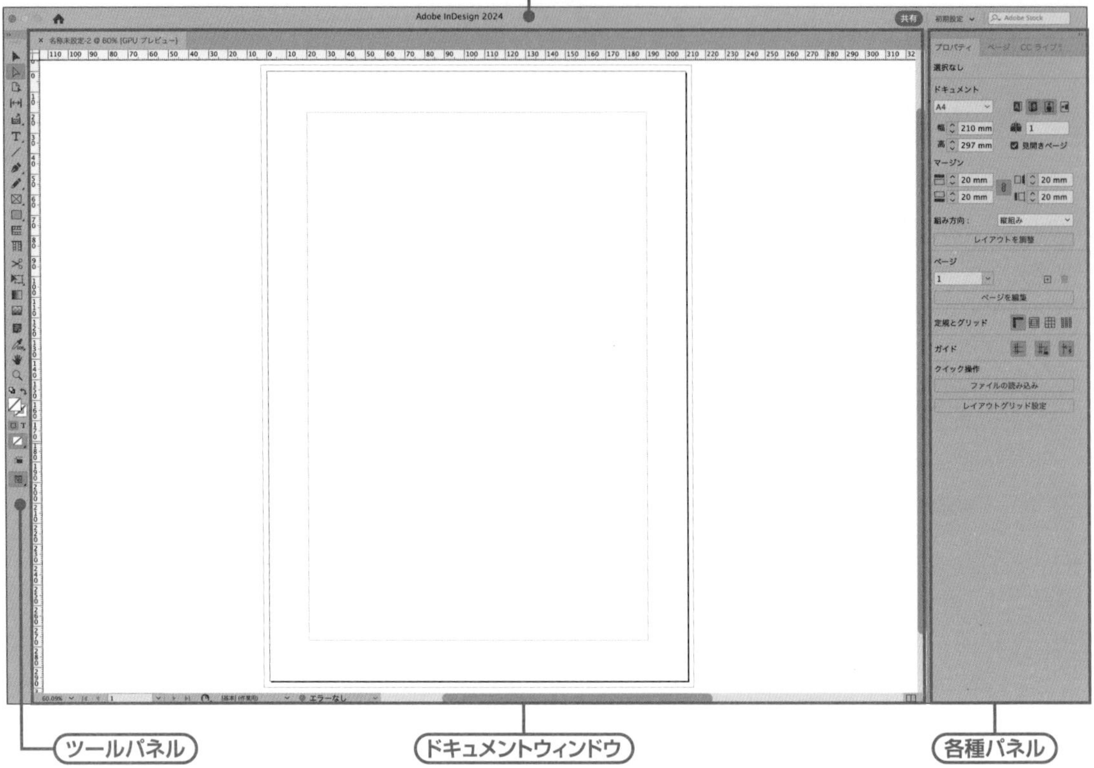

アプリケーションバー

ツールパネル

ドキュメントウィンドウ

各種パネル

アプリケーションフレームの最上部に表示されているのがアプリケーションバーです図5。左端に[ホーム]ボタン①が表示され、クリックするとホーム画面に移動します。右端には、左から[共有]ボタン②、ワークスペースの切り替えメニュー③、[検索フィールド]④が表示されています。検索フィールド内では、[Adobe Stock]または[Adobe ヘルプ]を指定して、Adobe Stock内の画像やAdobeのサポートページの関連する内容を検索できます。

図5 アプリケーションバー

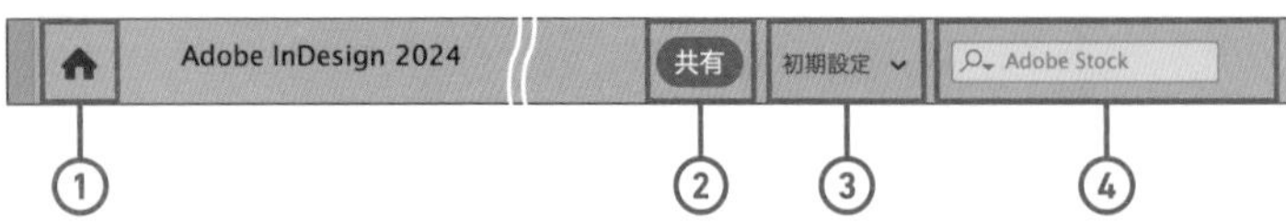

左端に表示されているのがツールパネルです 図6 。ツールの右下に◢が表示されている場合、長押しすることで隠れたツールを選択できます。また、ツール名の後にショートカットキーが書かれている場合、そのキーを押してツールの切り替えができます。なお、ツールパネル上部の>> 部分をクリックすることで、パネルの形状を縦長から縦2段、あるいは横長に変更できます(環境設定の[インターフェイス]からも変更可能)。

memo

ウィンドウメニュー→“ユーティリティ”→“ツールヒント”を選択すると、ツールヒントパネルが表示され、現在選択しているツールの詳細や修飾キー、ショートカットキーが確認できます。

図6 ツールパネル

>> 部分をクリックすることで、ツールパネルの形状を変更できます。

コントロールパネル

デフォルト設定では表示されていませんが、ウィンドウメニュー→“コントロール”を実行し、表示させておきたいのがコントロールパネルです 図7 。コントロールパネルは、選択したツールやオブジェクトの内容によって表示項目が動的に変化するパネルです。表示される項目数は、モニターの解像度によっても変わりますが、右端にある[コントロールパネルをカスタマイズ] アイコンをクリックしてカスタマイズすることも可能です。なお、各パネルの表示／非表示はウィンドウメニューから実行できるので、必要に応じて使用したいパネルを表示させてください。

図7 コントロールパネル

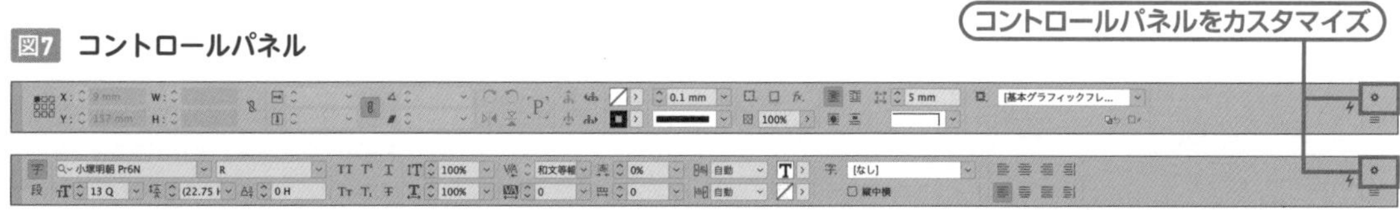

選択ツールを選択した場合の表示(上)と、文字ツールを選択した場合の表示(下)

環境設定

THEME テーマ InDesignで作業する際の基本的な動作は、環境設定で設定します。自分が使いやすいよう、あらかじめ設定しておきましょう。なお、環境設定にはドキュメントに埋め込まれる設定と埋め込まれない設定があります。

環境設定のカスタマイズ

InDesignの基本的な動作の設定を行うのが「環境設定」です。InDesignメニュー〔Windowsでは編集メニュー〕→"環境設定"→"一般"を選択すると「環境設定」ダイアログが表示されるので、目的に応じて各項目を設定します。例えば、InDesignの文字サイズの単位は、デフォルトでは**級数**が選択されていますが、**ポイント**に変更したい場合には、[単位と増減値]の[テキストサイズ]を[級]から[ポイント]に変更します 図1。

図1 「環境設定」ダイアログ

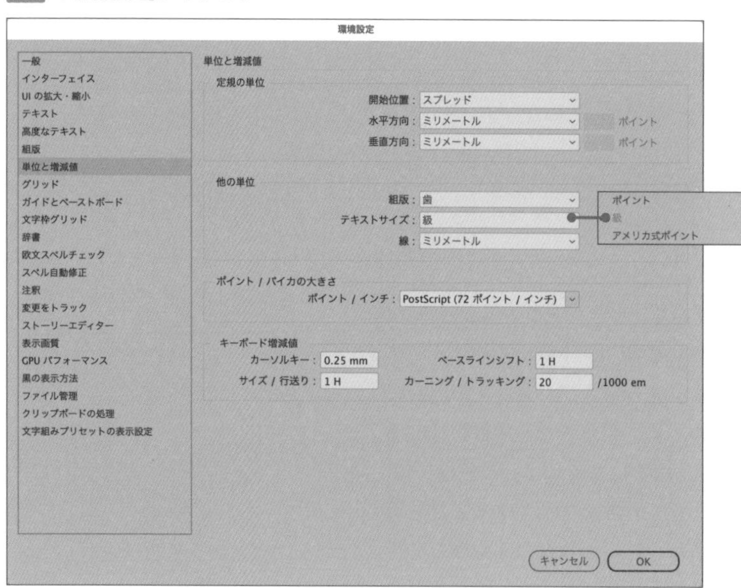

WORD 級数とポイント

文字サイズの単位には、活版印刷時代の金属活字で使用されていた「号」、写植で使用されていた「級(Q)」、主に欧米で使用されてきたポイントなど、時代やその用途に応じてさまざまな単位が使用されてきました。InDesignのデフォルト設定では「級」が使用されていますが、Illustratorでは「ポイント」が使用されています。自分が使用しやすい単位を設定しておくと良いでしょう。

なお、1級＝0.25mmとなっており、20Qの文字であれば、5mm幅の文字サイズということになります。また、「歯(H)」というのは行送りをあらわす際に用いられる単位で、1級＝1歯となります。

memo

一度変更した環境設定の内容を元に戻したい場合、Macではshift＋option＋command＋controlキーを押しながらInDesignを起動し、表示されるダイアログで［はい］をクリックします。WindowsではInDesignを起動後、直ちにShift＋Ctrl＋Altキーを押し、表示されるダイアログで[はい]をクリックします。なお、「環境設定」ダイアログを表示中にoption〔Alt〕キーを押すと、[キャンセル]ボタンが［リセット］ボタンに変わり、環境設定を表示させてからの変更箇所を元に戻すことができます（環境設定ファイルは削除されません）。

環境設定の保存場所

環境設定の設定内容をはじめ、カラー設定、ワークスペース、ショートカット等は、初期設定ファイルとして自身のマシン内に保存されています。この初期設定ファイルがどこに保存されているかを覚え、バックアップを取っておきましょう。初期設定が壊れたときや、他のマシンに自分のマシンと同じ環境を構築したいといったときに、バックアップした初期設定ファイルをコピーするだけで簡単に同じ環境が再現できます。なお、初期設定ファイルは、以下の場所に保存されています 図2。

- Macの場合
  /ユーザ/<ユーザー名>/ライブラリ/Preferences/Adobe InDesign/Version x.0-J/ja_JP/
- Windows 7・8・10の場合
  ユーザー¥<ユーザー名>¥AppData¥Roaming¥Adobe¥InDesign¥Version x.0-J¥ja_JP¥

> **memo**
> Macで、自身の「ライブラリ」の表示方法が分からない場合は、Finderでoptionキーを押しながら「移動」メニューをクリックしてください。「ライブラリ」を選択可能になります。

図2 初期設定ファイル(Mac)

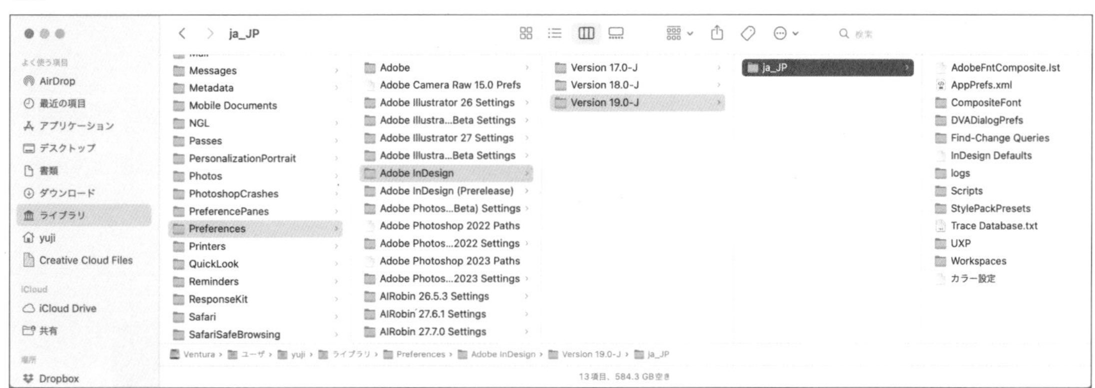

環境設定の内容

環境設定には、非常に多くの項目が用意されていますが、「InDesignヘルプ」を読んでも、どのような動作をする設定項目なのか、よく分からないものも多いかもしれません。本来であれば、この本で詳しく解説したいところですが、項目数が多過ぎて解説するにはスペースが足りません。そこで、筆者が無償で公開しているPDFをダウンロードして参照してください。元々このPDFは、筆者がネット上で販売している『InDesignパーフェクトブック』というガイドブックの一部ページを無償で公開している物です。環境設定だけで31ページ使って解説していますので、ぜひ参考にしてください。以下のURLの「Chapter 1」に記述してあります。

https://study-room.info/perfectbook/home.html

> **memo**
> InDesignの環境設定の設定項目は、ドキュメント自体に埋め込まれるドキュメント依存の設定と、埋め込まれないアプリケーション依存の設定があります。ドキュメント依存の設定は、異なる環境設定のマシンでドキュメントを開いても、その設定が引き継がれるのに対し、アプリケーション依存の設定は、ドキュメントには影響を受けず絶えず同じ設定を維持します。
> なお、左記のURLからダウンロードしたPDFの黄色の枠で囲ってある項目が、ドキュメント依存の設定です。

あらかじめ変更しておきたい設定項目

THEME テーマ

実際にInDesignで作業する前に、変更しておくと良い設定がいくつかあります。どのような印刷物を作成するかで設定も変わるかとは思いますが、ここでご紹介する部分を変更するとどのような動作になるかを覚えておきましょう。

アプリケーションデフォルトとは

InDesignではIllustratorと異なり、ドキュメントを何も開いていない状態で各パネルの設定を変更することができます 図1 。例えば、ドキュメントを何も開いていない状態で文字サイズを「12Q」に変更したとしましょう。すると、以後、新規で作成するドキュメントのデフォルトの文字サイズは12Qとなります。このように、ドキュメントを何も開いていない状態で設定した値は、新規ドキュメントに反映されるわけです。この設定を**アプリケーションデフォルト**と呼びます。逆にドキュメントを開いた状態で設定した内容は、ドキュメントデフォルトと呼ばれ、そのドキュメントでしか反映されません。

図1 ドキュメントを何も開いていない状態のInDesign

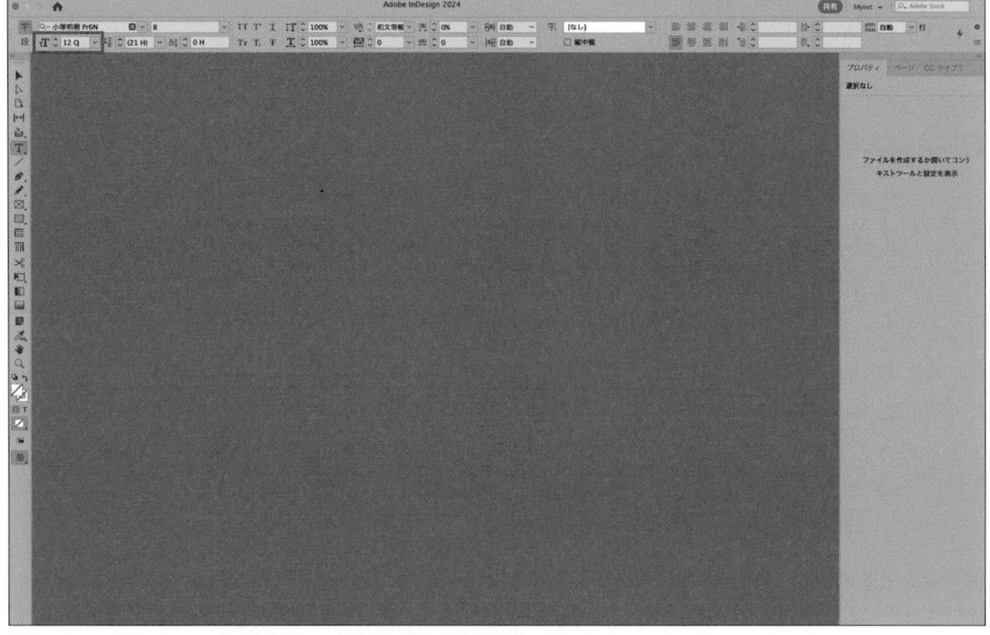

ドキュメントを何も開いていない状態でも、各パネルの値や設定は変更できます。

和文組版の際に変更しておきたい設定

ここでは、和文組版を行う際に変更しておきたい設定をご紹介します。まずは、「環境設定」ダイアログから見てみましょう。[高度なテキスト]カテゴリーの[コンポーザー]には、[Adobe日本語段落コンポーザー]ではなく、[Adobe日本語単数行コンポーザー]を選択しておくのがお勧めです。また、[選択された文字の異体字を表示]と[テキスト/テキストフレーム選択で適用可能な異体字属性を表示]は、どちらもオフにしておくのがお勧めです。これらの項目がオンなっていることで、テキスト編集の際の動作がおかしくなるという報告があります 図2。

> **memo**
> ここでご紹介する設定は、あくまでも推奨例です。作成する印刷物やハウスルールによっても設定は変わるので、注意しましょう。

> **memo**
> コンポーザーの変更は、「環境設定」ダイアログからではなく、段落パネルのパネルメニューからも変更が可能です。

図2 環境設定の[高度なテキスト]

環境設定

一般
インターフェイス
UI の拡大・縮小
テキスト
高度なテキスト
組版
単位と増減値
グリッド
ガイドとペーストボード
文字枠グリッド
辞書
欧文スペルチェック
スペル自動修正
注釈
変更をトラック
ストーリーエディター
表示画質
GPU パフォーマンス
黒の表示方法
ファイル管理
クリップボードの処理
文字組みプリセットの表示設定

高度なテキスト
文字設定
サイズ 位置
上付き文字：58.3% 33.3%
下付き文字：58.3% 33.3%
スモールキャップス：70%
入力オプション
☑ ラテン文字以外にインライン入力を適用
☐ アラビア語の入力時に言語固有の数字を使用
見つからない字形の保護
☑ 入力中の保護を有効にする
☑ フォント適用中の保護を有効にする
デフォルトのコンポーザー
コンポーザー：Adobe 日本語単数行コンポーザー
コンテキスト機能からのテキスト制御
☐ 選択された文字の異体字を表示
☐ テキスト / テキストフレーム選択で適用可能な異体字属性を表示

[辞書]カテゴリーの[言語：日本語]では、[二重引用符]と[引用符]の設定に、どちらも一番上の引用符を選択しておきます 図3。これらの設定が一番下の設定（2023年度版までのInDesign）のままになっていると、俗に言う**マヌケ引用符**が使用されてしまいます。

図3 環境設定の[欧文辞書]

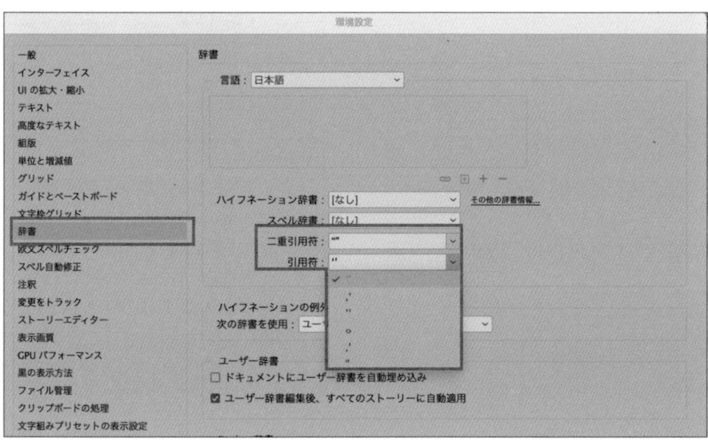

WORD マヌケ引用符

マヌケ引用符（dumb quotes）とは、図のようなまっすぐ立った引用符（quotation mark）のことで、使用すると恥ずかしい思いをします 図4。なお、縦組みでは一般的にダブルミニュート（ノノカギ）を使用します 図5。

図4 引用符の使用

× "What's this?"
○ “What’s this?”

図5 ダブルミニュート

［黒の表示方法］カテゴリーの［スクリーン］と［プリント/ 書き出し］には、それぞれ［すべての黒を正確に表示］［すべての黒を正確に出力］を選択しておくのがお勧めです 図6。

図6 環境設定の［黒の表示方法］

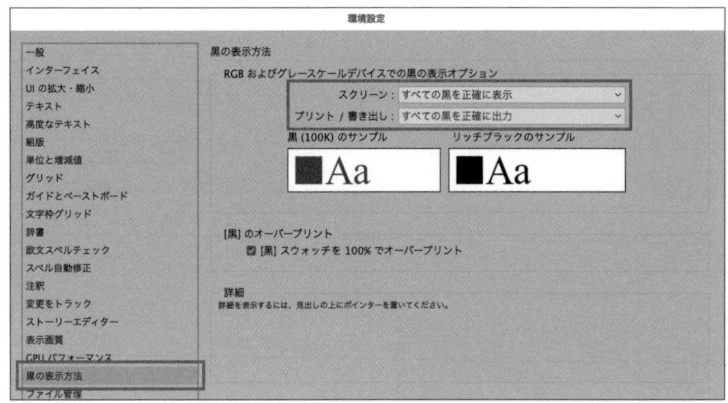

段落パネルのパネルメニューにも、いくつか変更しておきたい設定があります。まず、［連数字処理（欧文数字を除く）］をオフに変更しておきます 図7。この項目がオンになっていると、意図しない分離禁止処理や字間の調整がされてしまう場合があります（詳細は、次のURLを参照してください。https://study-room.info/id/studyroom/id1/study75.html）。

次に、［全角スペースを行末吸収］をオフにします 図7。この項目は、全角スペースが行末にきた際に吸収し、全角スペースが行頭から始まらないようにする機能ですが、ぶら下げなくても良い全角スペースであっても強制的にぶら下げ処理をしてしまうので、これを嫌う場合のみ、オフにしておくと良いでしょう。

また、［禁則調整方式］には［調整量を優先］を選択しておくのがお勧めです（デフォルトでは［追い込み優先］が選択されています）図7。行中で生じた半端なアキは、［調整量を優先］以外の設定の場合、行頭や行末を禁則文字で調整できる場合のみ、追い込みや追い出しがなされるのに対し、［調整量を優先］では行末や行頭に禁則文字がなくても、追い込む方向で処理が可能です。

図7 段落パネルメニュー

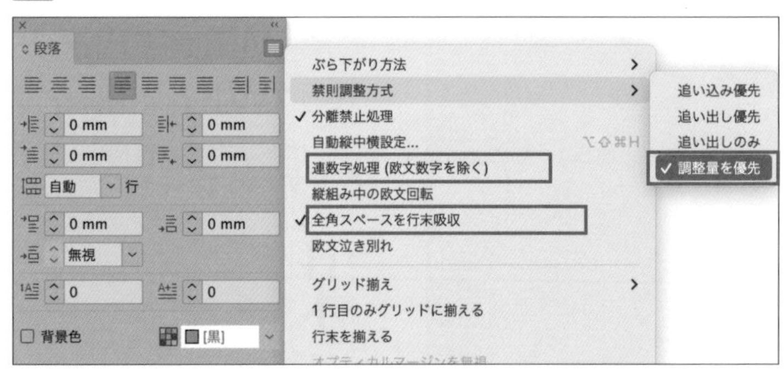

memo

ここで紹介している項目以外にも、ドキュメントを何も開いていない状態で、カスタマイズした［禁則処理］や［文字組みアキ量設定］をはじめ、良く使うスウォッチや各種スタイル等も読み込んでおくと便利です。また、［縦中横設定］を設定しておくのも良いでしょう。

memo

ここでは欧文組版の設定を紹介していませんが、欧文組版の際には当然、アプリケーションデフォルトの設定も変更すべきです。どのような設定変更を行えば良いかは、P.19でダウンロード先を紹介した「Chapter 1」に記述してあるので、ダウンロードして参照してください。

カラー設定を行う

THEME テーマ

カラー設定は、編集メニューから実行できますが、アプリケーションごとに設定していては大変です。そこで、Adobe Bridgeを使用してAdobe製品のカラー設定を一気に変更します。

カラー設定の統一

Illustrator、Photoshop、InDesignのカラー設定は、すべて同じにしておかないとアプリケーションによって色の見え方が違ってしまいます。そのため、使用するアプリケーションのカラー設定は、すべて同じにしておく必要がありますが、アプリケーションごとに設定していては手間もかかるし、設定ミスも起きやすくなります。そこで、Adobe Bridgeからまとめてカラー設定を変更します。

まず、Adobe Bridgeを起動し、編集メニュー→"カラー設定..."を選択します。すると、「カラー設定」ダイアログが表示されるので、適用したい設定を選択し、ダイアログ上部を確認します。「同期しています」と表示されていればAdobeのアプリケーションでカラー設定が同期されているので問題ありません。「キャンセル」ボタンをクリックしてダイアログを閉じます。「同期していません」と表示されている場合は、「適用」ボタンをクリックすることで、Adobeのアプリケーションのカラー設定を同期(統一)できます 図1。

memo

カラーモードには、テレビやモニター等の表示に使用されるRGB（Red・Green・Blue）と、印刷で使用されるCMYK（シアン・マゼンタ・イエロー・ブラック）があります。PCで印刷物用のデータを作成する場合、モニター表示はRGBでも、最終的に印刷する際にはCMYKになっている必要があります。

memo

印刷目的の場合、カラー設定には入稿予定の印刷会社から指示された設定(カラープロファイル)を指定するとよいのですが、とくに指示がない場合は［プリプレス用-日本2］の使用が推奨されています。

図1 Adobe Bridgeのカラー設定

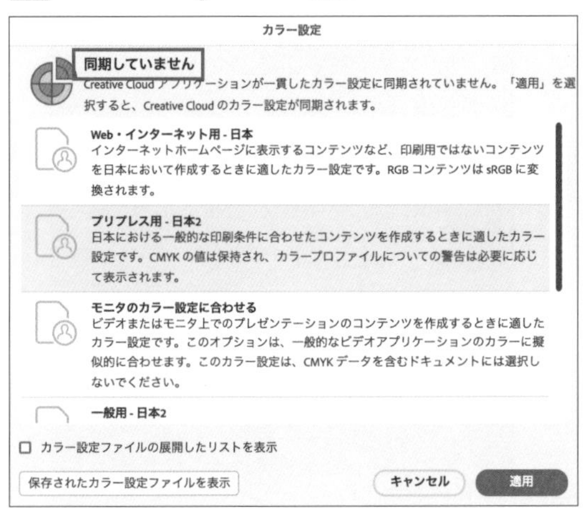

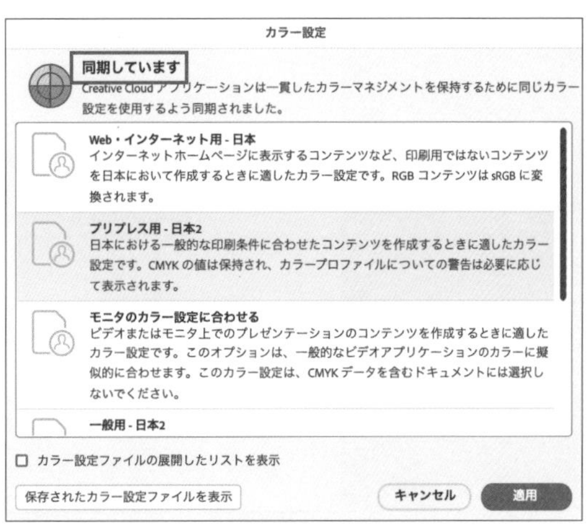

ワークスペースの保存

THEME テーマ

InDesignには、たくさんのパネルが用意されており、そのすべてを表示させて作業をすることはできません。そのため、パネルの位置、表示／非表示を記憶させ、作業内容に合わせて切り替えながら作業すると便利です。

ワークスペースを保存する

高度な機能を持つInDesignですが、それゆえ数多くのパネルが用意されています。しかし、限られたモニター領域にすべてのパネルを表示させて作業することは不可能です。そこで、パネルの表示／非表示を作業内容に応じて切り替えながら作業しましょう。

まず、自分が作業しやすいよう、各パネルの表示／非表示、位置を調整します。次に、この状態をワークスペースとして保存するために、ウィンドウメニュー→“ワークスペース”→“新規ワークスペース...”を実行します 図1。

図1 新規ワークスペースの登録

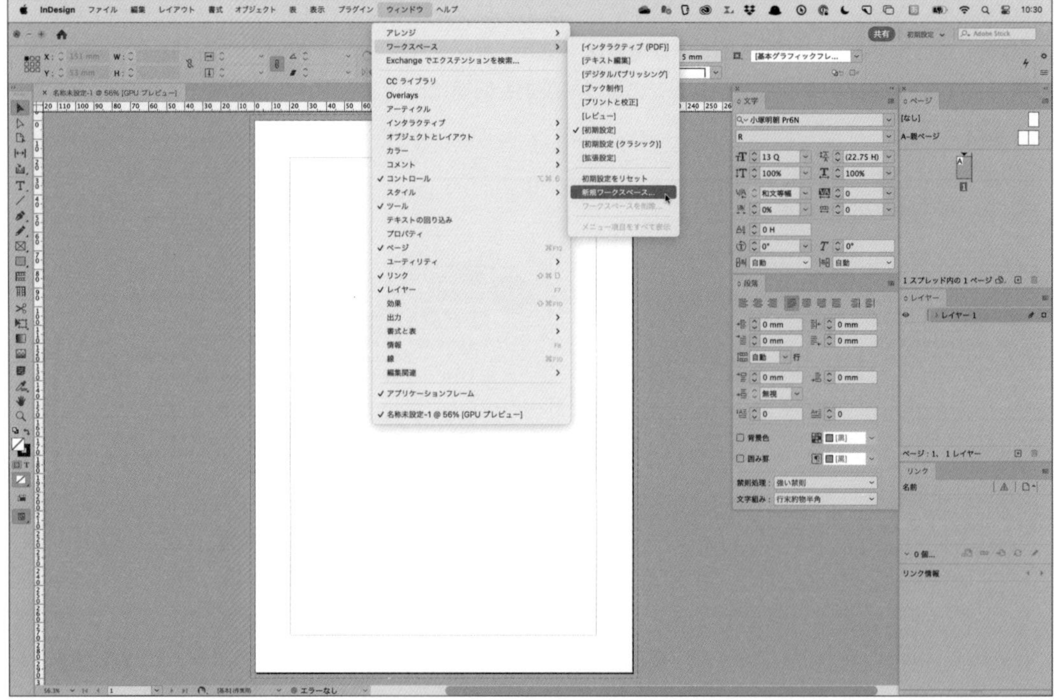

「新規ワークスペース」ダイアログが表示されるので、任意の名前を付けて[OK]ボタンをクリックすると、現在のパネルの位置を記憶してくれます 図2。

図2 「新規ワークスペース」ダイアログ

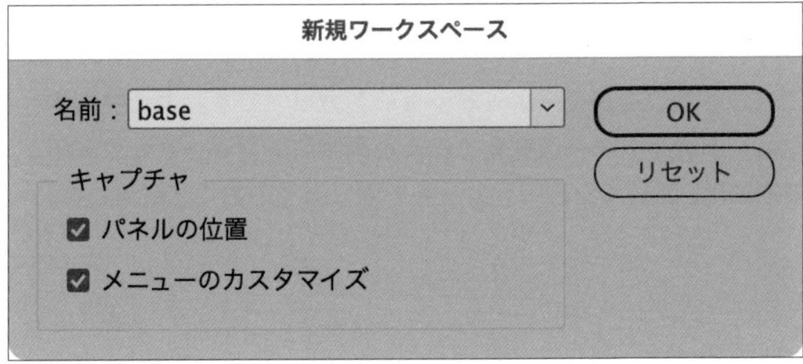

自分が保存したワークスペースを呼び出したい時は、ウィンドウメニュー→"ワークスペース"→"目的のワークスペース名"を選択すればOKです。なお、既に目的のワークスペース名が選択されている場合は、「目的のワークスペース名をリセット」を実行すれば、動かしてしまったパネルを元に戻すことができます 図3。なお、「テキスト編集用」「画像編集用」といった具合に、作業内容に応じたワークスペースをいくつか作っておくと便利です。

図3 ワークスペースの切り替えとリセット

memo
ワークスペースは、ウィンドウメニューからだけでなく、アプリケーションバーの右側にあるプルダウンメニューからも変更できます。

キーボードショートカットを活用する

作業を素早く行うために欠かせないのがキーボードショートカットです。よく使用するツールやコマンドのショートカットキーは覚えておくと同時に、ショートカットが割り当てられていない機能には、新しくショートカットを割り当てておくと便利です。

キーボードショートカットを設定する

InDesignに限らず、素早く作業を実行するのに役立つのがキーボードショートカットです。各ツール名やコマンド名の後ろに表示されているのがショートカットなので、できるだけ覚えて実行するようにすると便利です 図1。

図1 編集メニューのショートカット

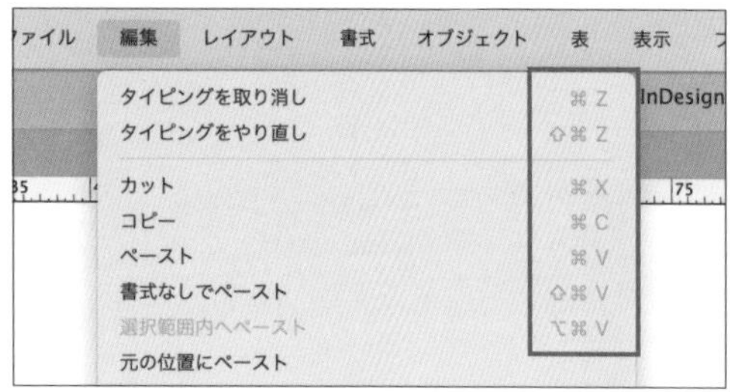

しかし、キーボードショートカットが割り当てられていないコマンドもあります。そのような場合、新たにショートカットキーを割り当ててあげると便利です。まず、編集メニュー→"キーボードショートカット..."を選択し、「キーボードショートカット」ダイアログを表示させたら、[新規セット]ボタンをクリックします 図2。

図2 「キーボードショートカット」ダイアログ

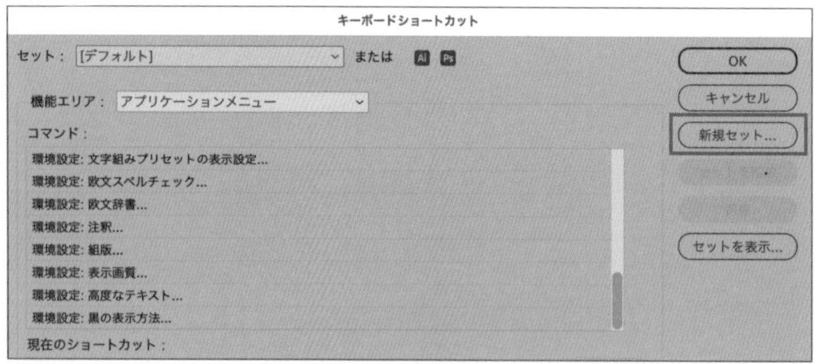

「新規セット」ダイアログが表示されるので、任意の［名前］を入力して［OK］ボタンをクリックします 図3。

図3 「新規セット」ダイアログ

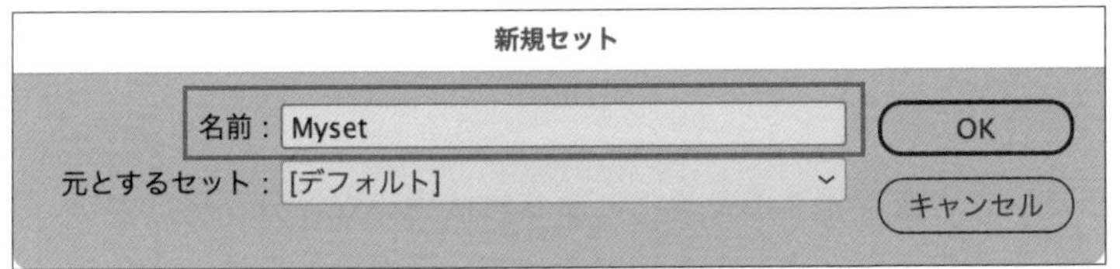

「キーボードショートカット」ダイアログに戻るので、［機能エリア］と［コマンド］を使用してショートカットを適用したいコマンドを選択し、［新規ショートカット］フィールドにカーソルを置いたら、ショートカットキーを押します。そのショートカットが、他のコマンドで使用されていなければ［割り当てなし］と表示されるので、［割り当て］ボタンをクリックします。続けて［OK］ボタンをクリックすれば、設定は終わりです 図4。

図4 新規ショートカットの設定

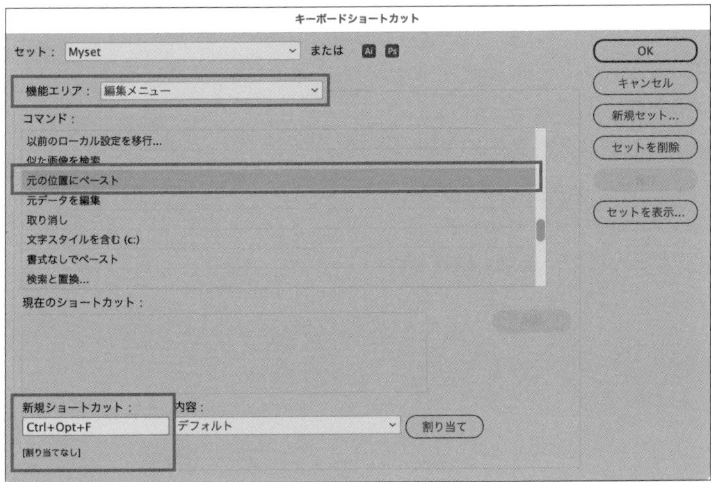

編集メニューを見てみると、ちゃんとショートカットキーが設定されているのが確認できます 図6。

図6 新たに割り当てられたショートカット

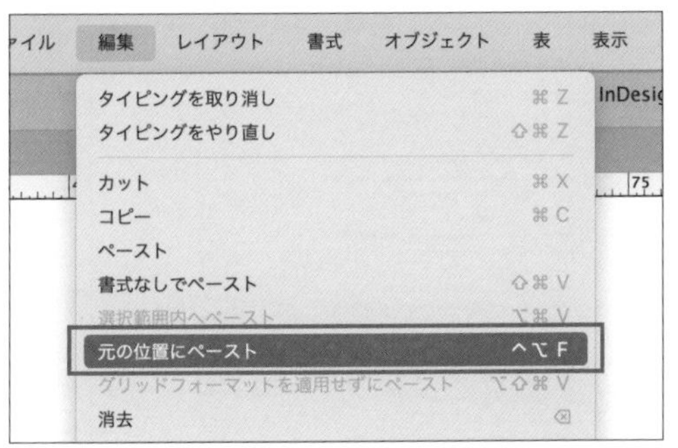

> **memo**
>
> 新規ショートカットを設定したくても。既に他のコマンドで使用されていると、図5 のように表示され設定できません。なお、ショートカットキーは複数設定したり、他のショートカットに変更したりすることも可能です。

図5 現在の割り当て

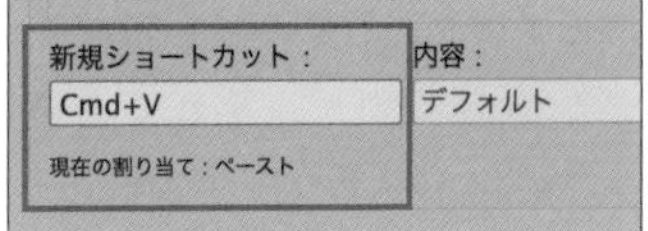

> **memo**
>
> InDesignのキーボードショートカットは、設定したいコマンドを見つけづらいのが難点です。そんな時は、「キーボードショートカット」ダイアログの右側に表示されている［セットを表示］ボタンをクリックしてください。テキストエディターでショートカットセットの一覧が表示されるので、目的のコマンドがどこにあるかを検索すると良いでしょう。

困ったときは

作業をしていると、やりたいことを実現するためにどうすれば良いかが分からなかったり、トラブルで困ってしまうことがどうしても出てきます。そんなときは、あらかじめ用意されているヘルプを見たり、ネットで検索してみるのも有効な手段です。

InDesignヘルプの活用

InDesignで作業する際、どのようにすれば良いか分からなかったり、思わぬトラブルに見舞われたりして戸惑ってしまうケースがあるかと思います。特にInDesignの操作に慣れていない初心者の方は、対処方法がわからず悩んでしまうかも知れません。まずは、本書をよく読んでいただきたいのですが、それでも解決できない場合は、ヘルプメニュー→"InDesignヘルプ..."を実行してみましょう 図1。

すると、ブラウザーで「Adobe InDesignラーニングとサポート」ページが表示されるので、チュートリアルやマニュアルで目的の内容に関して調べてみましょう。なお、検索フィールドに目的のワードを入力すれば、そのワードに関連する内容がリストアップされるので、素早く調べることができます 図2。

図1 InDesignヘルプ

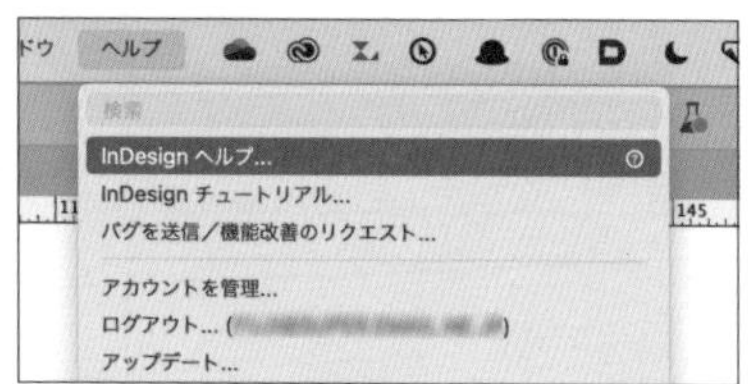

図2 「Adobe InDesignラーニングとサポート」ページ

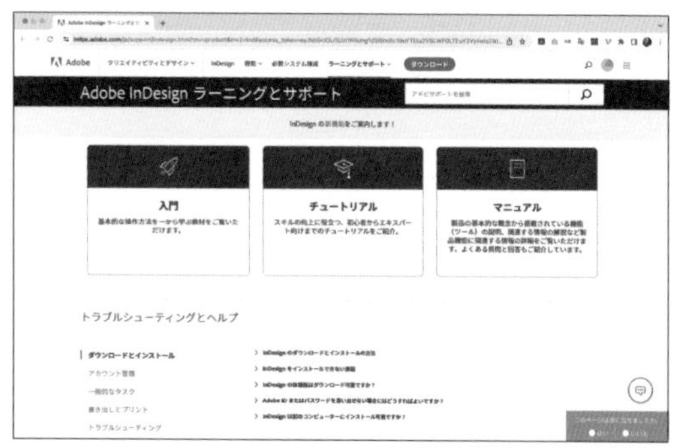

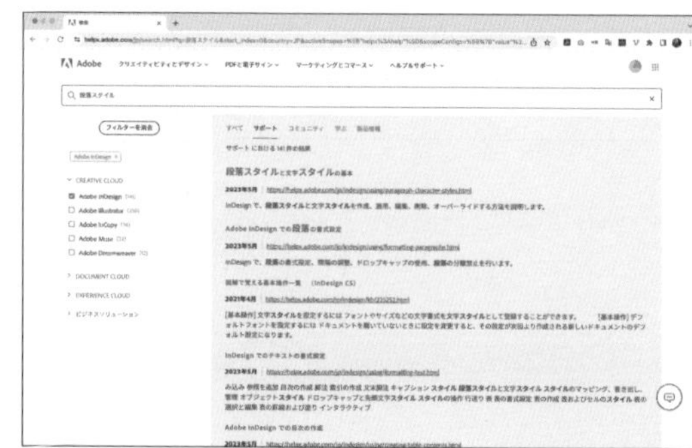

ホーム画面から学ぶ

InDesignのホーム画面（InDesignを起動したときに最初に表示される画面）で［学ぶ］をクリックすると、InDesignのさまざまなチュートリアルを表示できます。時間のあるときに、少しずつ読んで学びましょう 図3。

図3 「学ぶ」の画面

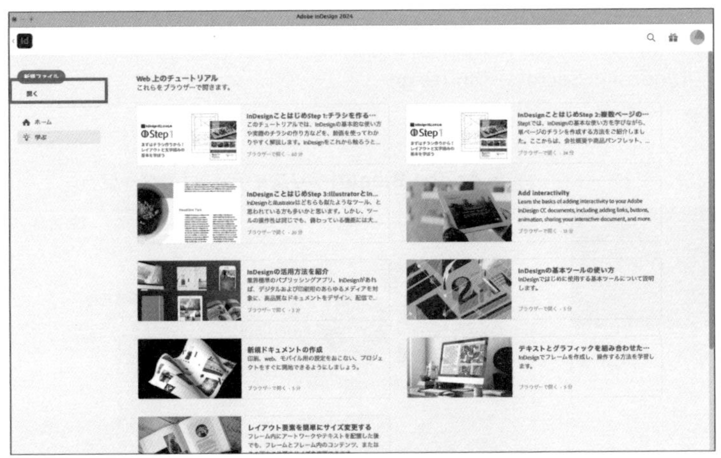

独習のためのさまざまなコンテンツが用意されています。

CCデスクトップアプリから学ぶ

アドビ製品のインストール等を行うCCデスクトップアプリの［もっと知る］からも、各アプリケーションごとにさまざまなチュートリアルを表示できます。動画も数多く用意されており、またInDesignコミュニティへのリンクもありますので、ぜひ見てみましょう 図4。

図4 CCデスクトップアプリの「もっと知る」

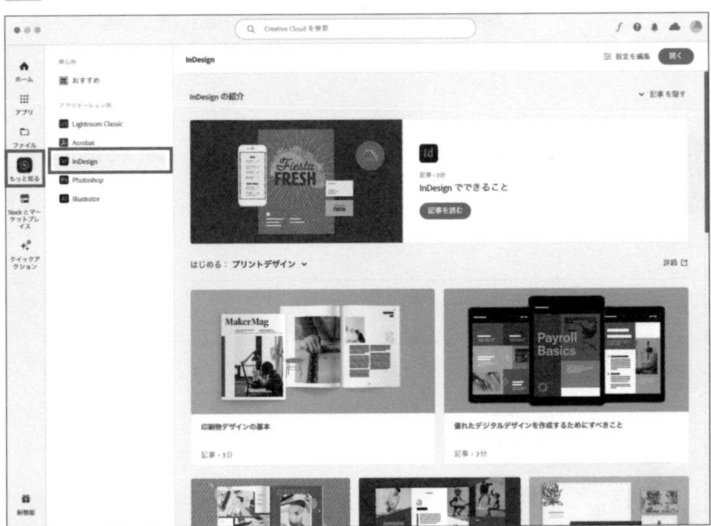

学習のためのさまざまなチュートリアルや動画が用意されています。

関連するサイトで調べる

本書やInDesignヘルプ以外にも、ネット上でさまざまな情報を得ることができます。例えば、筆者は「InDesignの勉強部屋」というWebサイトを運営しています 図5。このサイト上ではInDesignに関する多くの情報を発信していますので、ぜひ活用してください。トップページの左下には検索フィールドもありますので、調べたい内容を検索することもできます。

また、Adobe Blogのクリエイティブのページも参考になるでしょう 図6。また、英語ですが、Creative Pro（旧InDesign Secrets）のInDesign関連の記事も非常に参考になるのでお勧めです 図7。

図5 InDesignの勉強部屋

https://study-room.info/id/

図6 Adobe Blogの「クリエイティブ」のページ

https://blog.adobe.com/jp/topics/creativity

図7 Creative ProのInDesignページ

https://creativepro.com/indesign/

Lesson 2

新規でドキュメントを作成する

このレッスンでは、新規ドキュメントを作成して、テキストを入力するためのプレーンテキストフレームとフレームグリッドを作成する方法を学びます。まずは、頻繁に行うこれらの作業の基本的考え方を理解しましょう。

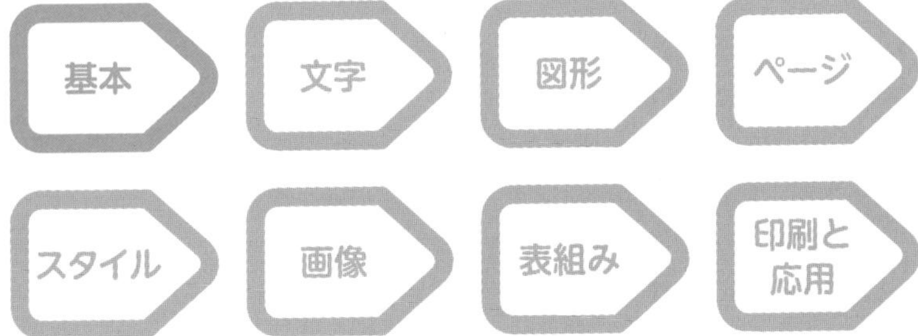

Lesson 2 01 15min

新規ドキュメントの作成①

マージン・段組

THEME テーマ 新規ドキュメントを作成する際は、「レイアウトグリッド」と「マージン・段組」の2つのスタート方法があります。それぞれの違いを理解し、印刷関連用語の意味についても理解しましょう。まずは「マージン・段組」を紹介します。

01 新規ドキュメントの作成

「ホーム」画面から[新規ファイル]ボタンをクリック、あるいはファイルメニューから"新規"→"ドキュメント..."を選択すると、「新規ドキュメント」ダイアログが表示されます 図1。

上部に[最近使用したもの][保存済み][印刷][Web][モバイル]と表示されているので、目的のものを選択します。ここでは、印刷物用のドキュメントを作成したいので[印刷]①を選択し、次に左側に表示されたプリセットの中からサイズを選択します。作成したいサイズが見当たらない場合は、直接サイズを指定することもできるので、プリセットを選択しなくても構いません。

右側の一番上に任意のファイル名を入力し、[幅]や[高さ]を入力します②(プリセットを選択している場合には、既にサイズが入力されているので次の項目を設定します)。さらに方向や綴じ方、裁ち落としなどを設定します。

③[方向]:作成する印刷物が[縦置き]か[横置き]かを選択します。

④[綴じ方]:一般的に、横組みの印刷物であれば[左綴じ]、縦組みの印刷物であれば[右綴じ]を選択します。

⑤[ページ数]:必要なページ数を入力しますが、ページ数が未定の場合は任意のページ数を入力してかまいません。ページ数は、後から自由に増やしたり、減らしたりが可能です。

⑥[見開きページ]:ページ物を作成するのであればオンにしておきます。単ページのリーフレットやチラシを作成する場合はオフにします。

⑦[開始ページ番号]:ドキュメントの最初のページのノンブル(ページ番号)を入力します。この項目も、後から変更することが可能です。

⑧[テキストフレームの自動生成]:文芸書など、同じ体裁で長文テキストが流れるような印刷物ではオンにすると便利ですが、ここではオフにしておきます。詳細はP.61「テキストを配置する」で解説します。

⑨[裁ち落とし]:一般的な印刷物を作成するのであれば、[天]・[地]・[ノド]・[小口]とも「3mm」のままでかまいません。

61ページ Lesson3-02参照。

⑩[印刷可能領域]：デフォルトでは「0mm」になっているため、[裁ち落とし]領域の外側に作成したオブジェクトは印刷されません。これらのオブジェクトもプリントしたい場合には、それらのアイテムがプリントされるよう[天]・[地]・[ノド]・[小口]に広げるエリアを入力します。

図1 InDesignの「新規ドキュメント」ダイアログ

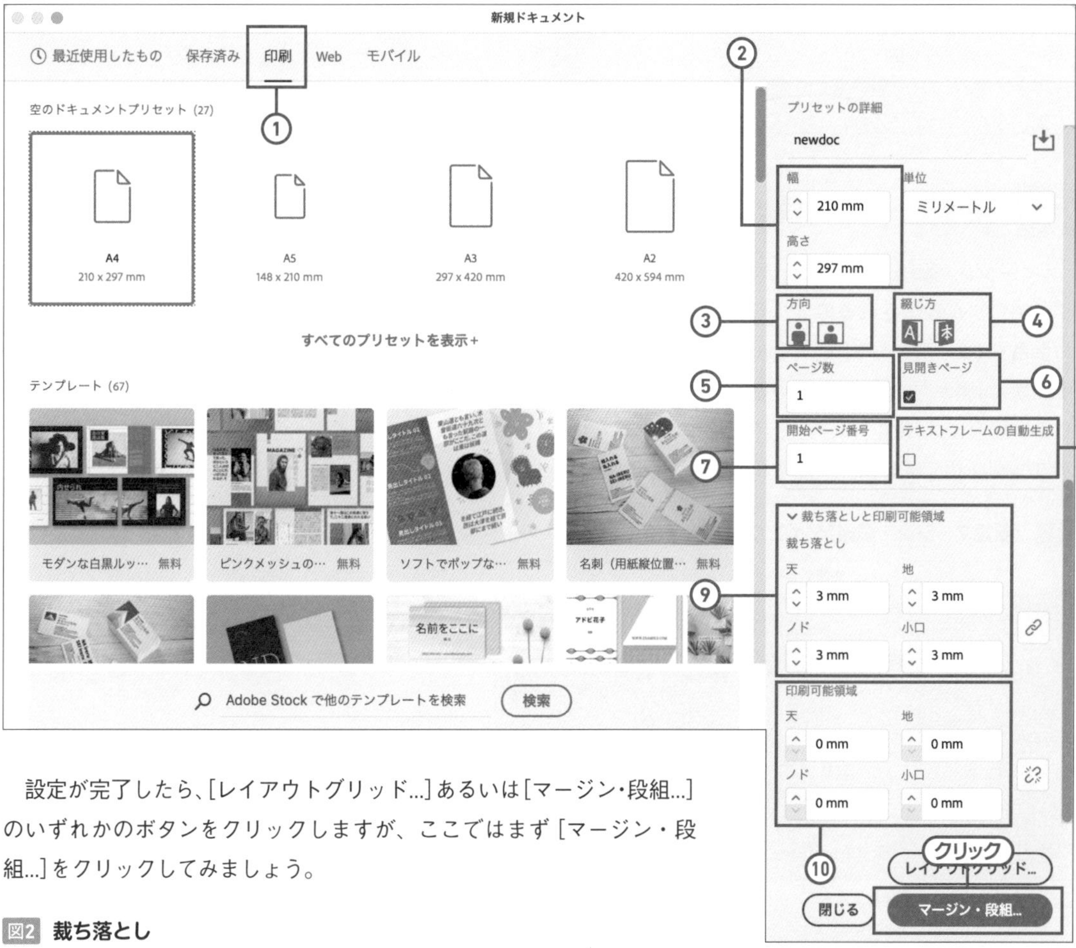

設定が完了したら、[レイアウトグリッド...]あるいは[マージン・段組...]のいずれかのボタンをクリックしますが、ここではまず[マージン・段組...]をクリックしてみましょう。

図2 裁ち落とし

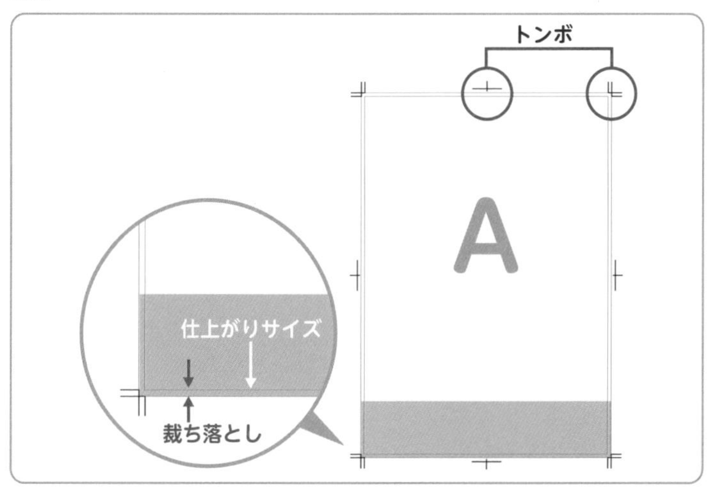

WORD 裁ち落とし

「裁ち落とし」は、「断ち落とし」や「塗り足し」、「ドブ」とも呼ばれます。写真や絵柄を印刷物の端まで使用したいといった場合に、仕上がりサイズ（＝実際の印刷物のサイズ）の端ぴったりに写真や絵柄を作成してしまうと、断裁の加減で印刷物の端に白いスジが出てしまうことがあります。これを避けるために、仕上がりサイズより少しはみ出して写真や絵柄を配置します。一般的な印刷物の「裁ち落とし」は「3mm」に設定します 図2。なお、図の各コーナーとその中央に付けられた断裁用の目印を「トンボ」と呼びます。

図3 ノド・小口

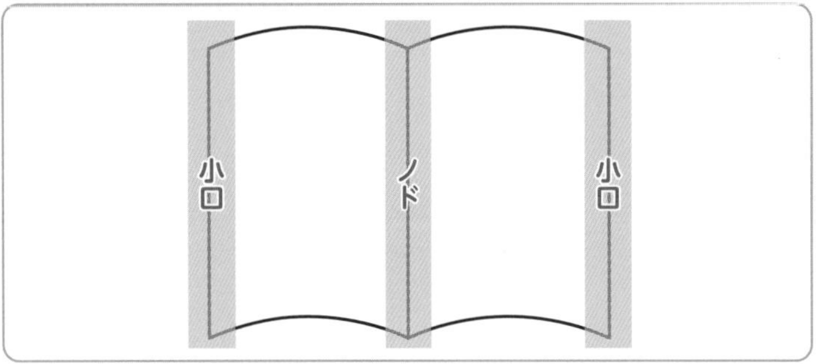

WORD ノドと小口

「天」と「地」は、それぞれ印刷物の「上」と「下」ですが、「ノド」と「小口」はページのある印刷物を開いた時の「内側」と「外側」をあらわします。そのため、左ページと右ページでは「ノド」と「小口」の左右は逆になります 図3。

02 新規マージン・段組の設定

[マージン・段組...]をクリックをクリックしたら「新規マージン・段組」ダイアログが表示されるので、各項目を入力します。まず、版面の周囲の余白を[マージン]の[天]・[地]・[ノド]・[小口]にそれぞれ指定します。次に[組み方向]に[縦組み]なのか[横組み]なのかを指定し、段組をしたい場合には[段組]の[数]と、段と段の[間隔]を指定します 図4。[OK]ボタンをクリックすると、新規ドキュメントが作成されます 図5。

図4 「新規マージン・段組」ダイアログ

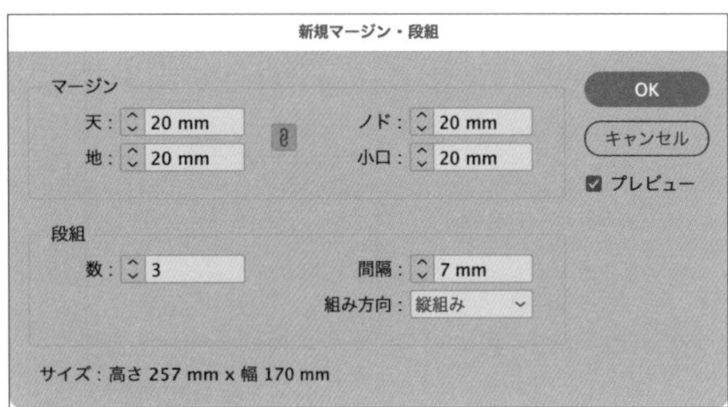

[マージン]と[段組]を設定します。

図5 作成された新規ドキュメント

新規のドキュメントが作成されました。

新規ドキュメントの作成②
レイアウトグリッド

THEME テーマ 「レイアウトグリッド」で新規ドキュメントを作成する方法を学びます。デフォルト設定では、レイアウトグリッドは緑色の升目（グリッド）が表示され、レイアウトをする際の目安として使用します。

01 新規ドキュメントの作成

前項の「新規ドキュメントの作成〈マージン・段組〉」と同様、まず「新規ドキュメント」ダイアログでサイズ等、必要な項目を設定した後、［レイアウトグリッド...］ボタンをクリックします 図1。

図1 InDesignの「新規ドキュメント」ダイアログ

クリック

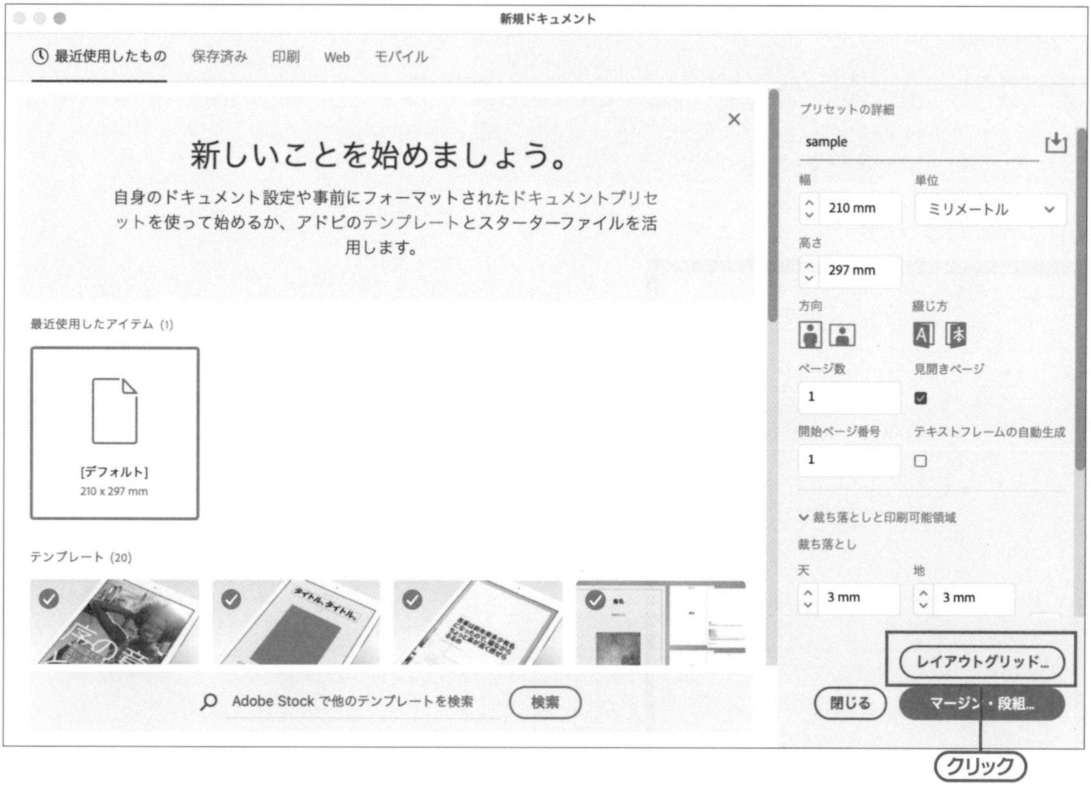

02 レイアウトグリッドの設定

「新規レイアウトグリッド」ダイアログが表示され 図2 、背面には、レイアウトグリッドと呼ばれる緑色の升目が表示されます 図3 。

では、「新規レイアウトグリッド」ダイアログで各項目の値を変更してみましょう。一般的には、本文に使用するフォントやサイズ、行間等を指定します。変更した内容に応じて、背面のレイアウトグリッドの表示が変わるはずです。設定が終わったら[OK]ボタンをクリックして、実際の作業を開始します。

POINT

レイアウトグリッドは、よくフレームグリッドと混同されますが別物です。実際にテキストを入力することはできません。レイアウトグリッドとは、レイアウトの目安となるレイアウト用紙と考えると分かりやすいでしょう。レイアウトグリッドを目安として、その上にフレームグリッドを作成し、フレームグリッド内にテキストを入力します。

図2 「新規レイアウトグリッド」ダイアログ

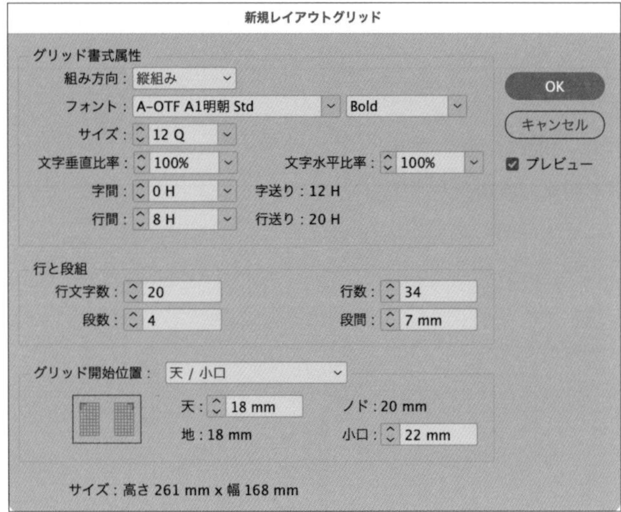

memo

「新規レイアウトグリッド」ダイアログで[グリッド書式属性]や[行と段組]を設定すると、その設定内容に応じて[グリッド開始位置]の天・地・ノド・小口に設定可能な値が決定します。その際、[グリッド開始位置]のプルダウンメニューには、天・地・ノド・小口の値を指定しやすいものを選択すると良いでしょう。

図3 レイアウトグリッド

画面表示の拡大縮小と表示モードの変更

画面表示の拡大／縮小は、頻繁に行う作業です。いくつかのやり方があるので、作業内容に応じて、自分がやりやすい方法で拡大／縮小しましょう。なお、表示モードの変更についても、併せて学習します。

ズームツールによる拡大／縮小

画面表示の拡大／縮小には、いくつかの方法がありますが、まずはズームツールを使ってみましょう。ツールパネルからズームツールを選択すると、マウスポインターの表示が虫眼鏡に変わります。この状態で任意の場所をクリックすると、その場所を中心として表示が拡大されます 図1。続けてクリックすれば、さらに拡大されます。なお、option〔Alt〕キーを押しながらクリックすると縮小されます。

ドラッグした場合は動作が異なります。クリックしながら左方向にドラッグすると縮小、右方向にドラッグすると拡大されます。

memo

「環境設定」ダイアログの［GPUパフォーマンス］カテゴリーで、［アニメーションズーム］をオフにすると（デフォルトではオン）、ズームツールの動作が変わり、ドラッグした範囲がウィンドウいっぱいに表示されます。

図1 ズームツールでクリック（拡大）

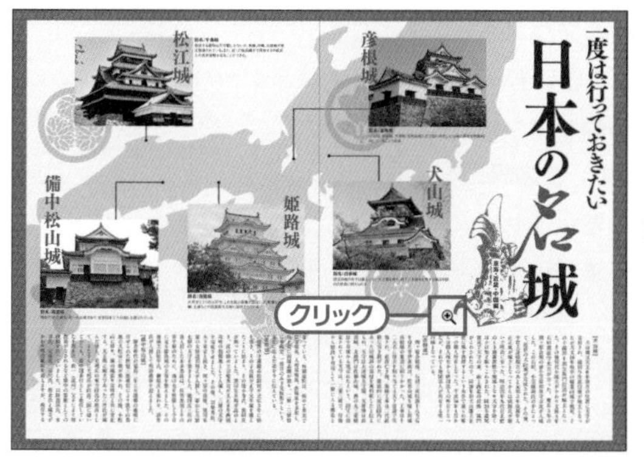

表示メニューによる拡大／縮小

表示メニューのコマンドを実行して、拡大／縮小することも可能です。ズームインやズームアウトをはじめとするいくつかのコマンドが用意されています 図2。なお、よく使用するコマンドはショートカットを覚えておきましょう。

図2 表示メニュー

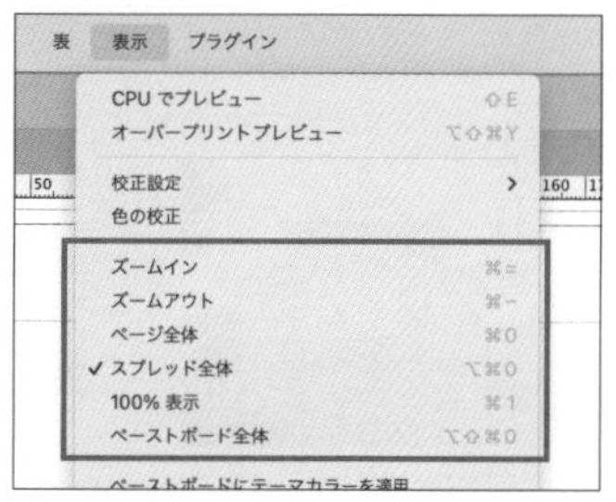

表示倍率の変更

ドキュメントウィンドウ左下に表示されている表示倍率を変更することでも、表示の拡大／縮小が可能です。ポップアップメニューから目的の倍率を選択、あるいはフィールドに直接、数値を入力することで目的の倍率に変更できます 図3 。なお、CC 2019までは、アプリケーションバーから表示倍率を変更することも可能でした。

図3 ドキュメントの表示倍率

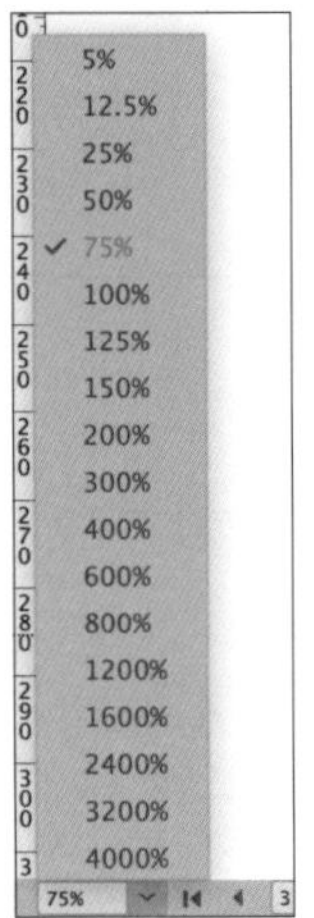

パワーズーム

手のひらツールを選択している時に、マウスをプレスするとマウスポインターの表示が変わり、赤い枠が表示されます 図4 。この赤い枠を「ズーム領域マーキー」といい、この状態から任意の場所に移動してマウスボタンを離すと、画面表示の領域を移動することができます。この際、ズーム領域マーキーで指定された場所が元のズームレベルで表示されます。なお、「ズーム領域マーキー」のサイズは、上下の矢印キーまたはマウスのスクロールホイールを使用して拡大／縮小できます。

> **memo**
>
> 「ズーム領域マーキー」は、手のひらツール以外のツールを選択時にスペースキーを押して、一時的に手のひらツールに切り替えている場合でも有効です。なお、文字ツールを選択している場合でも、option〔Alt〕キーを押して、一時的に手のひらツールに切り替えていれば有効です。

図4 パワーズームで表示領域の移動

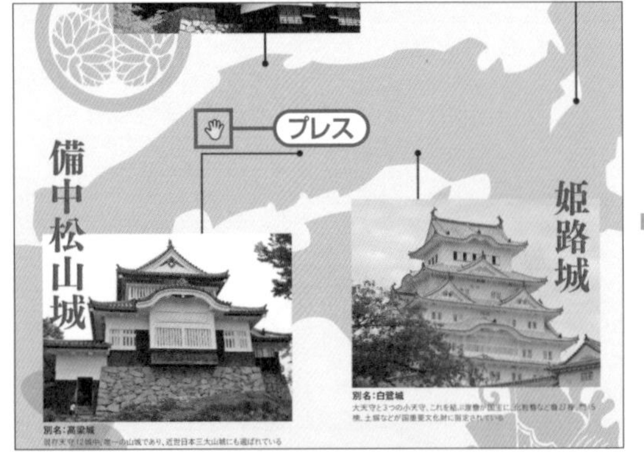

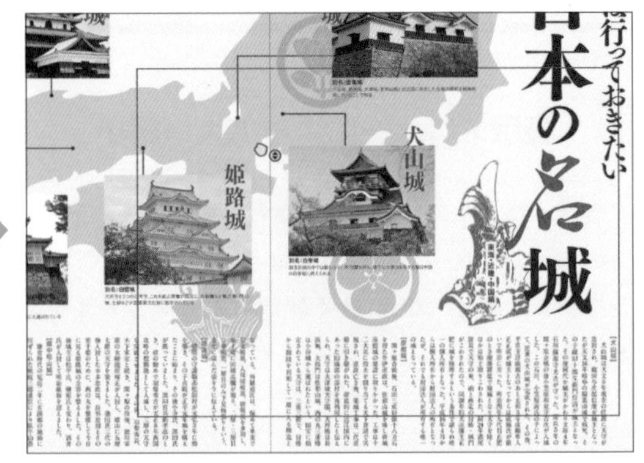

表示モードの変更

フレーム枠やガイド類は、作業時に必要なオブジェクトです。しかし、仕上がりイメージを確認したいときには、実際には印刷されないフレーム枠やガイド類を非表示にしたいケースもあります。InDesignでは、さまざまな方法で表示モードを切り替えられます図5。フレーム枠やガイド類がすべて表示される［標準モード］、仕上がりイメージを確認したい時に使用する［プレビュー］、裁ち落とし領域までを表示する［裁ち落としモード］、印刷可能領域までを表示する［印刷可能領域モード］があります。なお、［プレゼンテーション］はプレゼンテーション時に使用するモードなので、印刷物制作時には使用しません。

memo

表示メニューの［エクストラ］と［グリッドとガイド］には、ガイドをはじめ、グリッドやフレーム枠等の表示／非表示を個別に切り替えるコマンドが用意されていますが、InDesign 2020以降、ツールパネルに［表示オプション］のアイコンが追加されました図6。このアイコンから［フレーム枠］や［定規］［ガイド］［スマートガイド］［ベースライングリッド］［制御文字］のそれぞれにおいて、表示／非表示の切り替えが可能です。

図5 表示モードの切り替え

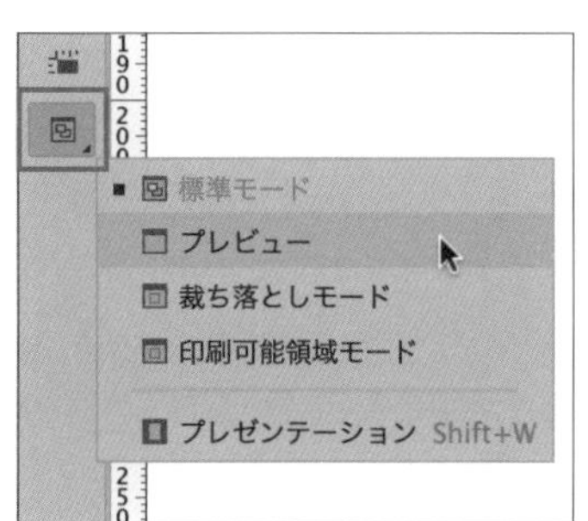

標準モード

プレビュー

裁ち落としモード

印刷可能領域モード

図6 ツールパネルの［表示オプション］

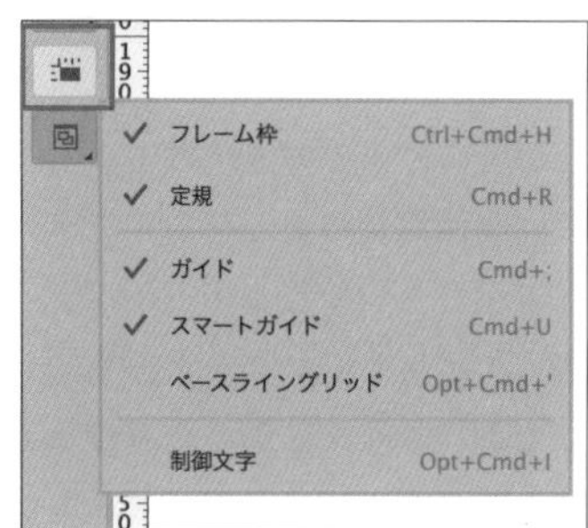

ガイドを作成する

オブジェクトは、ガイドにスナップ（吸着）させることができるため、オブジェクトの位置を揃える際にガイドを使用すると便利です。もちろん、ガイドは印刷されず、表示／非表示の切り替えも可能です。

定規ガイドの作成

いくつかあるガイドの中でも、最もよく使用されるのが定規ガイドです。垂直定規の上でマウスボタンをプレスし（クリックしたまま）、ガイドを引きたい位置までドラッグしてマウスを離します。すると、その位置にガイドが引かれます 図1。

なお、マウスを離した直後はガイドが選択された状態になっているので、そのままプロパティパネルや変形パネルの[X]または[Y]に数値を入力すれば、正確な位置にガイドを引くことが可能です 図2。

POINT

ガイドは、通常のオブジェクト同様、選択することが可能です。そのため、座標値を入力すれば正確な位置にガイドを引くことができます。

図1 定規ガイドの作成

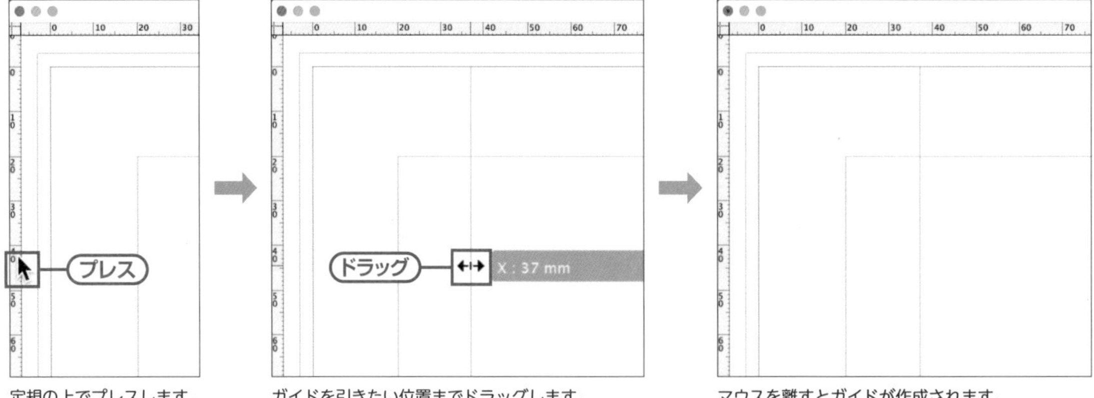

定規の上でプレスします。　ガイドを引きたい位置までドラッグします。　マウスを離すとガイドが作成されます。

図2 定規ガイドの位置指定

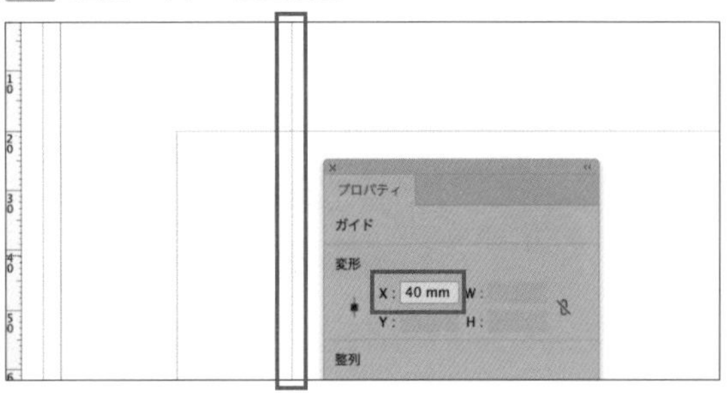

memo

定規ガイドからドラッグ中は、マウスポインターの右側に現在の座標値が表示されますが、shiftキーを押しながらドラッグすると、定規の目盛りにスナップさせながらドラッグできます。

今度は水平のガイドを作成してみましょう。水平定規からドラッグしてガイドを作成しますが、この時、ページ内でマウスを離すと、そのページのみにガイドが作成されます 図3。これに対し、command〔Ctrl〕キーを押しながらマウスを離すと、スプレッド（見開き）全体にガイドが作成されます 図4。なお、ペーストボード上でマウスを離してもスプレッドガイドを作成することができます。

図3 ページガイドの作成

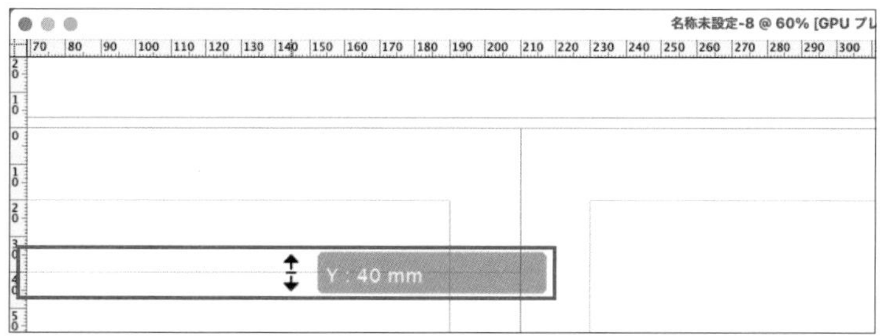

図4 スプレッドガイドの作成

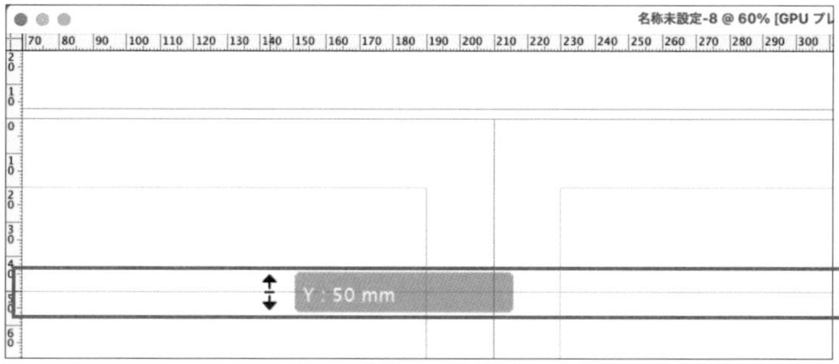

command〔Ctrl〕キーを押しながらマウスを離すか、ペーストボード上でマウスを離します。

なお、表示メニュー→"グリッドとガイド"には［ガイドを隠す］コマンドや［ガイドをロック］するコマンド等が用意されているので、作業内容に応じて使い分けてください。また、［ガイドにスナップ］がオフになっていると、ガイドにスナップしないので注意してください（デフォルトではオンになっています）図6。

図6 グリッドとガイド

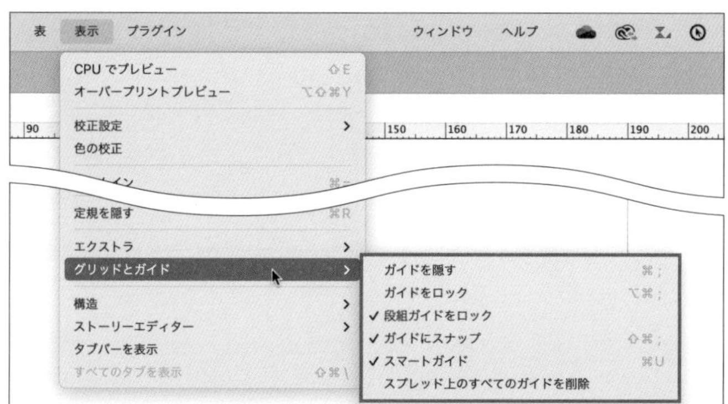

memo

水平と垂直のガイドを一度の操作で作成するには、水平定規と垂直定規の交点からcommand〔Ctrl〕キーを押しながらドラッグします 図5。

図5 水平ガイドと垂直ガイドの作成

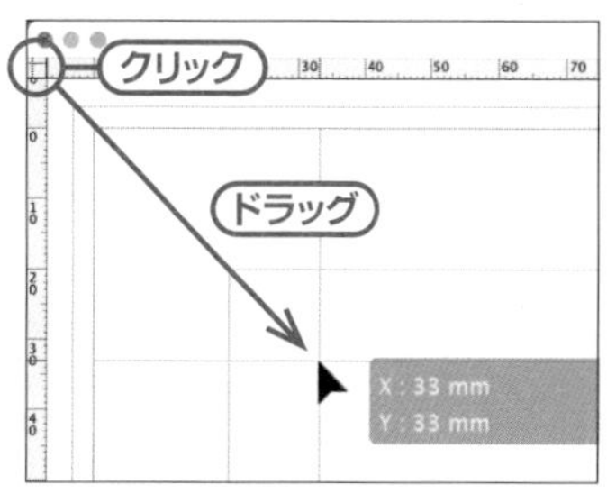

等間隔でガイドを作成する

ページを等間隔で分割するガイドも作成可能です。レイアウトメニュー→"ガイドを作成..."を実行すると、「ガイドを作成」ダイアログが表示されます。このダイアログ上で、ドキュメントをどのように分割するのかを設定します。[マージン]を基準に設定したガイドと図1、[ページ]を基準に設定したガイドが作成できます図2。それぞれ、行数や列数、間隔を指定します。

memo

「ガイドを作成」ダイアログで[既存の定規ガイドを削除]にチェックを入れておくと、これまで作成済みのガイドがすべて削除され、新しいガイドが作成されます。

図1 マージン基準のガイドを作成

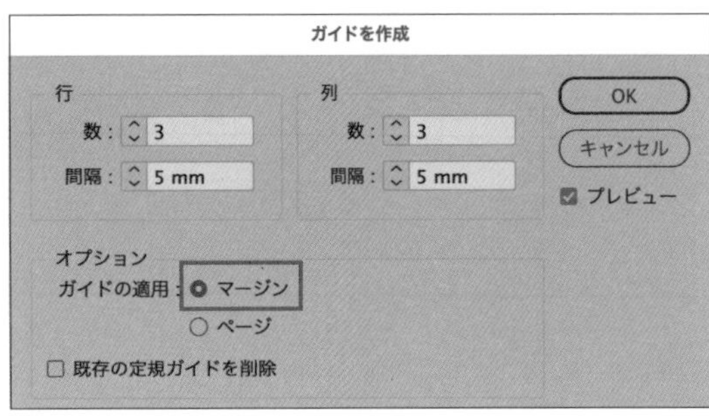

図2 ページ基準のガイドを作成

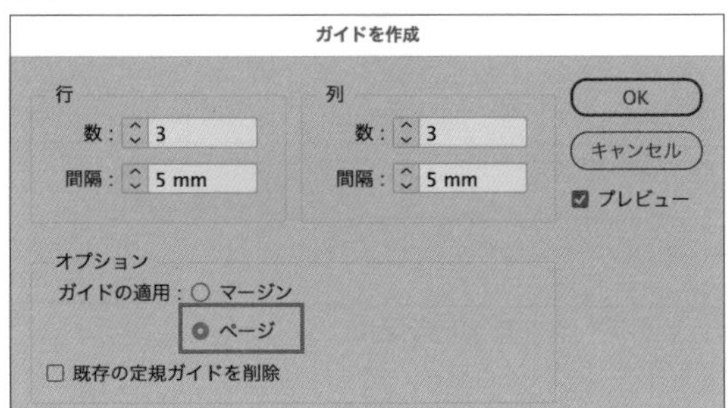

スマートガイドを活用する

スマートガイドの機能を利用することで、オブジェクトとオブジェクトを揃えたり、オブジェクトの間隔を統一したりといったことが簡単に実現できます。動作のオン／オフは環境設定から切り替えられます。

スマートガイド

オブジェクトをドラッグして動かすと、他のオブジェクトと端や中心が揃う位置にくるとガイドが表示され、マウスを離すと位置が揃います 図1 図2。これをスマートガイドと呼びます。

図1 端を揃える

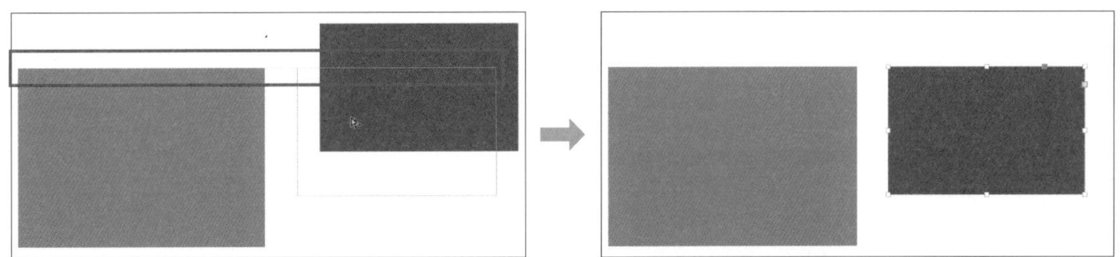

図2 中心を揃える

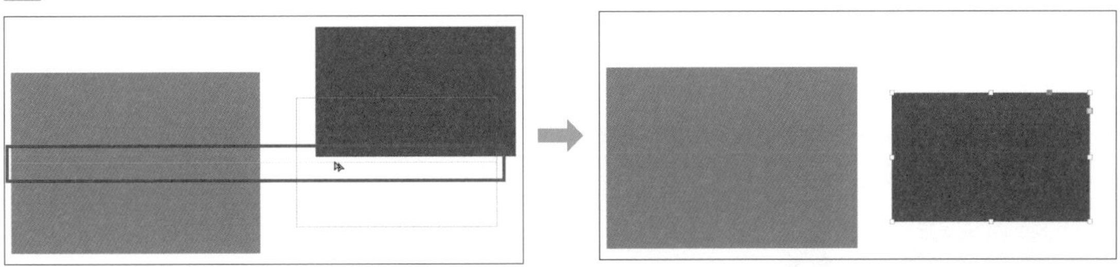

memo

スマートガイドの機能は、表示メニュー→"グリッドとガイド"にある[グリッドにスナップ]と[レイアウトグリッドにスナップ]のいずれかの項目がオンになっていると動作しないので注意してください。デフォルトでは、どちらもオフになっています。

スマートガイドは、回転角度を揃えたい場合にも活用できます。オブジェクトのコーナーハンドルの外側にマウスを合わせ回転アイコンが表示されたらオブジェクトをドラッグして回転させます。他のオブジェクトと同じ回転角度になるとガイドが表示されるので、マウスを離します 図3。

図3 **角度を揃える**

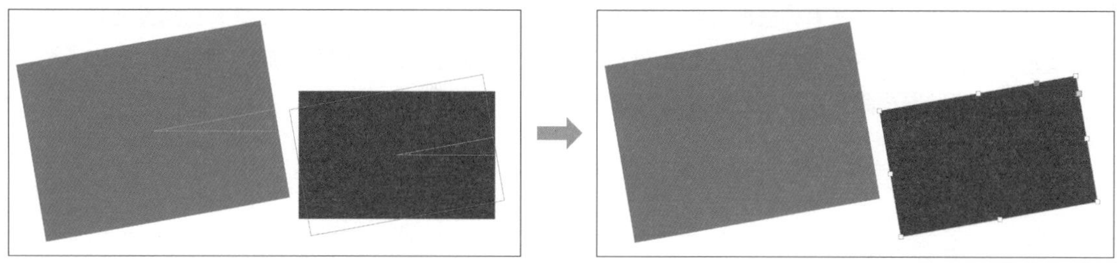

スマートサイズ

オブジェクトを新規作成したり、サイズ変更、回転する際に、マウスカーソルの横に[幅]や[高さ][回転角度]が表示され、サイズや回転角度がまわりのオブジェクトと同じになるとハイライト表示されます 図4。これをスマートサイズと呼びます。

図4 **サイズを揃える**

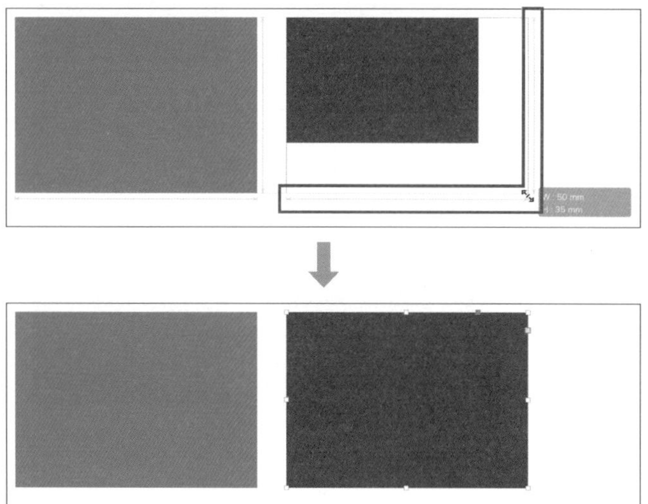

スマートスペーシング

他のオブジェクト間のスペースと同じスペースになる位置でガイドが表示され、マウスを離すとオブジェクト間のスペースを揃えることができます 図5。複数のオブジェクトを等間隔で整列させたい場合に便利な機能です。この機能をスマートスペーシングと呼びます。

図5 オブジェクト間のスペースを揃える

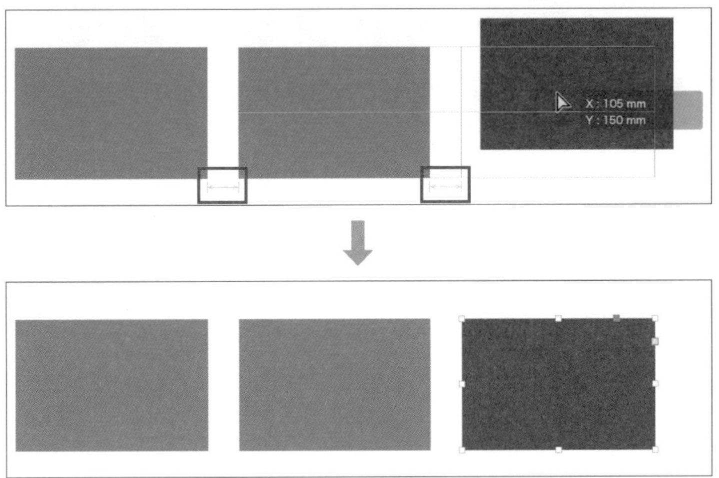

スマートカーソル

オブジェクトを移動したり、変形させたりする際に、カーソルの右側に[X位置][Y位置][幅][高さ][回転角度]等の情報が表示されます 図6。これをスマートカーソルと呼びます。

図6 オブジェクトの情報表示

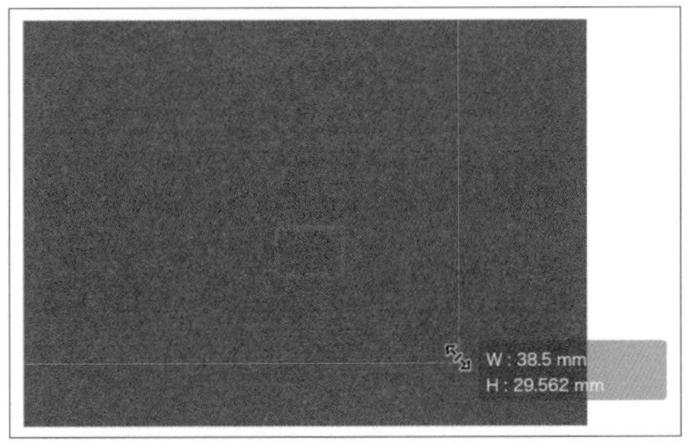

memo

スマートガイドの機能は、オブジェクトを揃えるのに非常に便利ですが、オブジェクトがたくさんあるドキュメントでは、頻繁にガイドが表示され、逆に作業しづらい場合もあります。そのような場合には、環境設定の[ガイドとペーストボード]の[スマートガイドオプション]で表示のオン／オフを切り換えることができます 図7。また、スマートカーソルの表示も環境設定の[インターフェイス]の[変形値を表示]で切り替えることが可能です 図8。

図7 環境設定[ガイドとペーストボード]

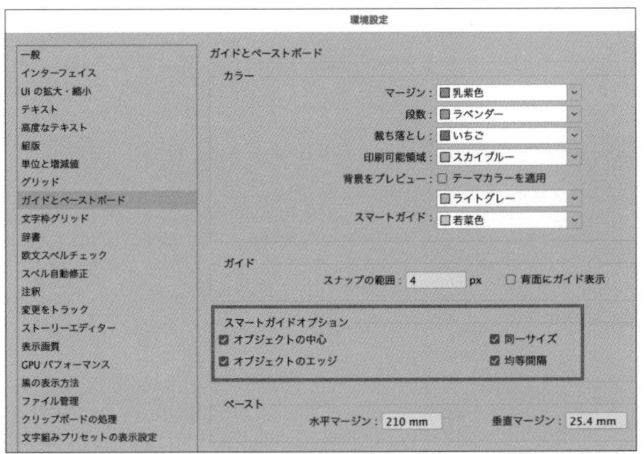

図8 環境設定[インターフェイス]

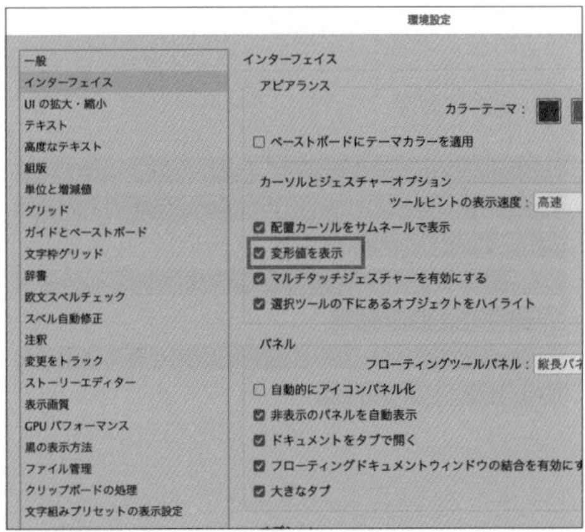

プレーンテキストフレームを作成してみよう

THEME テーマ 文字ツールを使って作成するのが、プレーンテキストフレームです。ドラッグすることでフレームを作成し、その中にテキストを入力したり、ペーストしたりした後、テキストの書式を設定します。

プレーンテキストフレームの作成

InDesignには、テキストを入力・配置するためのフレームが2種類あります。**プレーンテキストフレーム**とフレームグリッドです。それぞれ動作が異なるため、どのような違いがあるかを理解して使い分けましょう。

まず、ツールパネルから横組み文字ツール（あるいは縦組み文字ツール）を選択して、ドキュメント上でドラッグしてみましょう。ドラッグしたサイズでプレーンテキストフレームが作成され、**キャレット**が点滅します 図1。

図1 プレーンテキストフレームの作成

このままタイプすれば文字が入力できるので、プロパティパネルや段落パネル、文字パネル等を使用して、テキストに書式を設定します 図2。

図2 書式の設定

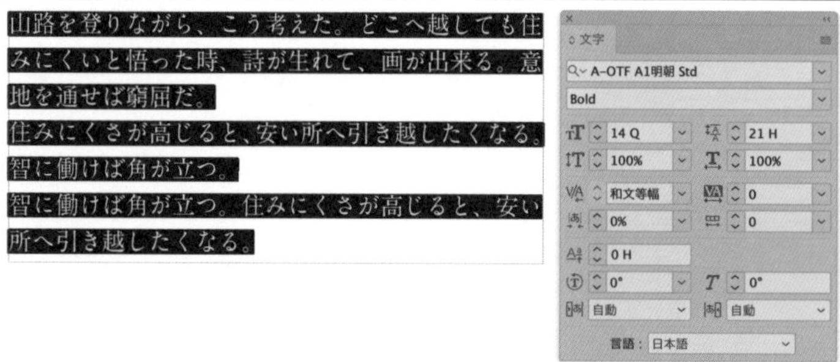

WORD プレーンテキストフレーム

横組み文字ツール、あるいは縦組み文字ツールを使ってドラッグすると、プレーンテキストフレームが作成されます。略してテキストフレームと呼ぶこともありますが、プレーンテキストフレームとフレームグリッドの両方を併せてテキストフレームと呼ぶ場合もあるので、言葉の使い分けには注意しましょう。

WORD キャレット

キャレットとは、カーソルが文字間にある時に、識別しやすい点滅している縦棒のこと。なお、校正記号として使われる「∧」もキャレットと呼ばれます。

memo

InDesignでは、Illustratorのように文字ツールでドキュメント上をクリックするだけでは文字は入力できません。必ず、ドラッグしてプレーンテキストフレームを作成し、その中に文字を入力します。

フレームグリッドを作成してみよう

フレームグリッドは、単なるテキストの入れ物ではなく、入れ物自体が書式属性をもっています。そのため、フレームグリッド内に入力・配置したテキストには、自動的にその書式属性が適用されます。

フレームグリッドの作成

ツールパネルから横組みグリッドツール（あるいは縦組みグリッドツール）を選択して、ドキュメント上をドラッグします。すると、グリッドと呼ばれる升目のあるフレームグリッドが作成されます 図1。

図1 フレームグリッドの作成

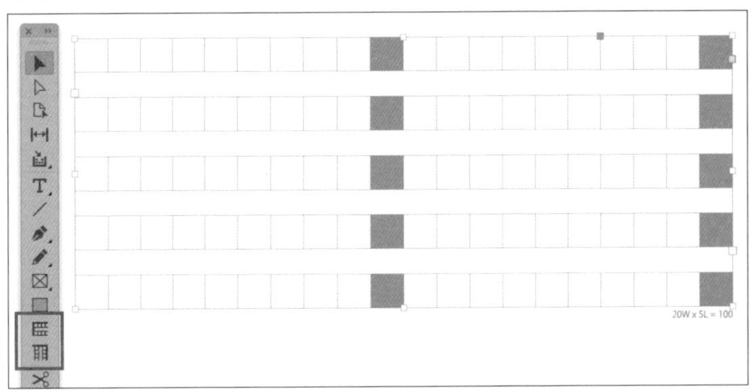

フレームグリッド内にテキストを入力するためには、文字ツールに持ち変え、フレームグリッド内をクリックしてキャレットを挿入します。その状態でタイプすれば、テキストが入力されます 図2。

図2 フレームグリッドへのテキストの入力

とかくに人の世は住みにくい。情に棹させば
流される。智に働けば角が立つ。
智に働けば角が立つ。住みにくさが高じると
安い所へ引き越したくなる。どこへ越しても
住みにくいと悟った時、詩が生れる。
20W x SL = 100(93)

memo

選択ツールから文字ツールに持ち変えたい場合、わざわざツールパネルから選択しなくても、プレーンテキストフレームまたはフレームグリッド上でダブルクリックすれば、自動的に文字ツールに切り替わり、ダブルクリックした場所にキャレットが挿入できます。

このまま、テキストへ書式を設定できますが、フレームグリッドではフレームグリッド自体が書式属性を持っているため、「フレームグリッド設定」ダイアログで書式を変更するのがお勧めです。詳細は、事項で解説しますが、まずはオブジェクトメニュー→“フレームグリッド設定...”を選択し、「フレームグリッド設定」ダイアログを表示させましょう 図3。

50ページ Lesson2-08参照。

図3 「フレームグリッド設定」ダイアログ(変更前)

フレームグリッド設定

グリッド書式属性
フォント：小塚明朝 Pr6N　R
サイズ：13 Q
文字垂直比率：100%　文字水平比率：100%
字間：0 H　字送り：13 H
行間：9.75 H　行送り：22.75 H

揃えオプション
行揃え：左揃え均等配置
グリッド揃え：仮想ボディの中央
文字揃え：仮想ボディの中央

表示オプション
文字数：下　サイズ：13 Q
表示：文字枠

行と段組
行文字数：20　行数：5
段数：1　段間：5 mm

サイズ：高さ 26 mm x 幅 65 mm

OK
キャンセル
プレビュー

じつは、「フレームグリッド設定」ダイアログの設定内容で、テキストが入力・配置されるのです。ですから、テキストの書式を直接変更するのではなく、このダイアログから目的の書式に変更すると良いでしょう。ここでは、書式を以下のように変更しました 図4。

図4 「フレームグリッド設定」ダイアログ(変更後)

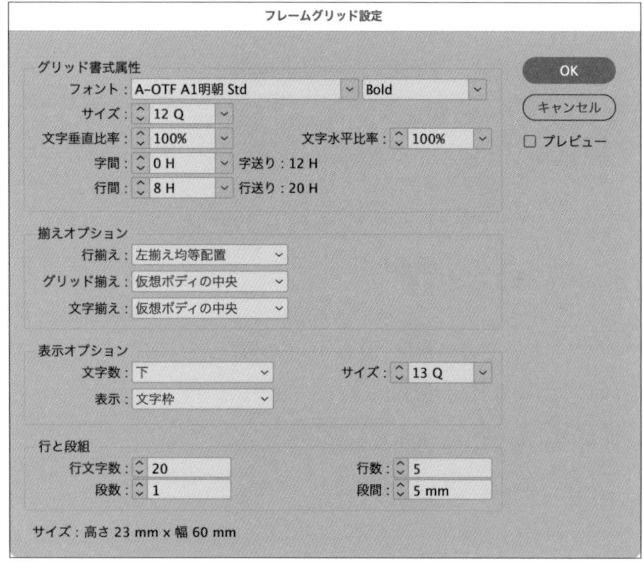

[OK] ボタンをクリックしてダイアログを閉じると、設定した書式がテキストに反映されます 図5。

図5 テキストの書式が変更される

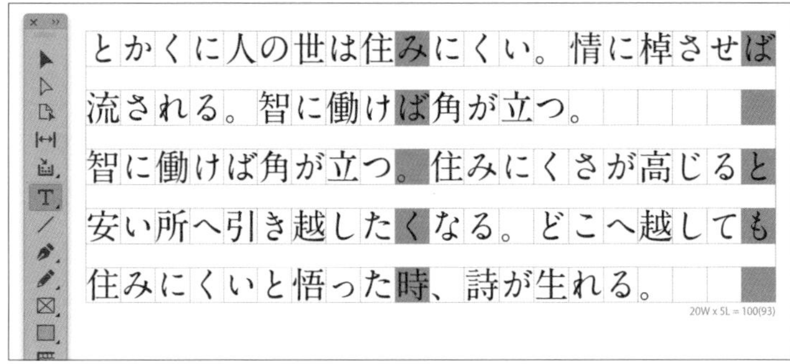

では、何も選択していない状態で、ツールパネルの横組みグリッドツール（または縦組みグリッドツール）をダブルクリックしてみましょう。すると、「フレームグリッド設定（ドキュメントデフォルト）」ダイアログが表示されます 図6。このダイアログで書式属性を変更しておくと、このドキュメントで以後、新規で作成するフレームグリッドには、この設定内容が反映されるので、よく使用する設定をあらかじめ反映させておくと良いでしょう。

図6 「フレームグリッド設定」ダイアログ（ドキュメントデフォルト）

フレームグリッド設定（ドキュメントデフォルト）

グリッド書式属性
フォント：小塚明朝 Pr6N　R
サイズ：13 Q
文字垂直比率：100%　文字水平比率：100%
字間：0 H　字送り：13 H
行間：9.75 H　行送り：22.75 H

揃えオプション
行揃え：左 / 上揃え均等配置
グリッド揃え：仮想ボディの中央
文字揃え：仮想ボディの中央

表示オプション
文字数：下　サイズ：13 Q
表示：文字枠

行と段組
行文字数：　行数：
段数：1　段間：5 mm

サイズ：

OK
キャンセル

プレーンテキストフレームとフレームグリッドの違い

THEME テーマ プレーンテキストフレームとフレームグリッドは、どちらもテキストを入力・配置するための入れ物で、出力時にはフレーム自体はプリントされません。しかし、それぞれ性質が異なるため、それぞれの特徴を理解して、使い分ける必要があります。

2つのフレームの違い(書式)

プレーンテキストフレームとフレームグリッドは、それぞれ動作が異なります。まずは、コピーしたテキストをそれぞれのフレームにペーストしてみましょう。ここでは、「AP-OTF A1ゴシックSrdN R」14Qの文字列をコピーし 図1 、プレーンテキストフレームとフレームグリッドにペーストしました 図2 。

図1 コピー元のテキスト

美しい文字組み

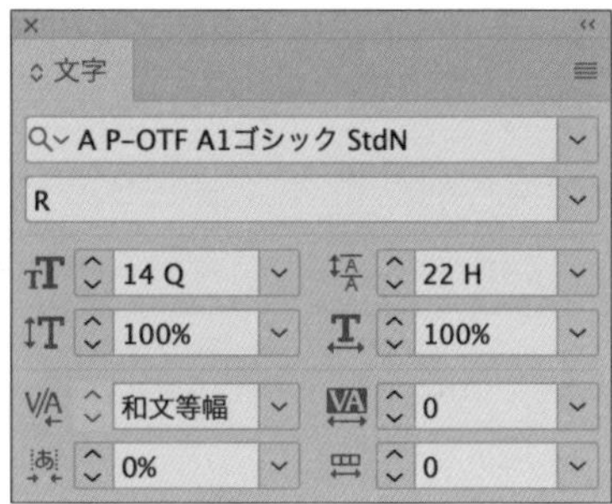

図2 ペーストしたテキスト

美しい文字組み

プレーンテキストフレームにペーストしたテキスト

美しい文字組み

フレームグリッドにペーストしたテキスト

プレーンテキストフレームにペーストしたテキストは、コピー元のテキストと同じ書式でペーストされます。これは、Illustratorと同様の動作なので理解しやすいと思います。これに対し、フレームグリッドにペーストしたテキストは、元のテキストと異なる書式でペーストされました。これは、プレーンテキストフレームが単なるテキストの入れ物であるのに対し、フレームグリッドは入れ物自体が書式属性を持っているからです。前項でも解説しましたが、フレームグリッドを選択してオブジェクトメニュー→“フレームグリッド設定...”を実行してみましょう。「フレームグリッド設定」ダイアログが表示されますが、じつはこのダイアログで設定されている書式でテキストがペーストされるのです 図3。フレームグリッドにテキストをペーストする際には注意しましょう。

memo

コピー元のテキストの書式属性を保ったまま、フレームグリッドにテキストをペーストしたい場合には、編集メニュー→“グリッドフォーマットを適用せずにペースト”を実行します。

図3 「フレームグリッド設定」ダイアログ

フレームグリッド設定

グリッド書式属性
フォント：小塚明朝 Pr6N　R
サイズ：13 Q
文字垂直比率：100%　文字水平比率：100%
字間：0 H　字送り：13 H
行間：9.75 H　行送り：22.75 H

揃えオプション
行揃え：左揃え均等配置
グリッド揃え：仮想ボディの中央
文字揃え：仮想ボディの中央

表示オプション
文字数：下　サイズ：13 Q
表示：文字枠

行と段組
行文字数：8　行数：2
段数：1　段間：5 mm

サイズ：高さ 8.938 mm x 幅 26 mm

OK
キャンセル
プレビュー

memo

フレームグリッド設定は、フレームグリッドに対してしか設定できませんが、オブジェクトメニューの「テキストフレーム設定」は、プレーンテキストフレームとフレームグリッドのどちらに対しても設定可能です。

2つのフレームの違い(グリッド揃え)

今度は「グリッド揃え」を見てみましょう。フレームグリッドに入力したテキストを選択し、段落パネルのパネルメニューから“グリッド揃え”を表示させます。すると、[グリッド揃え]が[仮想ボディの中央]になっているのが確認できます 図4。

図4 フレームグリッドのグリッド揃え

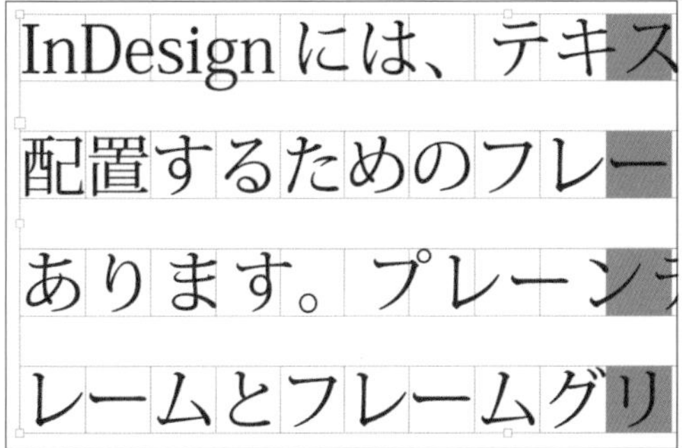

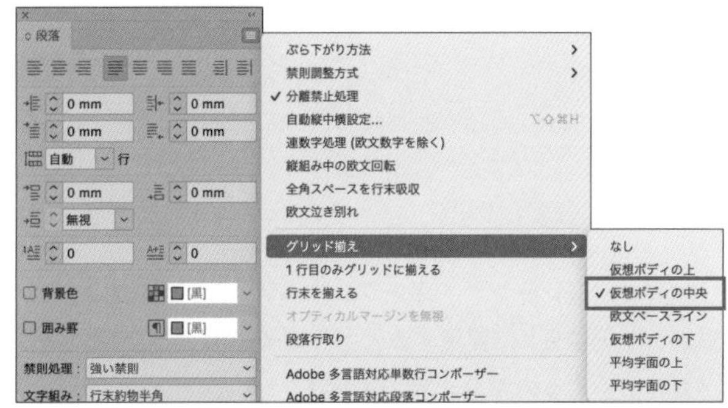

では、プレーンテキストフレームの［グリッド揃え］を確認してみましょう。プレーンテキストフレームでは、［グリッド揃え］が［なし］になっているのが分かります 図5。つまり、［グリッド揃え］はフレームグリッドでは［仮想ボディの中央］、プレーンテキストフレームでは［なし］になっているわけです。

図5 プレーンテキストフレームのグリッド揃え

InDesign には、テキ
配置するためのフレ
あります。プレー
レームとフレームグ

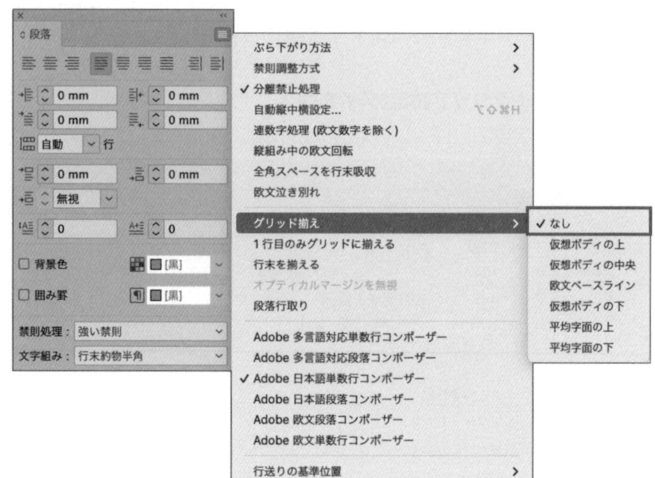

では今度は、フレームグリッドの［グリッド揃え］を［仮想ボディの中央］から［なし］に変更してみましょう。すると、行がグリッドに揃わなくなるのが分かります 図6。つまり、［グリッド揃え］がオン（なし以外）になっていることで、行送りを指定しなくても行がグリッドに沿って流れていたわけです。

図6 ［グリッド揃え：なし］に設定したフレームグリッド

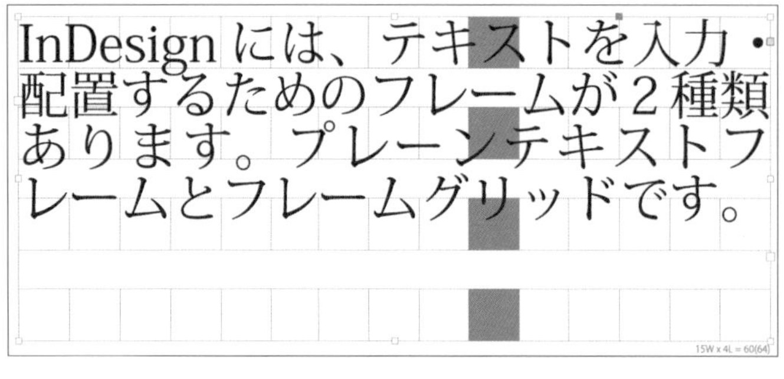

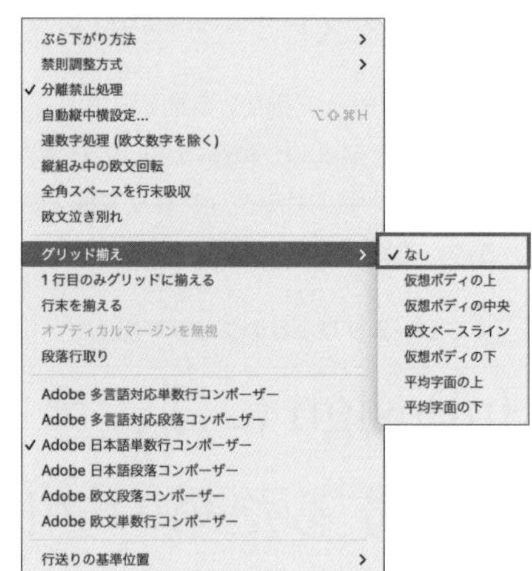

今度は、プレーンテキストフレームの［グリッド揃え］を［なし］から［仮想ボディの中央］に変更するとどうなるでしょう。1行目のスタート位置がおかしくなるのが分かります 図7。

図7 [グリッド揃え：仮想ボディの中央]に設定したプレーンテキストフレーム

InDesign には、テキストを入力・配置するためのフレームが２種類あります。プレーンテキストフレームとフレームグリッドです。

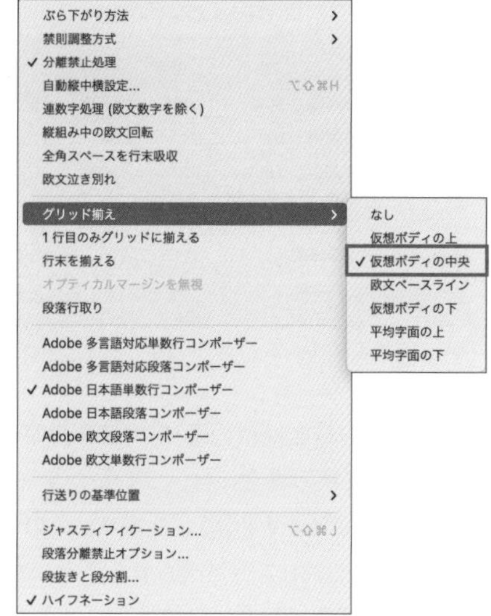

プレーンテキストフレームには、グリッドが存在しないのに図のようにおかしなことになってしまいます。実はプレーンテキストフレームの場合には、ベースライングリッドに文字が揃います。表示メニュー→“グリッドとガイド”→“ベースライングリッドを表示”を実行すると、文字の中心がベースライングリッドに揃っているのが分かります図8。つまり、プレーンテキストフレームでは[グリッド揃え]が[なし]、フレームグリッドでは[グリッド揃え]が[仮想ボディの中央]になっていないと、意図しない動作となってしまうので注意してください。

図8 ベースライングリッドに揃うテキスト

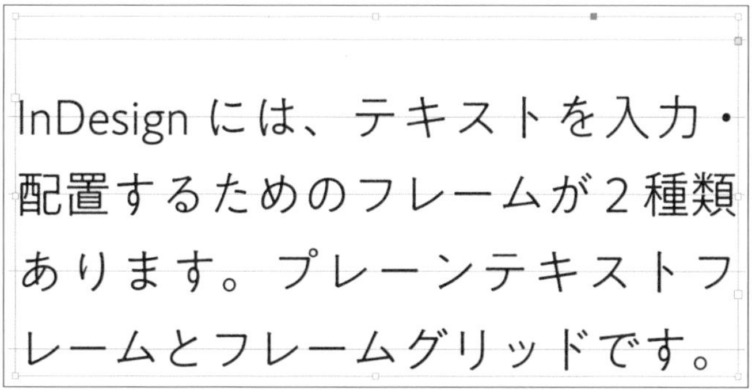

InDesign には、テキストを入力・配置するためのフレームが２種類あります。プレーンテキストフレームとフレームグリッドです。

2つのフレームの違い(その他)

通常の作業では気にしなくてもかまいませんが、その他にもいくつか違いがあります。段落パネルのパネルメニュー→“ジャスティフィケーション...”を選択して、ジャスティフィケーションダイアログを表示させ、[自動行送り]の値を見てみましょう。プレーンテキストフレームでは175%、フレームグリッドでは100%になっています図9。

図9 「ジャスティフィケーション」ダイアログの[自動行送り]

ジャスティフィケーション
最小 最適 最大
単語間隔：80% 100% 133%
文字間隔：0% 0% 0%
文字幅拡大 / 縮小：100% 100% 100%
自動行送り：175%
1 単語揃え：両端揃え
コンポーザー：Adobe 日本語単数行コンポーザー
OK
キャンセル
プレビュー

プレーンテキストフレーム

ジャスティフィケーション
最小 最適 最大
単語間隔：80% 100% 133%
文字間隔：0% 0% 0%
文字幅拡大 / 縮小：100% 100% 100%
自動行送り：100%
1 単語揃え：両端揃え
コンポーザー：Adobe 日本語単数行コンポーザー
OK
キャンセル
プレビュー

フレームグリッド

[自動行送り]とは、[行送り]の値を指定しない時に参照される値で、例えば13Qの文字の場合には、プレーンテキストフレームでは13Q×175%で22.75Qとなります 図10。つまり、この例の場合、行送りを指定しないと自動的に22.75Hで行が送られることになります。なお、行送りを指定していない場合、行送りの値は( )付きで表示されます。

図10 文字パネルの[行送り]

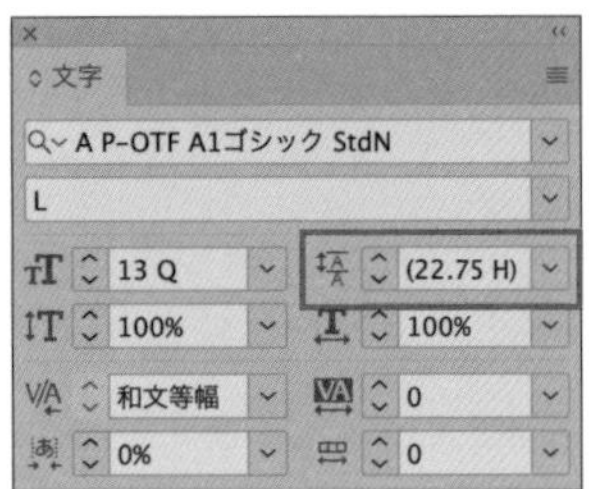

また、文字パネルのパネルメニューにある[文字の比率を基準に行の高さを調整]と[グリッドの字間を基準に字送りを調整]も異なります。プレーンテキストフレームではどちらもオフ、フレームグリッドではどちらもオンになっています 図11。[文字の比率を基準に行の高さを調整]は、テキストの垂直比率を変更している場合に、比率を変更する前の状態を基準に行を送るのか、比率を変更後の状態を基準に行を送るのかが異なります。また、フレームグリッドで[グリッドの字間を基準に字送りを調整]をオフにすると、[フレームグリッド設定]の[字間]をマイナスに設定する1歯詰め等が効かなくなるので注意が必要です。

図11 [文字の比率を基準に行の高さを調整]と[グリッドの字間を基準に字送りを調整]

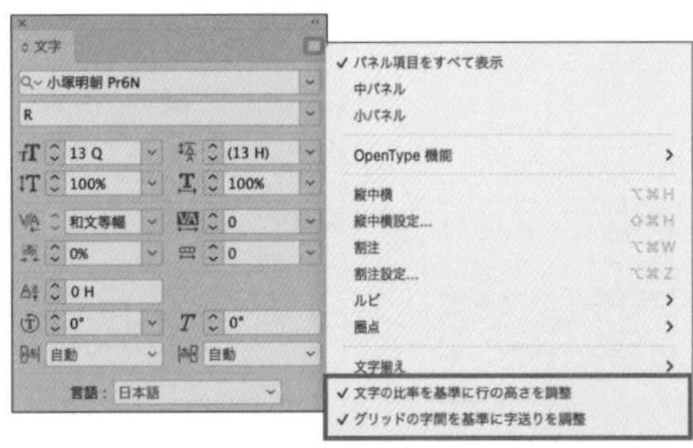

座標値とサイズ、基準点

THEME テーマ

各オブジェクトの位置やサイズを正確にコントロールしたい場合には、コントロールパネルや変形パネルで数値を指定します。この際、ショートカットを覚えておくと、素早く数値を指定できます。

基準点とX・Y・W・H

選択ツールでオブジェクトを選択すると、そのオブジェクトの座標値(X位置・Y位置)やサイズ(幅・高さ)がコントロールパネル(またはプロパティパネルや変形パネル)に表示されます 図1 図2。

X：X位置(横方向の座標値)

Y：Y位置(縦方向の座標値)

W：幅(width)

H：高さ(height)

その際、基準点にどこを選択しているのかで、[X位置]と[Y位置]の値は異なります。なお、基準点の各ポイントは目的のポイントをマウスでクリックすれば変更できます。

memo

X・Y・W・Hをはじめとする項目名の部分をクリックすると、各フィールドがハイライトされて数値が入力可能になります。

図1 オブジェクトの座標値とサイズ(基準点：左上)

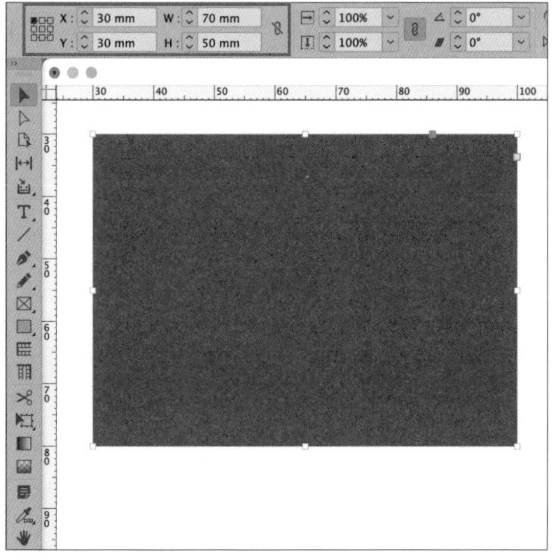

基準点に「左上」を選択しているので、長方形の左上のポイントの座標値が[X位置][Y位置]に表示されます。

図2 オブジェクトの座標値とサイズ(基準点：左上)

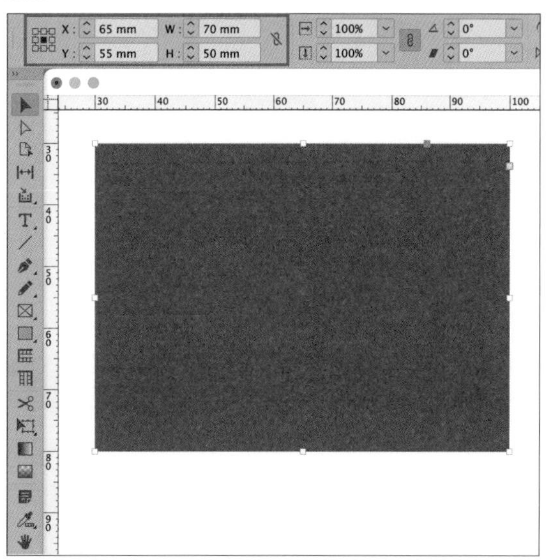

基準点に「左右中央」を選択しているので、長方形の中心点の座標値が[X位置][Y位置]に表示されます。

オブジェクトの座標値やサイズは、各フィールドを選択またはクリックして変更できますが、ショートカットも覚えておきましょう。

まず、オブジェクトを選択したら、command＋6〔Ctrl＋6〕キーを押します。すると、コントロールパネルの[X位置]がハイライトされ、数値が変更可能になるはずです 図3。ここでは数値を「40mm」に変更し、tabキーを押します。すると、次のフィールドがハイライトされます 図4。このように、tabキーを押すことで次のフィールドに移動することもできます。マウスを使用することなく、キーボード操作のみで連続して各項目を入力していけるので便利です。

図3 [X位置]がハイライトされた状態

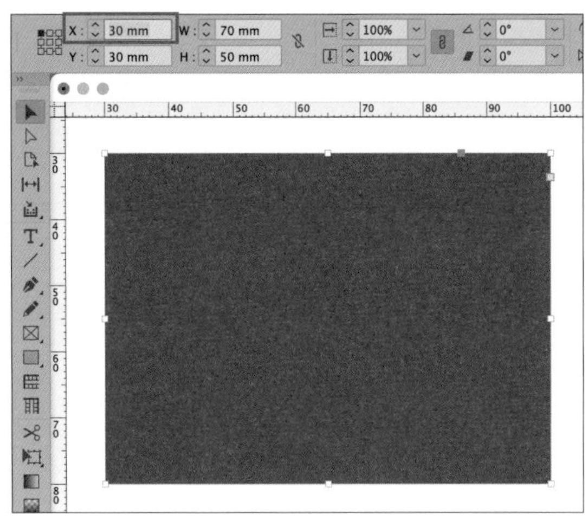

図4 [Y位置]がハイライトされた状態

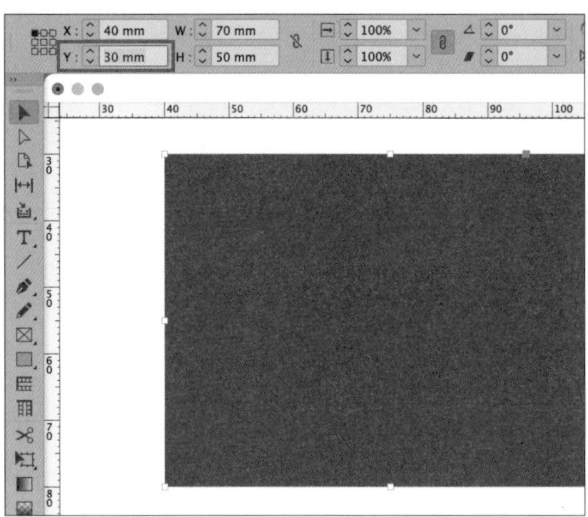

なお、command＋6〔Ctrl＋6〕キーを押した後、続けてshift＋tabキーを押してみましょう。すると、基準点がハイライトされます 図5（このように、shift＋tabキーを押すことで前のフィールドに移動することもできます）。さらに続けて、1〜9のいずれかの数字キーを押してみましょう。押した数字に応じて、基準点のどのポイントが選択されるかを切り替えることができます 図6。

1→左下・2→中下・3→右下
4→左中・5→中央・6→右中
7→左上・8→中上・9→右上

図5 基準点(左上)がハイライトされた状態

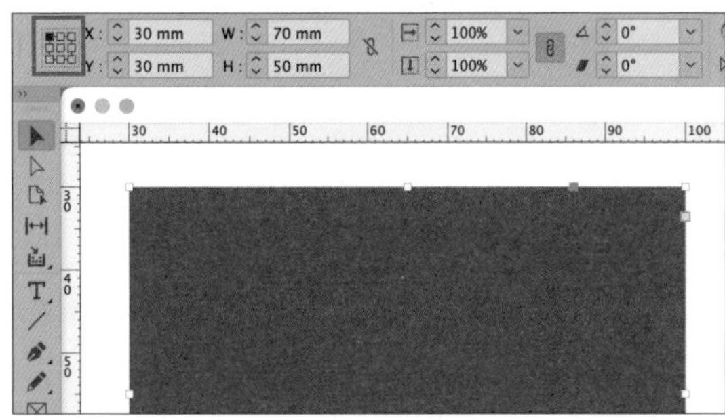

図6 基準点(右下)がハイライトされた状態

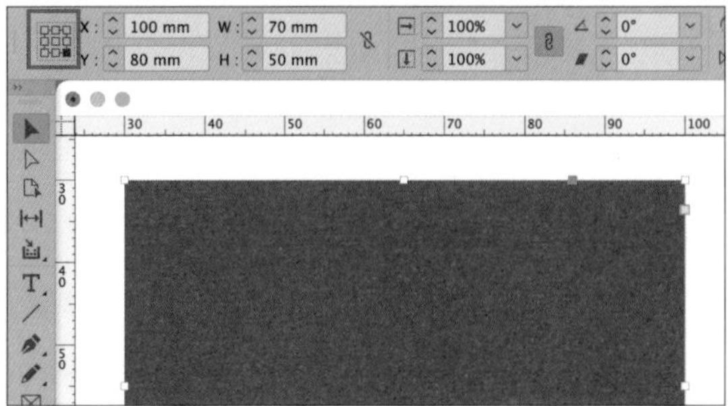

Lesson 3

テキストに書式を設定する

テキストへの書式設定は、必ず行う作業です。InDesignでは、テキストに対して高度な書式設定が可能ですが、まずは基本的なテキストの設定を理解し、スムーズに操作ができるようにしておきましょう。

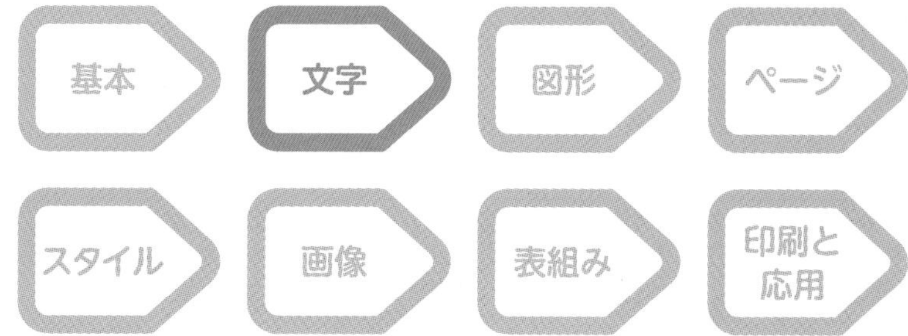

テキストを入力する

THEME テーマ

ここでは、テキストの入力および選択方法を学習します。文字ツールを使えば簡単に文字が入力できますが、キーボードから入力しづらい文字や特殊文字の入力、さらには素早くテキストを選択する方法も覚えておくと便利です。

テキストの入力と選択

プレーンテキストフレームでもフレームグリッドでも、テキストを入力する際には文字ツールを使用します。文字ツールでフレーム内をクリックすれば、その位置にカーソルが点滅表示されるので図1、キーボードをタイプすれば文字が入力できます。そして、escキーを押せば、編集中だったテキストフレームが選択された状態で、文字ツールから選択ツールに切り替わります図2。

さらに、選択ツールの状態で、テキストフレーム上をダブルクリックしてみましょう。すると、自動的に文字ツールに切り替わり、ダブルクリックした位置にカーソルが挿入されます。また、文字ツールで文字列をダブルクリックすると、ダブルクリックした位置の単語が選択され図3、トリプルクリックすると行が選択されます図4。さらに、4回連続でクリックすれば段落全体を選択するといったことも可能です図5。このように、素早く文字を選択する方法はいくつかあるので、ぜひ覚えておきましょう。

memo

書式メニューから［サンプルテキストの割り付け］を実行すると、日本語のサンプルテキストの配置が可能です。

図1 テキスト挿入ポイントが表示された状態

InDesignには、美しく文字組版するための機能が充実しています。組

文字ツールでクリックすると、カーソルが点滅表示される。

図2 テキストフレームが選択された状態

InDesignには、美しく文字組版するための機能が充実しています。組版を学んでワンランク上のデザインを実現しましょう。

escキーを押すと、テキストフレームが選択された状態で選択ツールに切り替わる。

図3 文字ツールでダブルクリックした状態

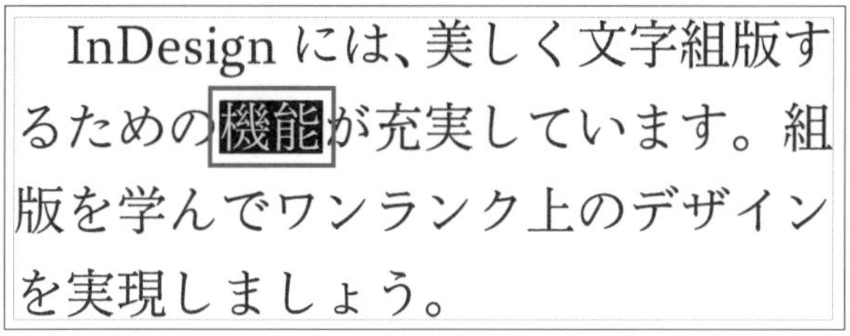

InDesign には、美しく文字組版するための機能が充実しています。組版を学んでワンランク上のデザインを実現しましょう。

文字ツールでダブルクリックすると、その位置の単語が選択される。

図4 文字ツールでトリプルクリックした状態

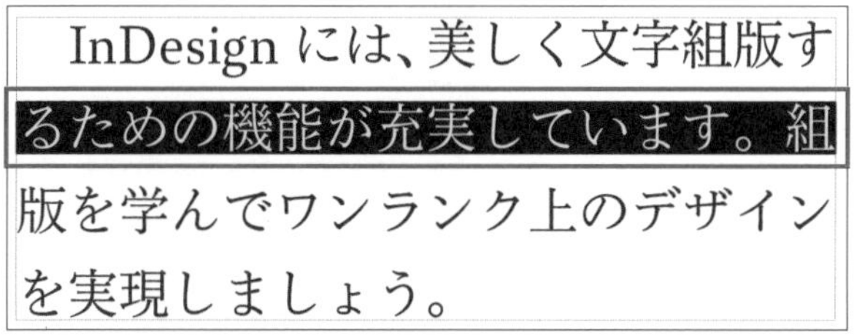

InDesign には、美しく文字組版するための機能が充実しています。組版を学んでワンランク上のデザインを実現しましょう。

文字ツールでトリプルクリックすると、その位置の行すべてが選択される。

図5 文字ツールで4回連続でクリックした状態

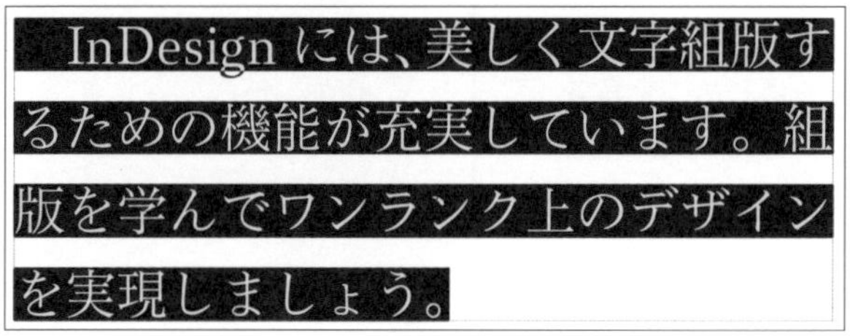

InDesign には、美しく文字組版するための機能が充実しています。組版を学んでワンランク上のデザインを実現しましょう。

文字ツールで4回連続でクリックすると、その段落すべてが選択される。

入力しずらい文字の入力

異体字や記号類等、キーボードから直接入力しずらい文字は、字形パネルを使って入力します。まず、異体字を入力してみましょう。文字ツールで異体字に置換したい文字を選択します。すると、文字の右下に異体字の候補が最大で5つまで表示されます 図6 。その中に置換したい字形がある場合には、目的の字形をダブルクリックすれば異体字に置換されます。ない場合には、一番右にある［異体字をさらに表示］ボタンをクリックして字形パネルを表示します。その中から目的の字形をダブルクリックすれば、異体字に置換されます 図7 。

memo

文字を選択した際に、文字の右下に異体字の候補が表示されるのは、環境設定の［高度なテキスト］カテゴリーで［選択された文字の異体字を表示］がオンになっている場合のみです（デフォルトではオン）。また、表示される異体字の数は選択しているフォントによって異なります。

図6 異体字への置換

図7 字形パネルから異体字に置換

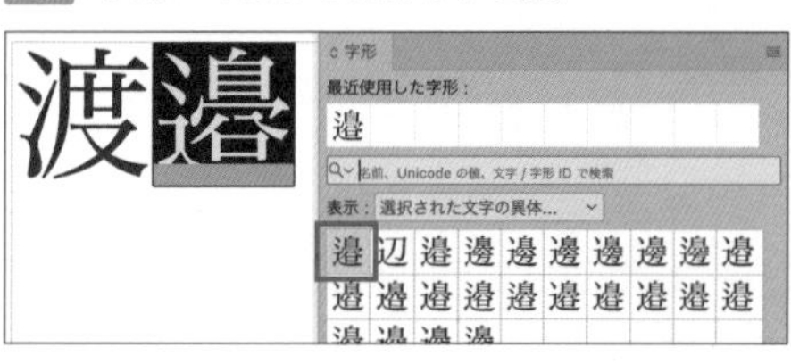

キーボードから入力しずらい記号類を入力するには、まず字形パネルを表示します。書式メニュー→“字形”、あるいはウィンドウメニュー→“書式と表”→“字形”を選択すれば表示できます。字形パネルが表示されたら、目的の字形をダブルクリックして入力します 図8。

図8 字形パネルから字形を入力

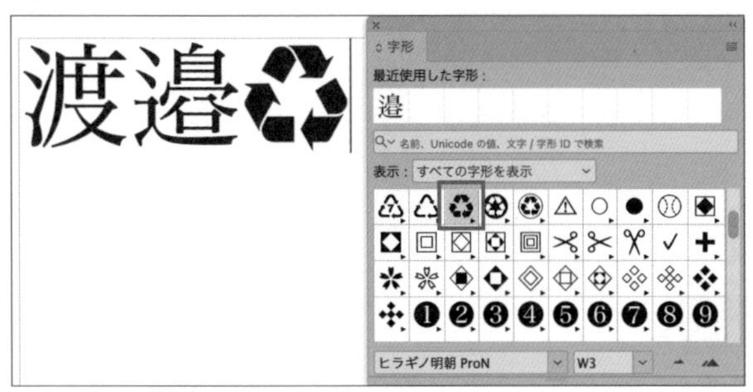

> **memo**
>
> 字形パネルには、そのフォントに含まれるすべての字形が表示されますが、[表示] のプルダウンメニューから目的のものを選択すると、字形を探しやすくなります 図9。なお、字形パネルの左下では表示させるフォントを切り替えることも可能です。

図9 字形パネルの[表示]

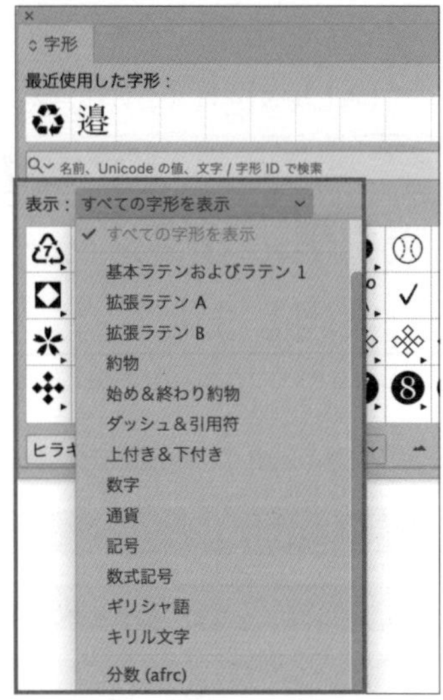

特殊文字・空白文字・分割文字を挿入する

InDesignでは、書式メニューから特殊文字や空白文字・分割文字を手軽に入力できます。それぞれ、どのような文字を入力できるかを覚えておくと便利です 図10。さまざまなハイフンや引用符をはじめ、全角スペースや半角スペース以外のスペースが入力できたり、段やフレーム、ページを分割する分割文字も利用できます。

図10 特殊文字を挿入・空白文字を挿入・分割文字を挿入

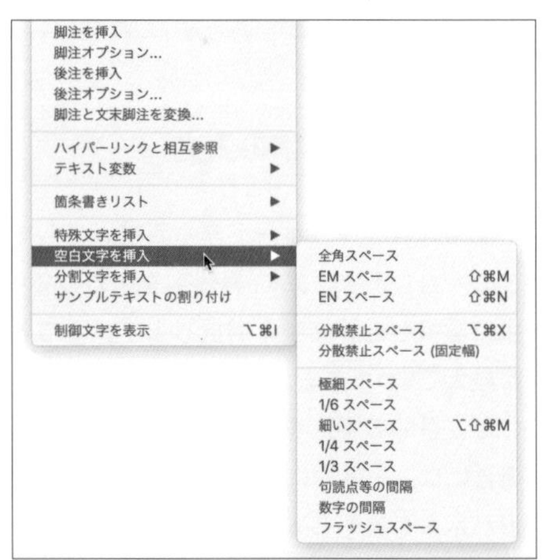

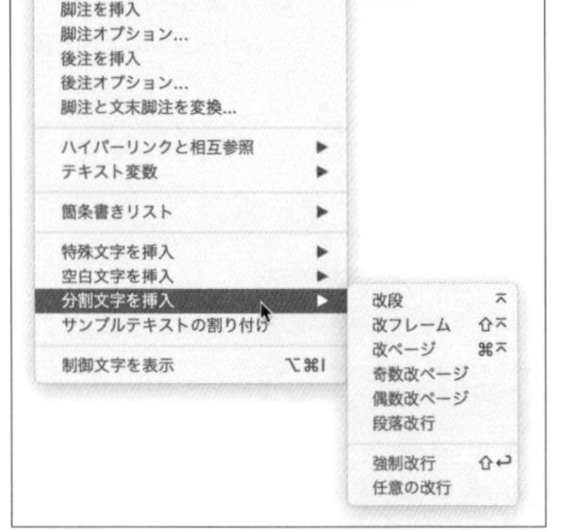

> **memo**
>
> 実際に入力されているかが分かりづらいのが、特殊文字や空白文字、分割文字です。そのような場合、書式メニュー→“制御文字を表示”を選択すれば確認できますが、[標準モード] が選択されている必要があります。

テキストを配置する

InDesignでは、さまざまな方法でテキストを配置できます。他のアプリケーションからのコピー＆ペーストはもちろん、[配置] コマンドやテキストファイルを直接ドラッグ＆ドロップすることも可能です。

他のアプリケーションからのコピー＆ペースト

Illustrator同様、テキストエディター等、他のアプリケーション上でコピーしたテキストは、そのままInDesignドキュメントにペーストできます。この時、フレームグリッドであれば[フレームグリッド設定]のグリッド書式属性で、プレーンテキストフレームであればカーソルが挿入された時の文字パネルや段落パネルの設定でテキストがペーストされ、「縦組みなのか、横組みなのか」もそのテキストフレームの設定に準じます。

memo

IllustratorとInDesign間でのテキストのコピー＆ペーストに関する詳細は、117ページ Lesson04-09「Illustratorとのテキストのコピー＆ペースト」を参照してください。

配置コマンドを使用したテキスト配置

ファイルメニュー→“配置...”を実行することでもテキストを配置できます。この方法でテキストを配置する場合、！オプションダイアログを表示させることができるため、どのようにテキストを読み込むかを詳細に指定できます。ここでは、既存のプレーンテキストフレームにテキストを配置してみましょう。なお、フレームグリッドに対してテキストを配置する際には、[フレームグリッド設定] のグリッド書式属性の内容でテキストが配置されます。

プレーンテキストフレームを選択、あるいはフレーム内にカーソルをたてた状態からファイルメニュー→“配置...”を実行します 図1。すると、

POINT

オプションダイアログを表示させずにテキストを配置した場合、前回同じファイル形式を配置した際の設定でテキストが読み込まれます。

図1 [配置]コマンド

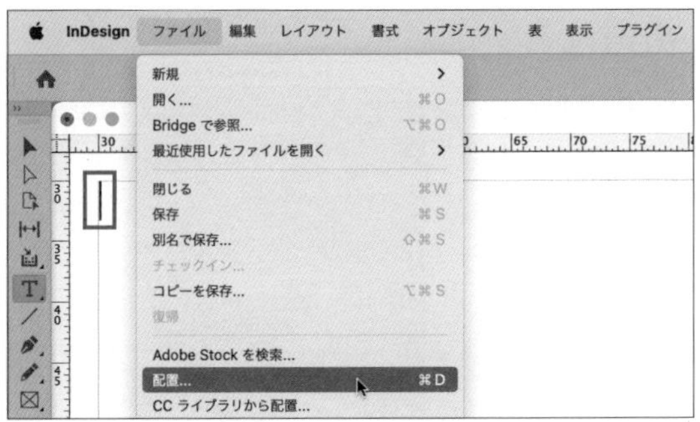

「配置」ダイアログが表示されるので、配置するテキストファイルを選択します。そのまま「開く」ボタンをクリックすればテキストが配置されますが、テキストをどのように読み込みたいかをコントロールしたい場合には[読み込みオプションを表示]をオンにして「開く」ボタンをクリックします 図2。「テキスト読み込みオプション」ダイアログが表示されるので、適切な[文字セット]や[プラットフォーム]を選択して[OK]ボタンをクリックすると 図3、テキストが配置されます 図4。

図2 「配置」ダイアログ

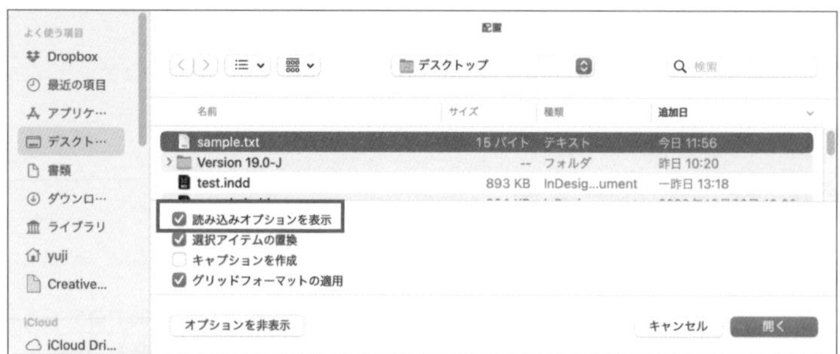

図3 「テキスト読み込みオプション」ダイアログ

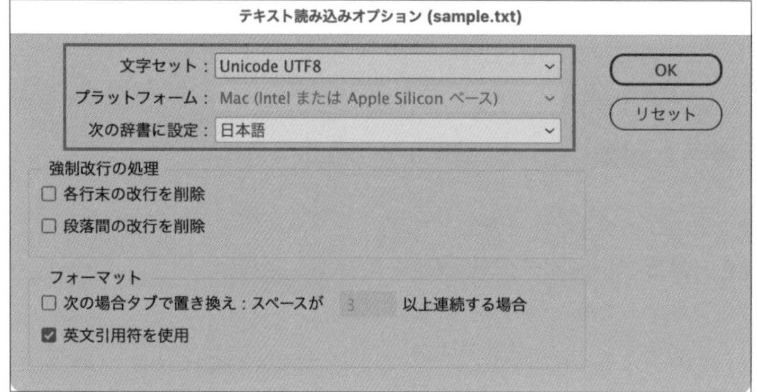

図4 配置されたテキスト

木曾路はすべて山の中である。あるところは岨づたいに行く崖の道であり、あるところは数十間の深さに臨む木曾川の岸であり、あるところは山の尾をめぐる谷の入り口である。一筋の街道はこの深い森林地帯を貫いていた。東ざかいの桜沢から、西の十曲峠まで、木曾十一宿はこの街道に添うて、二十二里余にわたる長い谿谷の間に散在し

WORD 文字セット

文字セットとは、コンピューター上で文字を扱うために、何らかの基準に基づいて定義した文字の集合のこと。また、文字それぞれに対して割り当てた固有の数値を文字コードと言います。Shift JISやUnicodeなど、さまざまな文字コードがありますが、InDesignのダイアログの文字セットでは、厳密には文字コードを選択します。作成された時の文字コードと異なる文字コードを選択してテキストを読み込むと、文字化けして読み込まれることもあります。

memo

配置コマンドを実行して配置できるのは、テキストだけではありません。画像はもちろん、WordやExcelのファイルの配置も可能です。WordやExcelのファイルを配置する際には、それぞれ図のようなオプションダイアログが表示されます 図5 図6。

図5 「Microsoft Word 読み込みオプション」ダイアログ

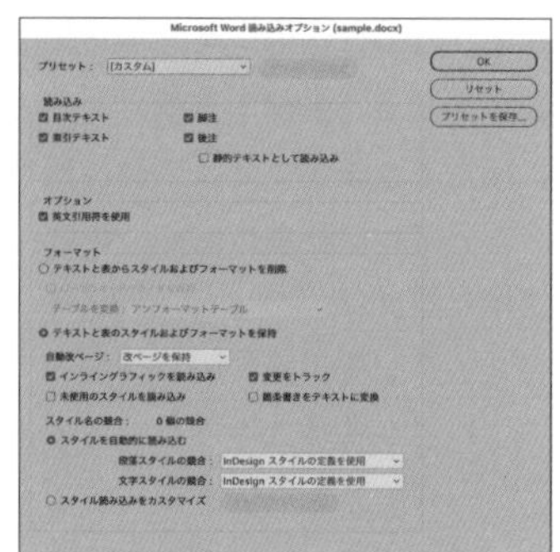

図6 「Microsoft Excel 読み込みオプション」ダイアログ

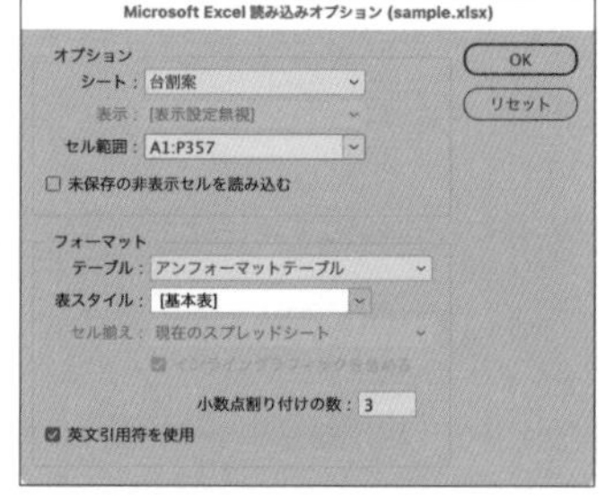

なお、テキストフレームを何も選択していない状態でファイルメニュー→"配置..."を実行すると、マウスポインターがテキスト保持アイコンに変化し 図7 、その状態からクリックまたはドラッグするとテキストを配置できます 図8 。この時、縦組みで配置されるのか、横組みで配置されるのかは、書式メニューの「組み方向」が「横組み」なのか「縦組み」なのかで決まり 図9 、フレームグリッドが作成されるのか、プレーンテキストフレームが作成されるのかは、「配置」ダイアログの[グリッドフォーマットの適用]がオンならフレームグリッドが、オフならプレーンテキストフレームが作成されます 図10 。

memo

マウスポインターがテキスト保持アイコンのときにドラッグすると、ドラッグしたサイズのテキストフレームが作成されますが、クリックした場合には、クリックした位置を基準として段組ガイドやマージンガイドにぶつかるまで自動的にフレームサイズが拡張します。

なお、デスクトップ等からテキストファイルを直接ドキュメント上にドラッグ＆ドロップしてもテキストを配置できます。その場合も、マウスポインターはテキスト保持アイコンに変化します。

図7 テキスト保持アイコン

図8 配置されたテキスト

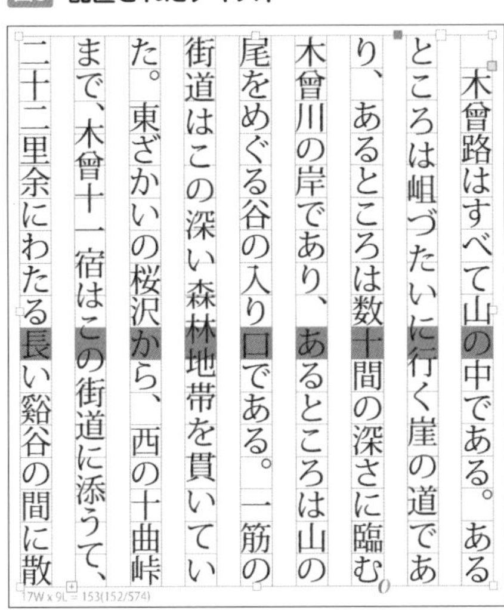

図9 組み方向

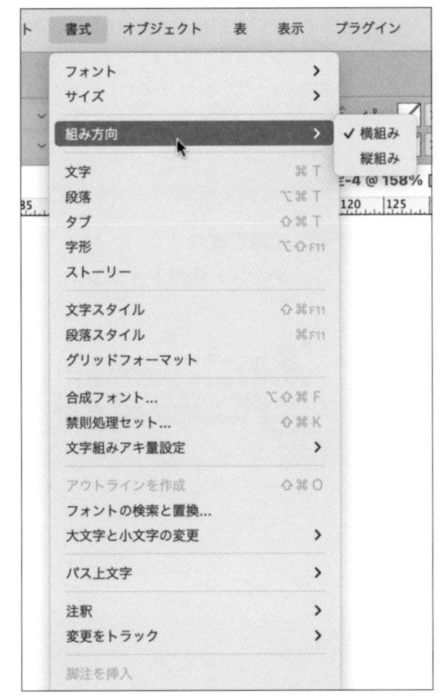

図10 「配置」ダイアログの[グリッドフォーマットの適用]

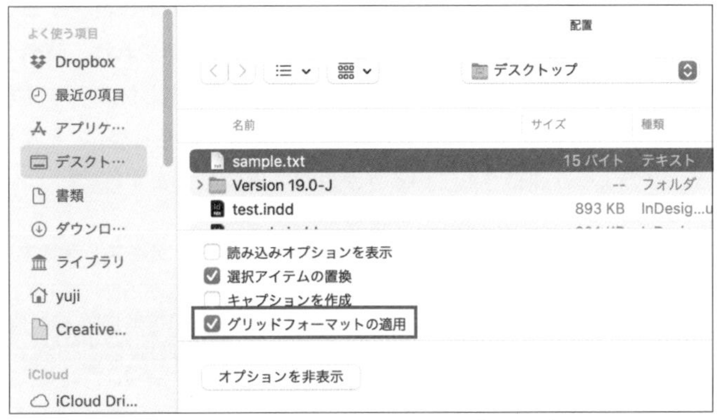

[グリッドフォーマットの適用]がオンの場合にはフレームグリッドが、オフの場合にはプレーンテキストフレームが作成されます。

テキストフレームの連結

異なるテキストフレーム間をまたいでテキストを流したいような場合には、テキストフレームを連結します。各テキストフレームにはインポートとアウトポートがあり、連結することでアウトポートから(異なるテキストフレームの)インポートにテキストが流れます。選択ツールでテキストフレームを選択すると、ハンドルよりも少し大きな四角形が表示されます。これが、インポートとアウトポートですが、テキストがあふれている場合には、アウトポートには赤い四角形に+のマークが表示されます 図11。

図11 インポートとアウトポート

木曾路はすべて山の中である。あるところは岨
づたいに行く崖の道であり、あるところは数十間
に臨む木曾川の岸であり、あるところは山
の尾をめぐる谷の入り口である。一筋の街道はこ
の深い森林地帯を貫いていた。東ざかいの桜沢か
ら、西の十曲峠まで、木曾十一宿はこの街道に添
うて、二十二里余にわたる長い

インポート
アウトポート

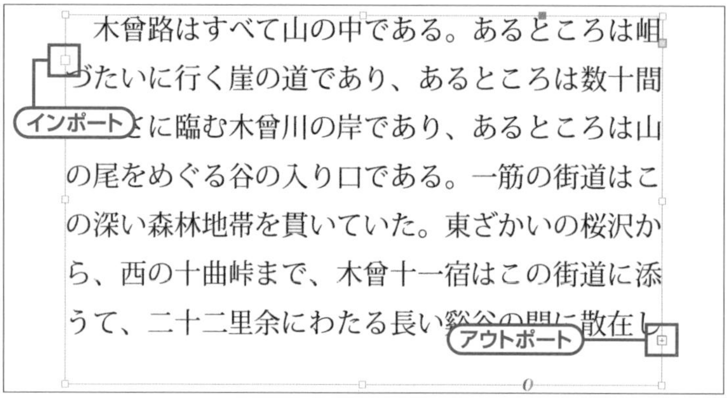

図11 ではテキストがあふれているので、異なるテキストフレームにテキストを連結してみましょう。まず、選択ツールでアウトポートをクリックします 図12。すると、マウスポインターがテキスト保持アイコンに変化します 図13。この状態から任意の場所でドラッグすれば、連結されたテキストフレームが作成され、あふれたテキストが流し込まれます 図14。なお、表示メニュー→"エクストラ"→"テキスト連結を表示"を実行すると、どのように連結されているかが目視で確認できます 図15。

memo

マウスポインターがテキスト保持アイコンの状態のとき、空のテキストフレーム上にマウスを移動させると、鎖のアイコンが表示されます 図16。この状態でクリックすると、あふれたテキストがそのテキストフレームに流し込まれます。

図12 アウトポートをクリック

木曾路はすべて山の中である。あるところは岨づたいに行く崖の道であり、あるところは数十間の深さに臨む木曾川の岸であり、あるところは山の尾をめぐる谷の入り口である。一筋の街道はこの深い森林地帯を貫いていた。東ざかいの桜沢から、西の十曲峠まで、木曾十一宿はこの街道に添うて、二十二里余にわたる長い谿谷の間に散在していた。道路の位置も幾たびか改まったもので、古道はいつのまにか深い山間に埋

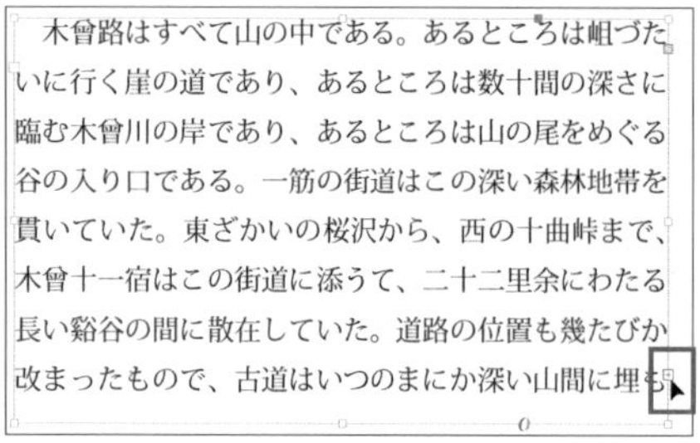

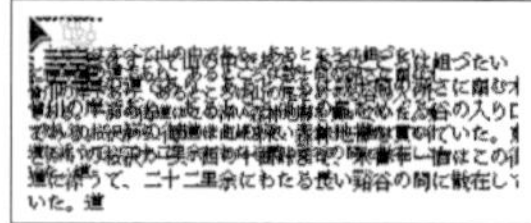

図13 テキスト保持アイコン

図16 連結可能なテキスト保持アイコン

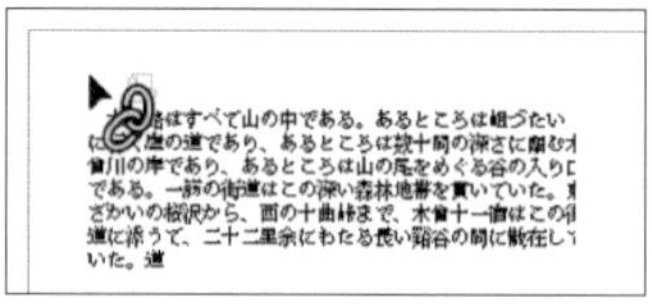

図14　流し込まれたテキスト

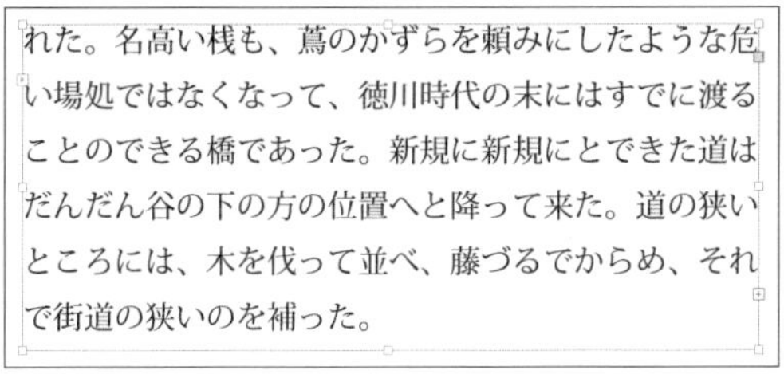

れた。名高い桟も、蔦のかずらを頼みにしたような危い場処ではなくなって、徳川時代の末にはすでに渡ることのできる橋であった。新規に新規にとできた道はだんだん谷の下の方の位置へと降って来た。道の狭いところには、木を伐って並べ、藤づるでからめ、それで街道の狭いのを補った。

図15　連結されたテキストフレーム

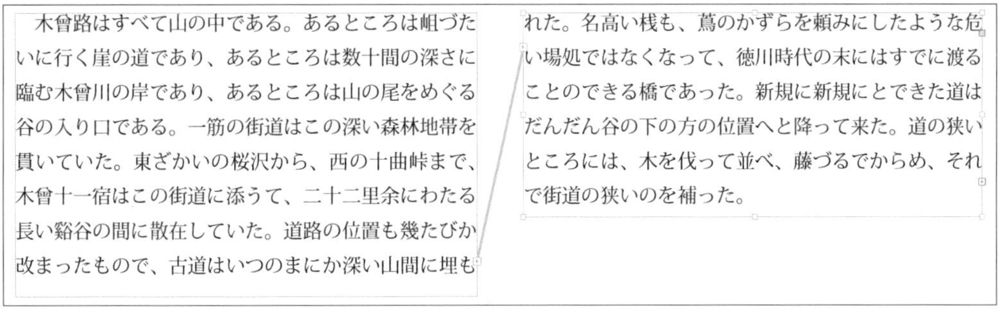

木曾路はすべて山の中である。あるところは岨づたいに行く崖の道であり、あるところは数十間の深さに臨む木曾川の岸であり、あるところは山の尾をめぐる谷の入り口である。一筋の街道はこの深い森林地帯を貫いていた。東ざかいの桜沢から、西の十曲峠まで、木曾十一宿はこの街道に添うて、二十二里余にわたる長い谿谷の間に散在していた。道路の位置も幾たびか改まったもので、古道はいつのまにか深い山間に埋も

れた。名高い桟も、蔦のかずらを頼みにしたような危い場処ではなくなって、徳川時代の末にはすでに渡ることのできる橋であった。新規に新規にとできた道はだんだん谷の下の方の位置へと降って来た。道の狭いところには、木を伐って並べ、藤づるでからめ、それで街道の狭いのを補った。

テキストフレームの自動生成

「新規ドキュメント」ダイアログには［テキストフレームの自動生成］という項目があります 図17。この項目にチェックを入れて新規ドキュメントを作成すると、親ページ上に自動的にテキストフレームが作成されます 図18。この時、［レイアウトグリッド...］を選択すればフレームグリッドが、［マージン・段組...］を選択すればプレーンテキストフレームが作成され、段組の設定も反映されます。

親ページ上にテキストフレームが作成されるということは、ドキュメントページにもテキストフレームが反映されるので、そのままテキストを配置していくことができます。なお、［テキストフレームの自動生成フロー］が有効になったテキストフレームにテキストを配置すると、デフォルト設定ではテキストがすべて配置されるまで自動的にページが追加されるので、長文テキストを配置するのに便利です。

図17　「新規ドキュメント」ダイアログ

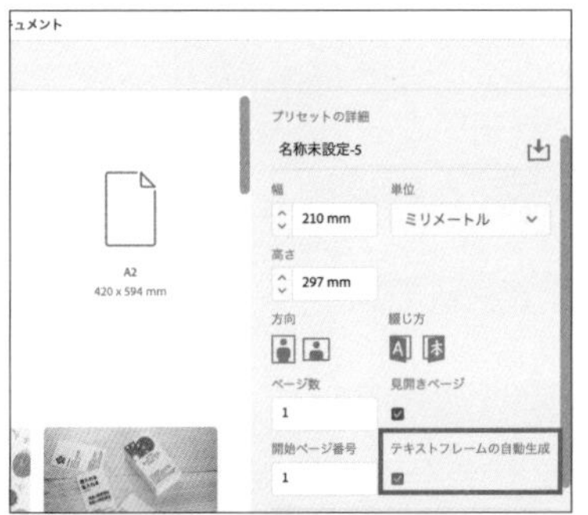

図18　親ページ上の［テキストフレームの自動生成フロー］が有効なテキストフレーム

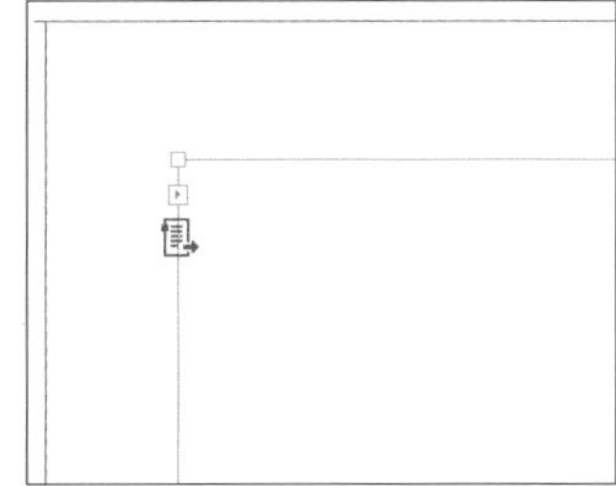

memo

InDesignには、長文テキストを配置するのに便利な自動流し込み、半自動流し込み、固定流し込みという機能も用意されています。テキスト保持アイコンの状態から以下のキーを押しながらクリックすることで、レイアウトグリッドやマージンに合わせてテキストを配置できます。ただし、最初のフレームグリッドの位置が若干ずれるケースがあり、今のところ回避する方法はありません。そのため、手作業で位置やサイズを修正する必要があります。

自動流し込み：shiftキーを押しながらクリックすることで、テキストがすべて配置されるまで、自動的にページやフレームを追加します。

半自動流し込み：option〔alt〕キーを押しながらクリックすることで、その段にテキストを配置します。クリック後もテキスト保持アイコンのままなので、続けてテキストを配置していけます。

固定流し込み：option〔alt〕+shiftキーを押しながらクリックすることで、既存のページに収まるまでテキストを自動で配置します。

テキストに書式を設定する

THEME テーマ テキストへの書式の設定は必ず行う作業です。フォントやフォントサイズを設定しないといったことはないでしょうが、「禁則処理」や「文字組み」の設定にも気を使いましょう。美しい文字組みをするためにも必須の作業です。

美しく文字を組むために（禁則処理）

テキストを配置したら、「フォント」や「フォントサイズ」を指定し、さらにテキストが2行以上の場合には「行送り」も設定します。しかし、美しく文字を組むためには、その他の項目の設定にも注意を配る必要があります。まずは段落パネルの禁則処理を確認してみましょう 図1。

そもそも和文組版では、行頭や行末に来てはいけない文字を定めた組版ルールがあります。句読点等、行頭に来てはいけない文字を「行頭禁則文字」、起こしの括弧等、行末に来てはいけない文字を「行末禁則文字」と言いますが、さらに、ぶら下げ文字⮕を定めた「ぶら下がり文字」と連続使用の際に分離させない文字を定めた「分離禁止文字」を併せて、InDesignには「禁則処理」セットが用意されています。

和文組版用には［強い禁則］と［弱い禁則］が用意されており、「強い禁則」は「弱い禁則」に比べ、拗促音等が「行頭禁則文字」に含まれる等、より厳しい設定となっていますが 図2、作業の内容に応じて適切な「禁則処理」を選択する必要があります。なお、作業内容に応じたオリジナルの禁則処理セットを作成することもできます。

memo
ドキュメントを何も開いていない状態で「禁則処理」を選択しておけば、以後、新規で作成するドキュメントでその禁則処理の設定が優先されます。

⮕ 78ページ **Lesson03-07**参照。

図1 段落パネルの禁則処理

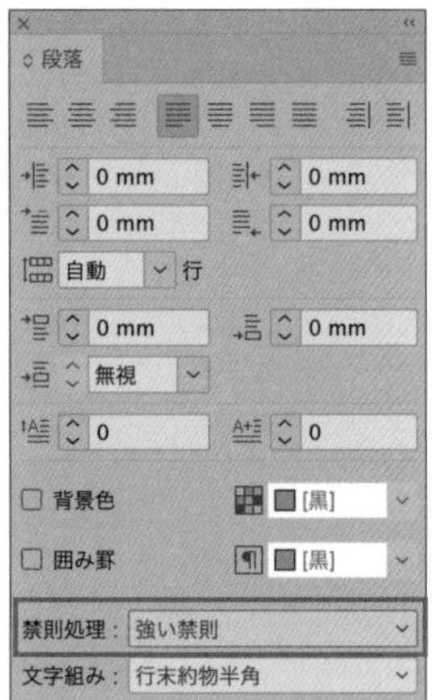

図2 禁則処理の［強い禁則］と［弱い禁則］

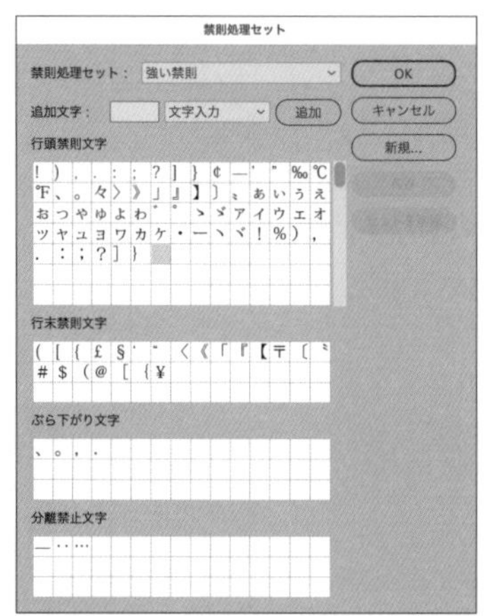

美しく文字を組むために(禁則調整方式)

P.22でも、[禁則調整方式]には[調整量を優先]を選択しておくのがお勧めと書きましたが、デフォルトでは[追い込み優先]が選択されています。[禁則調整方式]に[追い込み優先][追い出し優先][追い出しのみ][調整量を優先]のそれぞれを選択した場合、図のような組版結果となります 図3。ケースバイケースですが、筆者のお勧めは[調整量を優先]です。

図3 禁則調整方式

禁則調整方式には「追い込み優先」「追い
出し優先」「追い出しのみ」「調整量を優先」
の４種類あり、それぞれ設定した［禁則
処理セット］の内容に応じて、追い込み・
追い出しをどのように調整するかを決定
します。デフォルトでは「追い込み優先」
が選択されています。

追い込み優先

禁則調整方式には「追い込み優先」「追
い出し優先」「追い出しのみ」「調整量を
優先」の４種類あり、それぞれ設定した
［禁則処理セット］の内容に応じて、追い
込み・追い出しをどのように調整するか
を決定します。デフォルトでは「追い込
み優先」が選択されています。

追い出しのみ

禁則調整方式には「追い込み優先」「追い
出し優先」「追い出しのみ」「調整量を優
先」の４種類あり、それぞれ設定した［禁
則処理セット］の内容に応じて、追い込
み・追い出しをどのように調整するかを
決定します。デフォルトでは「追い込み
優先」が選択されています。

追い出し優先

禁則調整方式には「追い込み優先」「追い出
し優先」「追い出しのみ」「調整量を優先」
の４種類あり、それぞれ設定した［禁則処
理セット］の内容に応じて、追い込み・追
い出しをどのように調整するかを決定し
ます。デフォルトでは「追い込み優先」が
選択されています。

調整量を優先

美しく文字を組むために(文字組み)

段落パネルにある「文字組み」は、正式には「文字組みアキ量設定」と呼ばれ、美しい文字組みを実現するために重要な設定です。文字と文字が並んだ際の字間のアキ量を指定したもので、例えば、「あ」と「始め鍵括弧」が並んだ時に、始め鍵括弧を全角扱いで組みたい場合には、アキ量を0.5文字分に設定するといった考え方をします 図4。つまり、文字と文字が並んだときのアキ量の集合体が「文字組みアキ量設定」というわけです。

図4 アキ量とは

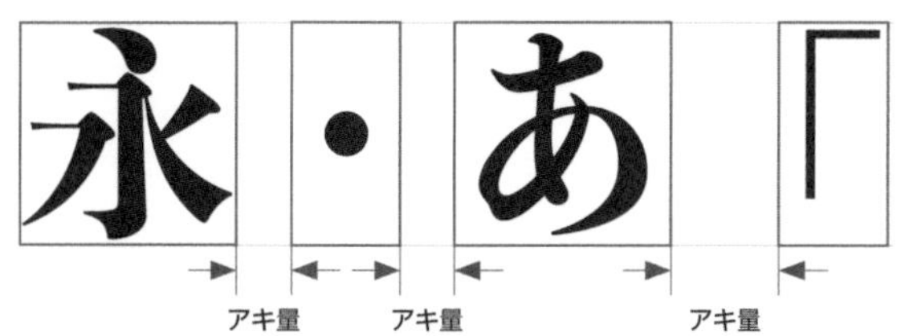

とは言え、文字と文字が並んだときのアキ量の組み合わせには膨大な数があるため、文字をいくつかのグループに分けて考えます。そのグループを「文字クラス」と呼び、「文字クラス」と「文字クラス」が並んだ際のアキ量を設定したものが文字組みアキ量設定となるわけです。InDesignの文字クラスは、図のように分けられており 図5 、それぞれ表のような文字が含まれています(含まれるすべての文字ではありません) 図6 。

図5 文字クラス

> 始め括弧類:
> 終わり括弧類:
> 読点類:
> 句点類:
> 中点類:
区切り約物:
分離禁止文字:
前置省略記号:
後置省略記号:
和字間隔:
行頭禁則和字:
ひらがな:
カタカナ:
上記以外の和字:
全角数字:
半角数字:
欧文:
行末:
段落先頭:

図6 各文字クラスに含まれる文字

始め括弧類	「『([{‘“〈《【
始めかぎ括弧	「『
始め丸括弧	(
その他の始め括弧	[{‘“〈《【
終わり括弧類	」』)]}’”〉》】
終わりかぎ括弧	」』
終わり丸括弧	)
その他の終わり括弧	]}’”〉》】
読点類	、,
読点	、
コンマ類	,
句点類	。.
句点	。
ピリオド類	.
中点類	・:;
中黒	・
コロン類	:;

区切り約物	!?
分離禁止文字	—‥…
前置省略記号	¥$£
後置省略記号	%¢°‰′″℃
和字間隔	全角スペース
行頭禁則和字	ぁぃぅぇぉっゃゅょゎゝゞ ァィゥェォッャュョヮヵヶ 〳 ー(音引き)
平仮名	ひらがな(拗促音除く)
カタカナ	カタカナ(拗促音除く)
上記以外の和字	漢字
全角数字	0123456789
半角数字	0123456789
欧文	欧文

なお、各文字クラスはすべてが全角幅ではなく、それぞれベースとなるサイズ(幅)を持っています。各文字クラスのアイコンを見ると分かりますが、例えば括弧類や句読点等の約物は半角幅がベースとなっており、半角数字や欧文ではプロポーショナル(字形によって文字幅が異なる)となっています 図7 。

図7 ベースとなる文字幅

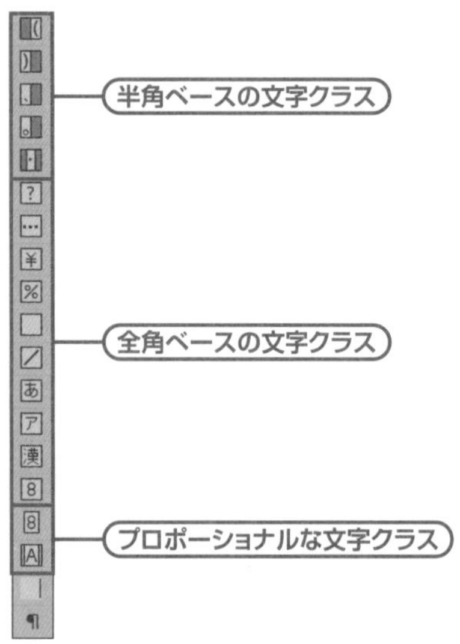

ちなみに、デフォルトで用意されている文字組みアキ量設定は14個ありますが、段落字下げのバリエーションを除くと4つのグループに分けることができます。中黒を＋に読み変えると分かりやすいでしょう 図8。

しかし、デフォルトの文字組みアキ量設定をそのまま使うだけでは美しい組版は実現できません。どのような文字組みをしたいかで、最適な文字組みアキ量設定を作成する必要がありますが、初心者が設定をカスタマイズするのはなかなか大変です（プロでもきちんとカスタマイズできる人は少ないです）。そこで、ネット上に無償で公開されている設定をダウンロードして使ってみましょう。お勧めは、「なんでやねんDTP（http://works014.hatenablog.com/）」というサイトを運営する大石さんが作成された設定です。「＋DESIGNING」のサイト（http://www.plus-designing.jp/pd/mjk/pd_mjk.html）から、InDesignとIllustratorの文字組みアキ量設定が無償でダウンロードできます。ダウンロードした設定は、「文字組みアキ量設定」ダイアログの［読み込み］ボタンから読み込めますので、その中から目的に合う設定を使い分けると良いでしょう 図9。

memo

文字組みアキ量設定は、仕事の内容に応じて複数作成して使い分けたいところです。しかし、カスタマイズした設定を作るのは、なかなか大変です。一度作成しても、使っているうちに修正したい箇所が出てくるからです。そのため、設定を少しずつ更新していくと良いでしょう。初心者には、文字組みアキ量設定のカスタマイズは難しいかもしれませんが、InDesignに慣れてきたらぜひ挑戦してみてください。

図8 デフォルトで用意されている文字組みアキ量設定

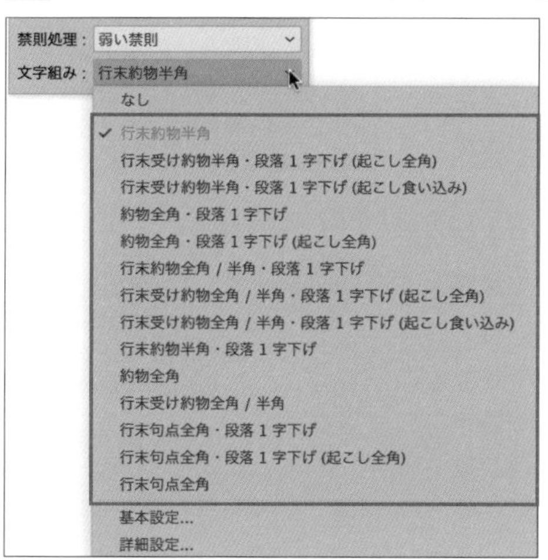

行末約物半角
行末受け約物半角＋段落１字下げ（起こし食い込み）
行末約物半角＋段落１字下げ
行末受け約物半角＋段落１字下げ（起こし全角）

約物全角
約物全角＋段落１字下げ
約物全角＋段落１字下げ（起こし全角）

行末受け約物全角／半角
行末受け約物全角／半角＋段落１字下げ（起こし食い込み）
行末約物全角／半角＋段落１字下げ
行末受け約物全角／半角＋段落１字下げ（起こし全角）

行末句点全角
行末句点全角＋段落１字下げ
行末句点全角＋段落１字下げ（起こし全角）

図9 「文字組みアキ量設定」ダイアログの［読み込み］ボタン

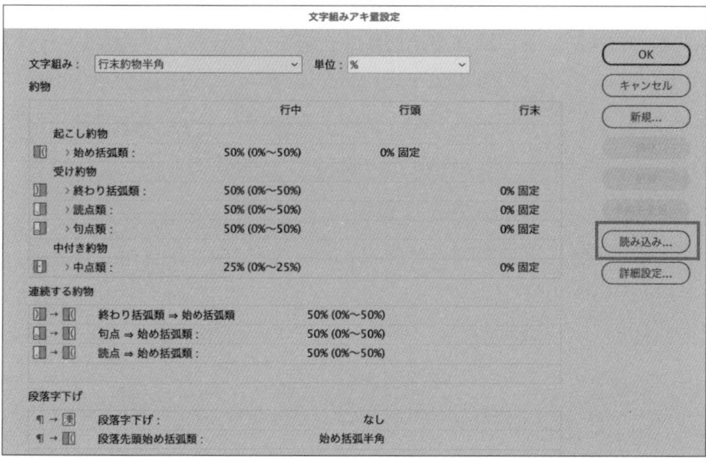

コンポーザーを設定する

コンポーザーには[Adobe日本語段落コンポーザー]ではなく、[Adobe日本語単数行コンポーザー]の使用がお勧めです。印刷業界では、多くの印刷会社が[Adobe日本語単数行コンポーザー]を使用しています。

コンポーザーとは

段落パネルのパネルメニューにある「コンポーザー」には、日本語、欧文、多言語対応のコンポーザーがあり、それぞれ単数行コンポーザーと段落コンポーザーがあります。和文組版(および和欧混植の組版)では、日本語用のコンポーザーを使用しますが、箱組みテキスト内のどこで改行するかを1行単位で決定している単数行コンポーザーと、段落単位で決定している(同じ段落内で各行のアキができるだけ均等になるように調整している)段落コンポーザーでは、組版結果が異なる場合があります。

つまり、段落コンポーザーでは**赤字**が入った際に、修正個所よりも前の行で改行位置が変わる可能性があるため 図1 、修正が入っていない箇所の変更を嫌う印刷業界では、単数行コンポーザーの使用が推奨されています。なお、P.21「和文組版の際に変更しておきたい設定」でも記述しましたが、ドキュメントを何も開いていない状態で、[Adobe日本語単数行コンポーザー]を選択しておくと、以後新規で作成するドキュメントに反映されるので、変更しておくと良いでしょう。

memo

欧文組版では、欧文用のコンポーザーを指定しますが、和文組版はもちろん、和欧混植の組版でも日本語用のコンポーザーを指定します。欧文用のコンポーザーを指定すると、縦組みはもちろん、ルビや縦中横といった日本語版専用の機能も使用できなくなります。

WORD 赤字

原稿や校正紙等に入れる修正指示のこと。目立つように赤いペンで書き入れたことから、修正指示を赤字と呼びます。

図1 [Adobe日本語段落コンポーザー]で組んだテキストの修正

Adobe InDesignの和文組版では、「Adobe日本語段落コンポーザー」と「Adobe日本語単数行コンポーザー」の2つの"コンポーザー"のいずれかを使用します。それぞれ、「段落単位」「行単位」でテキストの改行位置が決まります。

Adobe InDesignの和文組版では、「Adobe日本語段落コンポーザー」と「Adobe日本語単数行コンポーザー」の2つの"コンポーザー"のいずれかを使用します。それぞれ、「段落単位」「行単位」でテキストの"改行位置"が決まります。

[Adobe日本語段落コンポーザー]を使用していると、赤字を修正したことで、赤字部分よりも前の行で改行位置が変わることがあります。

ルビ・圏点・下線・打ち消し線・割注を設定する

THEME テーマ テキストには、ルビや圏点等、さまざまな設定が必要なケースがあります。ここでは、ルビ、圏点、下線、打ち消し線の設定方法を学びましょう。これらの設定は、すべて文字パネルのパネルメニューから実行します。

ルビの作成

ルビを設定するには、まず文字ツールでルビを振りたい文字を選択し、文字パネルのパネルメニュー→“ルビ”→“ルビの位置と間隔...”を実行します 図1。すると、「ルビ」ダイアログが表示されるので、[種類]に[**モノルビ**]または[**グループルビ**]のいずれかを選択して、[ルビ]にルビとして使用したい文字を入力します 図2。なお、モノルビをふる場合には、親文字単位で全角スペース、まは半角スペースで区切る必要があります。[OK]ボタンをクリックすれば、親文字に対してルビが適用されます 図3。

図1 [ルビの位置と間隔]コマンド

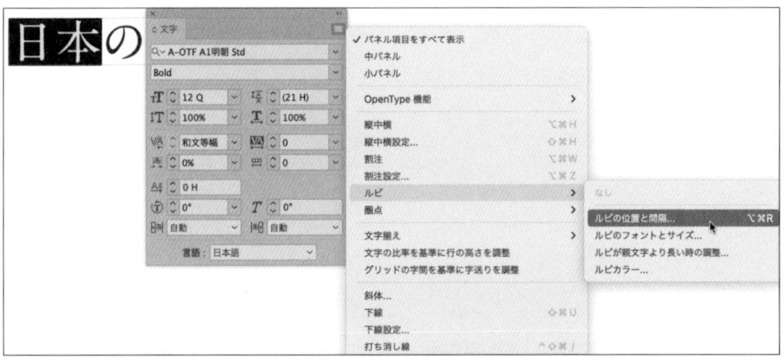

WORD モノルビとグループルビ

ルビとは、文字に付けるふりがなのことで、漢字1文字ごとにルビを付ける方法をモノルビ、漢字2文字以上の単語としてルビを付ける方法をグループルビと呼びます 図4。グループルビは、熟語ルビとも呼ばれます。

図4 グループルビの例

memo

「ルビ」ダイアログでは、ルビの揃えや位置、親文字からのオフセット、フォント、サイズ、カラー等、ルビに関する詳細な設定が可能です。

図2 「ルビ」ダイアログ

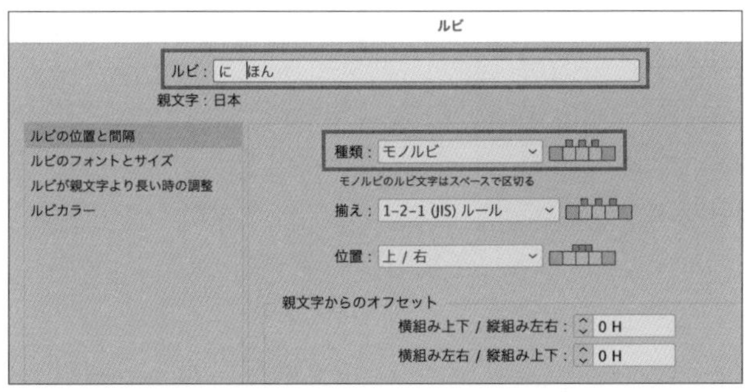

複数の文字にモノルビをふる場合、[ルビ] として使用する文字を親文字単位で全角、または半角スペースで区切ります。

図3 モノルビ

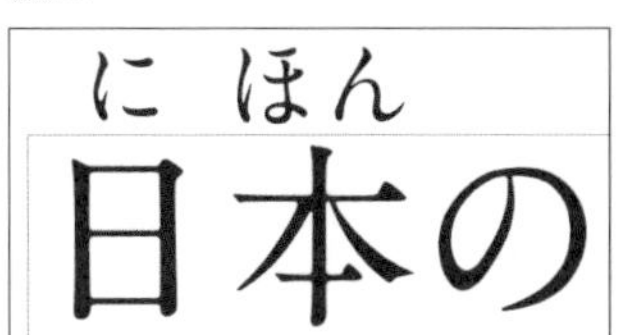

圏点の作成

圏点を設定するには、まず文字ツールで圏点を振りたい文字を選択し、文字パネルのパネルメニュー→"圏点"の中から目的のものを選択します 図5。選択した文字にその圏点が適用されます 図6。なお、文字パネルのパネルメニュー→"圏点"→"圏点設定..."を選択することで、圏点のサイズやカラー等、詳細な設定が可能ですが、「圏点」ダイアログの[圏点種類]に[カスタム]を選択し、さらに[文字]に任意の文字を入力することで、その文字を圏点として使用することもできます 図7。ただし、圏点として使用できるのは1文字のみです。

WORD 圏点

圏点（けんてん）とは、和文組版で文字を強調したいときに、親文字の脇または上下に付加する点のことです。

図5 圏点コマンド

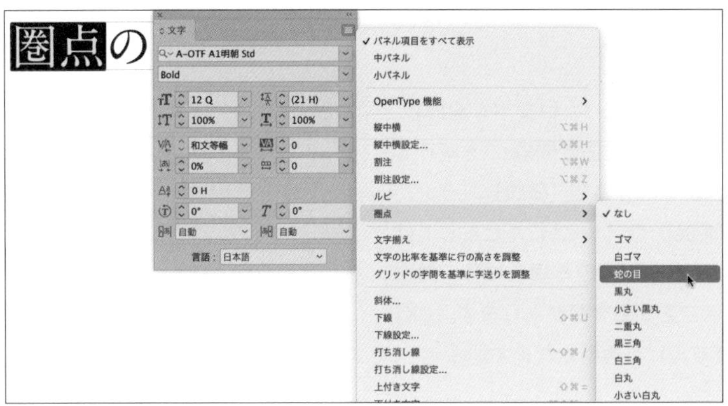

図6 圏点(蛇の目)

図7 圏点のカスタム設定

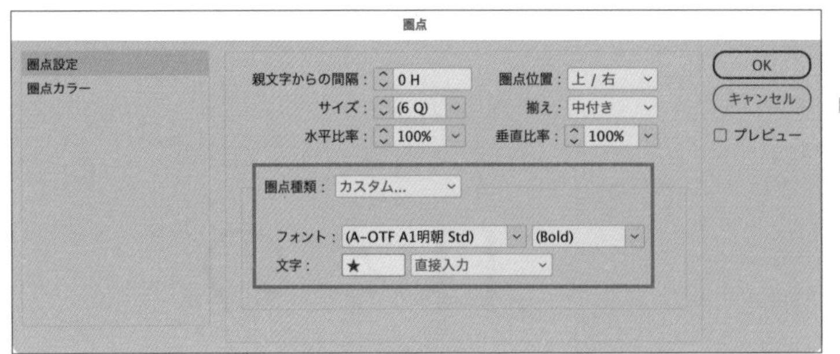

下線と打ち消し線の作成

下線を設定するには、まず文字ツールで下線を適用したい文字を選択し、文字パネルのパネルメニュー→"下線"を選択します 図8。適用された下線の位置や太さを変更したい場合には、文字パネルのパネルメニュー→"下線設定..."を選択します 図9。

図8 下線の適用

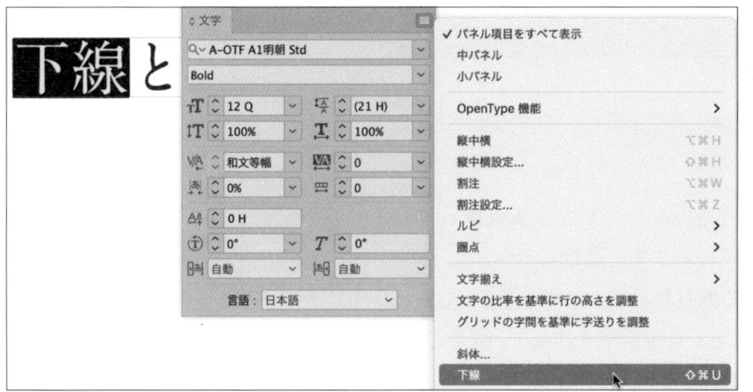

図9 「下線設定」ダイアログ

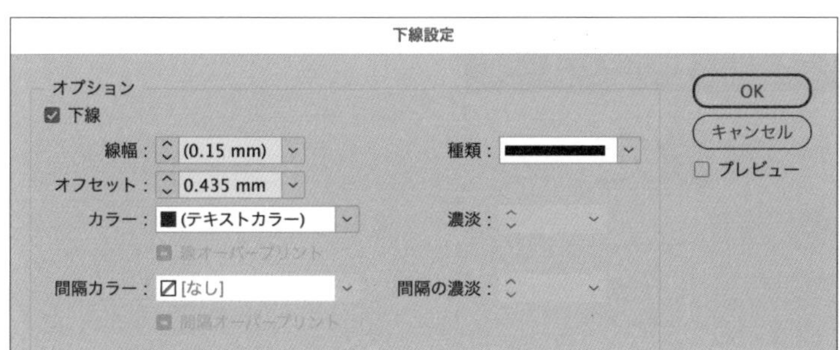

打ち消し線を設定するには、まず文字ツールで打ち消し線を適用したい文字を選択し、文字パネルのパネルメニュー→"打ち消し線"を選択します 図10。適用された打ち消し線の位置や太さを変更したい場合には、文字パネルのパネルメニュー→"打ち消し設定..."を選択します 図11。

図10 打ち消し線の適用

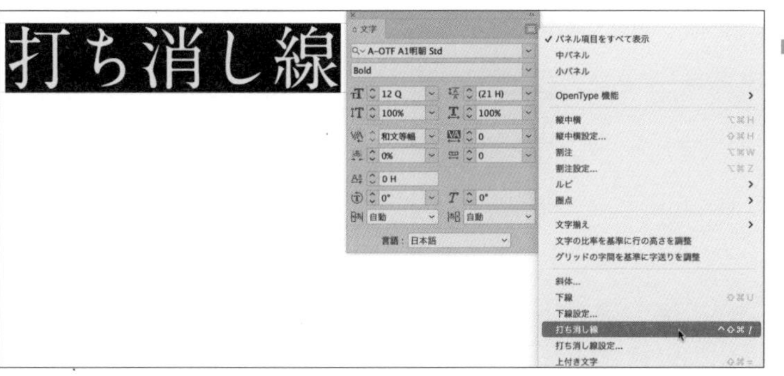

図11 「打ち消し線設定」ダイアログ

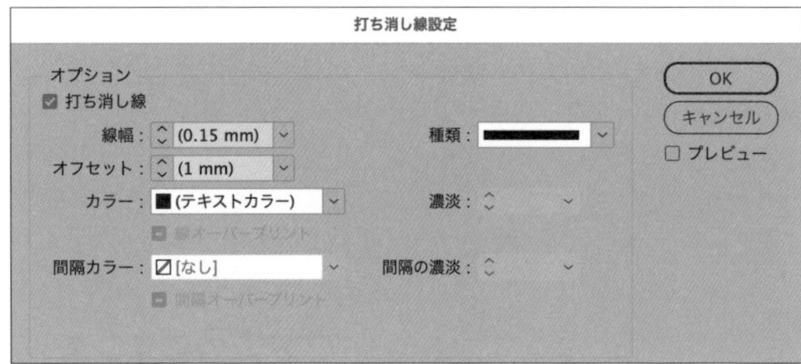

割注の作成

割注を設定するには、まず文字ツールで割注にしたい文字を選択し、文字パネルのパネルメニュー→"割注"を実行します。選択していた文字のサイズが小さくなり、2行分が1行として割り付けられます 図12 。なお、文字パネルのパネルメニュー→"割注設定..."を選択することで、割注の行数やサイズ、揃え等、詳細な設定が可能です 図13 。

WORD 割注

割注（わりちゅう）とは、文章の途中に小さな文字で入れる注釈のことです。

図12 割注の適用

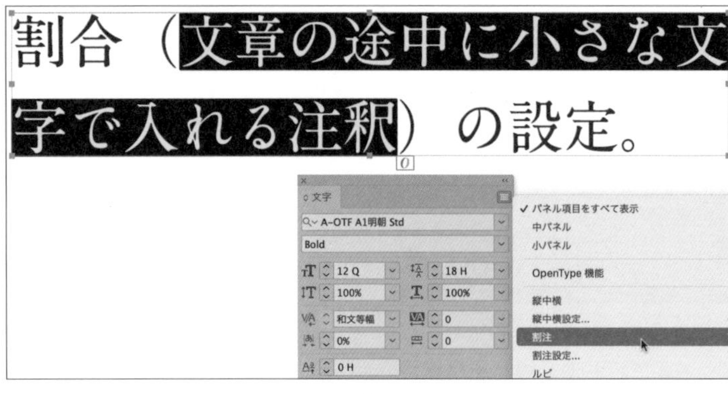

図13 「割注設定」ダイアログ

その他、覚えておきたい書式の設定

THEME テーマ

テキストを思い通りにコントロールするために、覚えておきたい設定はいろいろあります。ここでは、ベースラインシフト、字下げ、ドロップキャップの設定方法を学びます。

ベースラインシフトの設定

横組みであれば上下方向、縦組みであれば左右方向に文字をずらしたい時に便利なのがベースラインシフトの機能です。設定した値の分だけ、文字の位置を移動させることができます。目的のテキストを選択して文字パネル（またはコントロールパネル）の［ベースラインシフト］に値を設定します 図1。

memo

［ベースラインシフト］はプラスだけでなく、マイナスの値も設定可能です。

図1 ベースラインシフトの設定

文字の形

文字の形

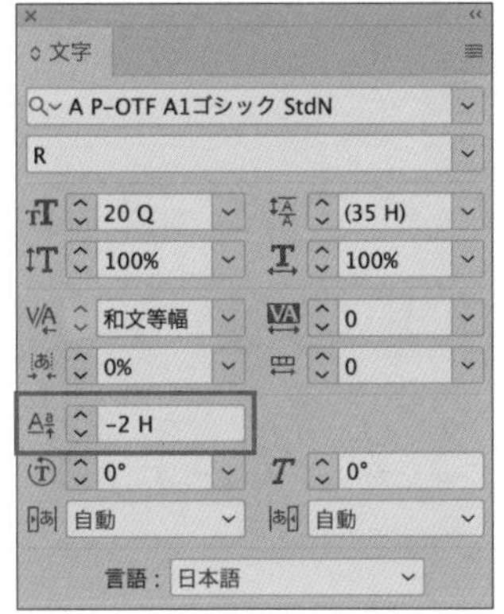

字下げの設定

段落の最初の行のみ1字下げする場合には、全角スペースを入力する場合もありますが、段落全体を字下げしたい場合には、インデントの機能を利用します。インデントには［左/上インデント］［右/下インデント］［1行目左/上インデント］［最終行の右インデント］の4つがあり、目的に応じて使い分けます 図2。

図2 段落パネルのインデント

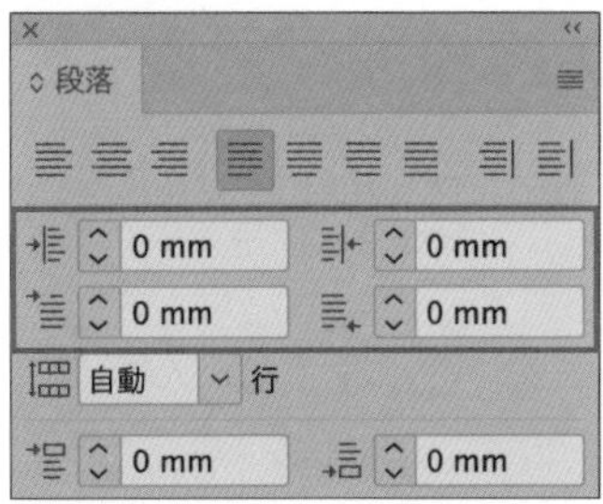

まず、[左/上インデント]を設定してみます。段落内にカーソルをおき、段落パネルの［左/上インデント］に字下げしたい値を入力します。すると、入力した値だけ段落全体が字下げされます 図3。

memo

［最終行の右インデント］は、段落の最終行のみインデントさせることが可能な設定ですが、あまり使うことはありません。

図3 **[左/上インデント]の設定**

①インデントを設定するこ
とでどのような動作をする
かを理解する。

↓

①インデントを設定する
ことでどのような動作を
するかを理解する。

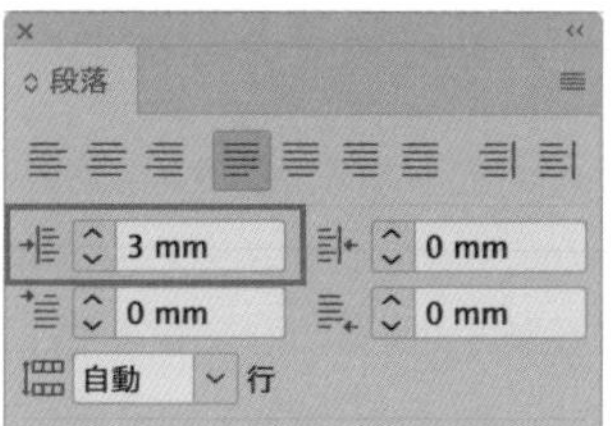

今度は段落パネルの[右/下インデント]に値を入力します。すると、入力した値だけ段落全体の行末がインデントされます 図4。

図4 **[右/下インデント]の設定**

①インデントを設定す
ることでどのような動
作をするかを理解す

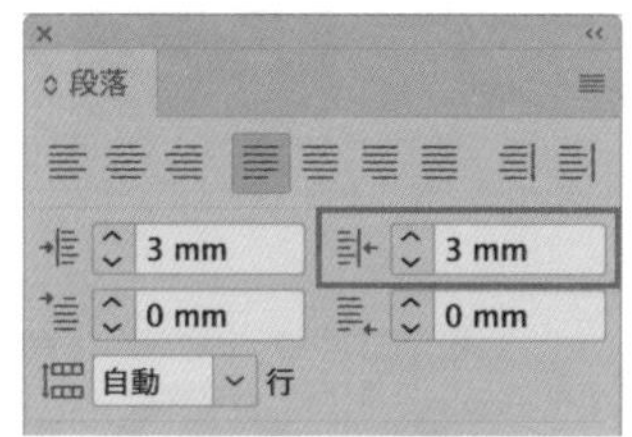

今度は1行目のみ字下げを止めて突き出しインデントにしてみましょう。段落パネルの[1行目左/上インデント]にマイナスの値を入力します。すると、1行目のみ字下げが元に戻ります 図5。

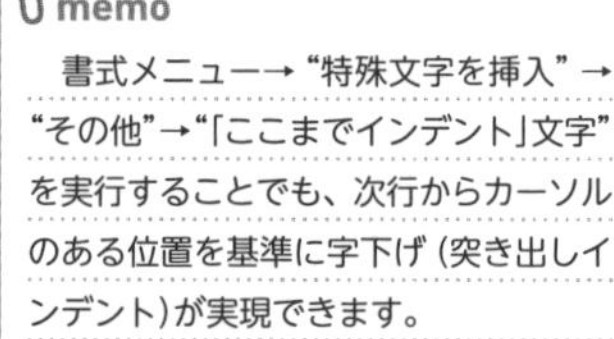
memo

書式メニュー→"特殊文字を挿入"→"その他"→"「ここまでインデント」文字"を実行することでも、次行からカーソルのある位置を基準に字下げ（突き出しインデント）が実現できます。

図5 **[1行目左/上インデント]の設定**

①インデントを設定する
ことでどのような動作
をするかを理解する。

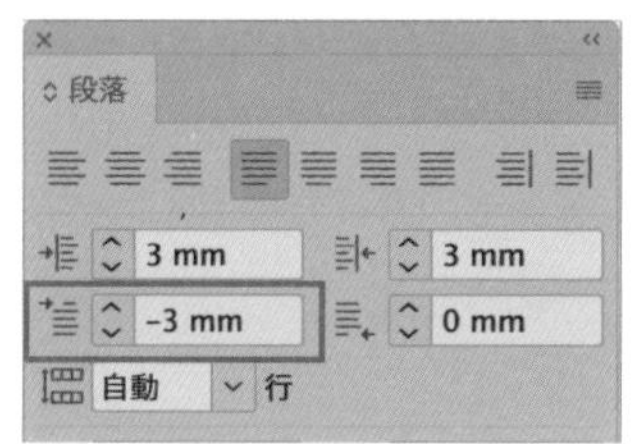

ドロップキャップの設定

ドロップキャップは、段落最初の文字を数行分のサイズにする処理のことで、段落パネルの[行のドロップキャップ数]と[1またはそれ以上の文字のドロップキャップ]で指定します。まず、段落内にカーソルをおき、[行のドロップキャップ数]を設定します。ここでは「2」としたので、最初の文字が2行分の大きさになりました 図6 。

図6 [行のドロップキャップ数]の設定

ドロップキャップは欧文組版でよく使用される手法ですが、和文組版でもうまく使うと効果的です。

ドロップキャップは欧文組版でよく使用される手法ですが、和文組版でもうまく使うと効果的です。

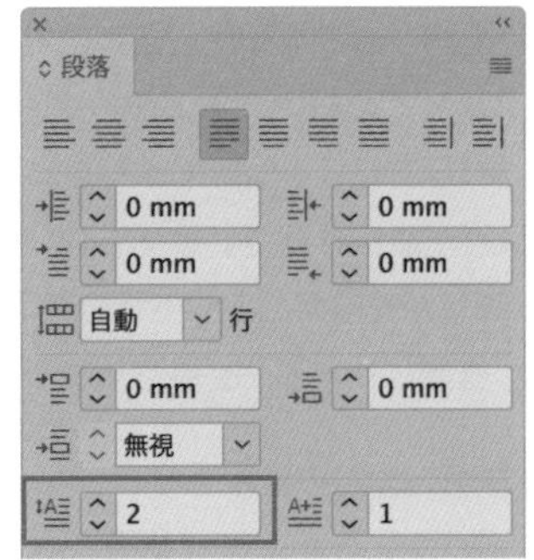

今度は、[1またはそれ以上の文字のドロップキャップ]を指定してみましょう。ここでは「2」としたので、最初の2文字が2行分の大きさになりました 図7 。

図7 [1またはそれ以上の文字のドロップキャップ]の設定

ドロップキャップは欧文組版でよく使用される手法ですが、和文組版でもうまく使うと効果的で

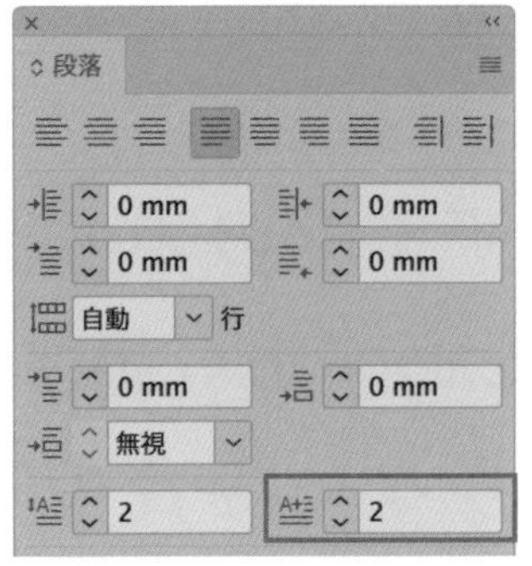

ぶら下がりを設定する

和文組版では、ぶら下げ組みが使用されるケースもあります。ぶら下げ組みとは、句読点等が各行の末尾にきた際に、他の文字よりはみ出させて組む手法で、InDesignでは[標準]と[強制]の2種類のぶら下がり方法が選択できます。

[標準]と[強制]の違い

ぶら下げ組みをする際には、その段落をすべて選択した(あるいは、その段落内にカーソルがある)状態から、段落パネルのパネルメニューにある［ぶら下がり方法］から［標準］または［強制］のいずれかを選択します 図1 。[標準]を選択すると、行末にきた句読点がその行に入りきらない場合のみ、ぶら下げ処理をします 図2 。これに対し、［強制］を選択すると、行末にきた句読点は、その行内に入る場合でも強制的にぶら下げ処理します 図3 。なお、ぶら下がりを解除する場合には[なし]を選択します(デフォルトでは[なし]が選択されています)。ちなみに、[禁則処理]の[ぶら下がり文字]に登録した文字が、ぶら下げ処理され、デフォルトでは句読点と全角カンマ、全角ピリオドが登録されています。

図1 ぶら下がり方法

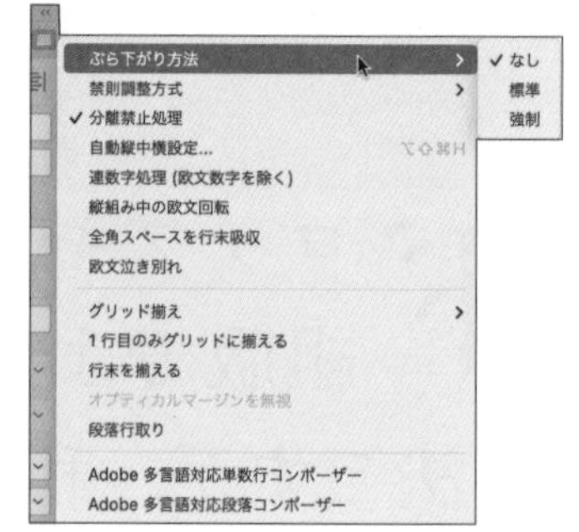

図2 [ぶら下がり方法：標準]の場合

インデザインのぶら下げ処理は、
句読点を必ず追い出す「強制」と、
入りきらない場合のみ追い出す
「標準」がある。

図3 [ぶら下がり方法：強制]の場合

インデザインのぶら下げ処理は、
句読点を必ず追い出す「強制」と、
入りきらない場合のみ追い出す
「標準」がある。

OpenType機能を設定する

OpenTypeフォントを使用している場合、OpenTypeフォントが持つさまざまな機能を利用することができます。任意の合字やプロポーショナルメトリクスをはじめ、数字の字形を切り替えるといったことも可能です。

OpenType機能の設定

文字ツールで適用したい文字を選択し、文字パネル（またはコントロールパネルの［文字形式コントロール］）のパネルメニュー→"OpenType機能"から任意の項目を選択すれば、OpenType機能が適用できます。OpenType フォントに対してのみ使用可能ですが、ブラケット［ ］付きで表示されている項目は、現在選択しているフォントでは使用できないことをあらわします 図1。

図1 OpenType機能

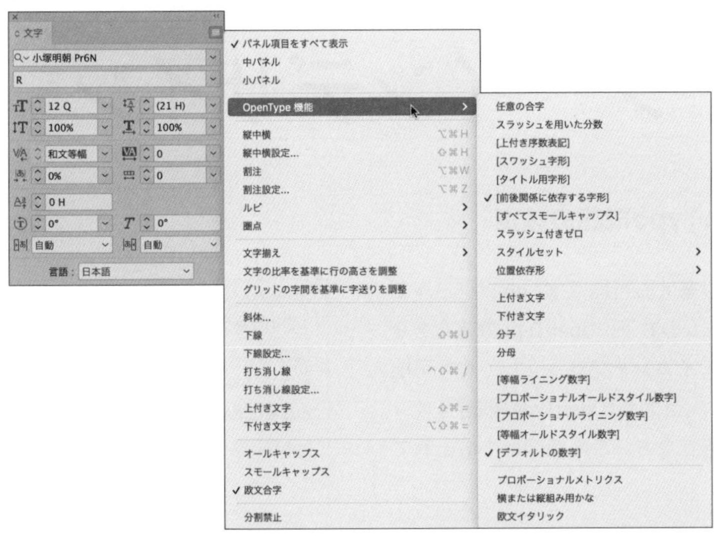

まず、［任意の合字］を適用してみましょう。複数の字形を1つの合字に置換することができます 図2。

図2 任意の合字の適用例

株式会社　野球 → 株式会社　⚾

今度は、[スラッシュを用いた分数]を適用してみましょう。1/2のようにスラッシュで区切られた数字が、1つの文字として置換されます 図3 。ただし、スラッシュで区切られた数字すべてが置換できるわけではありません。

図3 スラッシュを用いた分数の適用例

1/100 2/45 → 1/100 2/45

今度は、[プロポーショナルオールドスタイル数字]を適用してみましょう。字幅だけでなく高さにも変化のある数字字形に置換されます 図4 。

図4 プロポーショナルオールドスタイル数字の適用例

12345 → 12345

今度は、[プロポーショナルメトリクス]を適用してみましょう。フォントが内部に持っている詰め情報（プロポーショナルメトリクス）を参照して、文字間が詰まります 図5 。

図5 プロポーショナルメトリクスの適用例

インデザイン → インデザイン

テキストフレームのOpenType機能の設定

選択ツールのまま、異体字続性の切り替えも可能です。選択ツールでテキストフレームを選択すると、フレームの右下にOpenType機能をあらわすアイコンが表示されるので、このアイコンをクリックし、実行可能な[OpenType機能]の一覧を表示させます。目的の[OpenType機能]をオンにすれば、その機能を反映できます 図6 。なお、この機能は、あふれているテキストに対しても有効です。

memo

この機能は、「環境設定」ダイアログの[高度なテキスト]カテゴリーにある[テキスト/テキストフレーム選択で適用可能な異体字属性を表示]がオンになっている場合のみ有効です（デフォルトではオン）。

図6 選択ツールでのOpenType機能の適用[スラッシュ付きゼロ]

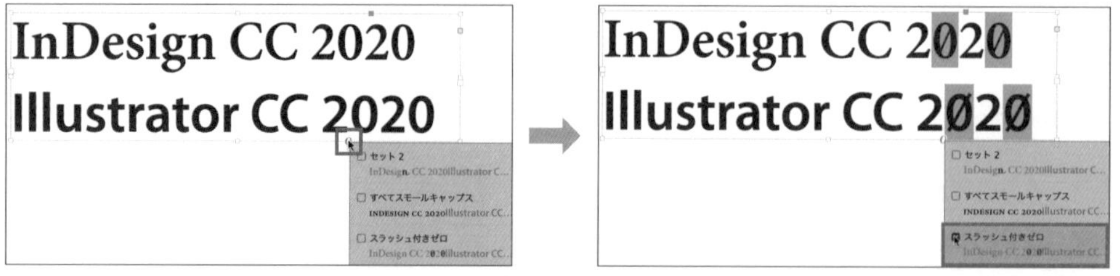

文字ツールでテキストを選択した際にも、OpenType機能をあらわすアイコンが表示されます。このアイコンをクリックし、実行可能な[OpenType機能]をオンにすれば、その機能を反映できます 図7。

図7 文字ツールでのOpenType機能の適用[すべてスモールキャップス]

その他のOpenType機能

他にもさまざまなOpenType機能が用意されています。以下にその概略を解説します。

上付き序数表記	「1st」、「2nd」のような序数が、「1st」、「2nd」のような上付き文字になります。スペイン語のsegunda（2ª）やsegundo（2º）のaやoなどの上付き文字も適切に表示されます。
スワッシュ字形	スワッシュ字形がフォントに含まれる場合、普通の字形と前後の文字に依存するスワッシュ字形（別種の字形の大文字、単語の末尾に用いる装飾字形などを含む）を使用することができます。
タイトル用字形	タイトル用字形がフォントに含まれる場合、タイトルに適した大文字の字形が有効になります。これを大文字と小文字両方を用いて組んだテキストに対して適用すると、望ましくない結果を生むフォントもあります。
前後関係に依存する字形	前後関係に依存する字形と、連結用の異体字がアクティブになります。いくつかの筆記体の書体に用意されている代替字形で、文字を美しく連結する場合に使用できます。例えば、「bloom」という単語の文字の組み合わせを、「bloom」と手書きのように連結することができます。このオプションは、デフォルトでオンになっています。
すべてスモールキャップス	すべての文字がスモールキャップスになります。
スラッシュ付きゼロ	このオプションを選択すると、数字のゼロ「0」に斜線（スラッシュ）「0」が付加されます。
デザインのセット	OpenTypeフォントには、装飾用に設計された代替字形が含まれているものがあります。デザインのセットは代替字形のグループであり、1度に1文字ずつ適用したり、テキストの範囲を指定して適用したりすることができます。別のデザインのセットを選択すると、そのセットで定義されている字形が使用されます。デザインのセットの字形文字と別のOpenType設定を一緒に使用すると、個々の設定の字形が文字セットの字形より優先されます。
位置依存形	いくつかの筆記体やアラビア語等の言語では、文字の外観は単語内の位置により異なります。文字が単語の始め（最初の位置）、中央（中間位置）、終わり（最後の位置）に表示される場合は形状を変更できます。また、単独（孤立位置）で表示される場合にも同様に形状を変更できます。「一般形」オプションでは通常の文字を挿入し、「自動形」オプションでは文字が単語内で配置される場所と文字が孤立して表示されるかどうかに応じて文字の形状を決定します。
上付き文字、下付き文字	周囲の文字の大きさから正確に大きさを設定した上付き・下付き文字を有するフォントもあります。OpenTypeフォントがこれらの字形を含まない場合には、「分子」か「分母」を用いることを検討します。
分子、分母	いくつかのOpenTypeフォントでは、½や¼のような基本的な分数だけを分数字形に変換し、4/13や99/100などの分数は変換されません。このような場合は、分数に「分子」か「分母」を適用してください。
等幅ライニング数字	文字幅が同じで高さも揃った数字になります。表組み等、数字の桁を揃えたい場合に効果的です。
プロポーショナル ライニング数字	高さが揃って、字幅は変化のある数字になります。大文字だけで組んだテキストに対して効果的です。
等幅オールドスタイル数字	固定字幅でありながら、高さは変化のある数字になります。古典的な印象を与えるオールドスタイル数字を、列内に整列させて使用する場合に適しています。
デフォルトの数字	フォントのデフォルトの数字字形に切り替えます。
横または縦組み用かなの使用	横組みまたは縦組みに最適化したデザインのかな字形になります。
欧文イタリック	プロポーショナルの欧文の字形をイタリック体に切り替えます。

縦中横を設定する

THEME テーマ

縦中横は、縦組み時には必須とも言える機能です。文字単位で適用できる「縦中横」の機能も用意されていますが、一般的には段落単位で適用できる「自動縦中横設定」と「縦組み中の欧文回転」の機能を、用途に応じて使い分けます。

縦中横の設定

文字単位で縦中横を適用したい場合は、文字ツールで横向きになった文字を選択し、文字パネルのパネルメニュー→"縦中横"を実行します。選択していた文字に縦中横が適用されます 図1。

図1 縦中横の適用

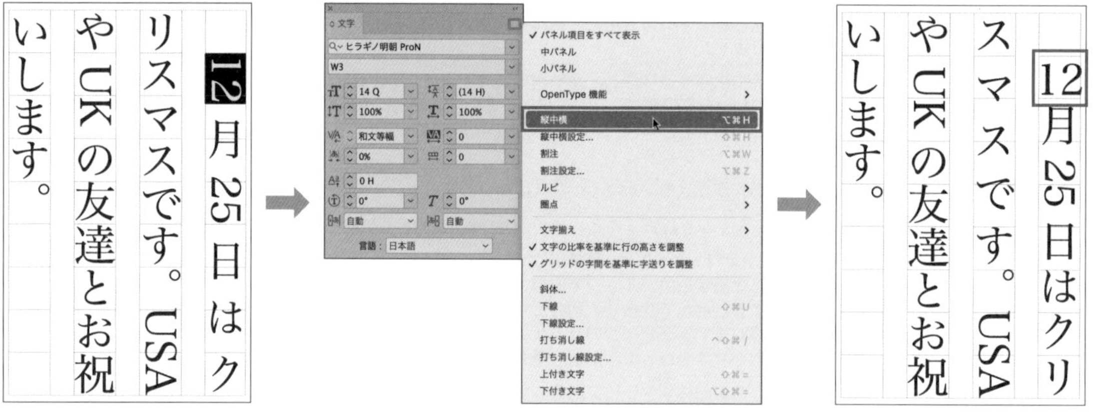

自動縦中横設定の設定

段落単位で縦中横を適用したい場合は、その段落内にカーソルをおき(あるいはテキストを選択し)、段落パネルのパネルメニュー→"自動縦中横設定"を実行します 図2。すると、「自動縦中横設定」ダイアログが表示されるので、何桁までの数字を縦中横にしたいかを［数字の縦中横］に指定し、[OK]ボタンをクリックすると、段落内の(指定した桁数までの)すべての半角数字に縦中横が適用されます 図3。なお、「自動縦中横設定」ダイアログで［欧文も含める］にチェックを入れた場合は、その文字数の欧文テキストに対しても縦中横が適用されます 図4。

memo

一般的には、文字単位で適用する［縦中横］の機能は使用せず、段落すべてに対して適用できる［自動縦中横設定］の機能を使用します。

図2 段落パネルの[自動縦中横設定]コマンド

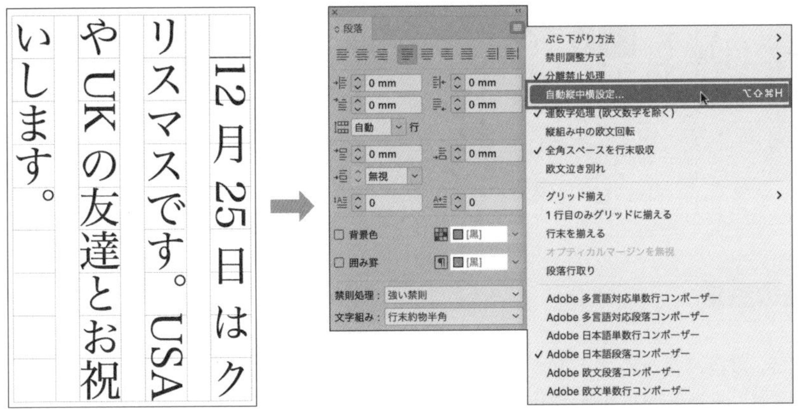

図3 「自動縦中横設定」ダイアログで桁数指定

図4 「自動縦中横設定」ダイアログで[欧文も含める]を設定

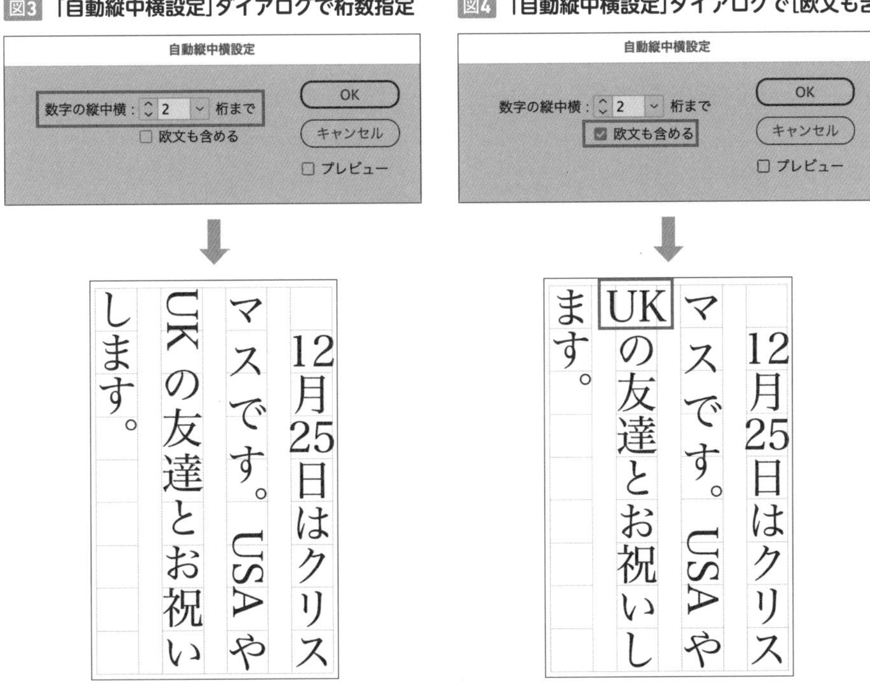

なお、縦中横になった文字の位置をずらしたい場合には、その文字を選択して、文字パネルのパネルメニュー→"縦中横設定..."を選択します 図5。「縦中横設定」ダイアログが表示されるので、[上下位置]と[左右位置]を調整します 図6。

図5 文字パネルの[縦中横設定]コマンド

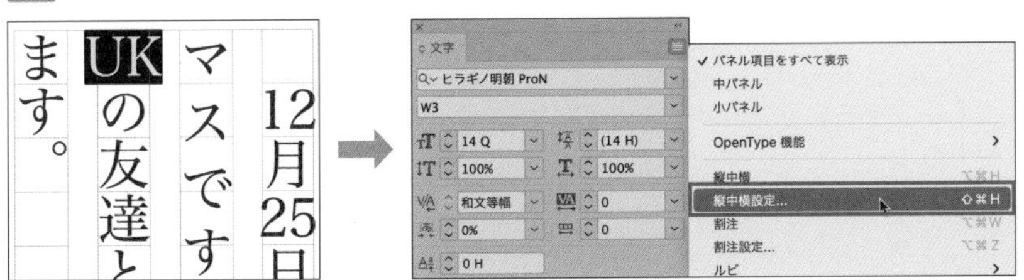

図6 「縦中横設定」ダイアログ

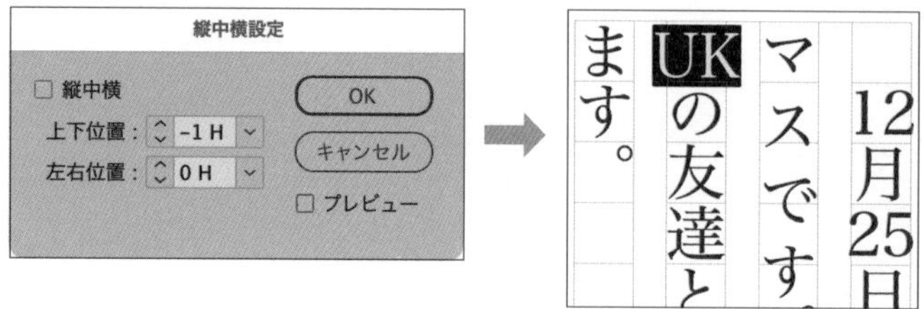

縦組み中の欧文回転の設定

目的の段落内にカーソルをおき、段落パネルのパネルメニュー→"縦組み中の欧文回転"を実行することで、半角数字や欧文テキストに1文字単位で縦中横を適用することもできます 図7。

図7 縦組み中の欧文回転の適用

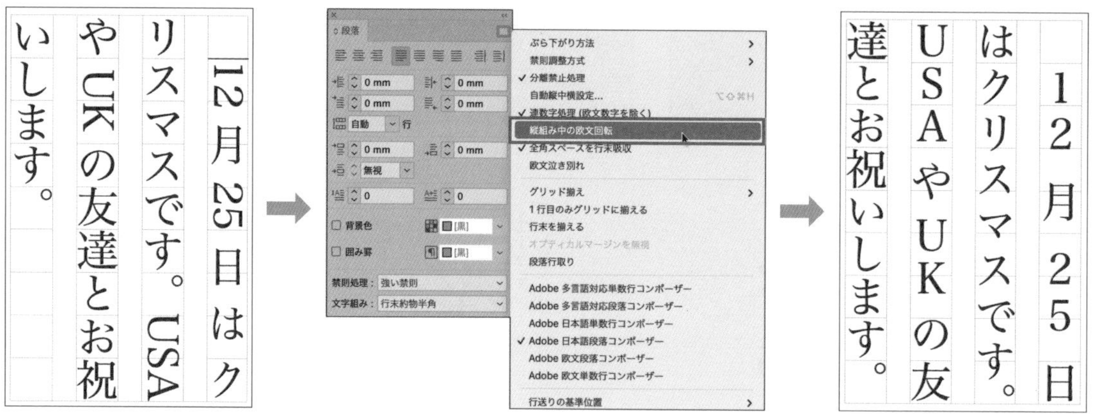

なお、[自動縦中横設定]と[縦組み中の欧文回転]は併用することも可能です。両方の機能を有効にすると、[自動縦中横設定]で指定した桁数までは組み数字として縦中横が適用され、それ以上の桁数の数字と欧文テキストには1文字単位で縦中横が適用されます 図8。

図8 [自動縦中横設定]と[縦組み中の欧文回転]の併用

memo

[縦組み中の欧文回転]を適用しても、元々の文字の状態の文字組みアキ量設定が適用されてしまうので、和欧間に不必要なアキが発生するケースがあります。これを解消するには、縦中横が適用された文字と隣り合う文字に対して、文字パネルの[文字前のアキ量]や[文字後のアキ量]を[アキなし]に設定します。

Lesson 4

覚えておきたい
テキストの設定

このレッスンでは、覚えておくと作業効率が上がる機能をご紹介します。基本的な書式設定の知識だけでは手間がかかってしまう作業も、効率的にこなせるはずです。ワンランク上の操作をマスターしましょう。

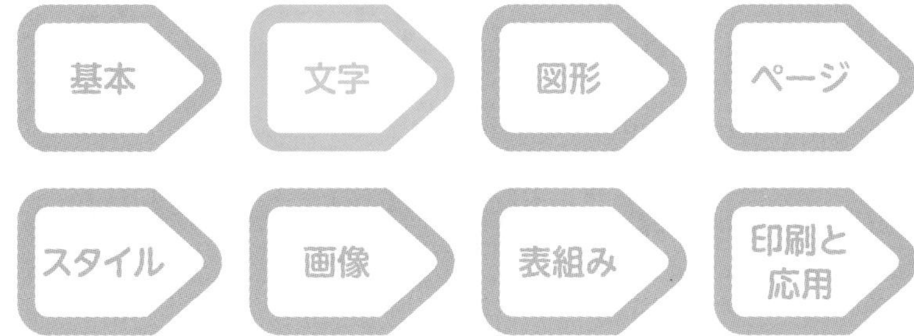

字取り・行取り・段落行取りを設定する

THEME テーマ

フレームグリッド使用時のみに使える機能として、字取り、行取り、段落行取りがあります。これらは、グリッドを基準にして、何文字分、何行分といった形で文字をグリッド内に配置してくれます。

字取りの設定

「字取り」とは、フレームグリッド使用時に選択した文字を何文字取りするかを設定する機能です。文字ツールで目的のテキストを選択したら 図1 、文字パネルの[字取り]に何文字取りするかを入力します 図2 。すると、選択していたテキストが指定した文字数で字取りされます 図3 。

memo

[字取り]の機能はフレームグリッドで使用します。プレーンテキストフレームでも設定は可能ですが、思い通りにコントロールできないので、使用はお勧めできません。なお、元に戻したい時には[字取り]を「0」とします。

図1 字取りの適用前

図2 文字パネルの[字取り]

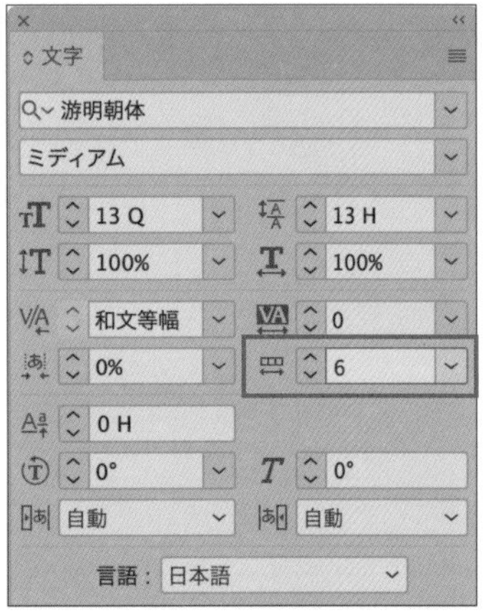

図3 字取りの適用後

行取りの設定

「行取り」とは、フレームグリッド使用時に選択した行を何行取りにするかを設定する機能です。文字ツールで目的の段落を選択したら 図4 、段落パネルの［行取り］に何行取りするかを入力します 図5 。すると、選択していた段落（行）が指定した行数の中央に揃います 図6 。

図4 行取りの適用前

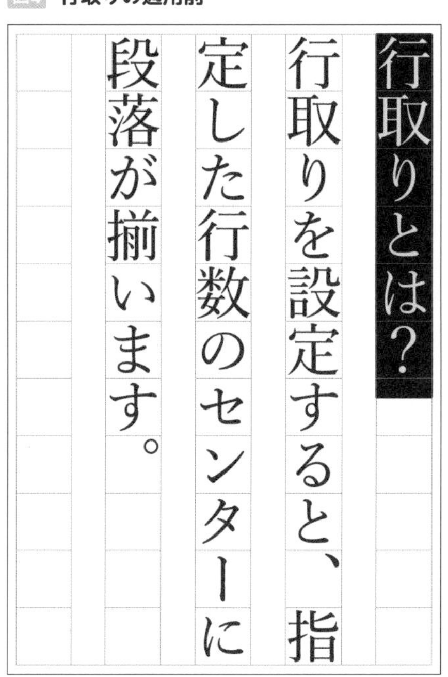

図5 段落パネルの［行取り］

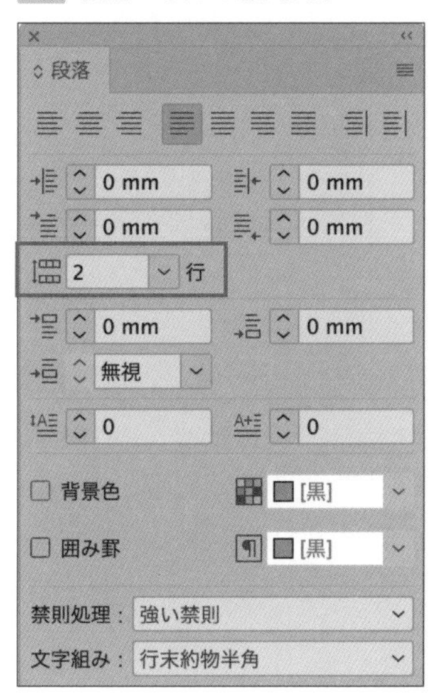

図6 行取りの適用後

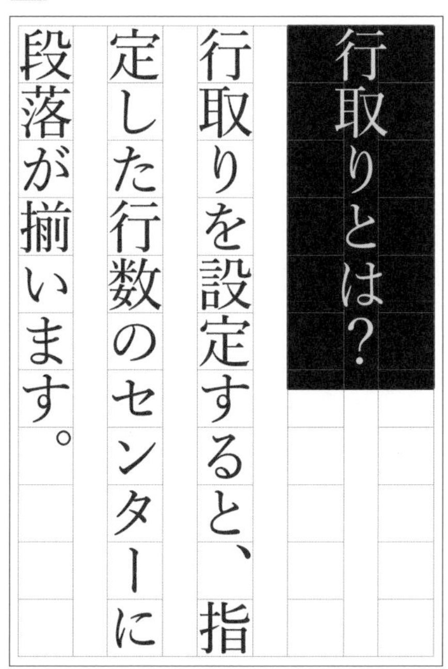

memo

［行取り］の機能はフレームグリッドで使用します。プレーンテキストフレームでも設定は可能ですが、思い通りにコントロールできないので、使用はお勧めできません。なお、元に戻したい時には［行取り］を［自動］に戻します。

memo

InDesignでは、「行取り」の機能を適用しなくても、文字サイズがグリッドのサイズをある程度超えると自動的に2行取りになります。自動的に2行取りになる動作は、フレームグリッド内でのテキストの位置や［行送りの基準位置］［自動行送り］等、さまざまな要素がからんでいますが、見出しを修正した際に2行取りが解除されないよう、「行取り」で行数を指定しておくと良いでしょう。

なお、文字サイズを大きくしたために、自動的に2行取りになるような場合でも、「行取り」を「1」に設定すると、強制的に1行幅に設定することが可能です。

段落行取りの設定

複数行の段落に対して[行取り]を設定することもできます。まず、2行の段落に対して[行取り]を「3」に設定します。すると、各行がそれぞれ3行取りになってしまいます 図7 。

図7 複数行(段落)への行取りの適用

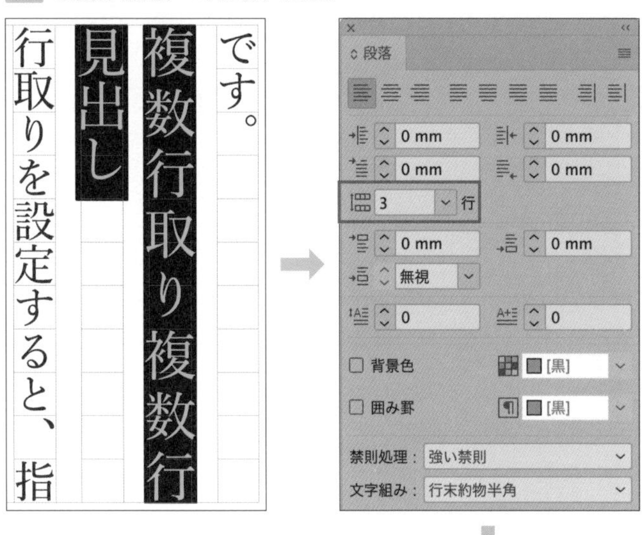

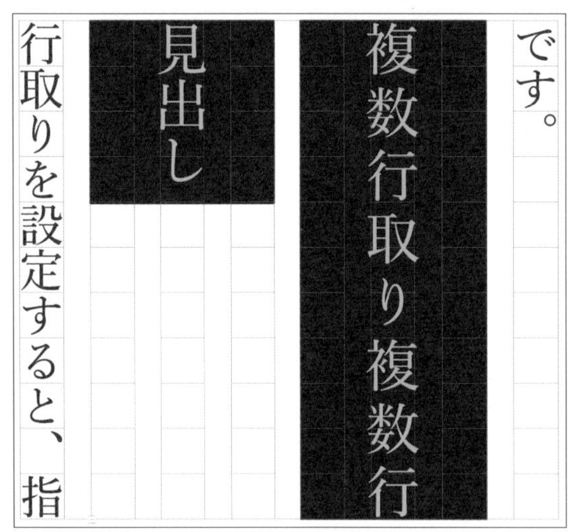

ここでは、3行分のスペースに2行の見出しを収めたいので段落パネルのパネルメニュー→"段落行取り"をオンにします。すると、段落全体で3行取りになります 図8 。あとは、見出しの書式を調整すればできあがりです。ここでは、[段落揃え:左揃え]とし、適切な行送りを指定しました。また、任意の箇所で強制改行しています 図9 。

WORD 強制改行

強制改行とは、改行しても同じ段落として動作する改行方法です。shift+returnキーを押すことで実現できます。

図8 段落パネルの段落行取り

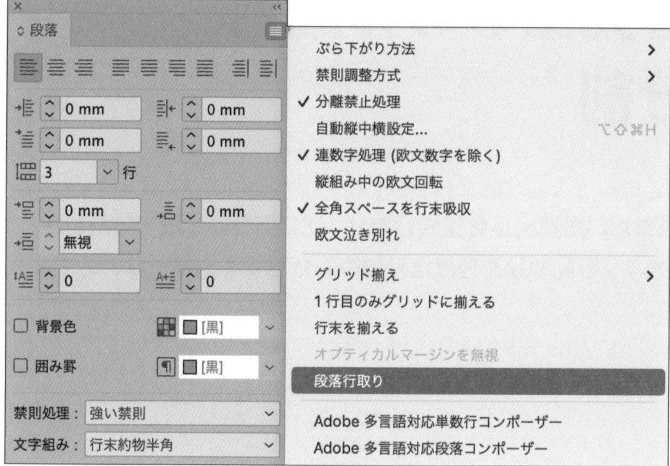

図9 見出しの書式の調整

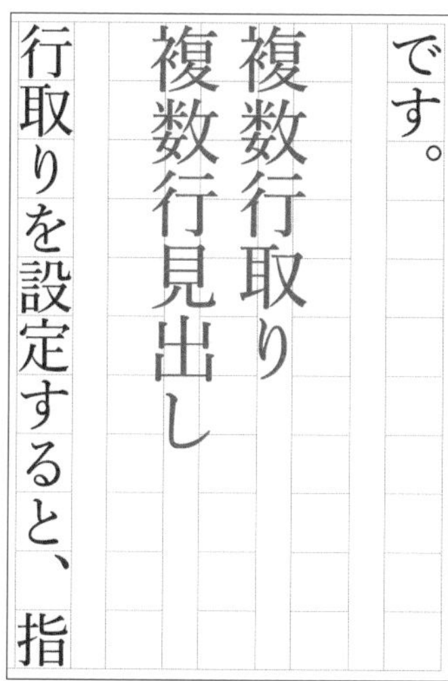

段抜き見出しの作成と段の分割

THEME テーマ

InDesignには、複数の段をまたいだ見出しを作成したり、逆に部分的に段を分割したりする機能が用意されています。手動で段を分けたり増やしたりする必要がないので、効率的な組版ができます。

段抜き見出しの作成

段抜き見出しとは、複数の段にまたがる見出しのことです。InDesignでは、簡単な設定で段抜き見出しが実現できますが、大前提として1つのプレーンテキストフレーム、あるいはフレームグリッドに対して、「テキストフレーム設定」ダイアログから[段数]を指定したものでないと、この機能は使用できないので注意が必要です。

まず、段抜き見出しを適用したい段落を選択し、段落パネルのパネルメニュー→“段抜きと段分割...”を選択します 図1。

POINT

段抜き見出しの機能は、連結された複数のテキストフレームをまたがって作成することはできません。必ず、1つのテキストフレームに[段数]を設定して使用します。

図1 [段抜きと段分割]の実行

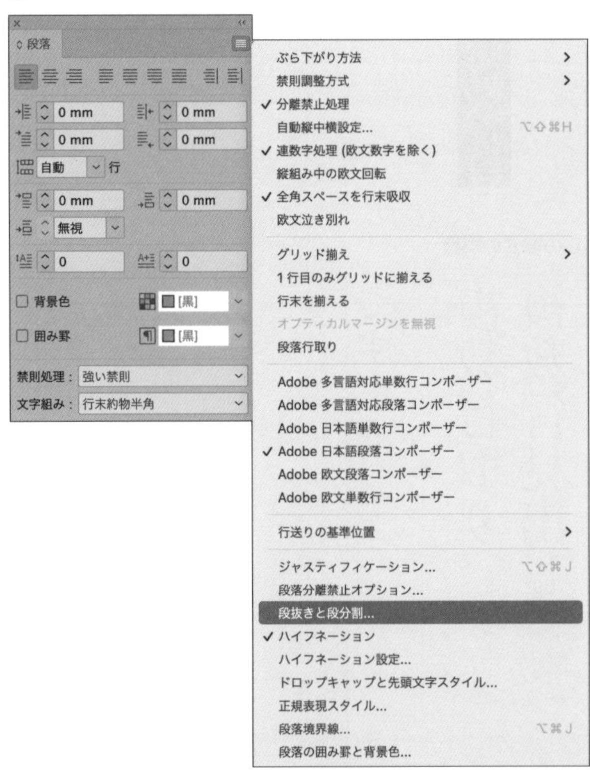

「段抜きと段分割」ダイアログが表示されるので、[段落レイアウト：段抜き]とし、[段抜きする段数]を指定します。ここでは「2」としたので、2段にまたがる見出しとなります 図2 。なお、[段抜きする段数：すべて]とすると、その段落以降のすべての段をまたぐ段抜きテキストとなります。

図2 「段抜き」の指定

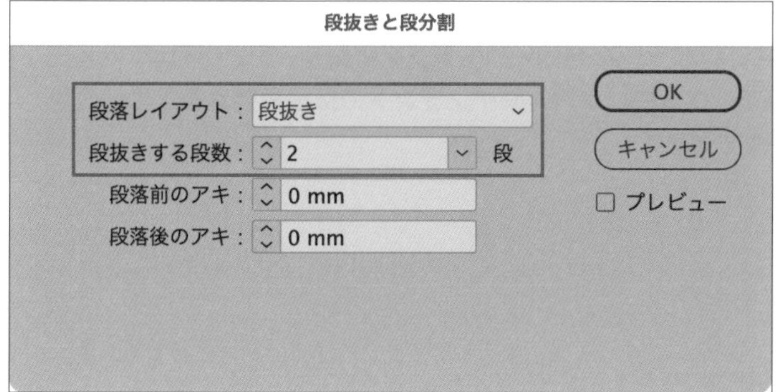

複数行取り複数行見出し

行取りを設定すると、指定した行数のセンターに段落が揃います。なお、複数行取り複数行見出しにしたい場合には、「段落行取り」をオンにします。

段分割の設定

段抜きではなく、部分的に段を分割することもできます。まず、段分割したい段落を選択し 図3 、段落パネルのパネルメニュー→"段抜きと段分割"を選択します。「段抜きと段分割」ダイアログが表示されるので、[段落レイアウト：段分割]とし、[分割する段数]を指定します。ここでは「2」としたので、選択していた段落のみが2段に分割されます 図4 。なお、必要に応じて[段落間の間隔]やその他の項目を指定します。

図3 段落の選択

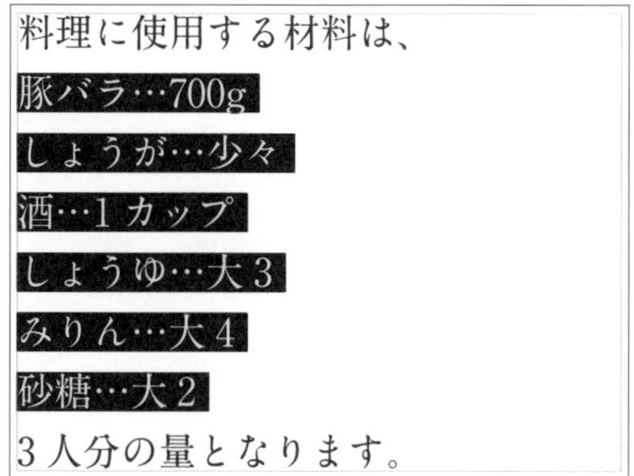

図4 「段分割」の適用

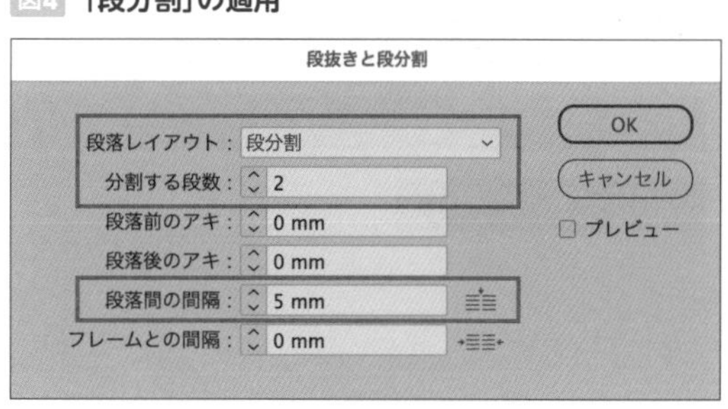

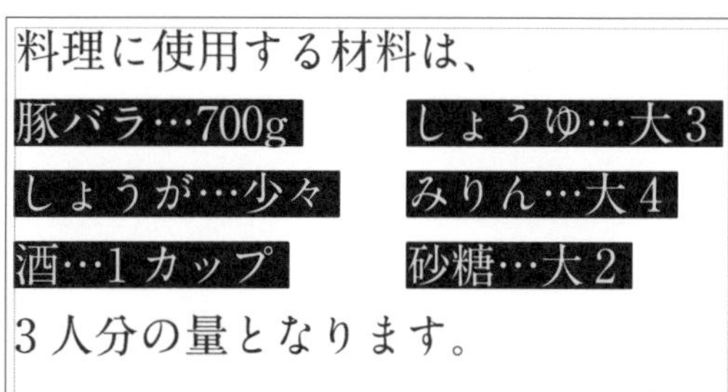

箇条書きを設定をする

THEME
テーマ

InDesignでは、「記号」と「自動番号」の2種類の箇条書きが可能で、記号には任意の文字を使用することもできます。さらに、レベルやインデントの指定もできるため、箇条書きを高度にコントロールできます。

箇条書き（記号）の適用

InDesignでは、「記号」と「自動番号」の2種類の箇条書きが可能ですが、まずは「記号」を使用してみましょう。箇条書きを適用したい段落を選択し、段落パネルのパネルメニュー→“箇条書き”を選択します 図1。

図1 ［箇条書き］の実行

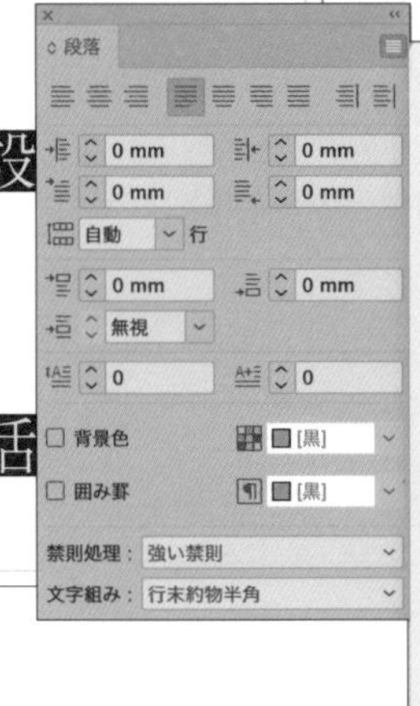

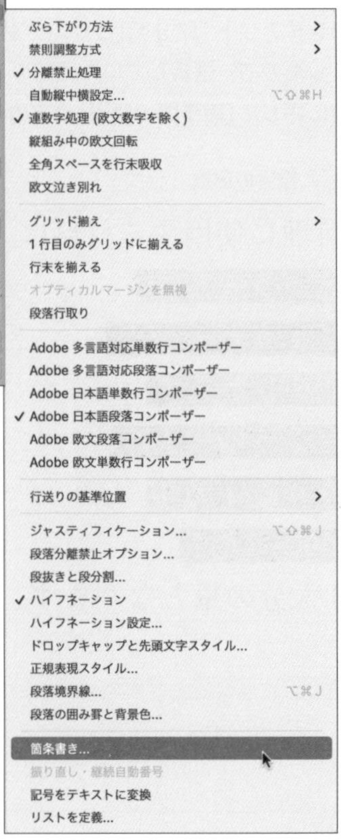

「箇条書き」ダイアログが表示されるので、[リストタイプ：記号]を選択し、任意の[記号スタイル]を選択します。必要に応じてその他の項目を設定して[OK]ボタンをクリックすると、箇条書きが適用されます 図2 。なお、[プレビュー]をオンにしておくと、[OK]ボタンを押す前に適用状態を確認できます。

図2 箇条書き(記号)の適用

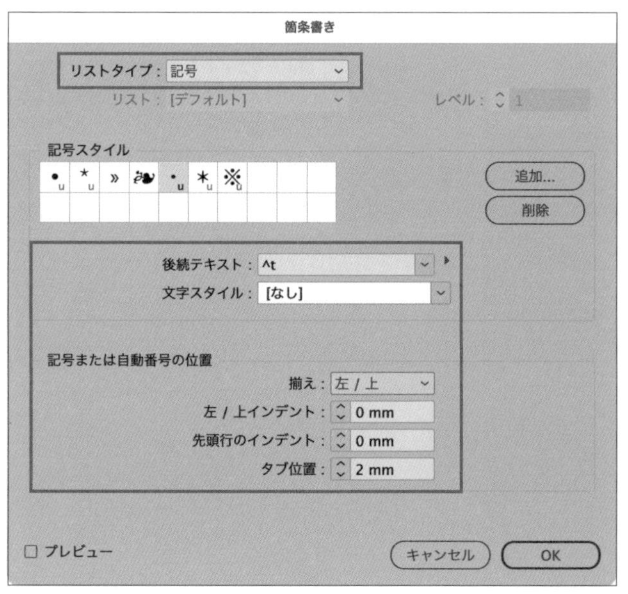

- InDesign でできること
- InDesign の画面構成
- 環境設定
- あらかじめ変更しておきたい設定
- カラー設定を行う
- ワークスペースの保存
- キーボードショートカットを活用する
- 困ったときは

memo

「箇条書き」ダイアログでは、[追加]ボタンをクリックすることで、任意の字形を記号として使用できます。

箇条書き(自動番号)の適用

箇条書きに「自動番号」を使用したい場合には、「箇条書き」ダイアログで[リストタイプ：自動番号]を選択します。目的に応じて[自動番号スタイル]や[記号または自動番号の位置]を設定して[OK]ボタンをクリックします 図3 。なお、[プレビュー]をオンにしておくと、[OK]ボタンを押す前に適用状態を確認できます。

> **memo**
>
> [自動番号]の箇条書きでは、[リスト]を定義しておくことで、同じストーリー内に複数の自動番号を混在させたり、同一ドキュメントのテキストフレーム間で、連続した自動番号を適用することが可能です。また、各自動番号に[レベル]を設定することで階層構造を持たせて、マルチレベルリストを作成することもできます。

図3 箇条書き(自動番号)の適用

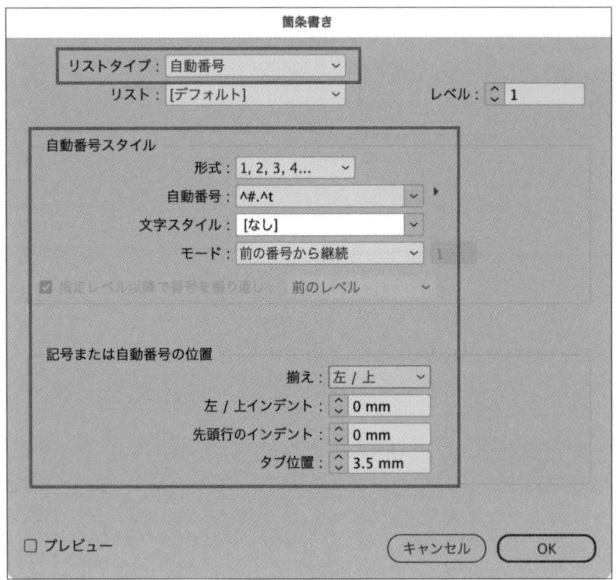

1. InDesignでできること
2. InDesignの画面構成
3. 環境設定
4. あらかじめ変更しておきたい設定
5. カラー設定を行う
6. ワークスペースの保存
7. キーボードショートカットを活用する
8. 困ったときは

脚注を設定する

THEME テーマ InDesignでは、脚注や後注を個別に作成する必要はありません。あらかじめ専用の機能が用意されており、簡単な手順で実現できます。位置や境界線の調整はもちろん、段をまたぐ脚注や後注も作成できます。

脚注の作成

脚注を作成するには、文字ツールで脚注を挿入したい位置にカーソルをおき、書式メニュー→“脚注を挿入”を実行します 図1。すると、カーソルの位置に脚注番号が挿入され、本文下部に境界線と脚注が挿入されます 図2。カーソルが点滅し、文字が入力可能になっているので、脚注として使用するテキストを入力します 図3。なお、脚注テキストは目的に応じて自由に書式を設定してください。段落スタイルとして運用するのがお勧めです。また、書式メニュー→“脚注オプション...”を選択すると、「脚注オプション」ダイアログが表示され、番号付けのスタイルや境界線の線幅、カラー等、詳細な設定が可能です 図4。

WORD 脚注

脚注とは、本文の下部につける注記（補足）のことです。なお、本文の最後にすべての注記をまとめて配置する「後注（文末脚注）」という記述方式もあります。

208ページ **Lesson8-01**参照。

図1 [脚注を挿入]コマンド

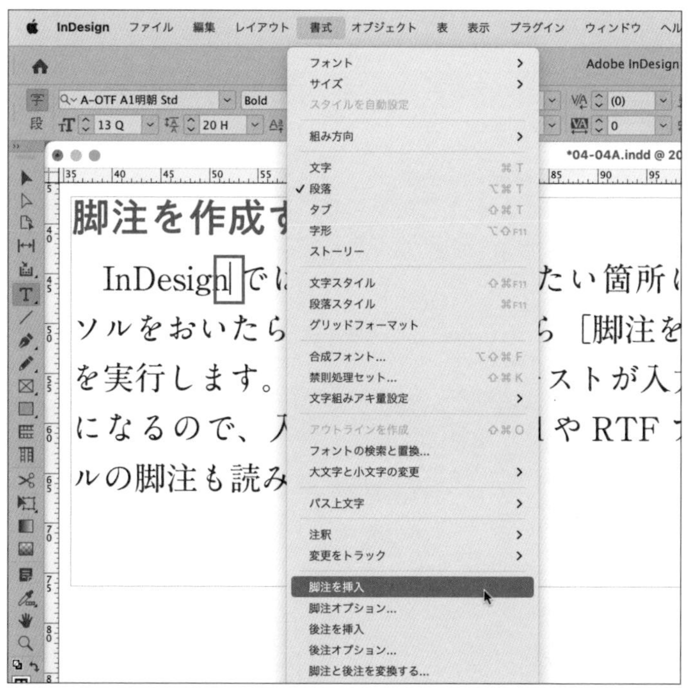

memo

「テキストフレーム設定」ダイアログの[脚注]の設定は、デフォルトでは段抜きの設定になっているため、段が複数ある場合、脚注は段をまたいで作成されます 図5。段抜きしたくないのであれば、[上書きを有効化]をオンにして、[脚注の段抜き]をオフにします。

図5 「テキストフレーム設定」ダイアログの[脚注]

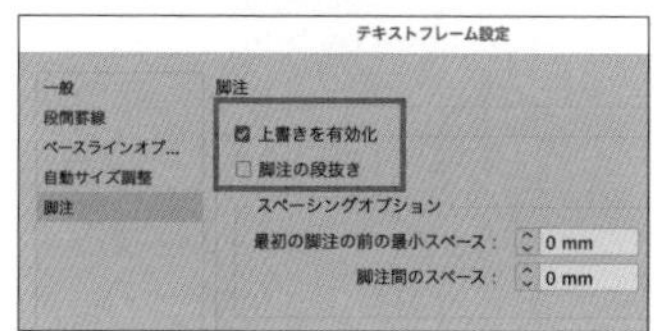

図2 挿入された脚注番号と脚注

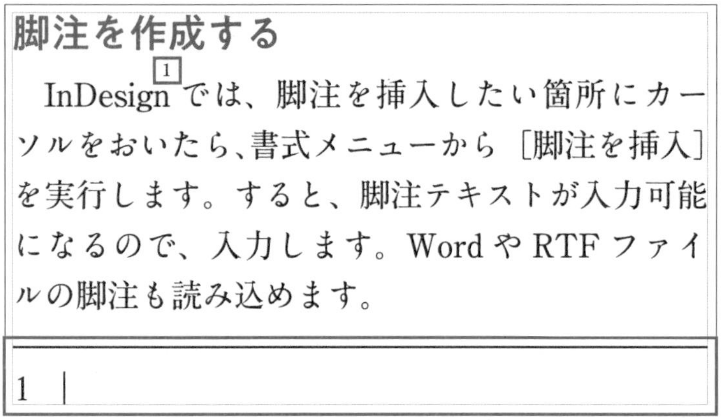

脚注を作成する

InDesign[1]では、脚注を挿入したい箇所にカーソルをおいたら、書式メニューから［脚注を挿入］を実行します。すると、脚注テキストが入力可能になるので、入力します。WordやRTFファイルの脚注も読み込めます。

1 |

> **memo**
>
> 脚注番号は文字幅のない特殊文字として挿入されます。そのため、脚注を削除したい場合には、脚注番号を挿入した位置にカーソルを立て、deleteキーを押します。

図3 脚注テキストの入力

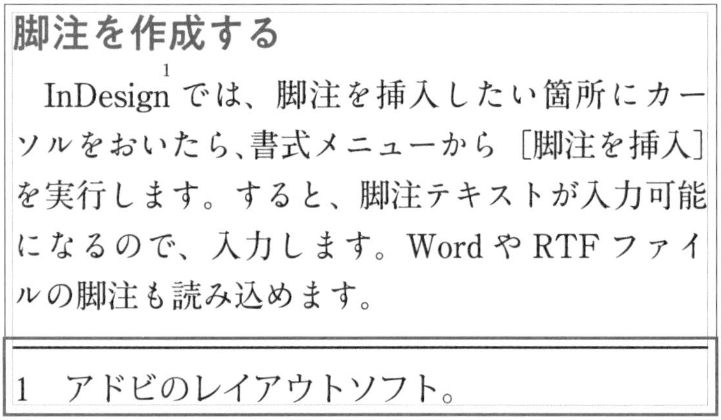

脚注を作成する

InDesign[1]では、脚注を挿入したい箇所にカーソルをおいたら、書式メニューから［脚注を挿入］を実行します。すると、脚注テキストが入力可能になるので、入力します。WordやRTFファイルの脚注も読み込めます。

1 アドビのレイアウトソフト。

図4 「脚注オプション」ダイアログ

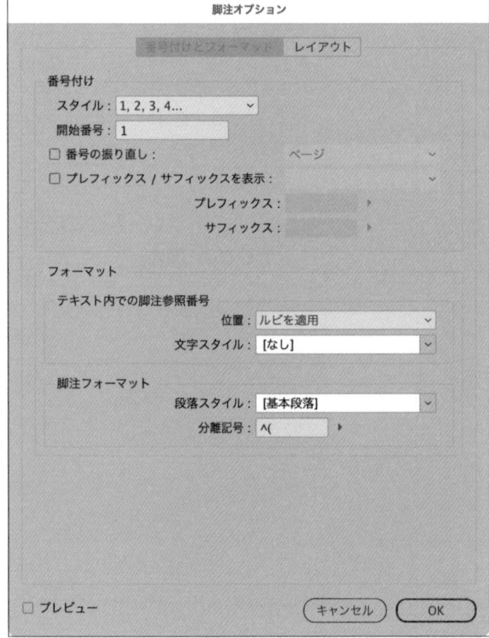

後注の作成

文字ツールで後注を挿入したい位置にカーソルをおき、書式メニュー→"後注を挿入"を実行します 図6 。すると、ドキュメントの最後に自動的にページが追加され、番号付きでテキストフレームが作成されるので、後注として使用するテキストを入力します 図7 。

後注テキストを選択して右クリックし、コンテキストメニューから[後注参照に移動]を選択すると、元のテキストにジャンプし、後注番号が追加されているのを確認できます 図8 。同様の手順で後注を追加していきます 図9 。

次に、書式メニュー→"後注オプション..."を選択すると、「後注オプション」ダイアログが表示されるので、目的に応じて各項目を設定していきます 図10 。ここでは[後注タイトル]を「参考文献」に変更し、[番号付け]の[スタイル]を二桁のものに、さらに[後注フォーマット]の[段落スタイル]をあらかじめ作成しておいた段落スタイルに変更しました。

図6 [後注を挿入]コマンド

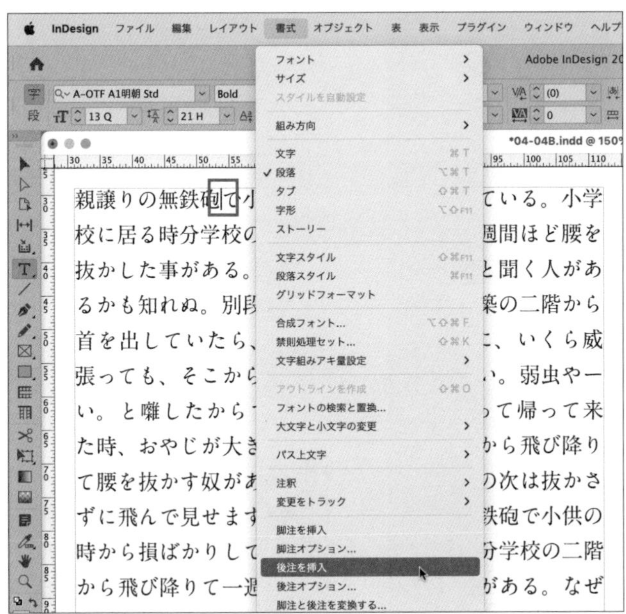

図7 後注テキストの入力

後注

1

↓

後注

1　□□□（2020）「○○○○○○」△△△書房

図8 追加された後注番号

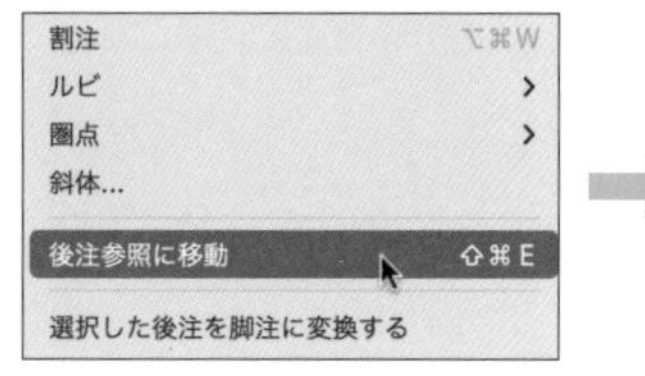

1
親譲りの無鉄砲で小供の時から損ばかりしている。小学校に居る時分学校の二階から飛び降りて一週間ほど腰を抜かした事がある。なぜそんな無闇をしたと聞く人が

図9 入力した後注テキスト

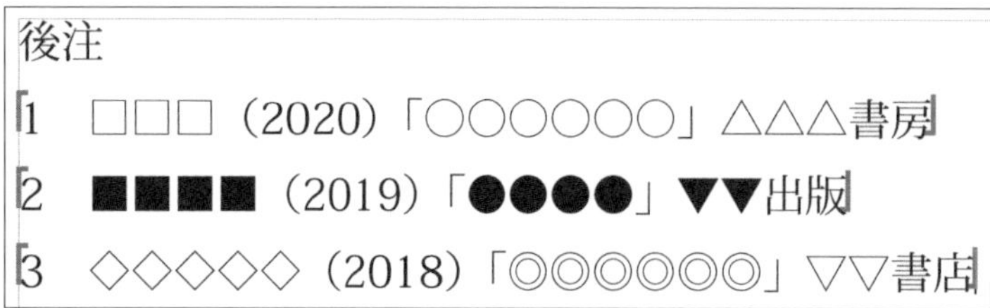
後注

1 □□□（2020）「○○○○○○」△△△書房

2 ■■■■（2019）「●●●●」▼▼出版

3 ◇◇◇◇◇（2018）「◎◎◎◎◎◎」▽▽書店

図10 「後注オプション」ダイアログ

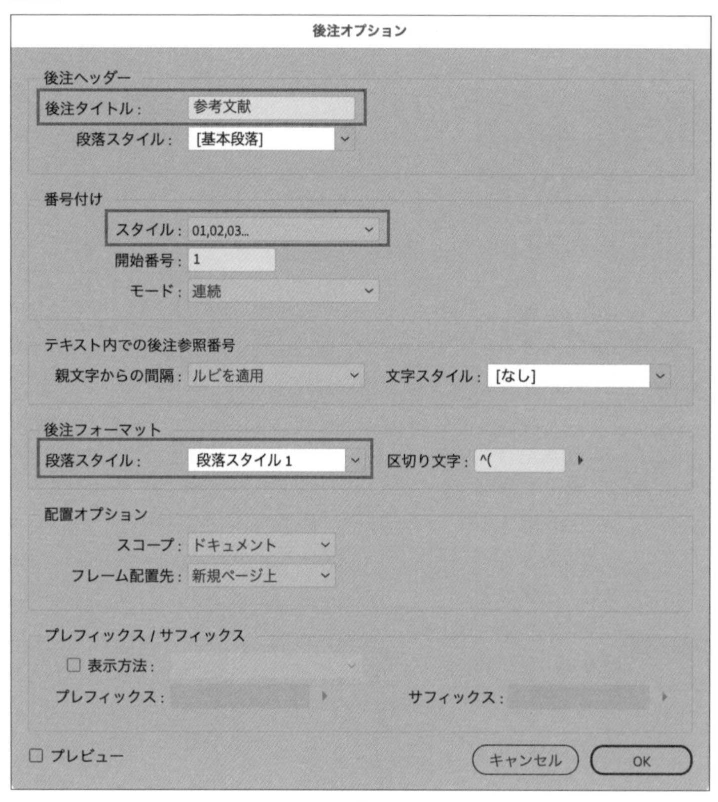

参考文献

01 □□□（2020）「○○○○○○」△△△書房

02 ■■■■（2019）「●●●●」▼▼出版

03 ◇◇◇◇◇（2018）「◎◎◎◎◎◎」▽▽書店

memo

書式メニュー→"脚注と後注を変換する..."を選択してダイアログを表示させることで、［脚注を後注へ］あるいは［後注を脚注へ］変換することが可能です。なお、［スコープ］では適用範囲を指定できます（［ドキュメント］または［選択範囲］）図11。

図11 「脚注と文末脚注を変換」ダイアログ

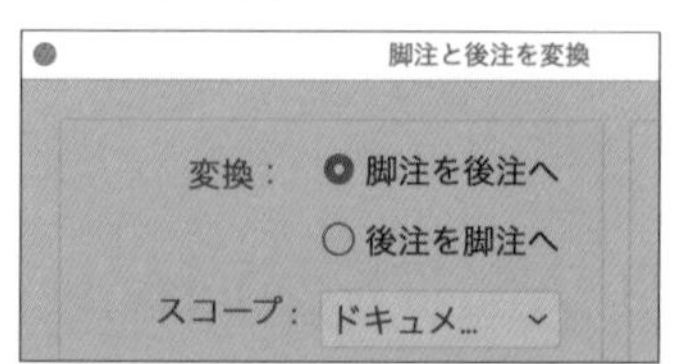

段落境界線を作成する

THEME テーマ 段落境界線は、その名のとおり、段落に対して罫線を引く機能ですが、設定しだいでは、文字数に応じて伸び縮みする背景オブジェクトとして運用することができます。前境界線と後境界線の両方を設定できるのがポイントで、高度な運用が可能です。

段落境界線の設定

段落に対して境界線を設定できる機能が段落境界線です。目的の段落を選択、あるいはカーソルを置いた状態にして、段落パネルのパネルメニュー→“段落境界線...”を選択します 図1。「段落境界線」ダイアログが表示されるので、[境界線を挿入]にチェックを入れ、[OK]ボタンをクリックします。すると、選択していた段落に対して境界線が作成されます 図2。

再度、「段落境界線」ダイアログを表示させて設定を変更してみましょう。もちろん、[線幅]や[カラー]を変更でき、[オフセット]を設定すれば境界線の位置も調整できます。また、[幅]を[段]から[テキスト]に変更すると、テキスト部分のみに境界線を引くといったことも可能になります 図3。なお、[段]を[テキスト]にした場合、文字数の増減に応じて伸び縮みする境界線が実現できます。

図1 「段落境界線」コマンドの実行

段落境界線の機能

段落境界線の機能を利用すること

見出しにさまざまな境界線の効果

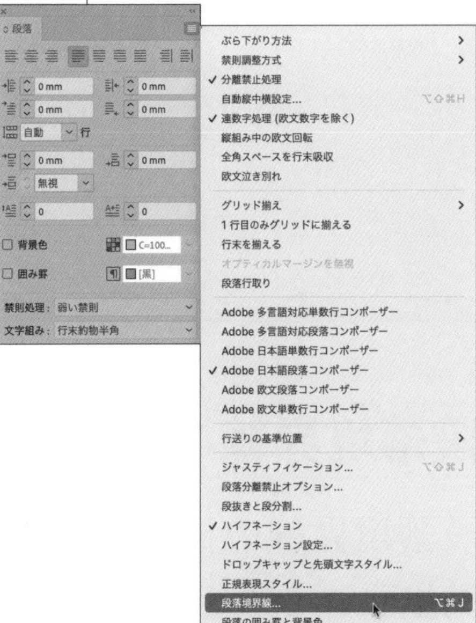

図2 境界線の適用

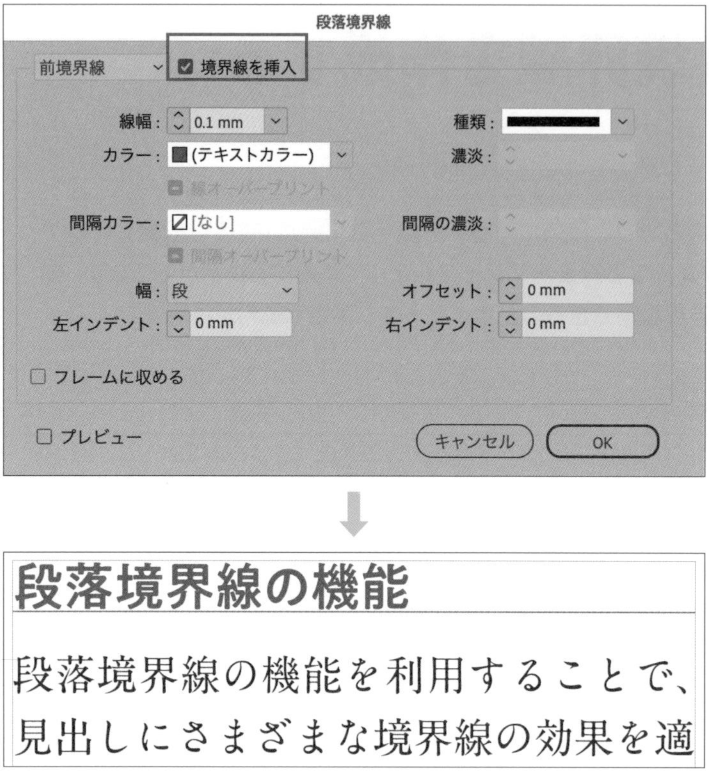

段落境界線

前境界線 ☑境界線を挿入

線幅：0.1 mm　種類：

カラー：(テキストカラー)　濃淡：

線オーバープリント

間隔カラー：[なし]　間隔の濃淡：

間隔オーバープリント

幅：段　オフセット：0 mm

左インデント：0 mm　右インデント：0 mm

☐フレームに収める

☐プレビュー　キャンセル　OK

段落境界線の機能

段落境界線の機能を利用することで、
見出しにさまざまな境界線の効果を適

図3 境界線の設定変更

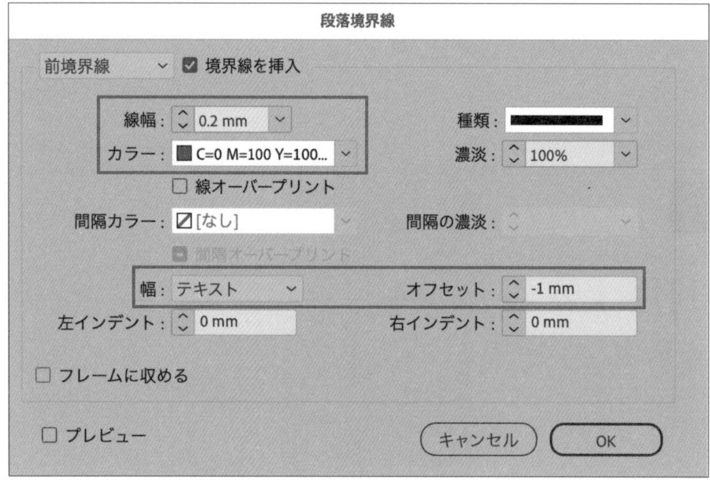

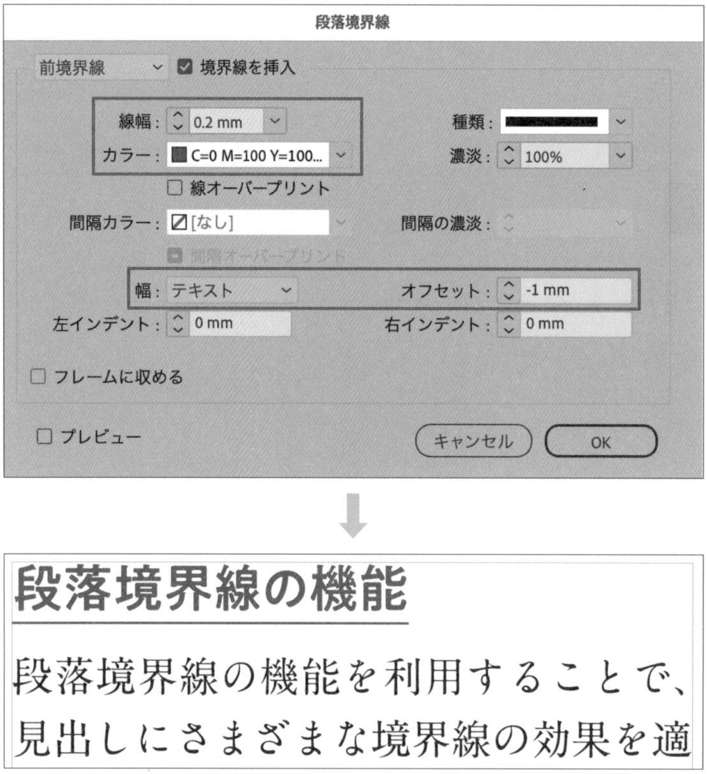

段落境界線の機能

段落境界線の機能を利用することで、
見出しにさまざまな境界線の効果を適

段落境界線の応用

段落境界線は、[前境界線]と[後境界線]の2つを作成することができます。これを利用して、テキストの背景にカラーの帯を作成したり、枠囲みのような効果を適用することが可能です。例えば、背景にカラーの帯を作成したいのであれば、線幅を太くして文字のセンターにくるよう、[オフセット]や[インデント]を調整すれば良いわけです 図4。もちろん、文字数が変われば、カラーの帯のサイズも変わります 図5。

> **memo**
> 筆者の運営するWebサイトに、「段落境界線」や「段落の囲み罫と背景色」等の機能を応用した見出し例をいくつか載せていますので、参考にしてください。
> 「other No.22 見出しまわりの処理（サンプル）」https://study-room.info/id/studyroom/other/other22.html

図4 段落境界線による色網処理

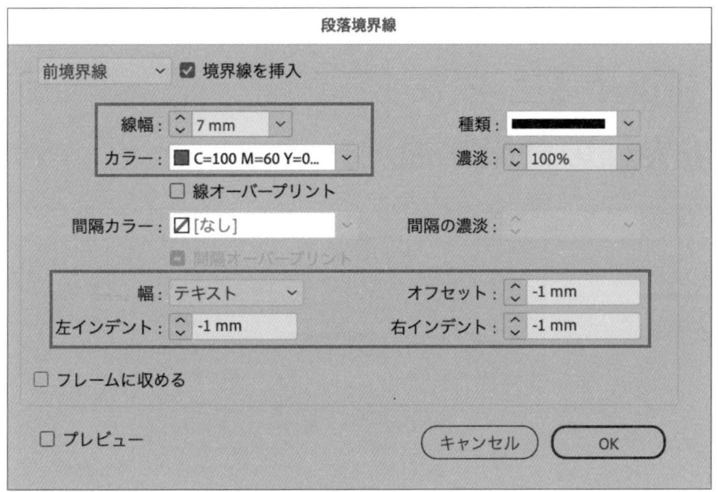

段落境界線の機能

段落境界線の機能を利用することで、見出しにさまざまな境界線の効果を適用できます。

図5 文字数に応じて伸び縮みする段落境界線

段落境界線の機能とは

段落境界線の機能を利用することで、見出しにさまざまな境界線の効果を適用できます。

また、枠囲みのような効果を適用したいのであれば、[前境界線] と [後境界線] を同じ位置に重なるよう設定し、[後境界線] の [線幅] を [前境界線] の [線幅] よりも少し細く、さらに、[後境界線] の [カラー] を「紙色」に設定します。これにより、線幅の差分の半分だけが枠囲みの線幅のように表示されます 図6。

さらに、[種類] に [句点] または [点] を指定すると [間隔のカラー] が設定可能になり、角丸罫線のような効果を得ることもできます 図7。

> **memo**
> 段落境界線に [前境界線] と [後境界線] の両方を設定した場合、[後境界線] の方が前面に適用されます。

図6 段落境界線による枠囲み処理

段落境界線の機能

段落境界線の機能を利用することで、見出しにさまざまな境界線の効果を適

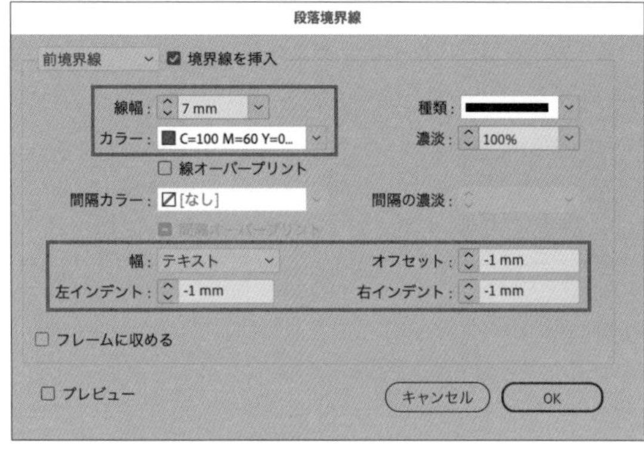

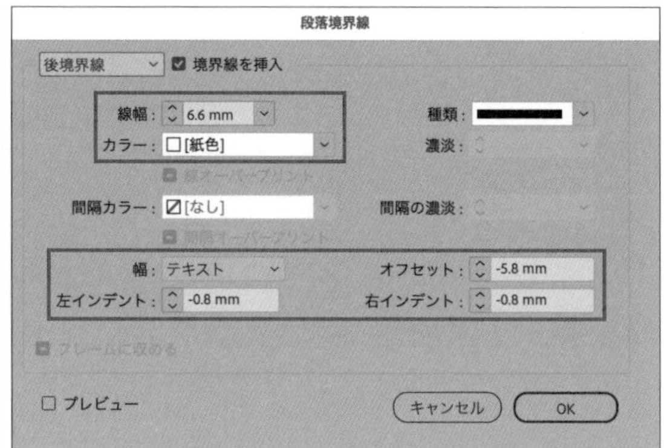

図7 段落境界線による枠囲み(角丸)処理

段落境界線の機能

段落境界線の機能を利用することで、見出しにさまざまな境界線の効果を適

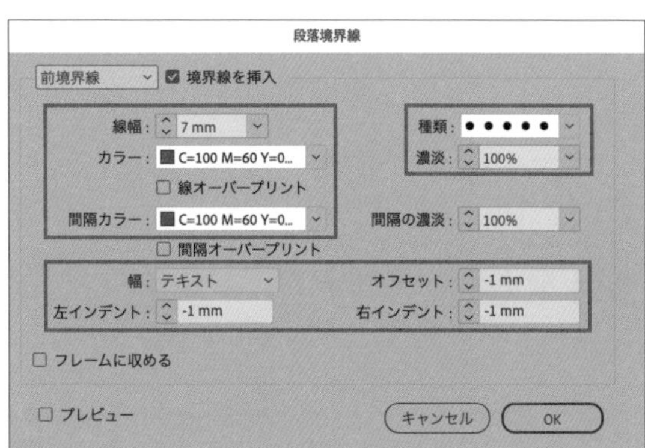

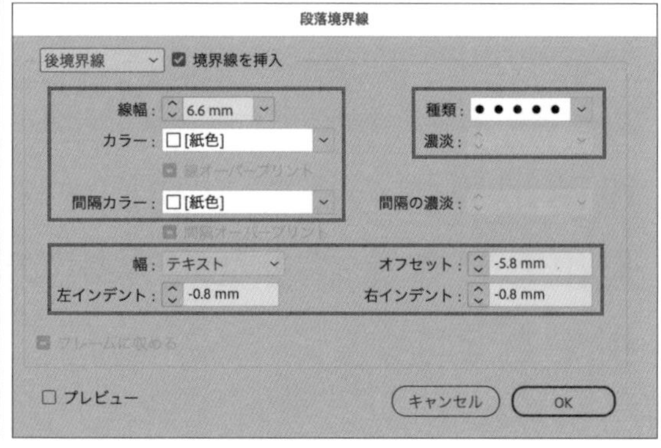

段落の囲み罫と背景色を設定する

段落境界線は複数行すべてに対して適用できませんが、段落の囲み罫と背景色の機能は複数行の段落すべてに対して適用することができます。用途に応じて、囲み罫と背景色をそれぞれ使い分けることもできます。

囲み罫の設定

段落に対して囲み罫と背景色を個別に設定できますが、まずは囲み罫を設定してみましょう。目的の段落を選択して（あるいは段落内にカーソルを置いて）段落パネルのパネルメニュー→“段落の囲み罫と背景色...”を選択します。「段落の囲み罫と背景色」ダイアログが表示されるので、[囲み罫]タブの[囲み罫]にチェックを入れて、各項目を設定します 図1。ここでは、線幅をすべて0.1mmに、角丸をすべて2mmに、オフセットをすべて2mmに設定しました。[OK] ボタンをクリックすると、段落に対して囲み罫が適用されます 図2。

図1 「段落の囲み罫と背景色」ダイアログの[囲み罫]

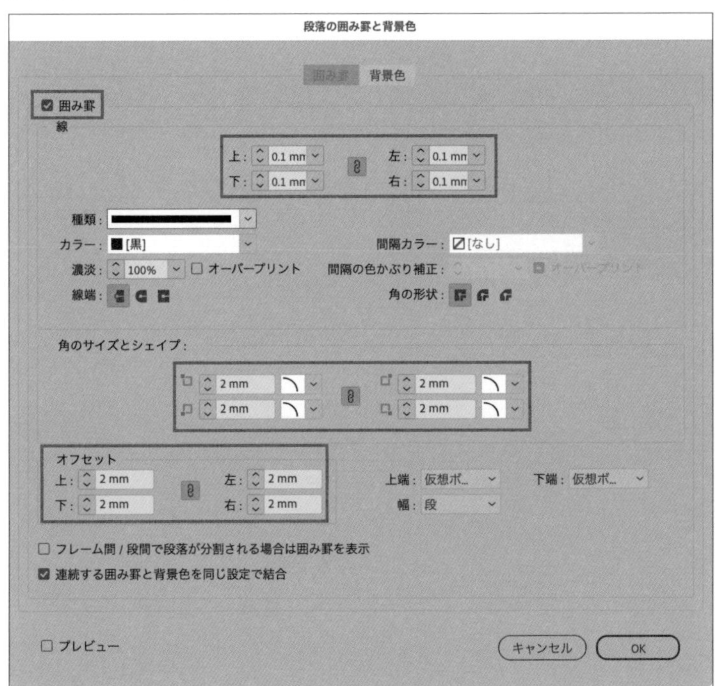

図2 **段落の囲み罫を適用した段落**

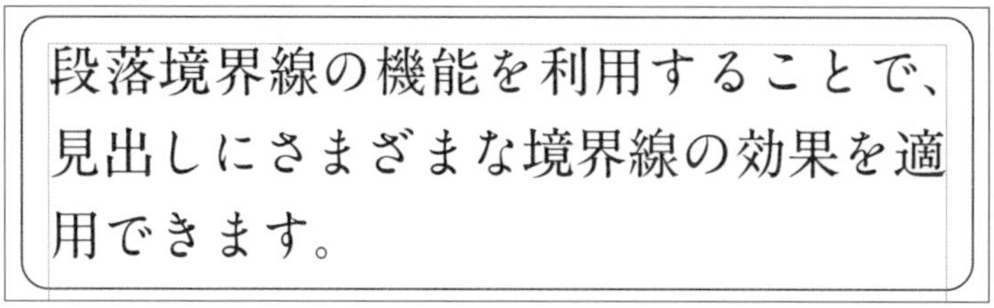

段落境界線の機能を利用することで、見出しにさまざまな境界線の効果を適用できます。

今度は、テキストを1行に変更した後、「段落の囲み罫と背景色」ダイアログで[幅]を[列]から[テキスト]に変更してみましょう。段落境界線の機能と同様、テキストの文字数に応じて伸び縮みする囲み罫が実現できます 図3。

図3 **[幅]を[テキスト]に変更した段落の囲み罫**

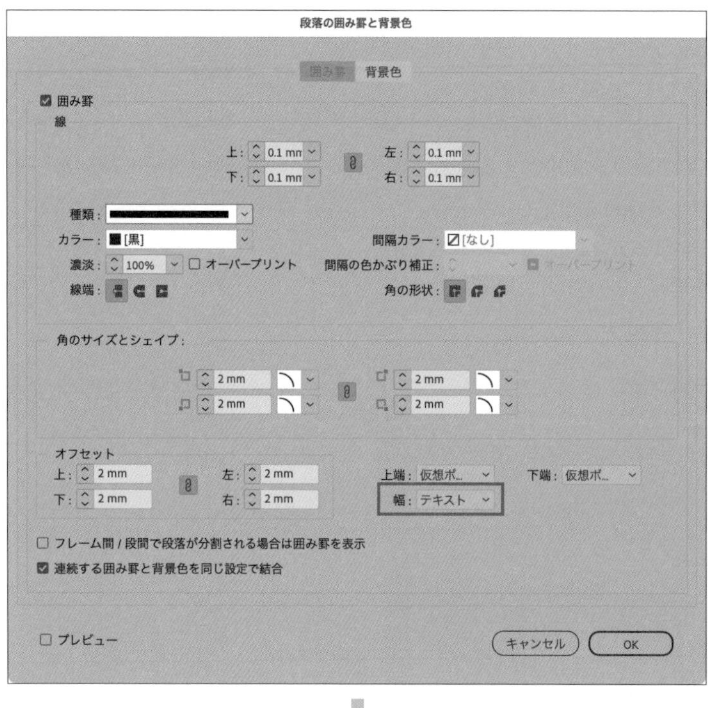

↓

段落境界線

背景色の設定

今度は、背景色を設定しましょう。「段落の囲み罫と背景色」ダイアログを表示させたら、[背景色]タブをクリックして、[背景色]にチェックを入れ、各項目を設定します。角丸をすべて2mmに、オフセットをすべて2mmに設定し、[カラー]と[濃淡]も指定しました 図4。

図4 「段落の囲み罫と背景色」ダイアログの[背景色]

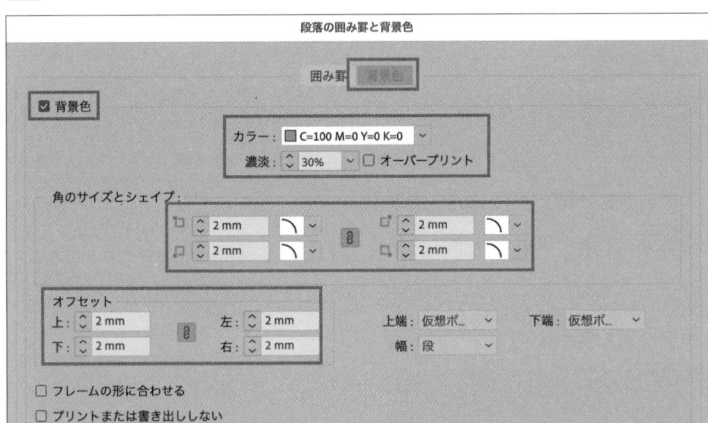

段落境界線の機能を利用することで、見出しにさまざまな境界線の効果を適用できます。

> **memo**
> [フレームの形に合わせる] オプションをオンにすると、フレーム外に飛び出す部分の背景色は非表示にできます。

なお、複数の段落に囲み罫や背景色を設定する場合、段落ごとに囲み罫や背景色を適用するのか、1つのグループとして囲み罫や背景色として適用するのかを指定可能です。[連続する囲み罫と背景色を同じ設定で結合]オプションがオンの場合は、段落全体に同一の囲み罫や背景色が適用され 図5 、オフの場合は段落単位で囲み罫や背景色が適用されます 図6。

図5 [連続する囲み罫と背景色を同じ設定で結合]がオンの場合

段落境界線の機能を利用することで、見出しにさまざまな境界線の効果を適用できます。
段落境界線の機能を利用することで、見出しにさまざまな境界線の効果を適用できます。

図6 [連続する囲み罫と背景色を同じ設定で結合]がオフの場合

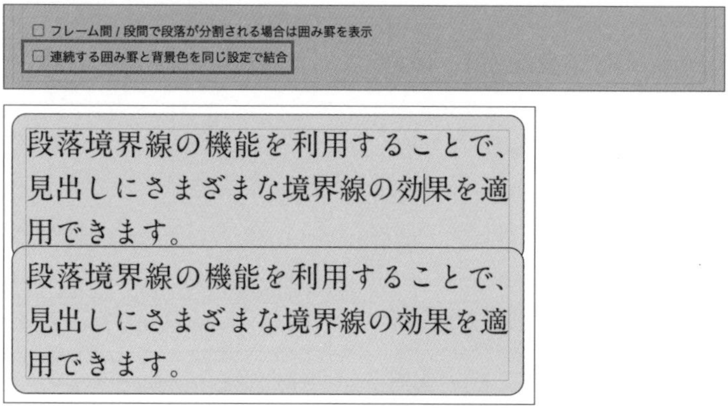

☐ フレーム間 / 段間で段落が分割される場合は囲み罫を表示
☐ 連続する囲み罫と背景色を同じ設定で結合

段落境界線の機能を利用することで、見出しにさまざまな境界線の効果を適用できます。
段落境界線の機能を利用することで、見出しにさまざまな境界線の効果を適用できます。

また、[フレーム間/段間で段落が分離される場合は囲み罫を表示] オプションがオンの場合と 図7 、オフの場合は 図8 、それぞれ以下のようになります。

図7 [フレーム間/列間で段落が分離される場合は囲み罫を表示]がオンの場合

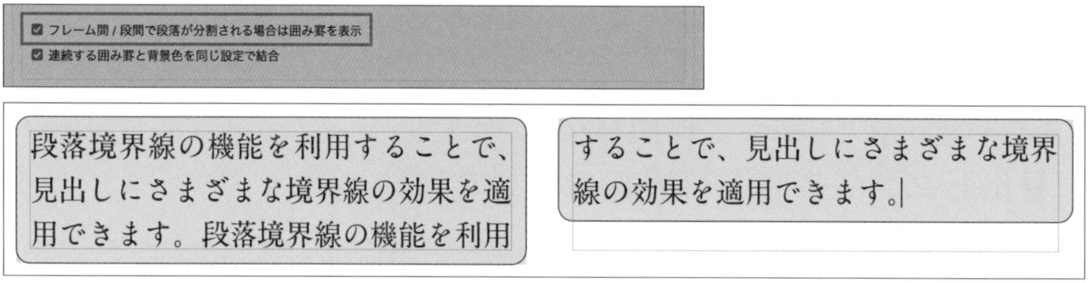

☑ フレーム間 / 段間で段落が分割される場合は囲み罫を表示
☑ 連続する囲み罫と背景色を同じ設定で結合

段落境界線の機能を利用することで、見出しにさまざまな境界線の効果を適用できます。段落境界線の機能を利用
することで、見出しにさまざまな境界線の効果を適用できます。

図8 [フレーム間/列間で段落が分離される場合は囲み罫を表示]がオフの場合

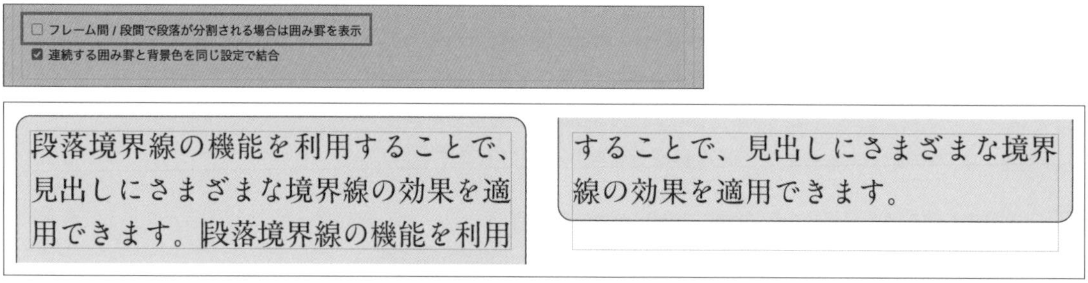

☐ フレーム間 / 段間で段落が分割される場合は囲み罫を表示
☑ 連続する囲み罫と背景色を同じ設定で結合

段落境界線の機能を利用することで、見出しにさまざまな境界線の効果を適用できます。段落境界線の機能を利用
することで、見出しにさまざまな境界線の効果を適用できます。

合成フォントを作成する

THEME テーマ

漢字やかな、数字や英数字等にそれぞれ異なるフォントを使用して組むことを「混植」と呼びます。混植とは、より美しく、より読みやすくするための1つの手法ですが、この混植を実現してくれるのが合成フォントという機能です。

合成フォントの作成

InDesignの合成フォントの機能では、漢字、かな、全角約物、全角記号、半角欧文、半角数字のそれぞれに対して、異なるフォントやサイズ、ベースラインを指定することができます。まず、書式メニュー→“合成フォント...”を選択して、「合成フォント」ダイアログを表示します 図1。

[新規] ボタンをクリックすると、「新規合成フォント」ダイアログが表示されるので、[名前] を付け [元とするセット] を指定します。[元とするセット] がとくになければ [デフォルト] のままでかまいません 図2。[OK] ボタンをクリックすると、「合成フォント」ダイアログに戻るので、各項目を設定していきます。ここでは、まず [漢字] [かな] [全角約物] [全角記号] を同じフォントに設定しました 図3。次に [半角欧文] と [半角数字] を設定します。ここでは、「Helvetica Neue 65 Medium」を [サイズ：110%] [ライン：1%] に設定しました 図4。

memo

同じ設定にしたい項目は、shiftキー（連続する複数の項目）やcommand［Ctrl］キー（連続していない複数の項目）を押しながら［設定］の項目部分をクリックすると、まとめて選択できます。

図1 「合成フォント」ダイアログ

合成フォント

合成フォント：[合成フォントなし]　単位：%

設定	フォント	スタイル	サイズ	ベースライン	垂直比率	水平比率
漢字	小塚明朝 Pr6N	R	100%	0%	100%	100%
かな	小塚明朝 Pr6N	R	100%	0%	100%	100%
全角約物	小塚明朝 Pr6N	R	100%	0%	100%	100%
全角記号	小塚明朝 Pr6N	R	100%	0%	100%	100%
半角欧文	Minion Pro	Regular	100%	0%	100%	100%
半角数字	Minion Pro	Regular	100%	0%	100%	100%

OK
キャンセル
新規...
読み込み...
サンプル表示

図2 「新規合成フォント」ダイアログ

新規合成フォント

名前：新ゴDB+Helvetica
元とするセット：デフォルト
OK
キャンセル

図3 「合成フォント」ダイアログの設定(1)

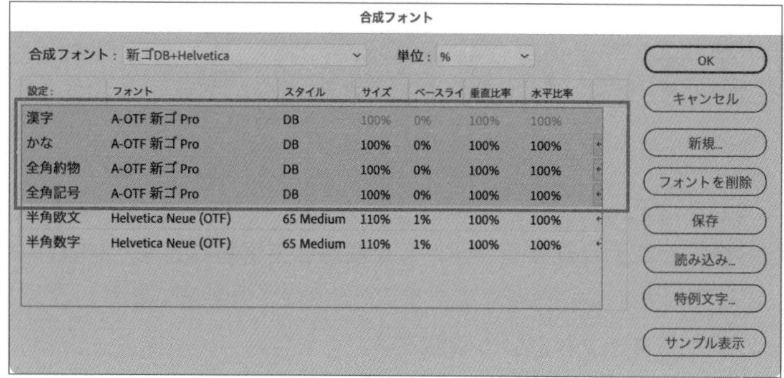

図4 「合成フォント」ダイアログの設定(2)

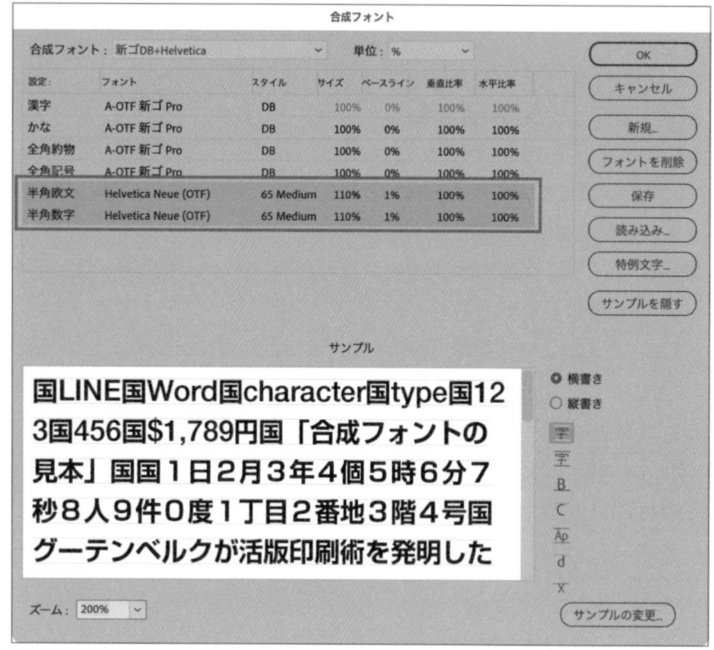

このまま保存したい場合には［保存］ボタンをクリックすればかまいませんが、任意の文字のみフォントやサイズを変更することもできます。この場合、［特例文字］ボタンをクリックします。すると、「特例文字セット編集」ダイアログが表示されるので、［新規］ボタンをクリックします 図5。

図5 「特例文字セット編集」ダイアログ

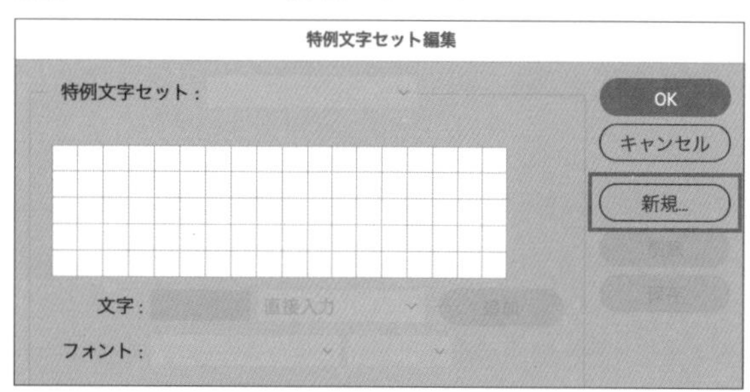

memo

［半角欧文］や［半角数字］を設定する際は、［サンプル表示］ボタンをクリックして、どのような結果になるかをサンプリングしながら設定するのがお勧めです。［ズーム］やウィンドウ右下にある各種アイコンをクリックして、表示を切り替えながら作業すると、位置やサイズが合わせやすいです。

memo

［半角欧文］や［半角数字］の［サイズ］や［ライン］をどれぐらいの値に設定したら良いかが分からない場合、事前に和文フォントの「M」の文字と欧文フォントの「M」の文字を（できるだけ大きなサイズで）並べて入力します。両方の文字を同じくらいの文字の高さや位置にするためには、欧文フォントを何％大きくし、何％ベースラインを移動すれば良いかを計算して、実際の「合成フォント」ダイアログに反映させると良い結果が得られます。

「新規特例文字セット」ダイアログが表示されるので、[名前]を付け[元とするセット]を指定し、[OK]ボタンをクリックします 図6。[OK]ボタンをクリックすると、「特例文字セット編集」ダイアログに戻るので、特例文字として登録したい文字を入力し、フォントを指定したら[追加]ボタンをクリックします。同様の手順で特例文字を追加していきます 図7。

図6 「新規特例文字セット」ダイアログ

図7 特例文字セットの登録

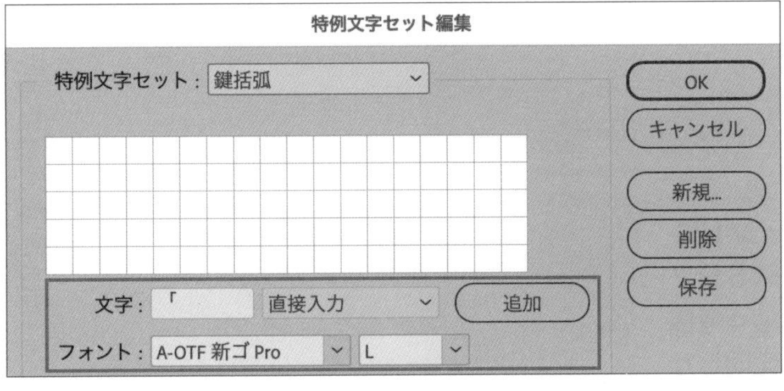

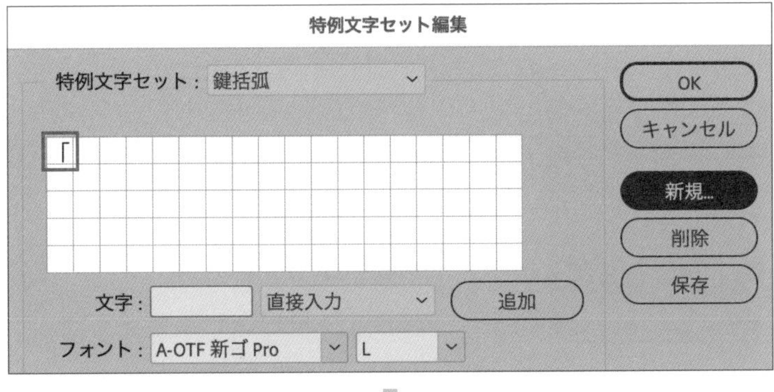

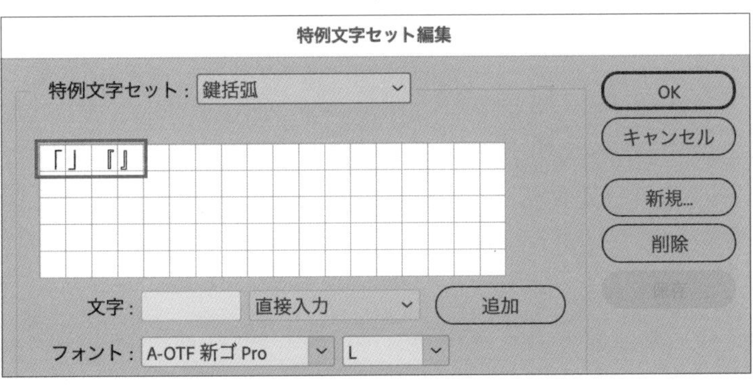

memo

特例文字として文字を入力する際には、フィールドに直接文字を入力する以外にも、Shift_JISやUnicodeといったコード番号で指定することも可能です。変更は、[直接入力]のプルダウンメニューから変更できます。

［OK］ボタンをクリックして「合成フォント」ダイアログに戻ります。特例文字が追加されているのが確認できるので、必要であれば［サイズ］や［ライン］を調整します 図8。［保存］ボタンをクリックし、続けて［OK］ボタンをクリックすると、保存した合成フォントがフォントメニューに表示され、使用可能になります 図9。

図8 「合成フォント」ダイアログの特例文字

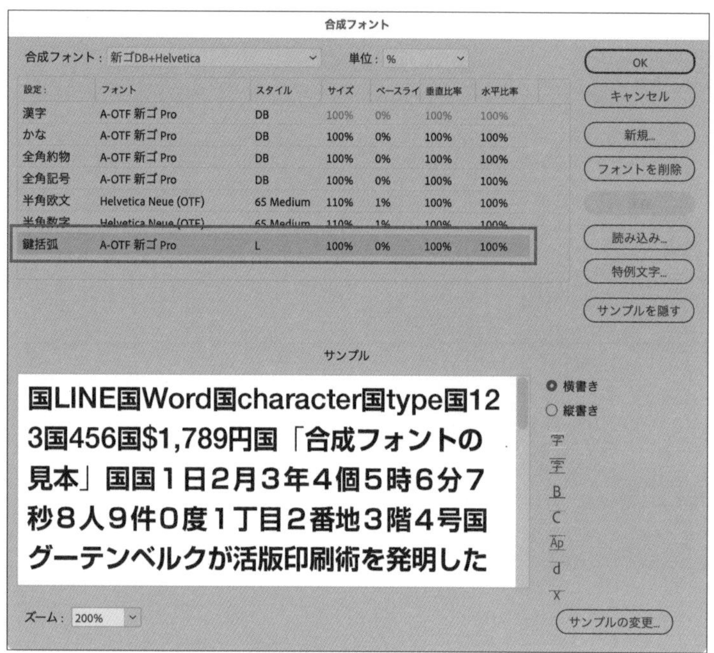

図9 フォントメニューに表示された合成フォント

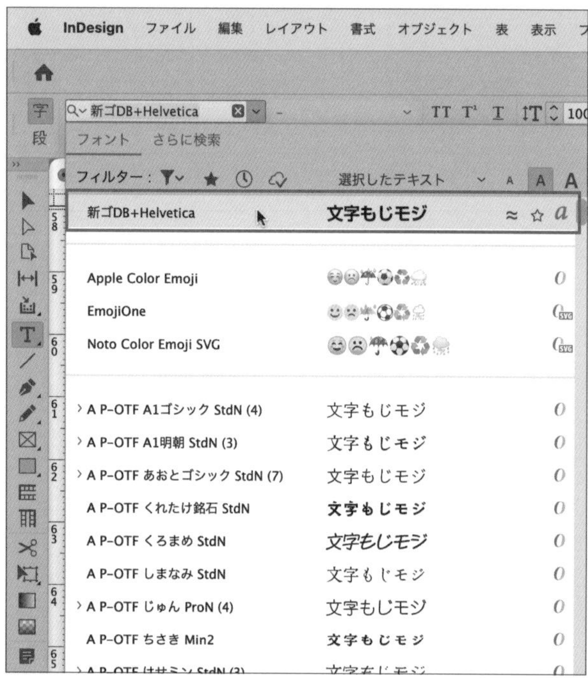

文字を詰める

THEME テーマ

文字を詰めるという作業は頻繁に行なわれますが、その目的や用途によって、どのような文字詰めをするかは変わってきます。このレッスンでは、どのような文字詰め方法があり、どのようなメリット・デメリットがあるかを理解しましょう。

文字を均等に詰める機能

一口に文字を詰めると言ってもさまざまな方法がありますが、この本では、「文字を均等に詰める機能」「プロポーショナルな詰め機能（文字の形によって詰め幅が変わる）」「手作業で詰める機能」に分けて考えたいと思います。まず、「文字を均等に詰める機能」を見ていきましょう。

トラッキングの適用

文字パネル、またはコントロールパネルから［選択した文字のトラッキングを設定］を指定することで、選択した文字すべての字間を均等に変更することができます。なお、マイナスの値を入力すれば字間は詰まり、プラスの値を入力すれば字間は広がります 図1。ただし、テキストすべてに適用すると、英数字部分は詰まり過ぎてしまうので注意してください。

なお、段落パネルのパネルメニュー→“ジャスティフィケーション...”を選択すると表示される「ジャスティフィケーション」ダイアログの［文字間隔］をマイナスにすることでもトラッキング同様の効果を得ることができます。

図1 トラッキングによる文字詰め

InDesignの詰め

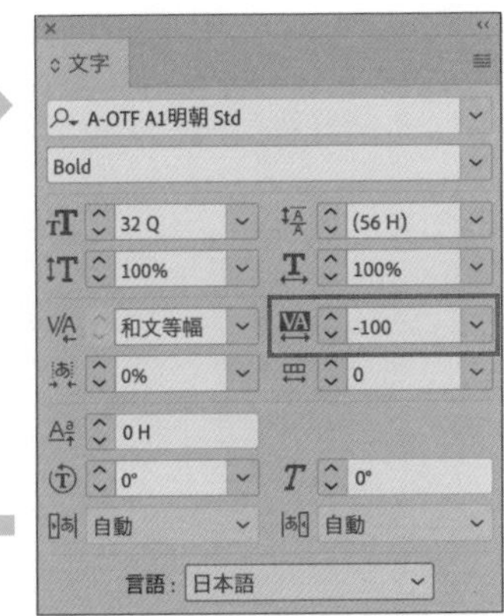

フレームグリッド設定の字間をマイナスに設定する

「フレームグリッド設定」ダイアログの［字間］をマイナスにすることでも、均等詰めが可能です図2。フレームグリッドを使用している際にしか使用できませんが、英数字に対しては詰めが適用されないため、フレームグリッド内のテキストすべてに美しい均等詰めが実現できます。

図2 フレームグリッド設定の［字間］を変更した均等詰め

InDesignの均等詰め

↓

フレームグリッド設定

グリッド書式属性
フォント：A-OTF A1明朝 Std　Bold
サイズ：14 Q
文字垂直比率：100%　文字水平比率：100%
字間：-1 H　字送り：13 H
行間：6 H　行送り：20 H
OK
キャンセル
プレビュー

↓

InDesignの均等詰め

文字組みアキ量設定を利用した均等詰め

文字組みアキ量設定で特定の文字クラスが並んだ際に均等詰めすることが可能です。厳密には、各行の詰めの割合がまったく同じになるわけではありませんが、例えば平仮名やカタカナが並んだ時のみ、できるだけ均等に詰めるといったことができます図3。

図3 文字組みアキ量設定によるかな詰め

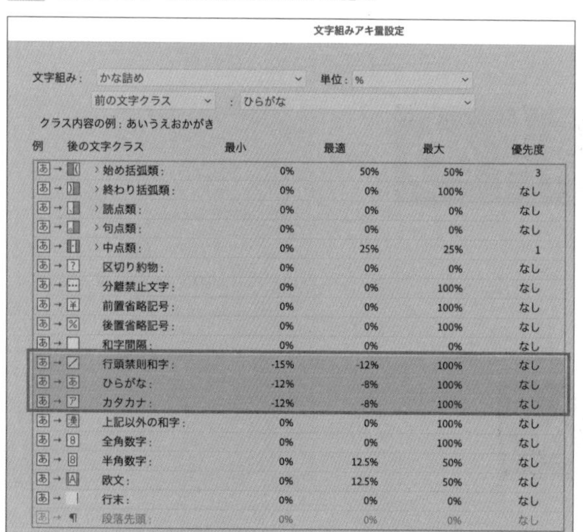

例	後の文字クラス	最小	最適	最大	優先度
あ→	始め括弧類：	0%	50%	50%	3
あ→	終わり括弧類：	0%	0%	100%	なし
あ→	読点類：	0%	0%	0%	なし
あ→	句点類：	0%	0%	0%	なし
あ→	中点類：	0%	25%	25%	1
あ→	区切り約物：	0%	0%	0%	なし
あ→	分離禁止文字：	0%	0%	100%	なし
あ→	前置省略記号：	0%	0%	100%	なし
あ→	後置省略記号：	0%	0%	100%	なし
あ→	和字間隔：	0%	0%	0%	なし
あ→	行頭禁則和字：	-15%	-12%	100%	なし
あ→	ひらがな：	-12%	-8%	100%	なし
あ→	カタカナ：	-12%	-8%	100%	なし
あ→	上記以外の和字：	0%	0%	100%	なし
あ→	全角数字：	0%	0%	100%	なし
あ→	半角数字：	0%	12.5%	50%	なし
あ→	欧文：	0%	12.5%	50%	なし
あ→	行末：	0%	0%	0%	なし
あ→	段落先頭：	0%	0%	0%	なし

かなとカナの詰め

↓

かなとカナの詰め

プロポーショナルな詰め機能

◎プロポーショナルメトリクスの適用

文字の形によって詰め幅が変わるのがプロポーショナルな詰めです。その中でも、最もよく使用されるのがプロポーショナルメトリクスという機能で、文字パネルのパネルメニュー→“OpenType機能”→“プロポーショナルメトリクス”を実行することで適用します。フォントが内部に持っている情報(グリフ幅)を参照して、文字が詰まります 図4 。ただし、適用できるのはOpenTypeフォントに対してのみで、文字単位で適用できますが、詰め幅の調整はできません。

図4 プロポーショナルメトリクスの適用

プロポーショナル

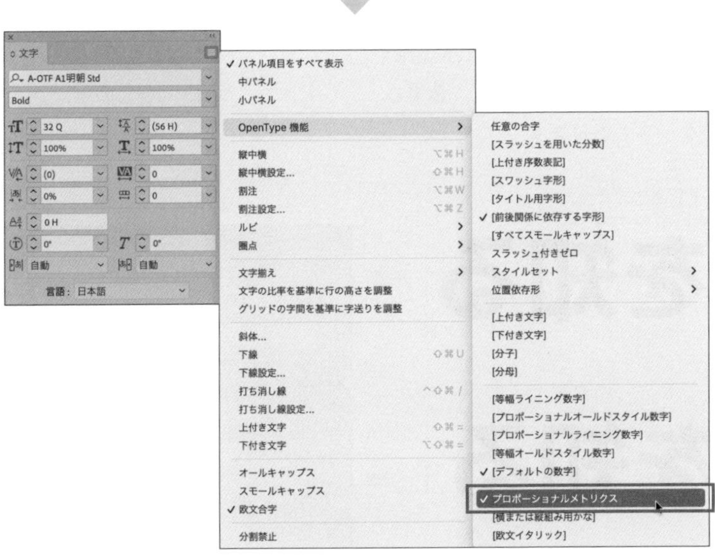

プロポーショナル

◎文字ツメの適用

文字パネルには［文字ツメ］という項目があり、設定した値に応じて文字が詰まります 図5 。仮想ボディに対する字形の前後のアキ(サイドベアリング)を詰めることができる機能で、0%〜100%の間で詰め幅の調整が可能です。行頭や行末にきた文字でも文字の前後のアキが詰まり、文字単位での適用も可能です。

図5 **文字ツメの適用**

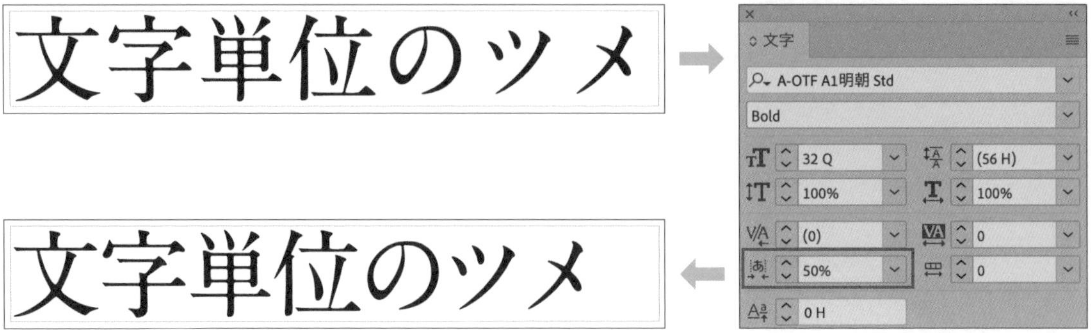

文字単位のツメ

文字単位のツメ

A-OTF A1明朝 Std
Bold
32 Q (56 H)
100% 100%
(0) 0
50% 0
0 H

◎カーニング(オプティカル)の適用

文字パネルの[カーニング]では、値を指定することで字間を変更できますが、[オプティカル][和文等幅][メトリクス]のいずれかを選択することも可能です。デフォルトでは[和文等幅]が選択されていますが、何を選択したかで文字詰めが変わります。

[オプティカル]を適用すると、InDesignが文字の形に基づいて字間を調整します 図6。カーソルを文字間におくと、実際に適用された値が[カーニング]のフィールドに( )付きで表示されます。ただし、必ずしも字間が詰まるわけではなく、逆に開くケースもあります。

図6 **オプティカルの適用**

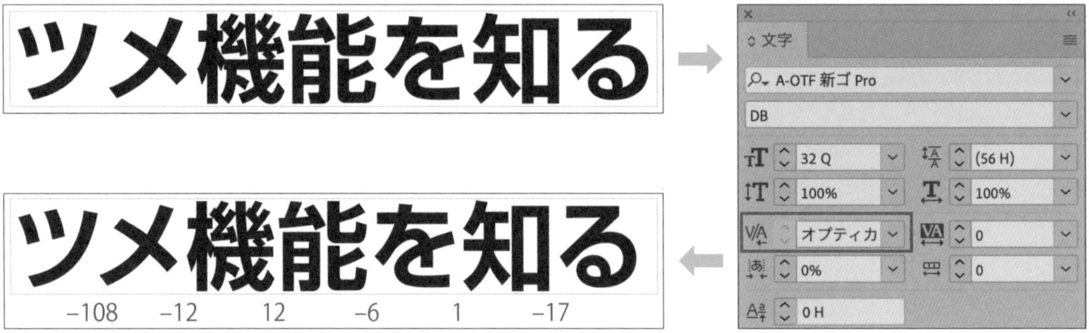

ツメ機能を知る

ツメ機能を知る

–108 –12 12 –6 1 –17

A-OTF 新ゴ Pro
DB
32 Q (56 H)
100% 100%
オプティカ 0
0% 0
0 H

◎カーニング(メトリクス)の適用

[メトリクス]を適用すると、フォント内部に持つペアカーニング情報に基づいて字間が調整されます。ペアカーニングとは、LA、To、Ty、Wa、Yo 等、特定の文字の組み合わせのカーニング情報で、一般的に欧文字形に対して設定されています(和文フォントの平仮名やカタカナにペアカーニング情報を持つフォントもあります)。オプティカル同様、適用された値が( )付きでフィールドに表示されます 図7。なお、ペアカーニング情報で字間が詰まるだけでなく、同時にプロポーショナルメトリクスも適用されるのがこの機能の特徴ですが(プロポーショナルメトリクス+ペアカーニングで字間が詰まる)、! [メトリクス]適用後に、任意の文字間を手詰めすると、他の文字間まで変わってしまうので要注意です。

! POINT

この問題を避けるためには、文字パネルのパネルメニュー→"OpenType機能"→"プロポーショナルメトリクス"を別途、手動でオンにすることで回避します。

図7 メトリクスの適用

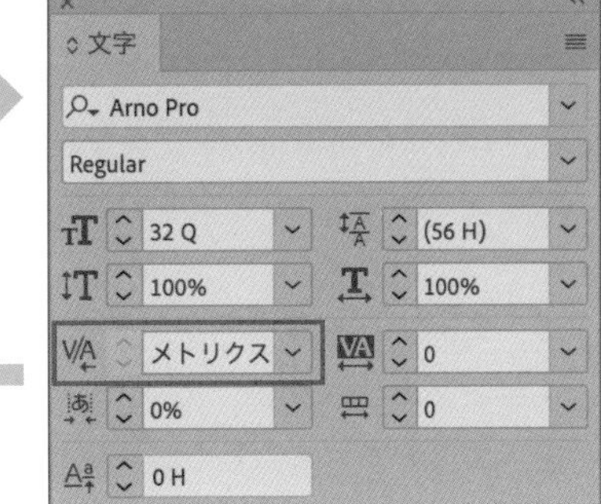

◎カーニング(和文等幅)の適用

[和文等幅]を適用すると、和文はベタ組みのままで(詰まらずに)、欧文のみペアカーニングで字間が詰まります 図8。なお、[和文等幅]がInDesignのデフォルト設定になっており、文字詰めをしないのであれば、基本的にこの設定を使用します。

図8 和文等幅の適用

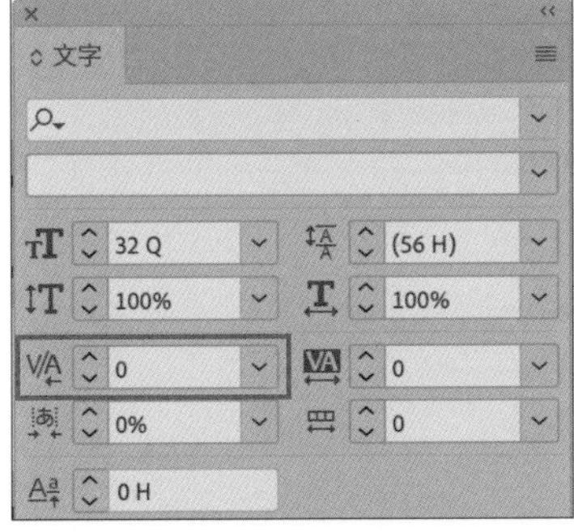

NewYorkと東京

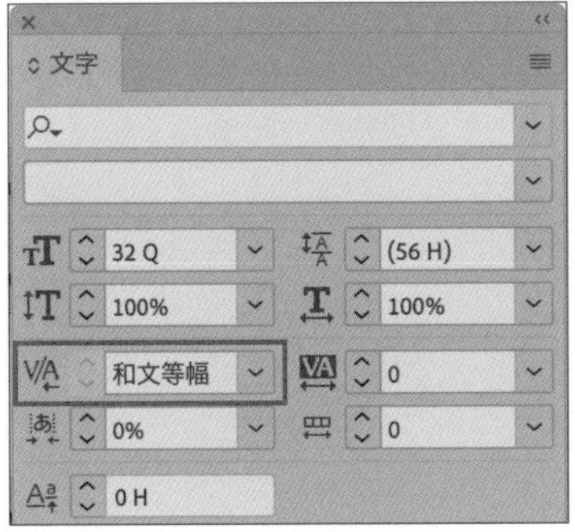

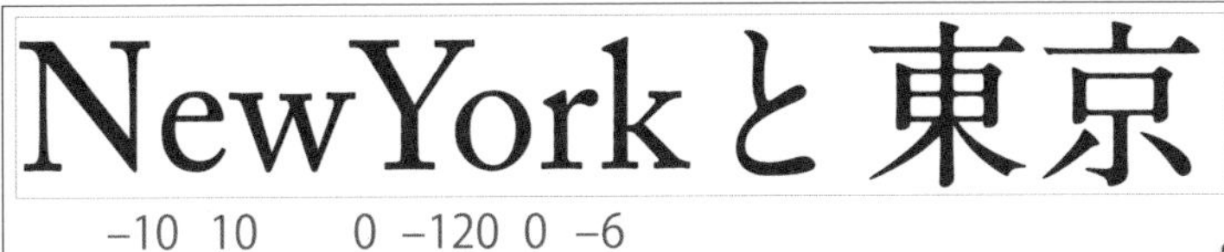

カーニングが「0」の状態と(上段)、カーニングに[和文等幅]を選択した状態(下段)

手作業で詰める機能

InDesignの豊富な機能を使用すれば、ある程度、自動で文字詰めができますが、その結果に満足できない場合は、手動で詰め処理を行います。ここでは、カーニングと文字前(後)のアキ量の機能を解説します。

◎カーニングの適用

文字を詰めたい箇所にカーソルを置き、文字パネルの［カーニング］に値を入力します。入力した値に応じて、字間が詰まったり、広がったりします 図9。

図9 カーニングの適用

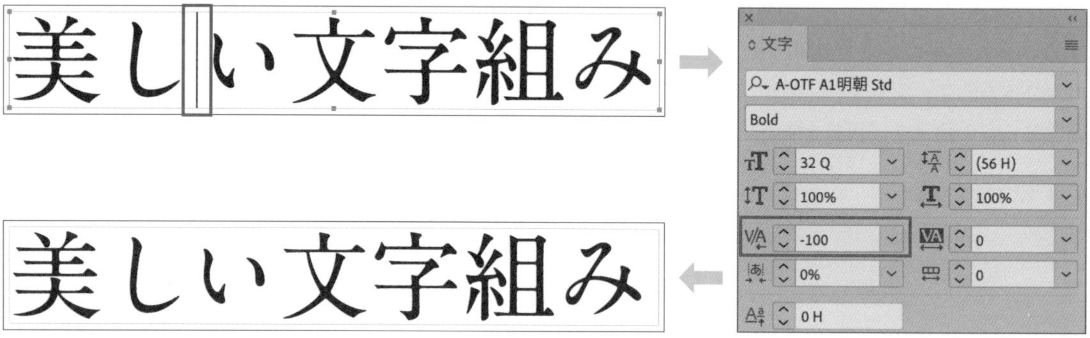

◎文字前(後)のアキ量の適用

文字パネルの［文字前のアキ量］と［文字後のアキ量］を使用して個別に字間を調整することもできます。文字ツールで目的の文字を選択したら、［文字前のアキ量］または［文字後のアキ量］を［自動］から別のものに変更することで、字間を変更できます 図10。

図10 文字前(後)のアキ量

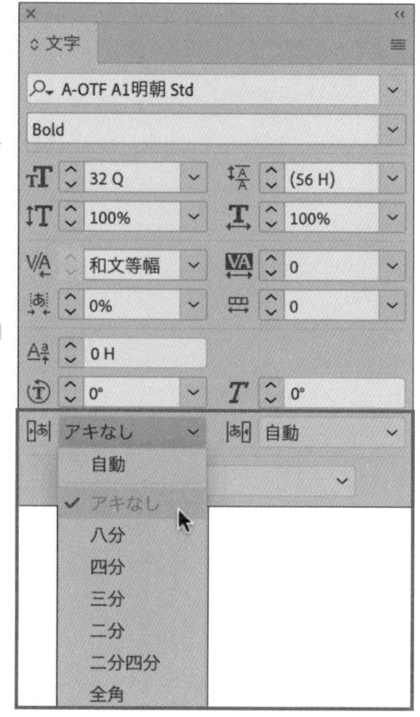

Illustratorとのテキストのコピー&ペースト

THEME テーマ 2023度版のアプリケーションから、InDesignとIllustratorのドキュメント間において、プレーンな状態でのテキストのやり取りだけでなく、テキストの書式を保持したまま、テキストのペーストが可能となりました。

Illustratorドキュメントからのテキストのペースト

2023年度版以降のInDesign・Illustratorでは、Illustratorドキュメントのテキストを書式を保ったままInDesignにペーストすることが可能になりました(これまでもプレーンなテキスト、あるいは画像化されたテキストをペーストすることは可能でした)。

まず、Illustrator上のテキストを選択ツールまたは文字ツールでコピーします 図1。InDesignドキュメントに切り替え、ペーストを実行します。すると、プレーンなテキストとしてペーストされ、フレームの右下に「T」の表示の［テキストのみペースト］アイコンが表示されます。このアイコンをクリックして、［書式付きでペースト］アイコンを選択すると 図2、Illustrator上と同じ書式に切り替わります 図3。

memo

InDesignにIllustratorのテキストをペーストする際には、あらかじめテキストフレームを作成していなくてもペーストは可能です。ただし、Illustratorの縦組みテキストを、InDesignに縦組みのままペーストしたい場合は、じぜんに縦組みのテキストフレームを作成しておき、そのフレーム内にペーストします。

memo

2023年度版のInDesign・Illustratorがリリースされた当初は、Illustratorのテキストをlnesignにペーストすると、CMYKのテキストがRGBでペーストされてしまうという問題がありました。しかし、現在、この問題は解消されています。

図1 Illustratorドキュメント上のテキスト(コピー元)

AIからID

図2 InDesignにペーストしたテキスト

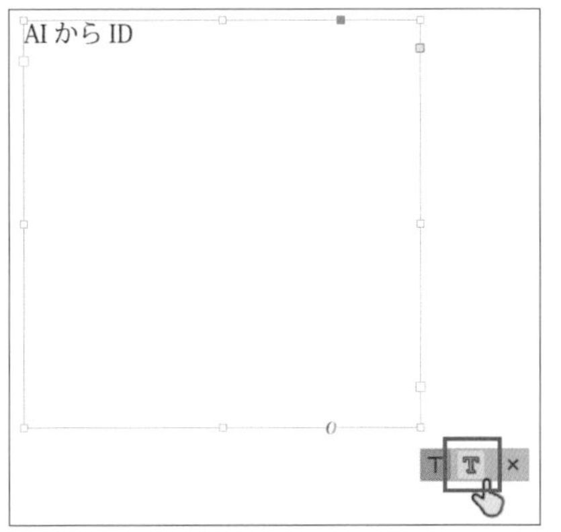

図3 書式を反映させたテキスト

AIからID

Illustratorドキュメントへのテキストのペースト

今度は、InDesignドキュメント上のテキストを選択ツールまたは文字ツールでコピーします 図4。Illustratorドキュメントに切り替え、ペーストを実行します。すると、エリア内文字としてペーストされます 図5。

図4 InDesignドキュメント上のテキスト（コピー元）

図5 Illustratorドキュメントにペーストしたテキスト（コピー先）

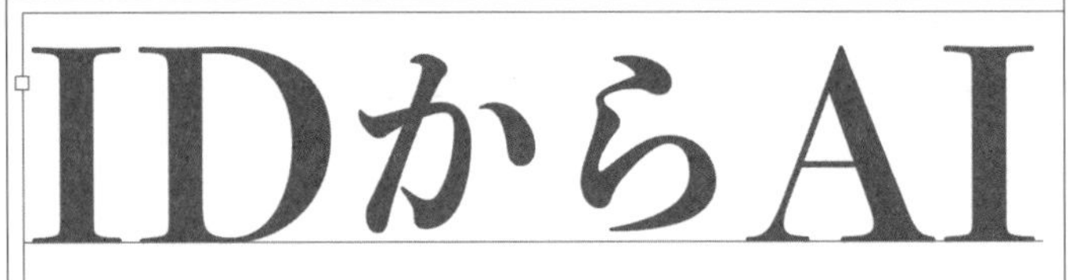

ただし、InDesignの表組みをIllustratorドキュメントにペーストすると、タブ区切りのテキストとしてペーストされ、罫線はペーストされないという問題があります 図6。この問題は、InDesignの表組みと一緒に図形等をコピーすることで回避できます 図7。

> **memo**
> InDesignとIllustrator間では、すべての設定が引き継がれるわけではありません。どのような設定が引き継がれて、どのような設定が引き継がれないかの詳細は、筆者の以下のサイトをご覧ください。
> https://study-room.info/id/studyroom/cc2023/study02.html
> https://study-room.info/id/studyroom/cc2023/study03.html

図6 Illustratorにタブ区切りテキストとしてペーストされたInDesignの表組み

Illustrator	☒	進化し続けるベクトルグラフィックツール
Photoshop	☒	世界最高峰のプロフェッショナル画像編集ツール
InDesign	☒	印刷および電子出版のためのプロフェッショナルデザインツール
Acrobat	☒	PDF 文書およびフォームの作成、編集、署名の追加

表の罫線や画像が反映されずに、タブ区切りのテキストとしてペーストされる。

図7 Illustratorに正常にペーストされたInDesignの表組み

Illustrator	Ai	進化し続けるベクトルグラフィックツール
Photoshop	Ps	世界最高峰のプロフェッショナル画像編集ツール
InDesign	Id	印刷および電子出版のためのプロフェッショナルデザインツール
Acrobat		PDF 文書およびフォームの作成、編集、署名の追加

Lesson 5

テキストフレームをコントロールする

このレッスンでは、テキストフレームの設定を活用した機能をご紹介します。頻繁に使用するテキストフレームだけに、思い取りにコントロールできれば、作業効率が上がります。

フレームサイズをテキスト内容に合わせる

THEME テーマ テキストフレームのフレーム枠そのものは、実際に印刷されるわけではないので、中に入るテキスト量より大きくてもかまいませんが、他のオブジェクトと位置を合わせたいといったケースでは、テキストがぴったり収まるサイズにしておくと便利です。

フレームを内容に合わせるコマンド

フレームグリッドやプレーンテキストフレームをテキストがぴったり収まるサイズに変更しておくと、位置を合わせるとき等、便利なケースがあります。いくつかのやり方がありますが、まずは[フレームを内容に合わせる]コマンドを実行してみましょう。

選択ツールで目的のテキストフレームを選択し、コントロールパネルの[フレームを内容に合わせる]アイコンをクリックします。すると、行送り方向のフレームサイズが、テキストがぴったり収まるサイズに縮まります 図1。なお、テキストがあふれている場合には、テキストがすべて表示されるサイズに広がります。また、テキストが1行の場合には、行送り方向だけでなく、字送り方向のサイズも縮まります 図2。

memo
コントロールパネルの［フレームを内容に合わせる］アイコンではなく、オブジェクトメニュー→“オブジェクトサイズの調整”→“フレームを内容に合わせる”を実行してもかまいません。

図1 テキストが複数行の場合

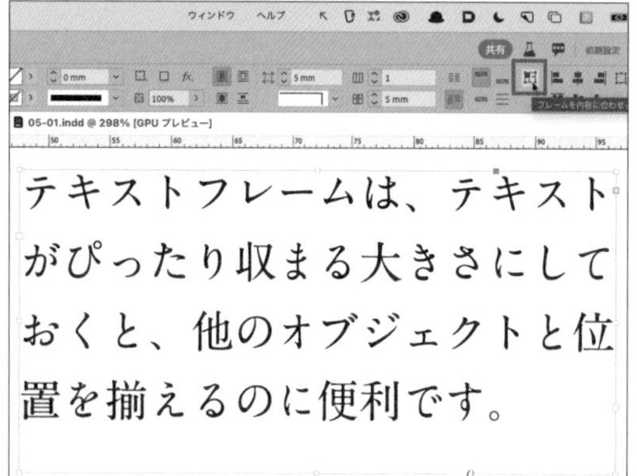

テキストフレームは、テキスト
がぴったり収まる大きさにして
おくと、他のオブジェクトと位
置を揃えるのに便利です。

図2 テキストが1行の場合

美しい文字 → 美しい文字

ハンドルをダブルクリックする

選択ツールでテキストフレームを選択した際に表示されるハンドルをダブルクリックすることでも、フレームサイズをテキストぴったりに合わせることができます。まず、上部中央のハンドルをダブルクリックしてみましょう。すると、底辺が固定された状態でフレームサイズが縮まります 図3。手順を戻って、今度は下部中央のハンドルをダブルクリックしてみましょう。すると今度は、上辺が固定された状態でフレームサイズが縮まります 図4。つまり、ダブルクリックしたハンドルと反対側の辺が固定された状態でフレームサイズが変更されます。

図3 上部中央のハンドルをダブルクリックした場合

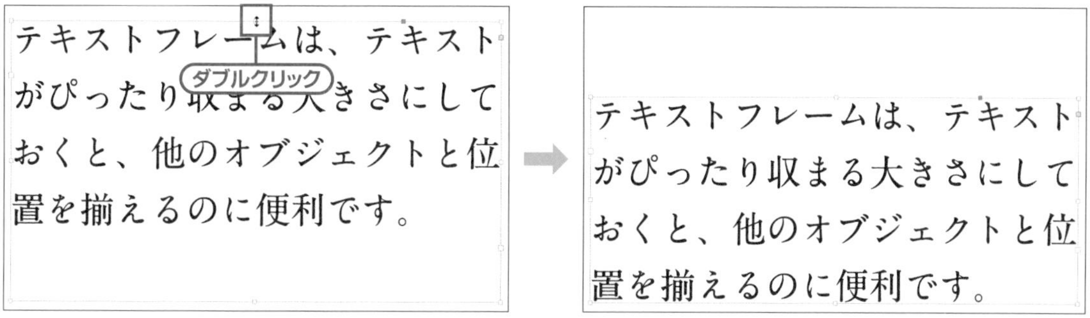

図4 下部中央のハンドルをダブルクリックした場合

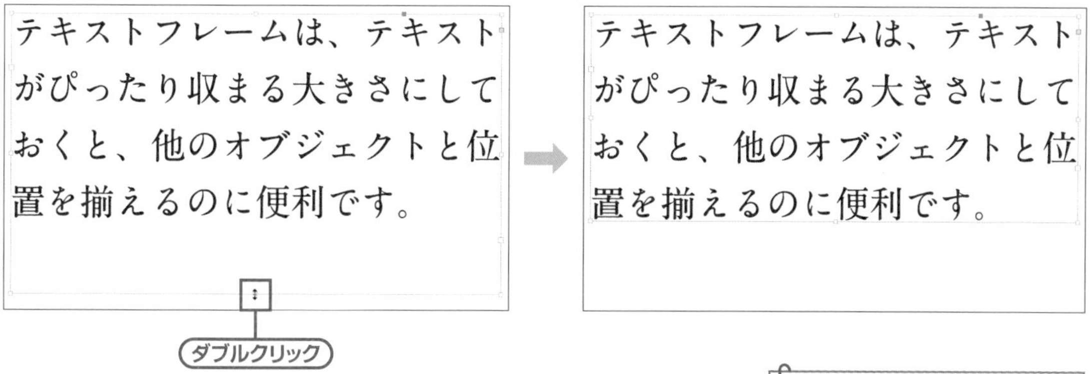

memo

連結された複数のテキストフレームに[フレームを内容に合わせる]コマンドを実行した場合は、複数のフレームのサイズが変更されます。

テキストフレームに自動サイズ調整の設定をする

THEME テーマ

テキストフレームに、あらかじめ［自動サイズ調整］の設定をしておくことで、ペーストまたは入力したテキスト量に応じて自動的にサイズを可変させることが可能です。テキストがあふれることもないので効率良く作業ができます。

自動サイズ調整の設定

テキスト量に応じてサイズが可変するフレームグリッドやプレーンテキストフレームを作成したい場合は、「テキストフレーム設定」ダイアログから設定します。目的のテキストフレームを選択したら、オブジェクトメニュー→“テキストフレーム設定...”を選択します。「テキストフレーム設定」ダイアログが表示されるので、［自動サイズ調整］カテゴリーを選択し、［自動サイズ調整］のプルダウンメニューから目的のものを選択します。ここでは［高さのみ］を選択し、どこを基準にサイズ変更するかをアイコン指定し、［OK］ボタンをクリックします 図1 。

図1 「テキストフレーム設定」ダイアログの［自動サイズ調整］

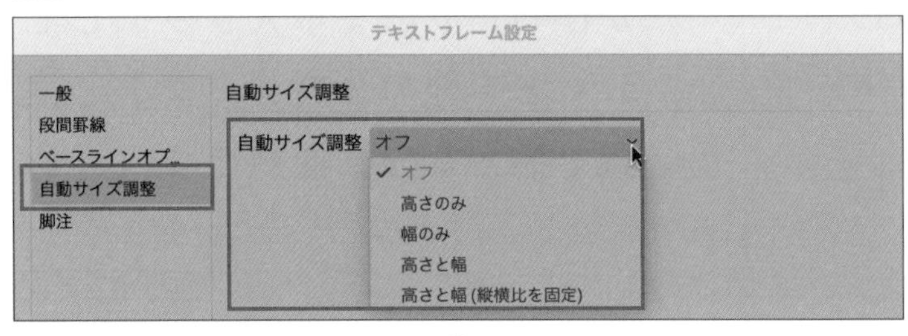

テキストフレーム設定
一般
段間罫線
ベースラインオプ...
自動サイズ調整
脚注
自動サイズ調整
自動サイズ調整 高さのみ
制約
高さの最小値：
幅の最小値
改行なし

memo

一般的に、フレームは行送り方向のサイズを調整したいので、横組みでは［高さのみ］、縦組みでは［幅のみ］を選択します。［高さと幅］と［高さと幅（縦横比を固定）］は、思いどおりにコントロールするのが難しいのであまり使いません。

memo

どこを基準にフレームサイズを変更するかは、アイコンで指定します。図のように上部中央を選択すると、上辺が固定された状態でサイズ変更されます。

memo

［制約］の［高さの最小値］や［幅の最小値］を設定すると、テキストが少ない場合でも、指定した最小値よりフレームサイズが小さくなることはありません。また［改行なし］をオンにすると、複数行あったテキストが1行に変更されます。

［自動サイズ調整］を設定したテキストフレームは、テキストがぴったり収まるよう、自動的にフレームサイズが調整されます 図2 。また、テキスト量が増減すると、テキスト量に合わせて自動的にフレームサイズが変更されます 図3 。

なお、［自動サイズ調整］はその都度、設定していては大変なので、オブジェクトスタイルとして運用すると便利です。

226ページ　Lesson8-07参照。

図2　［自動サイズ調整］を設定したテキストフレーム

テキストフレームに、自動サイズ調整を設定しておくと、フレームサイズが可変し便利です。

テキストフレームに、自動サイズ調整を設定しておくと、フレームサイズが可変し便利です。

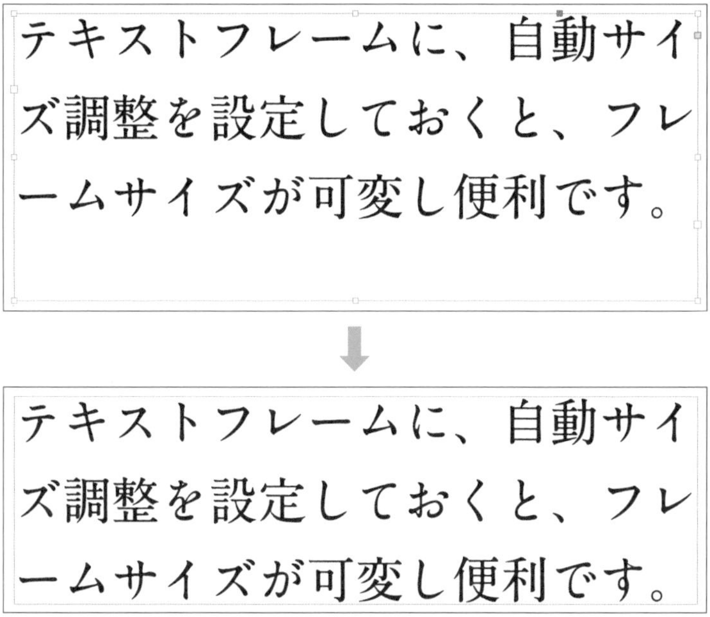

図3　テキストが増減したことで、サイズが自動変更されたテキストフレーム

自動サイズ調整を設定しておくと便利です。

テキストフレームに段組の設定をする

THEME テーマ

テキストフレームは、「テキストフレーム設定」ダイアログから段組の設定が可能です。複数のフレームを連結して組んでもかまいませんが、段抜き見出しや段間罫線を設定したい場合には、[テキストフレーム設定]から設定を行います。

段組の設定

フレームグリッドやプレーンテキストフレームに段組を設定するには、目的のテキストフレームを選択し、オブジェクトメニュー→"テキストフレーム設定..."を選択します。「テキストフレーム設定」ダイアログが表示されるので、[一般]カテゴリーで[段数]と[間隔]を指定し 図1 、[OK]ボタンをクリックすると、指定した段組が適用されます 図2 。

図1 「テキストフレーム設定」ダイアログの[一般]カテゴリーを設定する

カタカナ語が苦手な方は「組見本」と呼ぶとよいでしょう。本文用なので使い方を間違えると不自然に見えることもありますので要注意。このダミーテキストは自由に改変することが出来ます。主に書籍やウェブページなどのデザインを作成する時によく使われます。文章に特に深い意味はありません。この組見本は自由に複製したり頒布することができます。

テキストフレーム設定

一般
段間罫線
ベースラインオプ...
自動サイズ調整
脚注

一般
段組：固定値
段数：2
間隔：6 mm
幅：36 mm
最大値：
☐ 段を揃える

フレーム内マージン
上：0 mm
下：0 mm
左：0 mm
右：0 mm

テキストの配置
配置：上揃え
段落スペース最大値：
☐ テキストの回り込みを無視

memo

「テキストフレーム設定」ダイアログでは、[フレーム内マージン]を指定することもできます。[フレーム内マージン]では、フレーム内の上下左右のそれぞれにテキストが流れない領域を作ることができます。

図2 **段組を適用したテキストフレーム**

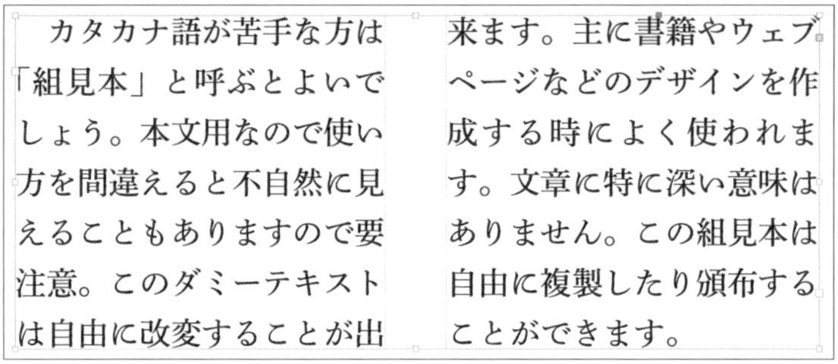

カタカナ語が苦手な方は「組見本」と呼ぶとよいでしょう。本文用なので使い方を間違えると不自然に見えることもありますので要注意。このダミーテキストは自由に改変することが出来ます。主に書籍やウェブページなどのデザインを作成する時によく使われます。文章に特に深い意味はありません。この組見本は自由に複製したり頒布することができます。

テキストフレームをサイズ変更する場合でも、段組の幅を固定した状態で運用することも可能です。「テキストフレーム設定」ダイアログの[段組]を[固定値]から[固定幅]に変更してみましょう 図3 。テキストフレームにとくに変化はありませんが、ハンドルをドラッグしてフレームサイズを大きくしてみてください。段組のサイズが固定されているので、一気にフレームサイズが大きくなり、3段組になるはずです 図4 。[固定幅]を使用すると、フレーム幅よりも段の[幅]が優先されます。

図3 **[段組]を[固定幅]に変更**

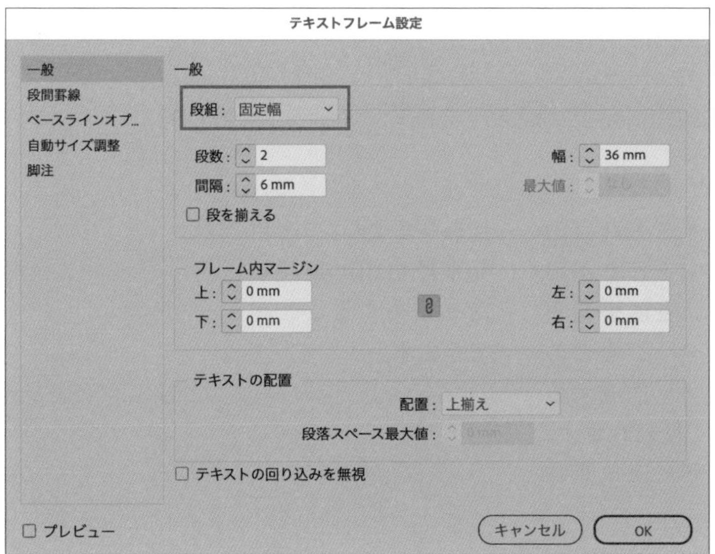

図4 **段組幅が固定されたテキストフレーム**

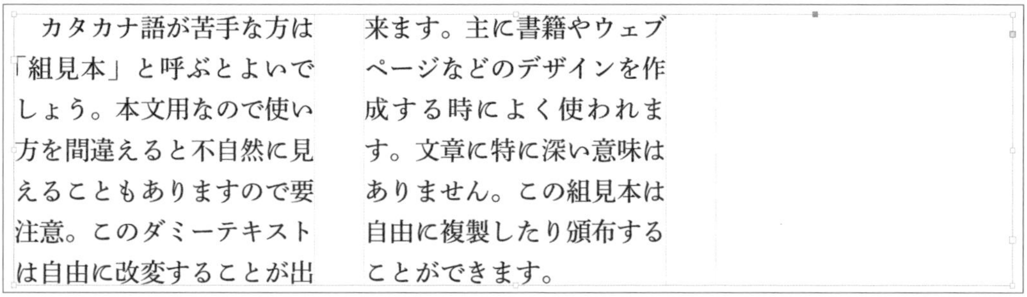

カタカナ語が苦手な方は「組見本」と呼ぶとよいでしょう。本文用なので使い方を間違えると不自然に見えることもありますので要注意。このダミーテキストは自由に改変することが出来ます。主に書籍やウェブページなどのデザインを作成する時によく使われます。文章に特に深い意味はありません。この組見本は自由に複製したり頒布することができます。

［段組］が［固定値］だった状態に戻し、今度は［段組］を［可変幅］に変更してみましょう。すると、［幅］と同じ値が入力された状態で新しく［最大値］が設定可能になります 図5。では、テキストフレームのサイズを大きくしてみましょう。自動的に三段組になるのが分かるはずです 図6。段の［幅］が、［テキストフレーム設定］ダイアログの［最大値］で指定されている値より大きくなると、自動的に段数が増加します。

図5 ［段組］を［可変幅］に変更

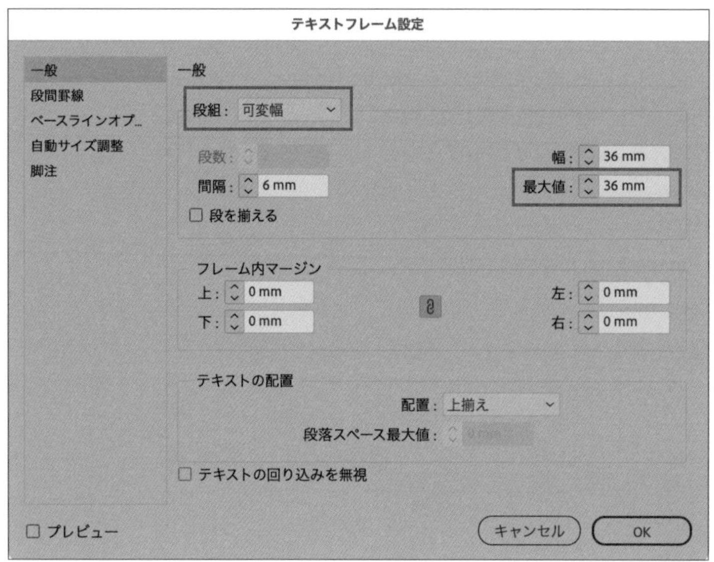

図6 可変幅が設定されたテキストフレーム

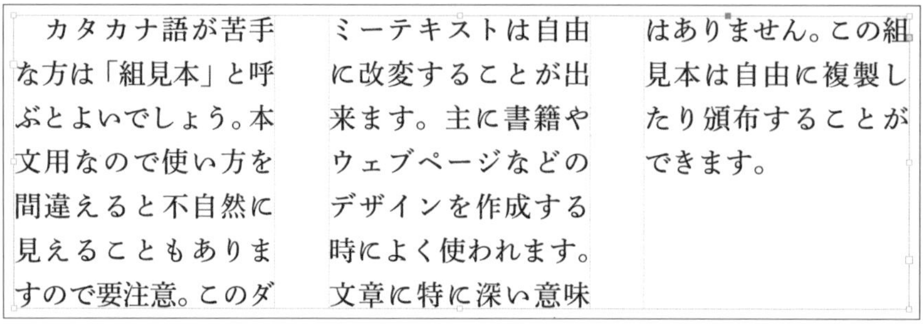

カタカナ語が苦手な方は「組見本」と呼ぶとよいでしょう。本文用なので使い方を間違えると不自然に見えることもありますので要注意。このダミーテキストは自由に改変することが出来ます。主に書籍やウェブページなどのデザインを作成する時によく使われます。文章に特に深い意味はありません。この組見本は自由に複製したり頒布することができます。

テキストフレーム設定を変更して見出しを作成する

THEME テーマ

「テキストフレーム設定」ダイアログでは、[テキストの配置]でフレームのどこを基準にテキストを揃えるかを指定できます。これにより、フレーム自体に線や塗りを設定して、ちょっとした見出しのような効果を適用することができます。

[テキストの配置]を設定する

「テキストフレーム設定」ダイアログの[一般]カテゴリーにある[配置]を指定することで、テキストフレームのどこを基準にテキストを配置するかを設定できます。この機能を利用して、テキストフレームを見出しのようにしてみましょう。

まず、見出しとして使用するテキストフレームを用意します。ここでは、あらかじめ段落揃えを[中央揃え]にしておきました 図1。このテキストフレームを選択した状態で、オブジェクトメニュー→"テキストフレーム設定..."を選択します。「テキストフレーム設定」ダイアログが表示されるので、[一般]カテゴリーの[配置]を[上揃え]から[中央揃え]に変更し、[OK]ボタンをクリックします 図2。

図1 中央揃えに設定したテキスト

美しい文字組み

図2 「テキストフレーム設定」ダイアログの[配置]

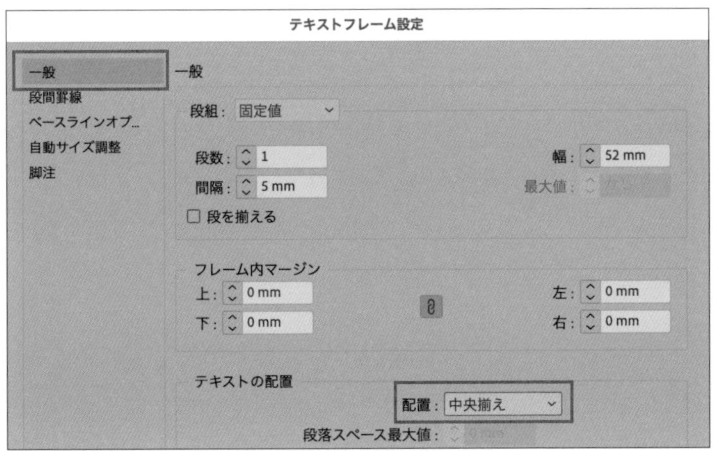

> **memo**
>
> 「テキストフレーム設定」ダイアログの[配置]には、[上揃え]や[中央揃え]以外にも[下揃え][均等配置]を選択できます。

テキストフレーム内のテキストがフレームの天地中央に配置されます 図3。あとは目的に応じて、テキストフレームの塗りや線を設定します 図4。

図3 **天地中央に配置されたテキスト**

図4 **テキストフレームに塗りや線を設定した例**

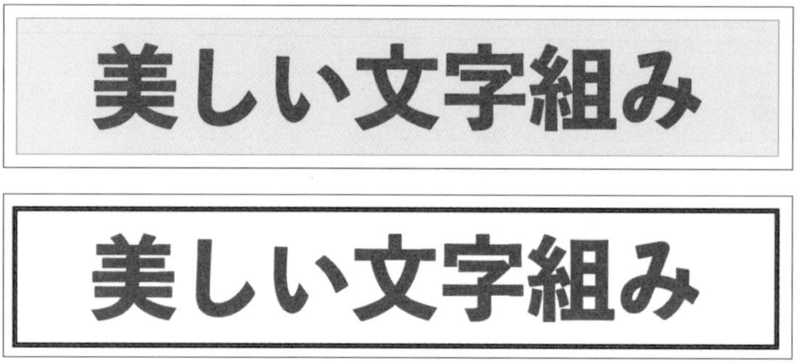

なお、さらに凝った見出し周りの処理をしたい場合には、段落境界線や段落の囲み罫と背景色の機能を利用します。

99ページ **Lesson4-05**参照。

103ページ **Lesson4-06**参照。

段間に罫線を設定する

THEME テーマ

2020度版のInDesignより、段落と段落の間に、罫線を作成する機能が追加されました。プレーンテキストフレームとフレームグリッドのどちらに対しても適用可能ですが、フレーム内に段組の設定をしている場合のみ、設定可能です。

段間罫線を設定する

段と段の間に罫線を引きたい場合には、段間罫線の機能を使用します。まず、段間罫線を適用したいテキストフレームまたはテキストを選択した状態で 図1 、オブジェクトメニュー→“テキストフレーム設定...”を選択します。「テキストフレーム設定」ダイアログが表示されるので、[段間罫線] カテゴリーの [段間罫線を挿入] にチェックを入れます。[線幅] や [種類] [カラー] [濃淡] を設定し、[OK] ボタンをクリックします 図2 。

> **memo**
> 段間罫線は「テキストフレーム設定」ダイアログから設定します。そのため、テキストフレームを複数連結した場合には、段間罫線は使用できません。

図1 段組設定をしたテキスト

カタカナ語が苦手な方は「組見本」と呼ぶとよいでしょう。本文用なので使い方を間違えると不自然に見えることもありますので要注意。このダミーテキストは自由に改変することが出	来ます。主に書籍やウェブページなどのデザインを作成する時によく使われます。文章に特に深い意味はありません。この組見本は自由に複製したり頒布することができます。

図2 「テキストフレーム設定」ダイアログの[段間罫線]

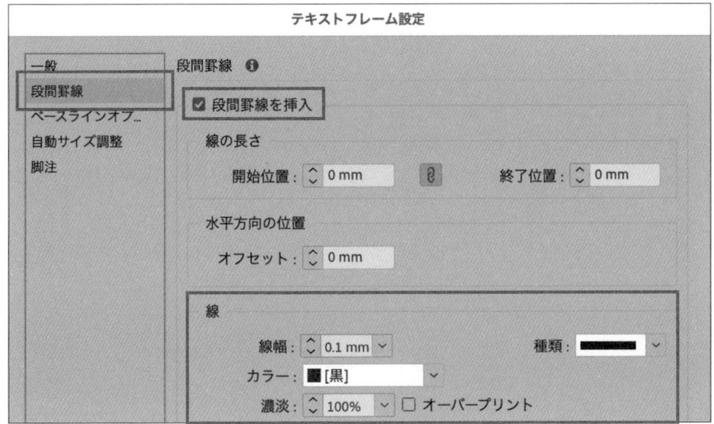

> **memo**
> 「テキストフレーム設定」ダイアログの [段間罫線] では、[線] の設定以外にも、[開始位置] や [終了位置] [オフセット] が指定できます。

指定した値で段間罫線が作成されます 図3。なお、段にテキストが空の状態でも段間罫線は表示されます 図4。

図3 段間罫線が適用されたテキスト

カタカナ語が苦手な方は	来ます。主に書籍やウェブ
「組見本」と呼ぶとよいで	ページなどのデザインを作
しょう。本文用なので使い	成する時によく使われま
方を間違えると不自然に見	す。文章に特に深い意味は
えることもありますので要	ありません。この組見本は
注意。このダミーテキスト	自由に複製したり頒布する
は自由に改変することが出	ことができます。

図4 空の段がある場合の段間罫線

カタカナ語が苦手な方は	来ます。主に書籍やウェブ	
「組見本」と呼ぶとよいで	ページなどのデザインを作	
しょう。本文用なので使い	成する時によく使われま	
方を間違えると不自然に見	す。文章に特に深い意味は	
えることもありますので要	ありません。この組見本は	
注意。このダミーテキスト	自由に複製したり頒布する	
は自由に改変することが出	ことができます。	

Lesson 6

図形の描画

このレッスンでは、図形やカラー、オブジェクトの操作に関する機能をご紹介します。Illustratorと同様の使い方をする機能も多いですが、Illustratorと概念が異なる機能もあるので、その違いをしっかり理解しましょう。

基本 文字 図形 ページ
スタイル 画像 表組み 印刷と応用

図形を描画してみよう

THEME テーマ

InDesignで図形を描画するツールには、長方形ツール、楕円形ツール、多角形ツールがあります。他にも、直線ツール、ペンツール、鉛筆ツール等のツールを使っても図形の描画が可能です。

長方形、楕円形、多角形の作成

ツールパネルから目的のツールを選択し、図形を描画してみましょう。まずは、長方形ツールを選択し、ドキュメント上でクリックしながらドラッグします。マウスボタンを離すとドラッグした大きさで長方形が描画されます 図1 。なお、shiftキーを押しながらドラッグすると正方形が描画され、option〔Alt〕キーを押しながらドラッグすると、最初にクリックした位置を中心として長方形が描画できます。

また、サイズを指定して長方形を描画したい場合には、長方形ツールでドキュメント上をクリックします。「長方形」ダイアログが表示されるので、[幅]と[高さ]を指定して[OK]ボタンをクリックすれば 図2 、指定したサイズで長方形が描画できます。

memo

shiftキーとoption〔Alt〕キーを一緒に押して描画することも可能です。その場合、クリックした位置を中心として正方形が描画できます。

図1 長方形の描画

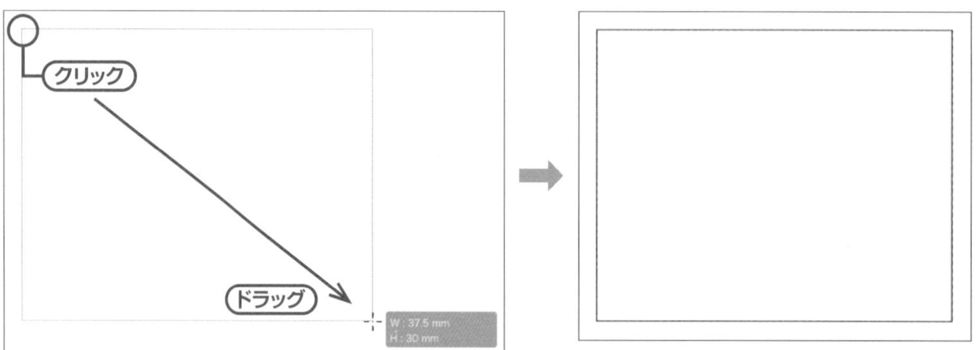

図2 「長方形」ダイアログ

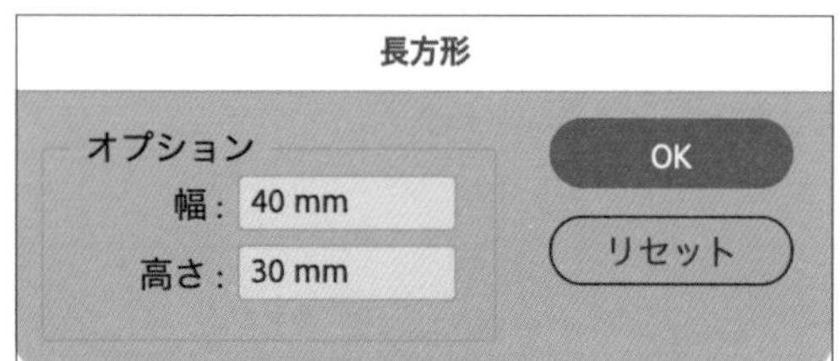

今度は、楕円形を描画してみましょう。楕円形ツールを選択し、ドキュメント上でクリックしながらドラッグします。マウスボタンを離すとドラッグした大きさで楕円形が描画されます 図3 。なお、shiftキーを押しながらドラッグすると正円が描画され、option〔Alt〕キーを押しながらドラッグすると、クリックした位置を中心として楕円形が描画できます。

また、ドキュメント上をクリックすると、「楕円」ダイアログが表示されるので、[幅]と[高さ]を指定して[OK]ボタンをクリックすれば 図4 、指定したサイズで楕円形が描画できます。

memo
shiftキーとoption〔Alt〕キーを一緒に押して描画することも可能です。その場合、クリックした位置を中心として正円が描画できます。

図3 楕円形の描画

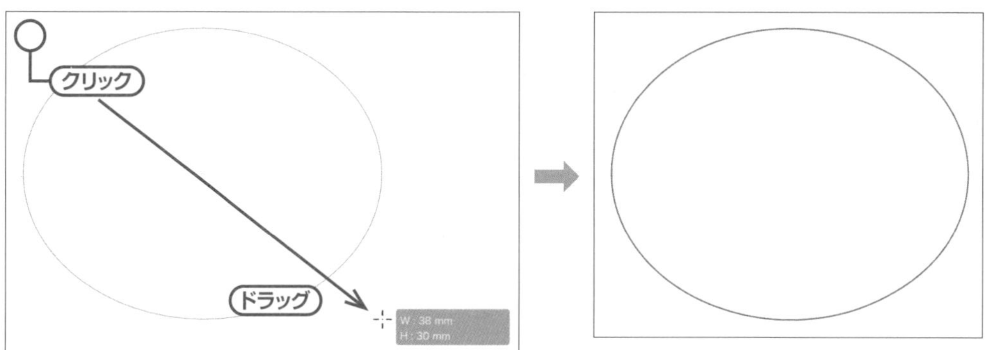

図4 「楕円」ダイアログ

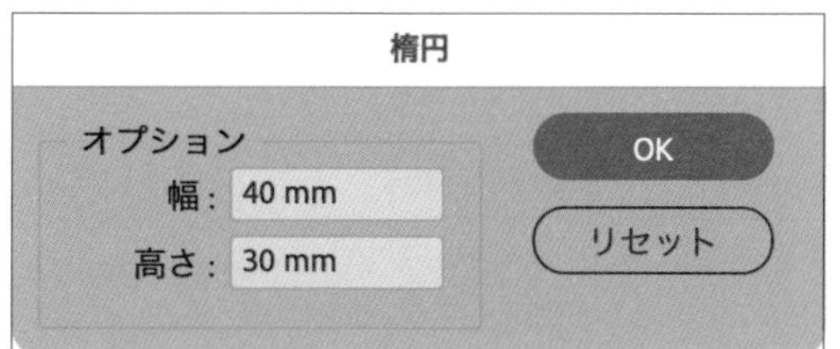

今度は、多角形を描画してみましょう。多角形ツールでドラッグすれば多角形が描画されますが、ここではドキュメント上をクリックして、「多角形」ダイアログを表示してみましょう。[多角形の幅]と[多角形の高さ][頂点の数]を指定して[OK]ボタンをクリックすれば、指定したサイズで多角形が描画できます 図5 。

memo
多角形ツールも同様に、shiftキーを押しながらドラッグすると正多角形が描画され、option〔Alt〕キーを押しながらドラッグすると、クリックした位置を中心として多角形が描画できます。

図5 「多角形」ダイアログを使用した多角形の描画

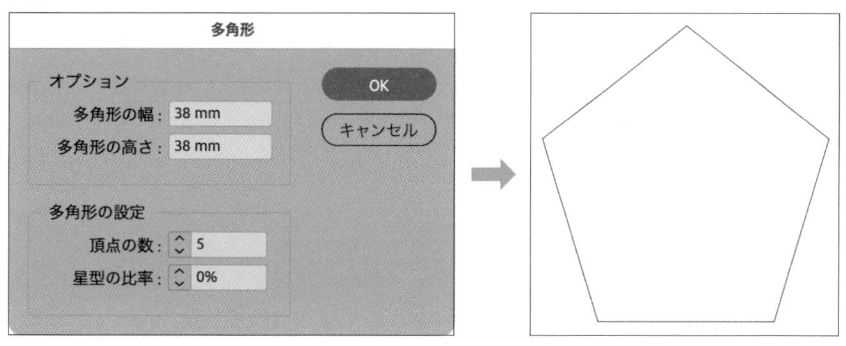

今度は、「多角形」ダイアログの［星形の比率］も設定してみましょう。［OK］ボタンをクリックすれば、指定したサイズ、頂点の数で星形が描画できます 図6 。

> **memo**
> Illustratorではスターツールを使用して星形を作成しますが、InDesignにはスターツールはありません。

図6 「多角形」ダイアログを使用した星形の描画

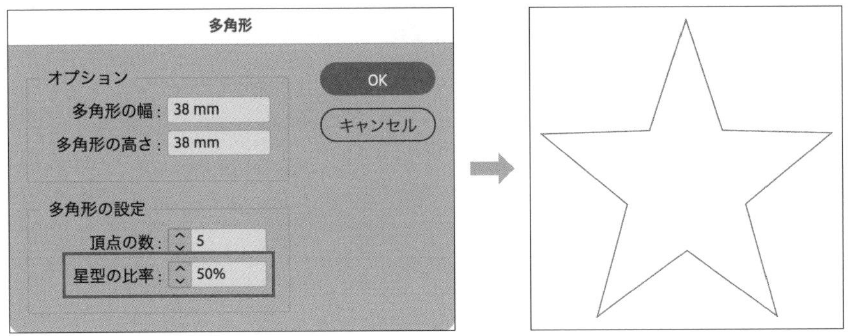

直線、曲線の作成

直線を作成するには、線ツールかペンツールを使用します。線ツールでは、クリック＆ドラッグ 図7 、ペンツールでは、始点と終点でそれぞれクリックすることで直線が描画できます 図8 。なお、shiftキーを押しながらドラッグやクリックすると、水平または垂直、あるいは45度単位の角度で直線を描画できます。

図7 線ツールでの直線の描画

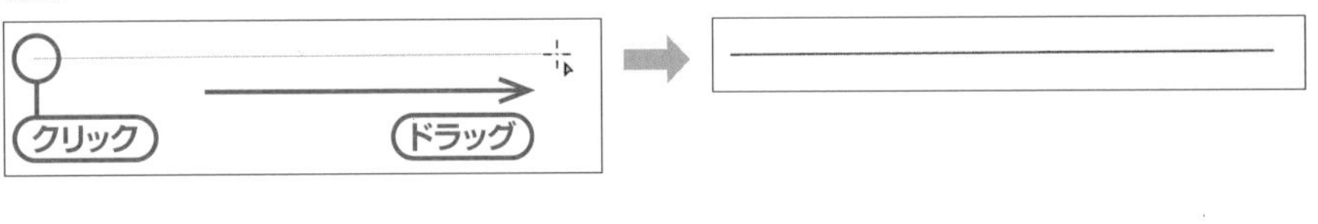

図8 ペンツールでの直線の描画

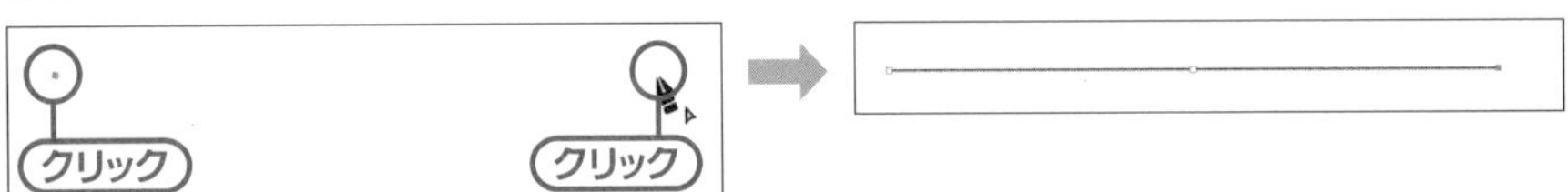

今度は、直線で構成された図形をペンツールで描いてみましょう。クリックするとアンカーポイントが作成され、直線が繋がった図形を描いていけますが、最後に始点の上でクリックすると閉じたパス（クローズドパス）が描画できます 図9 。

> **memo**
> ペンツールの右下に○印が表示されている場合、その位置でクリックすると、クローズドパスになることをあらわしています。

図9 ペンツールでクローズドパスの描画

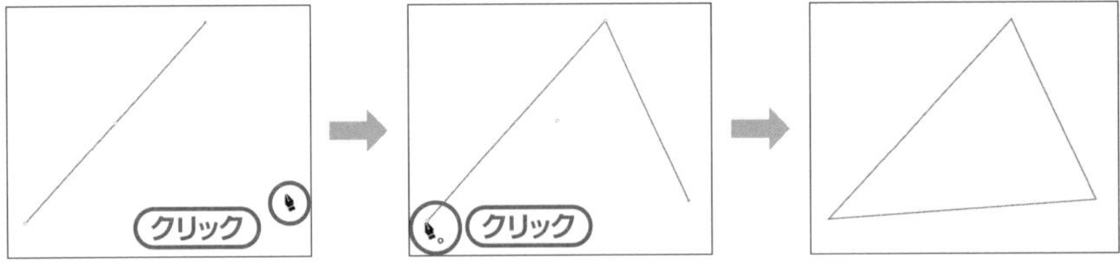

次に、ペンツールで曲線を描いてみましょう。ペンツールでクリックする際に、そのままドラッグすることでパスを曲線にすることができます。どの方向にどれぐらいドラッグするかで、描画される曲線は変わっていくので、いろいろと試してみて思い通りの曲線が描けるようにしましょう 図10。

memo

InDesignでは、Illustratorほど高度な図形は描けません。複雑なパスで描かれた図形を使用したい場合には、Illustratorで作成したものをコピーしてInDesignドキュメントにペーストするか、リンクで配置すると良いでしょう。

図10 ペンツールでの曲線の描画

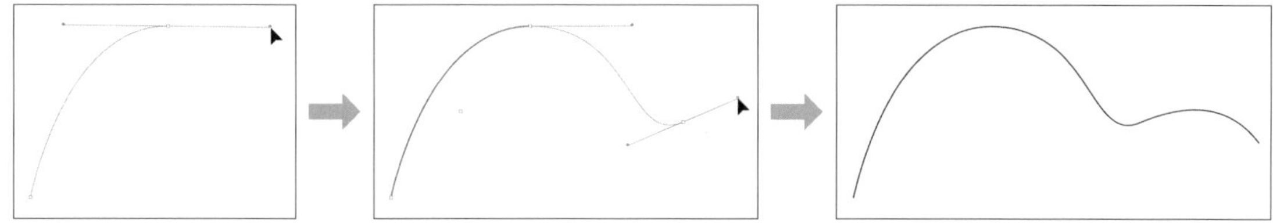

フリーハンドな線の作成

鉛筆ツールを使用することで、なぞった形でパスを描画できます。まさに、手描きの味わいのある線が描けるわけです。鉛筆ツールを選択したら、ドキュメント上をドラッグすれば、ドラッグした形でパスが作成されます 図11。なお、鉛筆ツールをダブルクリックすると、「鉛筆ツール設定」ダイアログが表示され、正確さや滑らかさを指定できます 図12。

図11 鉛筆ツールでの描画

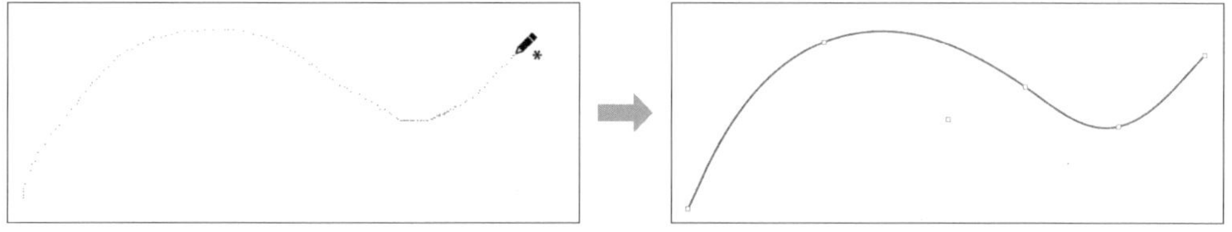

図12 「鉛筆ツール設定」ダイアログ

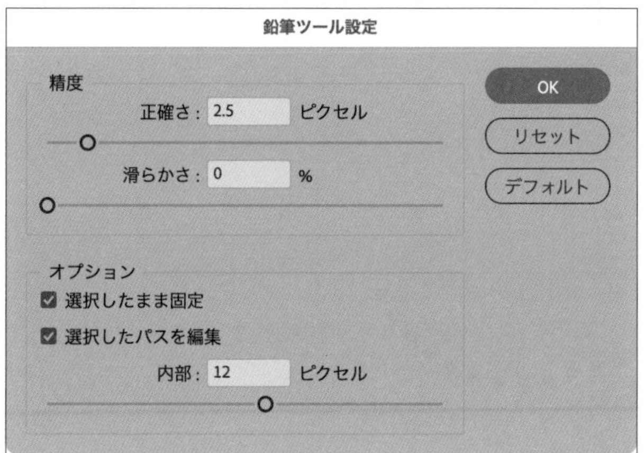

memo

鉛筆ツールで描画された線を修正したい場合には、線が選択された状態で、再度、線の上をなぞります。

線幅や線種を設定する

THEME テーマ

線は、線幅をはじめ、線端や種類、開始／終了、間隔のカラー等、細かく設定できます。また、カスタムで線種を作成することもできます。なお、先端や角の形状、線の位置に何を選択しているかで、線の見栄えが変わるので注意しましょう。

線の設定

線パネル（またはコントロールパネル）を使用して、線にさまざまな設定をしてみましょう。まず、線を太くしてみましょう。線を選択したら、線パネルの[線幅]を設定します。ここでは、0.1mmから2mmに変更しました 図1。

図1 線パネルの[線幅]

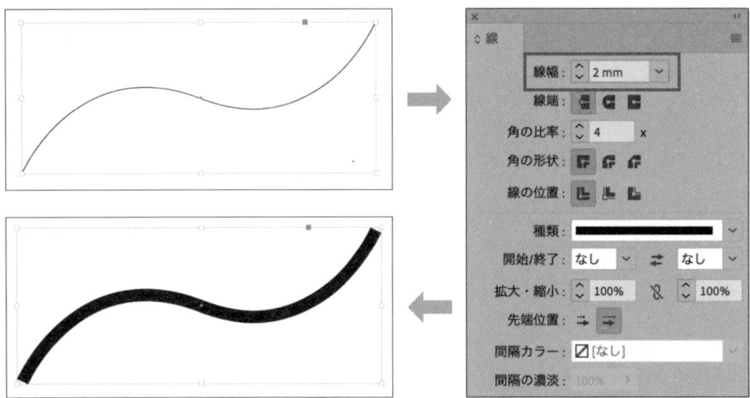

次に、[種類]を変更してみましょう。デフォルトでは[ベタ]になっていますが、ここでは[句点]に変更します 図2。

図2 線パネルの[種類]

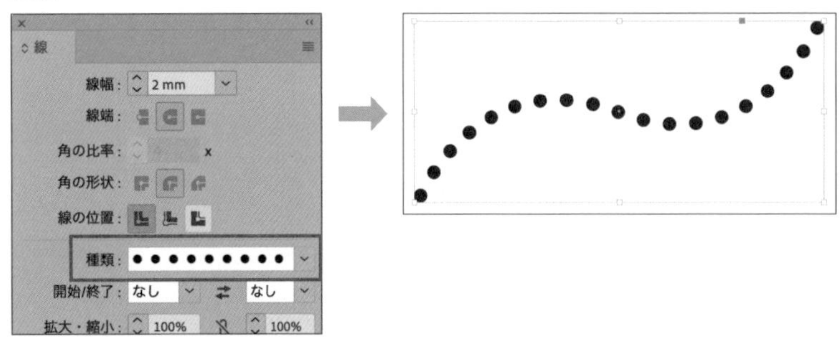

[種類]に[句点]や[点][点線]を選択すると、[間隔カラー]と[間隔の濃淡]が指定可能になるので、任意のカラーを指定します 図3。なお、選択できるのはスウォッチパネルに登録されたスウォッチのみです。

memo

[間隔カラー]と[間隔の濃淡]に使用したいカラーがある場合は、あらかじめスウォッチパネルに目的のカラーをスウォッチとして登録しておきましょう。

図3 線パネルの[間隔のカラー]

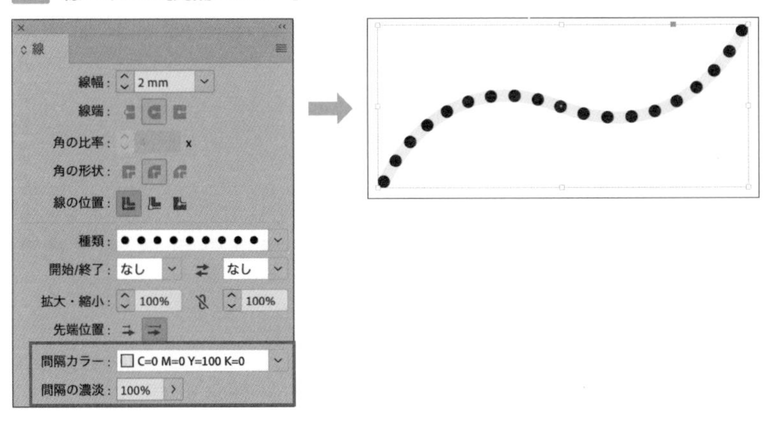

[種類]を[ベタ]に戻し、[開始/終了]を設定してみましょう。[開始/終了]に任意の項目を選択し、それぞれ[拡大・縮小]でそのサイズを指定します 図4。

図4 線パネルの[開始/終了]

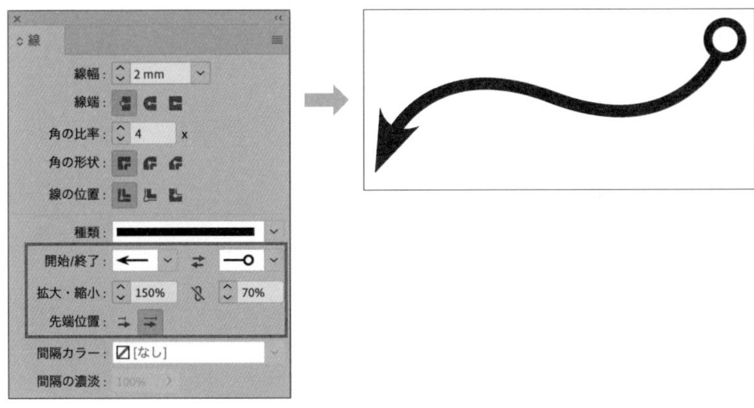

なお、[先端位置]のアイコンを切り替えることで、どこを基準に[開始/終了]を適用するかが変わります。図の一番上が元の線、二番目が[矢の先端をパスの終点に配置]を選択した状態、三番目が[矢の先端をパスの終点から配置]を選択した状態です 図5。

図5 線パネルの[先端位置]

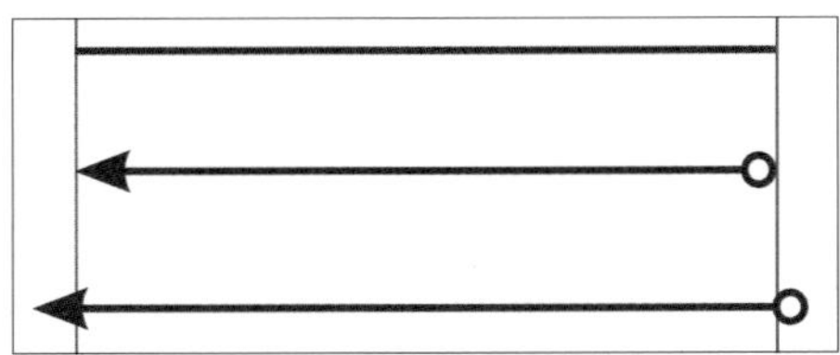

今度は、長方形に対して[点線]を適用してみましょう。長方形を選択し、[種類]を[点線]にします。すると、[線分]と[間隔]が入力可能になるので、任意の値を入力します 図6 。

図6 長方形への点線の適用

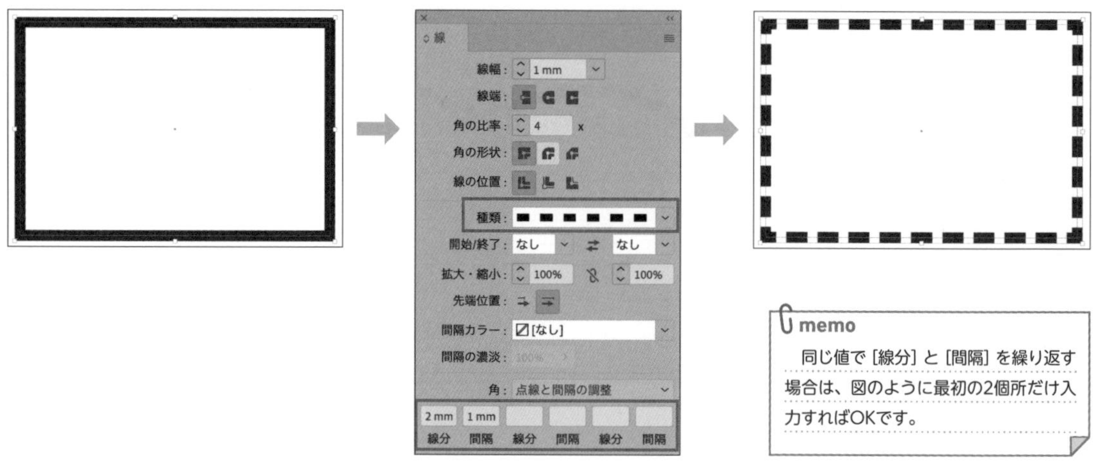

memo

同じ値で[線分]と[間隔]を繰り返す場合は、図のように最初の2個所だけ入力すればOKです。

なお、オブジェクトに角がある場合には、[角]を指定することもできます。それぞれ、図のような点線が適用されます 図7 。

図7 [角]による点線の違い

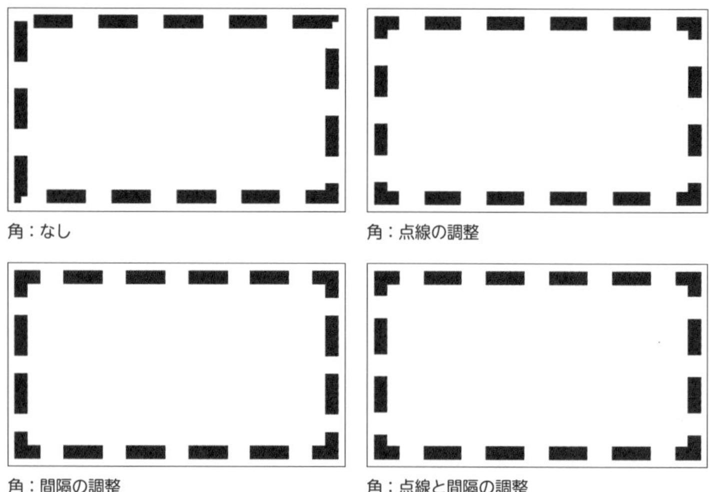

角：なし　角：点線の調整　角：間隔の調整　角：点線と間隔の調整

また、直線の場合には[線端]が 図8 、角がある場合には[角の形状]を選択できます 図9 。それぞれ、図のような形状になります。

図8 [線端]の違い

上からそれぞれ、[線端なし][丸形線端][突出線端]を適用したもの

図9 [角の形状]の違い

角の形状：マイター結合

角の形状：ラウンド結合

角の形状：ベベル結合

なお、注意して欲しいのは［線の位置］の設定です。どれを選択しているかで、パスのサイズは同じでも見た目の大きさが変わってきます。それぞれ、図のような形状になります 図10。

POINT

［線の位置］に何を選択しているかで、見た目の大きさは変わります。線幅が太い時には、違いがすぐに分かりますが、細い場合には気付きにくいので注意しましょう。

図10 [線の位置]の違い

線の位置：線を中央に揃える

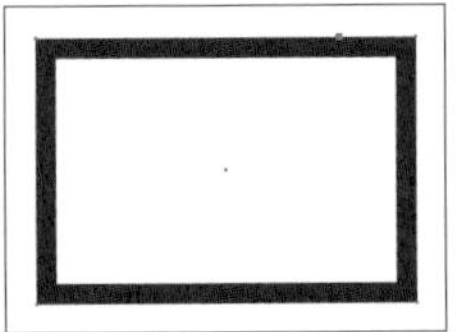
線の位置：線を内側に揃える

線の位置：線を外側に揃える

カスタム線種の作成

線パネルの［種類］で使用可能な線をカスタムで作成することもできます。線パネルのパネルメニュー→“線種...”を選択すると、「線種」ダイアログが表示されるので［新規］ボタンをクリックします。すると、「新規線種」ダイアログが表示されるので、［線種］に［線分］［ストライプ］［点］のいずれかを選択して、カスタムの線種を作成します 図11。作成した線種は、［種類］から選択可能になります 図12。

図11 「新規線種」ダイアログ

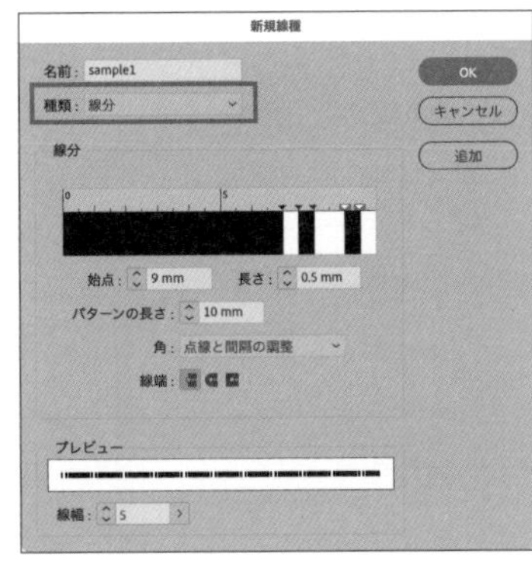

種類：線分

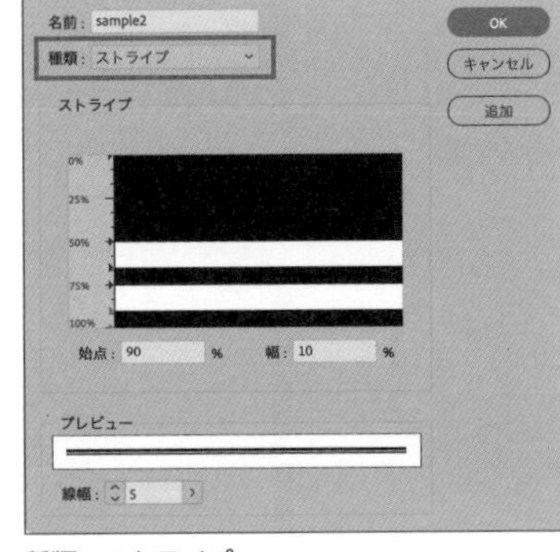

種類：ストライプ

種類：点

図12 線パネルの[種類]に追加された新規線種

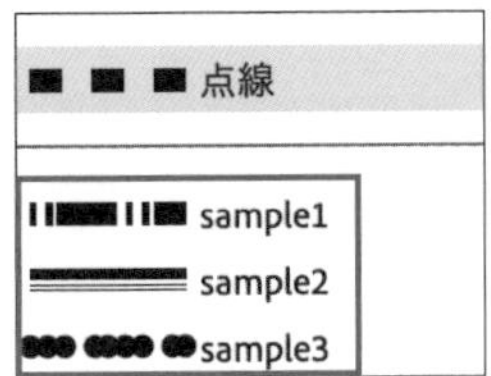

角の形状を設定する

THEME テーマ

InDesignでは、角の形状も簡単に指定できます。角丸はもちろん、飾りや斜角など、コーナーごとに形状を選択でき、サイズの指定も可能です。なお、マウス操作のみで設定することもできるので、目的に応じて使い分けましょう。

角の形状の設定

角の形状の変更は、ダイアログから数値を指定して設定する方法と、マウス操作で設定する方法の2つあります。まずは、ダイアログから設定してみましょう。選択ツールでオブジェクトを選択したら、オブジェクトメニュー→"コーナーオプション..."を選択します。「コーナーオプション」ダイアログが表示されるので、それぞれの角のサイズとシェイプを指定します。[OK]ボタンをクリックすると、角の形状が適用されます 図1。

memo

角のシェイプは、[飾り][斜角][角(内側)][角丸(内側)][角丸(外側)]の中から選択します。

図1 角の形状の適用

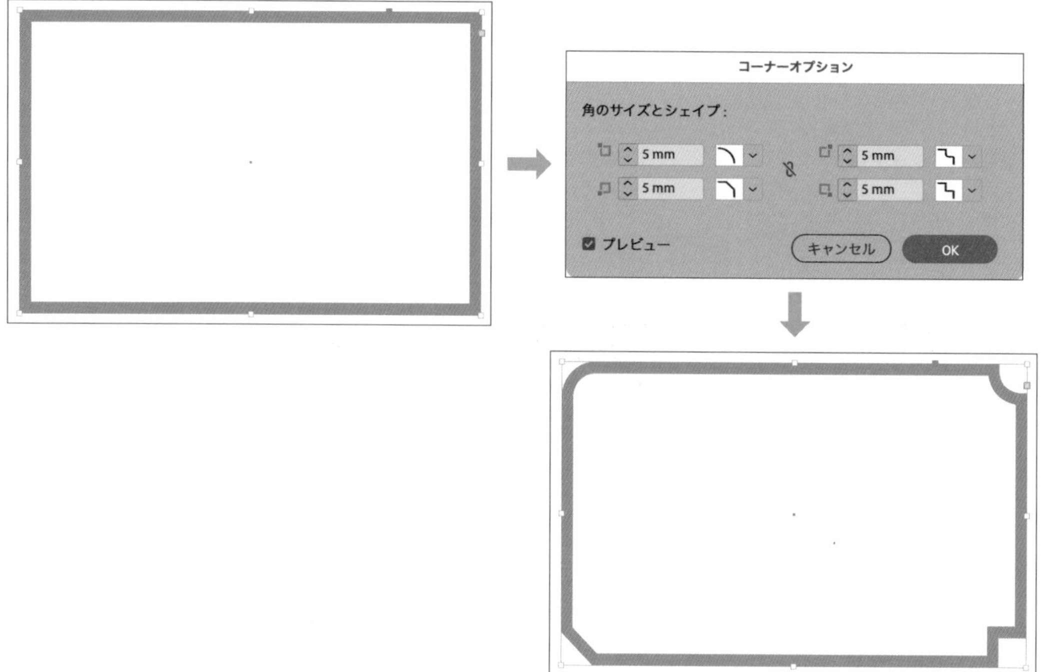

マウス操作のみで角の形状を設定することも可能です。選択ツールでオブジェクトを選択したら、右上に表示される黄色の四角形のアイコンをクリックします。すると、各コーナーの角が黄色のひし形のアイコンに変わります 図2。その状態から、ひし形アイコンをドラッグすると、すべての角の形状が変更されます 図3。

図2 「コーナーオプション」を編集するアイコン

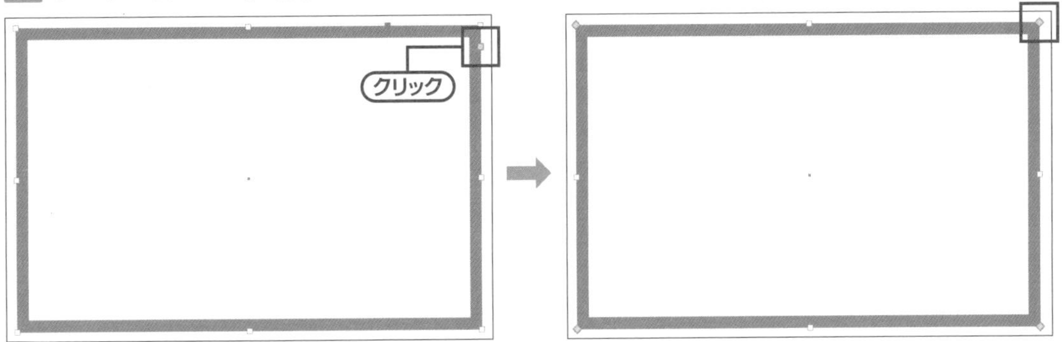

図3 マウス操作で角の形状を変更する

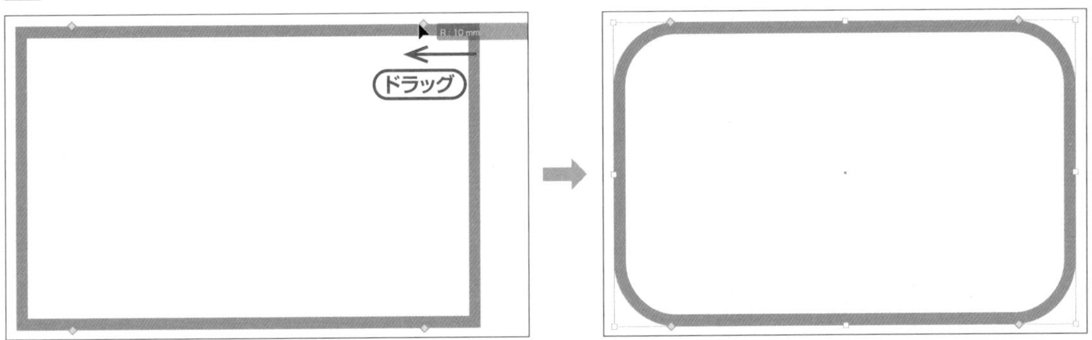

なお、各コーナーの角が黄色のひし形のアイコンの時に、option〔Alt〕キーを押しながらひし形アイコンをクリックすると、すべてのコーナーのシェイプを変更できます。また、shiftキーを押しながらひし形アイコンをドラッグすると、そのコーナーのみサイズを変更できます。さらに、option〔Alt〕+shiftキーを押しながらひし形アイコンをドラッグすると、特定のコーナーのみ、シェイプを変更できます 図4。

図4 ショートカットキーを押しながら角の形状を編集する

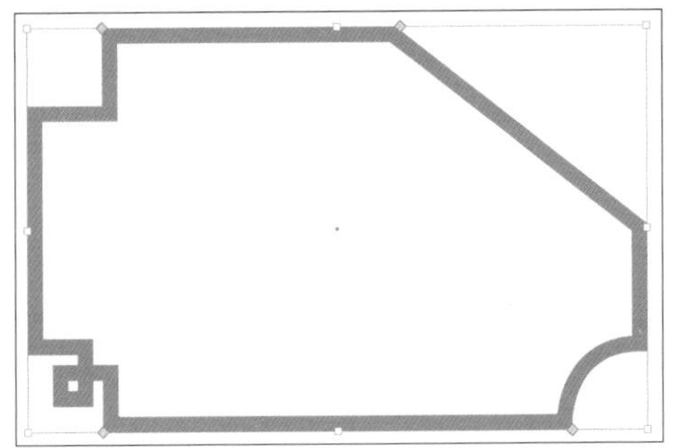

memo

InDesign CC2019までは、角丸を指定しても正確な形の角丸が描画されないという問題がありました。この問題はInDesign 2020で修正されましたが、過去バージョンで作成したドキュメントをInDesign 2020以降のバージョンで開いたり、配置したりすると、いびつだった角丸が正確な角丸として描画されるので注意してください。

カラーを適用する

THEME テーマ InDesignでは、塗りと線に対し、それぞれカラーを適用できます。カラーパネルやスウォッチパネルからカラーを適用できますが、まずはカラーパネルを見ていきましょう。なお、Web制作ではRGBモード、印刷用途ではCMYKモードを使用します。

カラーの適用

まず、ウィンドウメニュー→“カラー”→“カラー”を選択して、カラーパネルを表示させ、テキストフレームの塗りにカラーを適用してみましょう。選択ツールでテキストフレームを選択し、❗カラーパネルのカラーモードを“CMYK”にしたら、[塗り]のアイコンをクリックします。各スラーダーをドラッグ、あるいは直接、数値を入力して使用したいカラーを作成すれば、選択しているオブジェクトにカラーが適用されます 図2。

図2 カラーパネルで塗りにカラーを適用

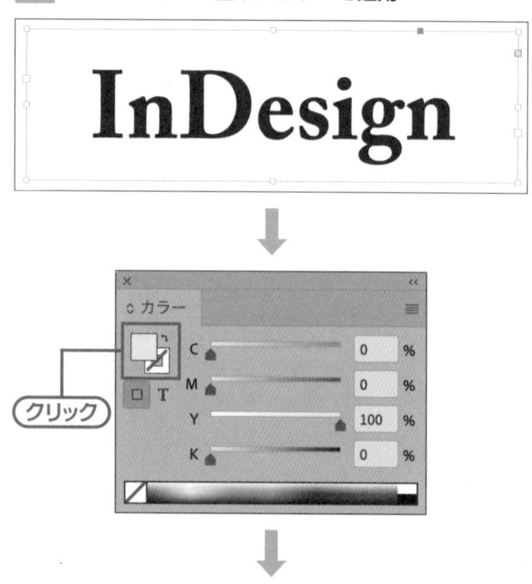

POINT

カラーパネルにおけるカラーモードの変更は、パネルメニューから実行します 図1。

図1 カラーパネルのカラーモード

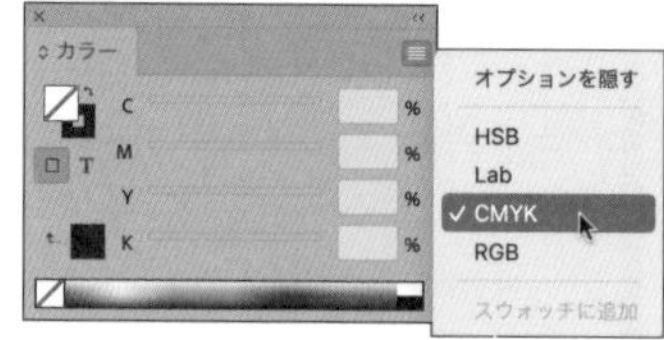

memo

カラーパネルの[塗り]または[線]のアイコンをクリックすると、クリックした方が前面に表示されアクティブ(カラーの適用対象)になります。

memo

コントロールパネルを表示している場合には、shiftキーを押しながら[塗り]または[線]のアイコンをクリックすることでも、カラーパネルを表示できます。

今度は、テキストフレームの線にカラーを適用してみましょう。カラーパネルの［線］アイコンをクリックしてアクティブにしたら、任意のカラーを指定して線にカラーを適用します 図3。

図3 カラーパネルで線にカラーを適用

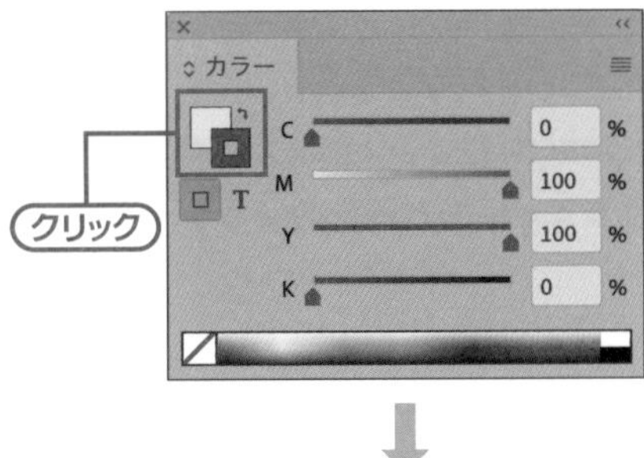

最後に、テキストにカラーを適用してみましょう。カラーパネルで［テキストに適用（J）］アイコンをクリックして、任意のカラーを指定してテキストにカラーを適用します 図4。なお、文字ツールでテキストを選択した際には、自動的に［テキストに適用（J）］アイコンがアクティブな状態になります。

図4 カラーパネルでテキストにカラーを適用

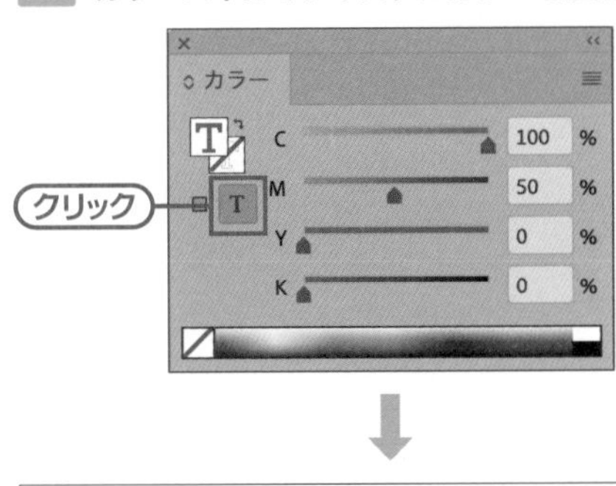

memo

カラーを適用する際には、いくつかのショートカットキーを覚えておくと便利です。Jキーを押すことで、［オブジェクトに適用］と［テキストに適用］のどちらをアクティブにするかを切り替えることができます。また、カラーを［なし］に設定したい場合は、/キーを押します。なお、Xキーを押せば［塗り］と［線］のどちらをアクティブにするかを切り替えることもできます。

グラデーションを適用する

THEME テーマ

色の連続的な変化をグラデーションと言います。InDesignでは、2色以上のカラーの段階的な変化をグラデーションとして作成・適用できます。線形と円形のグラデーションが作成できるので、目的に応じて使い分けます。

グラデーションの作成

まず、ウィンドウメニュー→“カラー”→“グラデーション”を選択して、グラデーションパネルを表示させます。グラデーションパネルが表示されたら、オブジェクトを選択し、グラデーションパネルの[種類]に[線形]を選択します 図1 。[線形]では、線方向でカラーが変化していきます。

図1 グラデーションパネルの[種類：線形]

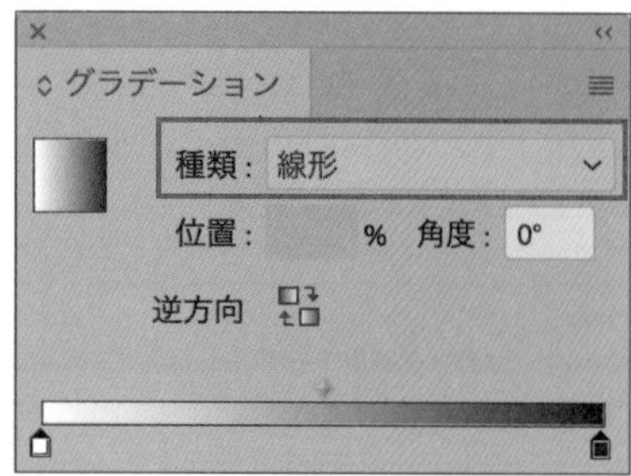

では、グラデーションを作成してみましょう。グラデーションパネルで開始点の［グラデーション停止］アイコンをクリックして選択し、カラーパネルでカラーを設定します 図2 。次に、終点の[グラデーション停止]アイコンをクリックして選択し、カラーパネルでカラーを設定します 図3 。指定した２つのカラーでグラデーションが作成されます 図4 。

図2 開始点のカラーの設定

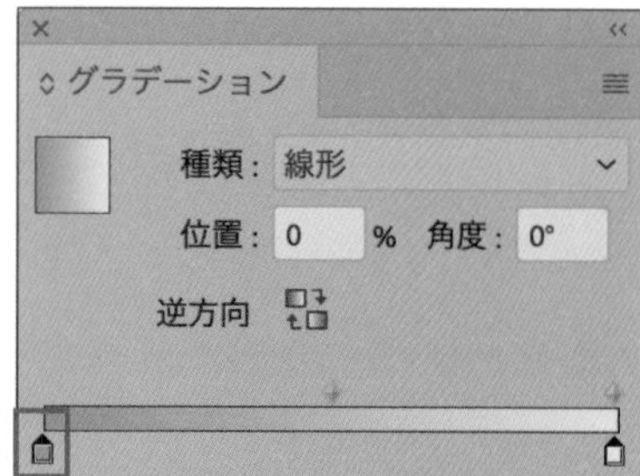

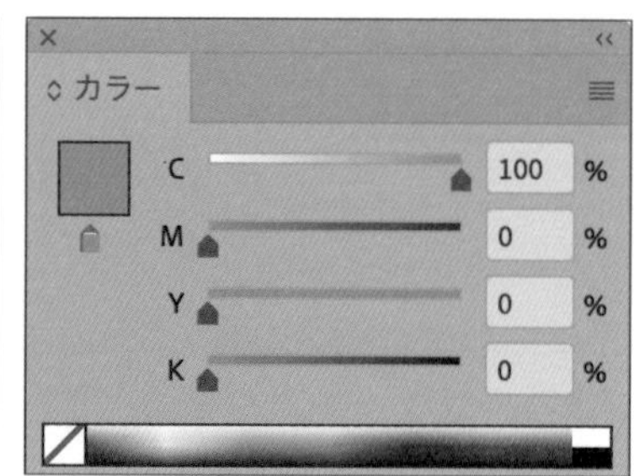

図3 終点のカラーの設定

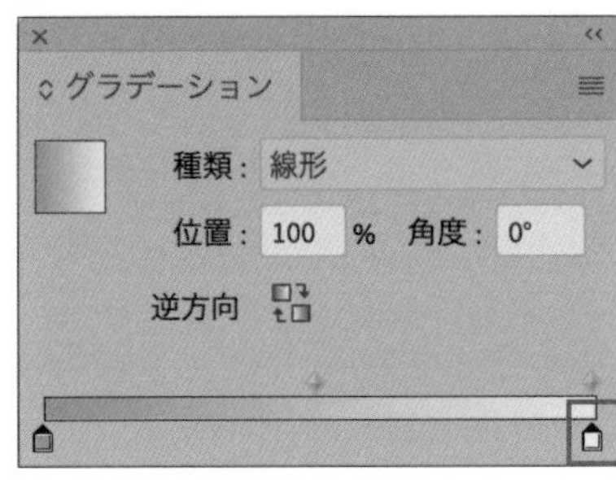

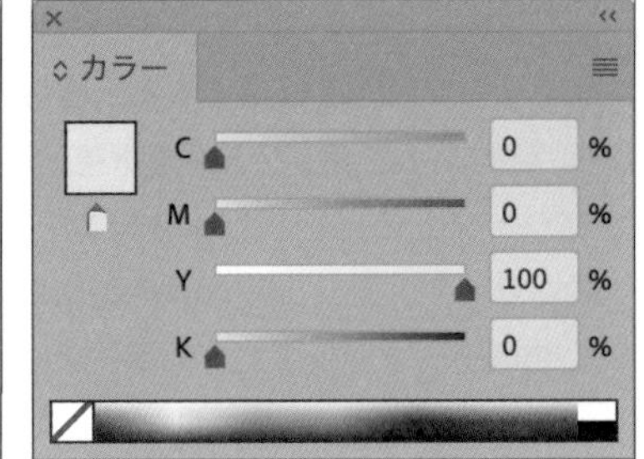

図4 適用されたグラデーション

今度は、[種類]を[線形]から[円形]に変更してみましょう。すると、中心点から円形のグラデーションが適用されます 図5。

図5 円形のグラデーション

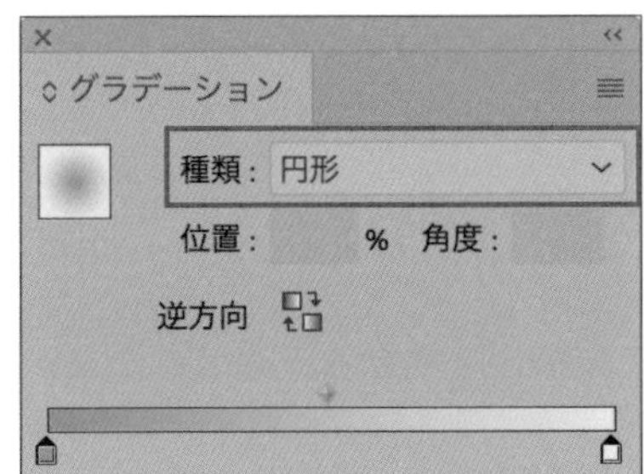

今度は、グラデーションバー上をクリックして［グラデーション停止］を追加してみましょう。追加した［グラデーション停止］アイコンをクリックして選択すれば、カラーパネルでカラーを設定できます。これで、3つのカラーを使用したグラデーションが使用できます 図6。なお、各[グラデーション停止]アイコンやその[中間点]を選択して、[位置]や[角度]を調整することで、グラデーションの見栄えを調整できます。

memo
不要となった［グラデーション停止］アイコンは、パネル外にドラッグすると削除できます。

図6 3つのカラーを使用したグラデーション

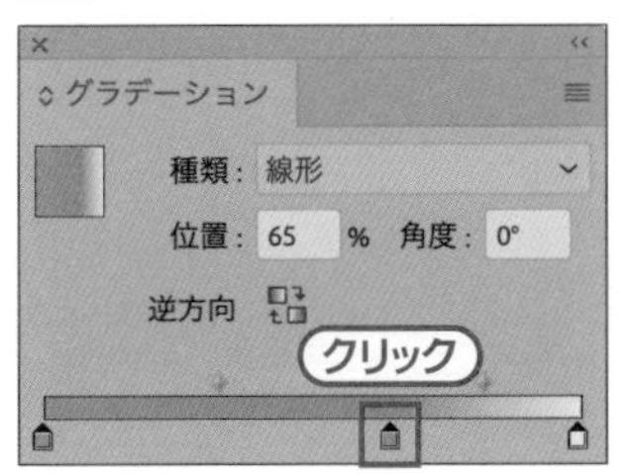

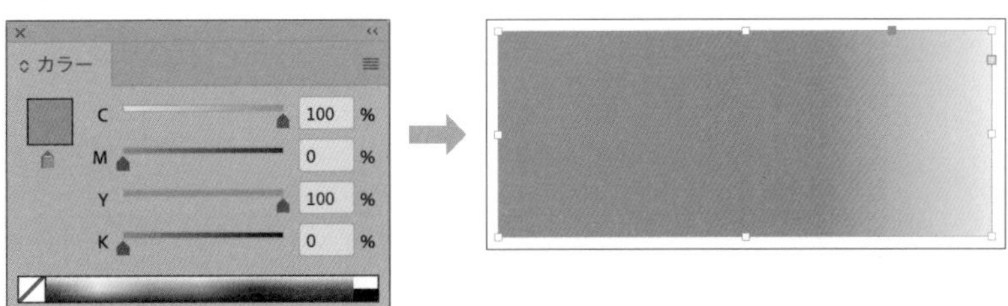

グラデーションスウォッチツールによる調整

ツールパネルのグラデーションスウォッチツールを使用すると、直感的にグラデーションの調整ができます。目的のオブジェクトを選択後、グラデーションスウォッチツールでオブジェクトの上をドラッグします。すると、ドラッグした距離や方向に応じて、グラデーションの角度やカラーの割合が変更されます 図7。なお、shiftキーを押しながらドラッグすると、角度を45°単位で固定できます。

図7 グラデーションスウォッチツールによる調整

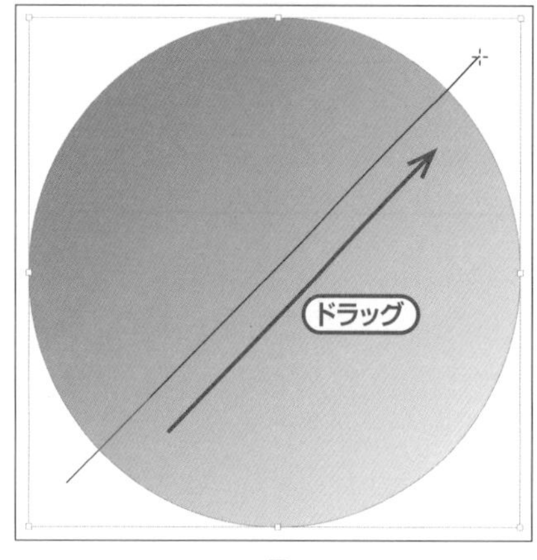

memo

ツールパネルのグラデーションぼかしツールを使用すると、ドラッグした方向にだんだんとぼけていくような効果が得られます。

スウォッチを作成、適用する

THEME テーマ

カラーはスウォッチとして作成し、運用すると便利です。一度、作成したスウォッチは、クリックするだけでカラーを適用することができ、さらには、そのスウォッチを適用しているカラーすべてを一気に他のカラーに変更することもできます。

カラースウォッチの作成

スウォッチを作成するため、ウィンドウメニュー→"カラー"→"スウォッチ"を選択して、スウォッチパネルを表示させておきます。まずは、カラーパネルで作成したカラーをスウォッチとして登録してみましょう。カラーパネルで登録したいカラーを作成したら、カラーパネルメニュー→"スウォッチに追加"を選択します。すると、そのカラーがスウォッチパネルにスウォッチとして登録されます 図1。

memo

カラーパネルやグラデーションパネルから、カラーアイコンを直接スウォッチパネル上にドラッグすることでも、スウォッチの登録が可能です。

図1 カラーパネルの[スウォッチに追加]コマンド

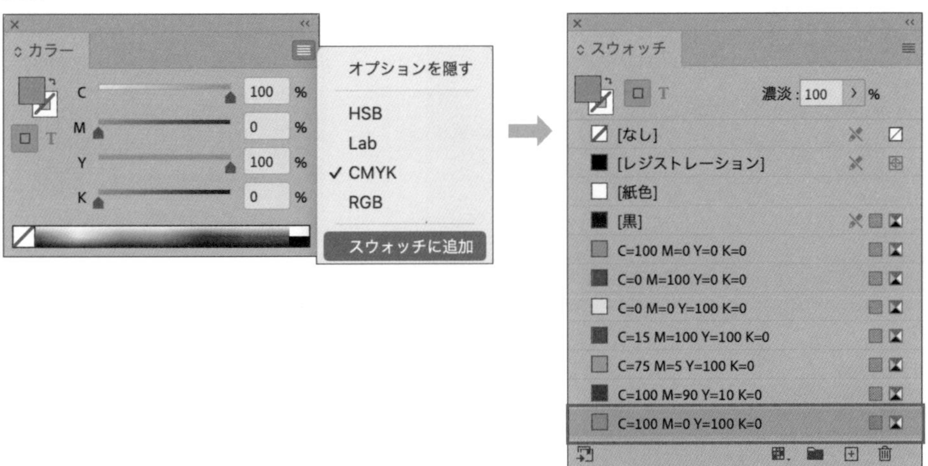

今度は、スウォッチパネルでスウォッチを作成してみましょう。スウォッチパネルメニュー→"新規カラースウォッチ…"を選択します。すると「新規カラースウォッチ」ダイアログが表示されるので、[シアン][マゼンタ][イエロー][黒]の各インキを設定してカラーを作成します。[OK]ボタンまたは[追加]ボタンをクリックすると、スウォッチパネルにスウォッチとして登録されます 図2。なお、4色のカラー印刷であれば[カラータイプ：プロセス]、[カラーモード：CMYK]にしておきます。

図2 カラースウォッチの作成

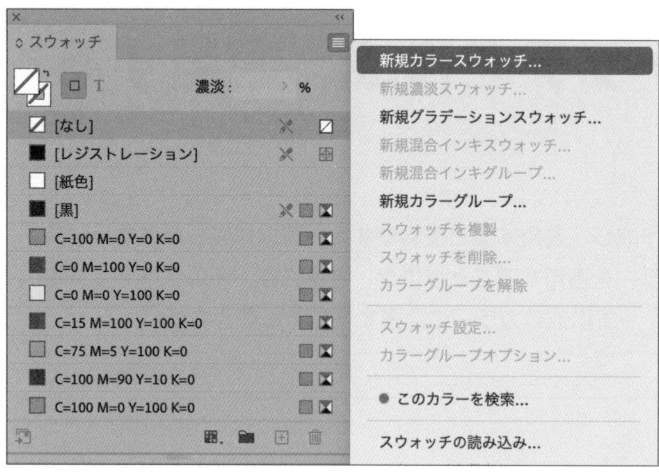

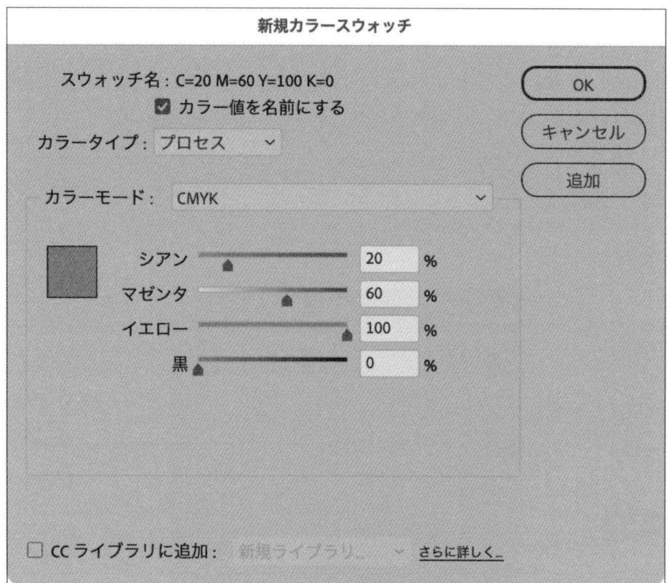

memo

「新規カラースウォッチ」ダイアログで[カラー値を名前にする]にチェックが入っていると、カラーがそのままスウォッチ名になります（デフォルト）。任意の名前を付けたい場合には、チェックを外します。

memo

「新規カラースウォッチ」ダイアログで［CCライブラリに追加］にチェックを入れて、保存先のライブラリを指定しておくと、CCライブラリにもスウォッチが保存されます。

memo

不必要なスウォッチ削除する場合には、スウォッチパネルメニュー→“未使用をすべて選択”を実行した後、[削除]ボタンをクリックします。

なお、使用しているスウォッチを削除しようとすると、「スウォッチを削除」ダイアログが表示され、そのスウォッチを適用しているオブジェクトのカラーを他のスウォッチに変更できます。

濃淡スウォッチの作成

既存のスウォッチの濃度が異なる濃淡スウォッチを作成することもできます。既存のスウォッチを選択したら、スウォッチパネル→"新規濃淡スウォッチ..."を選択します。すると、「新規濃淡スウォッチ」ダイアログが表示されるので［濃淡］を指定します。［OK］ボタンをクリックすれば、スウォッチパネルに濃淡スウォッチとして登録されます 図3。

図3 濃淡スウォッチの作成

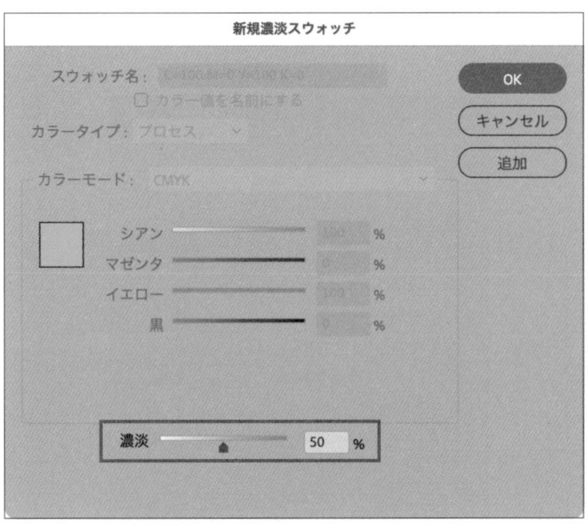

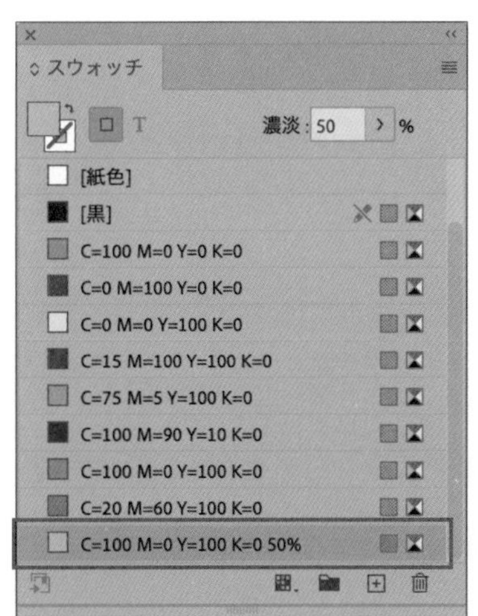

グラデーションスウォッチの作成

今度は、グラデーションスウォッチを作成してみましょう。スウォッチパネルメニュー→“新規グラデーションスウォッチ…”を選択します。「新規グラデーションスウォッチ」ダイアログが表示されるので、グラデーションを作成します。作り方は、前項の「グラデーションを適用する」で解説した方法と同じです。作成できたら、[OK]ボタン、または[追加]ボタンをクリックすれば、スウォッチパネルにグラデーションスウォッチとして登録されます 図4。

図4 グラデーションスウォッチの作成

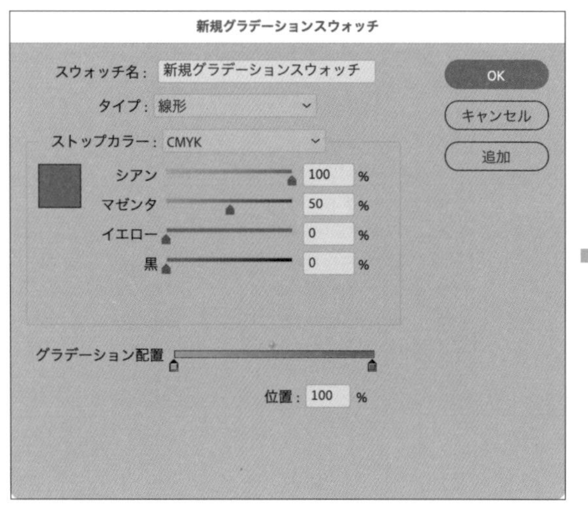

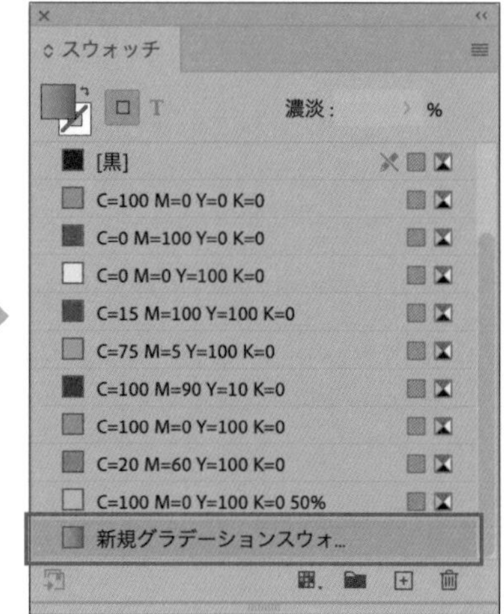

スウォッチのカラー変更

スウォッチは、クリックするだけで適用できる便利なカラーですが、カラー値を編集することで、そのスウォッチを適用したオブジェクトのカラーを一気に変更するといったことが可能です。例として、「C=80 M=20 Y=0 K=0」のスウォッチを適用したオブジェクトを用意します 図5 。

図5 スウォッチを適用したオブジェクト

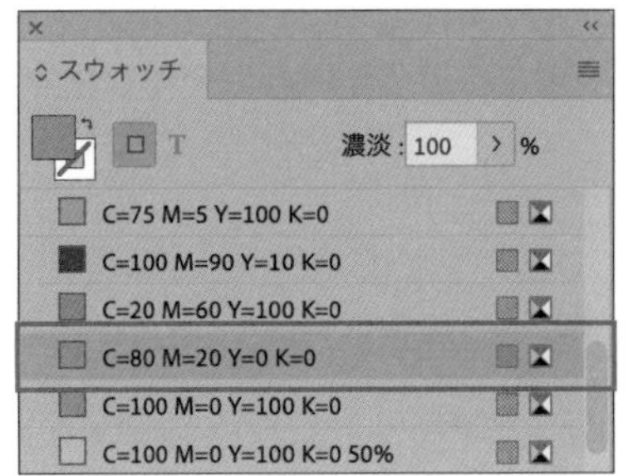

このスウォッチをダブルクリックして、「スウォッチ設定」ダイアログを表示し、カラーの内容を変更します 図6 。

図6 「スウォッチ設定」ダイアログ

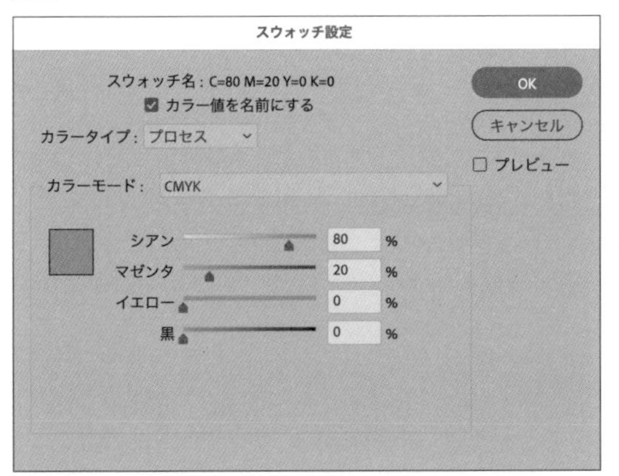

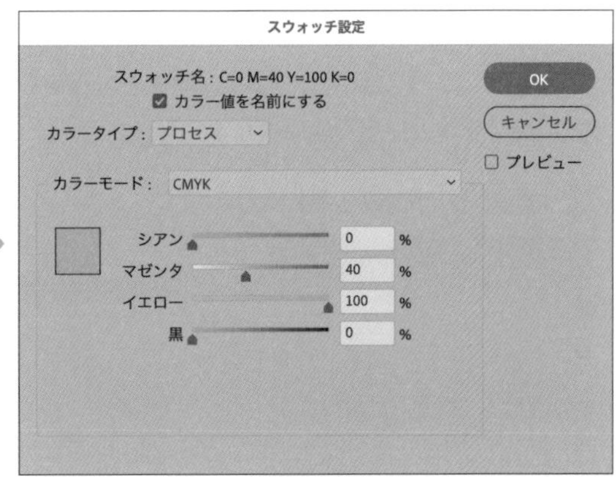

［OK］ボタンをクリックすると、そのスウォッチを適用していたオブジェクトのカラーが一気に変更されます 図7 。

図7 一気にカラーが変更されたオブジェクト

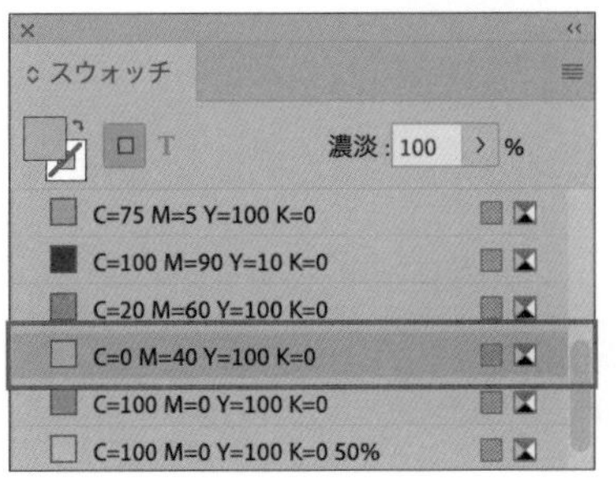

特色を作成する

THEME テーマ

特色とは、任意のインキを練り合わせて作成するカラーのことです。プロセスカラーのCMYKでは表現できないカラーを使用したい場合や、二色刷り等で、任意のカラーを使用するような場合に使用します。

特色の登録

特色をスウォッチとして登録するには、まずスウォッチパネルのパネルメニュー→“新規カラースウォッチ...”を選択します 図1。「新規カラースウォッチ」ダイアログが表示されるので、[カラータイプ] を [特色] にし、[カラーモード]に目的のものを選択します。ここでは、日本で一般的に使用されている「DIC Color Guide」を選択しました。すると、DICの特色がリストアップされるので、使用したい特色を選んで [OK] ボタンをクリックします 図2。なお、続けて複数の特色を登録していきたい場合には [追加] ボタンをクリックします。すると、指定した特色がスウォッチとして登録され、使用可能になります 図3。

memo

CMYKの掛け合わせカラーを、特色スウォッチとして登録することもできます。

図1 [新規カラースウォッチ]コマンド

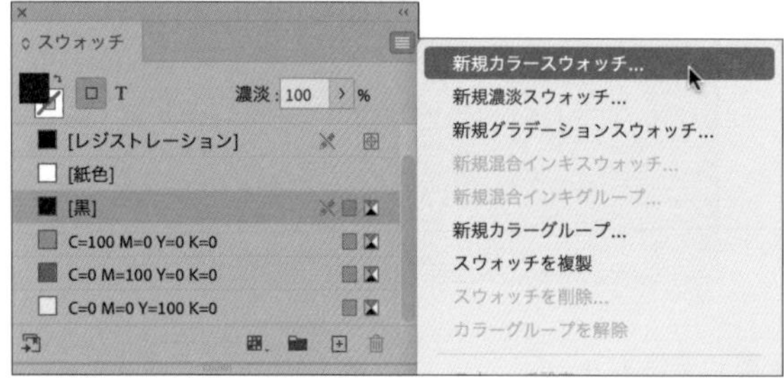

図2 「新規カラースウォッチ」ダイアログ

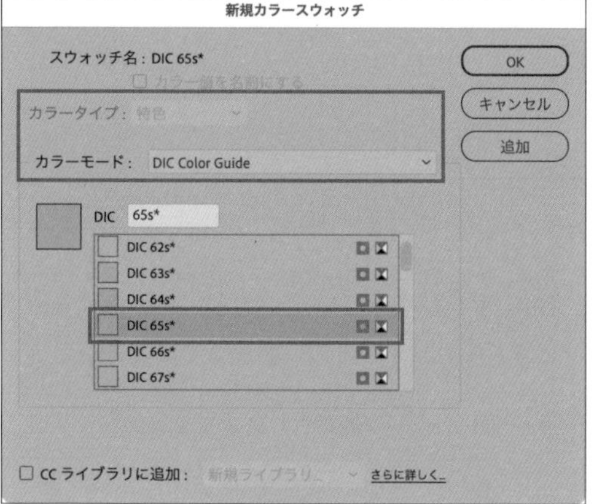

図3 登録された特色スウォッチ

memo

リンク画像に特色を使用している場合、InDesignの特色のスウォッチ名とPhotoshopのチャンネル名を同じ名前にしておかないと、異なる版として出力されてしまうので注意が必要です。

混合インキを作成する

混合インキとは、特色と特色、あるいは特色とプロセスカラーを掛け合わせたカラーのことです。InDesignでは、簡単に混合インキを作成、および適用できます。仕上がりイメージを確認しやすいのも大きなメリットです。

混合インキの登録

混合インキを作成するには、まず掛け合わせたい特色、またはプロセスカラーをスウォッチとして登録しておきます 図1。次に、スウォッチパネルメニュー→"新規混合インキスウォッチ..."を選択します 図2。「新規混合インキスウォッチ」ダイアログが表示されるので、掛け合わせるインキを2色以上選択し、それぞれ濃淡を設定します。[OK]ボタンをクリックすると、スウォッチパネルに混合インキが登録されます 図3。

図1 事前に登録した特色

図2 [新規混合インキスウォッチ]コマンド

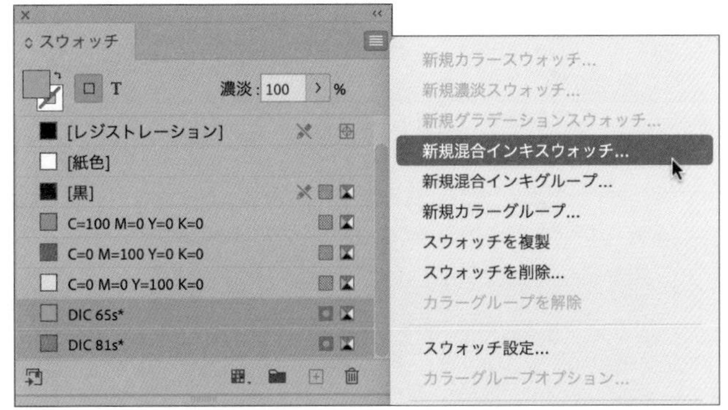

図3 混合インキの作成

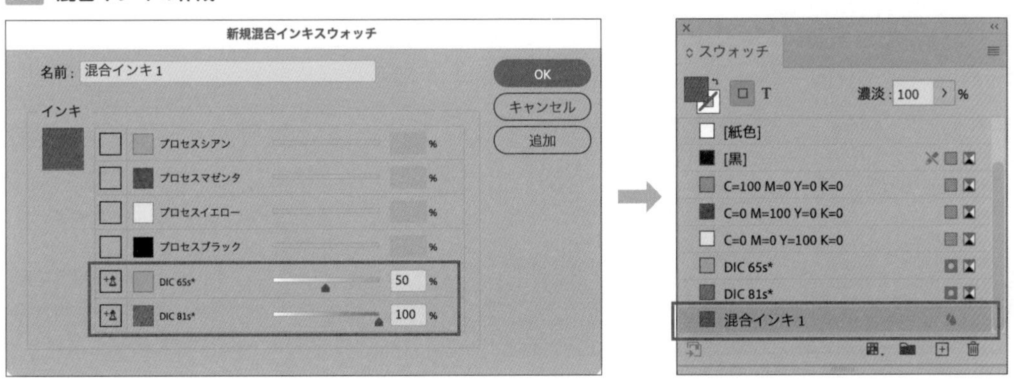

混合インキグループの登録

混合インキを1つずつ作成していては手間がかかってしまいます。そこで、混合インキをまとめてグループとして作成するのがお勧めです。掛け合わせたい特色、またはプロセスカラーをあらかじめスウォッチとして登録したら、スウォッチパネルメニュー→“新規混合インキグループ...”を選択します 図4 。「新規混合インキグループ」ダイアログが表示されるので、掛け合わせるインキを2色以上選択し、それぞれ[初期][繰り返し][増分値]を設定します。[OK]ボタンをクリックすると、混合インキがグループとして作成されます 図5 。ここではインキを2つ選択し、[初期：0%][繰り返し：10][増分値：10%]としたので、それぞれのインキが10%刻みで掛け合わされ、11×11で計121個の混合インキがグループとして作成されます。

図4 [新規混合インキグループ]コマンド

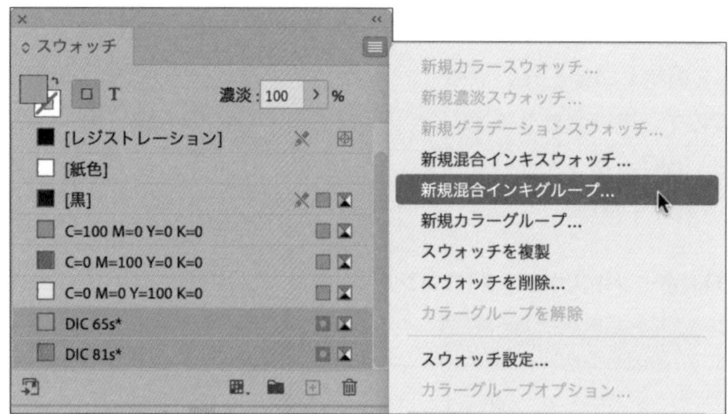

図5 混合インキグループの作成

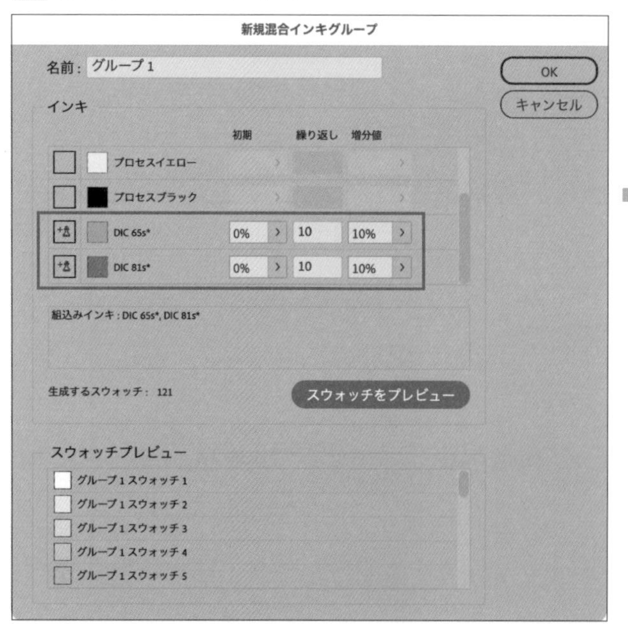

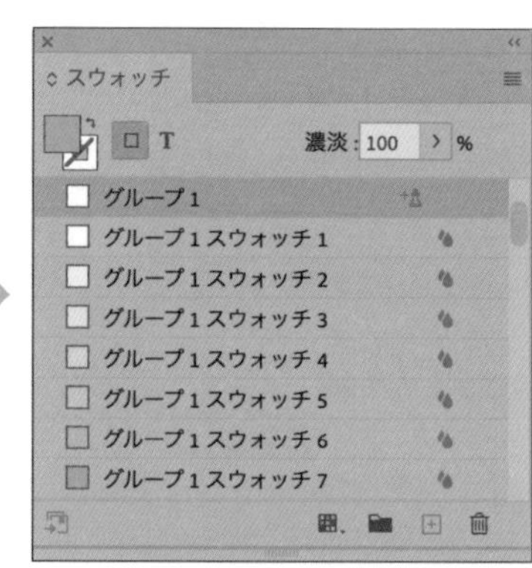

memo

「新規混合インキグループ」ダイアログで、[スウォッチをプレビュー]ボタンをクリックすると、実際にどのような混合インキが作成されるのかを確認できます。

混合インキグループの特色の変更

混合インキとして使用している特色のカラーが変更になった場合でも、最初から混合インキグループを作り直す必要はありません。混合インキグループを構成している特色を置き換えるだけで、ドキュメント内のすべての混合インキを更新できます。まず、置き換えたい特色をスウォッチとして登録しておきます図6。

図6 スウォッチパネルに差し替え用の特色を追加

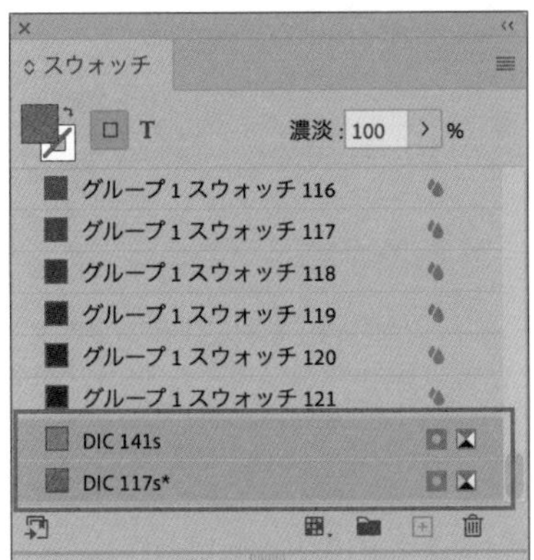

既存の混合インキグループの親スウォッチをダブルクリックします。なお、現在このグループの混合インキを適用したオブジェクトは、図のような配色になっています図7。

memo

混合インキグループの親スウォッチには、アイコンが表示されています。

図7 混合インキグループと、その混合インキを適用したオブジェクト

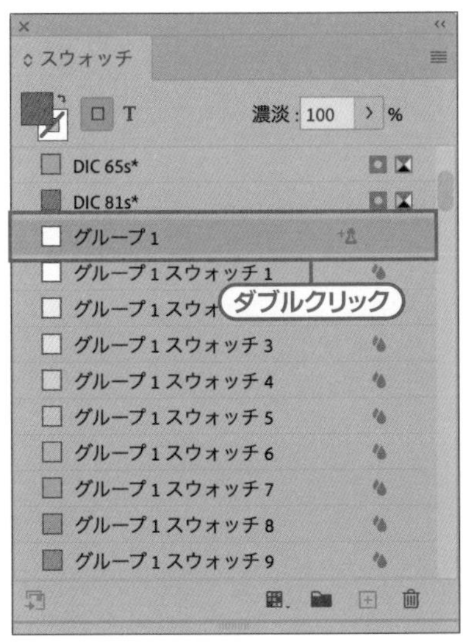

すると、「混合インキグループオプション」ダイアログが表示されます。このグループで使用している特色が表示されているので、それぞれ差し替えたい特色に変更します図8。なお、プルダウンメニューには、事前に登録しておいたスウォッチしか表示されません。

図8 「混合インキグループオプション」ダイアログ

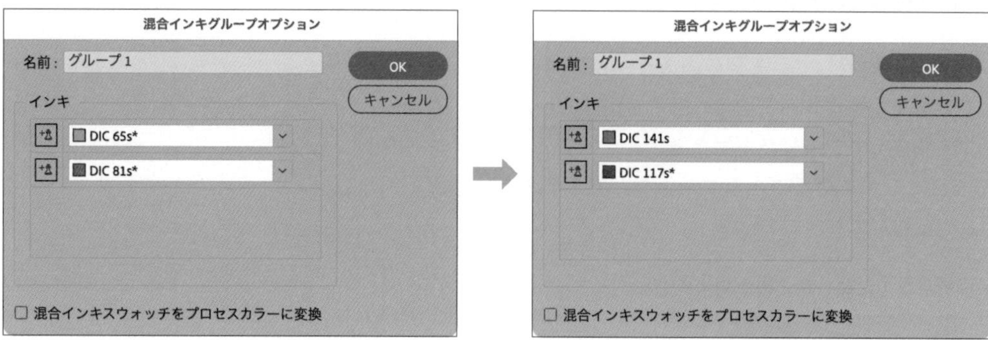

［OK］ボタンをクリックすると、混合インキグループ内の混合インキがすべて更新され、この混合インキを使用していたオブジェクトのカラーもすべて更新されます 図9。ただし、InDesignドキュメントに リンクで配置しているIllustratorやPhotoshopの画像内で使用されている特色までは更新されないので注意が必要です。

図9 更新された混合インキグループと、その混合インキを適用していたオブジェクト

POINT

InDesignドキュメントにリンクしているIllustratorやPhotoshopの画像内で差し替えたい特色を使用していた場合、InDesign上で特色を置き換えても、画像内で使用している特色までは更新されないため、それぞれのアプリケーションに戻って特色を変更する必要があります。

効果を適用する

効果パネルを使用すれば、オブジェクトに対して不透明度を設定したり、ドロップシャドウ、ベベルとエンボス等の効果を簡単に適用できます。オブジェクト全体、線、塗り、テキストのそれぞれに個別に適用できるのも大きな特徴です。

不透明度の設定

オブジェクトに対して不透明度を設定すると、背景のオブジェクトが透けて見えるようになります。ここでは、テキストフレームに対して不透明度を設定してみましょう。まず、ウィンドウメニュー→"効果"を実行して効果パネルを表示したら、選択ツールでテキストフレームを選択します。デフォルトでは[不透明度：100%]となっており、背景は透過していません 図1 。

図1 テキストフレームと効果パネル

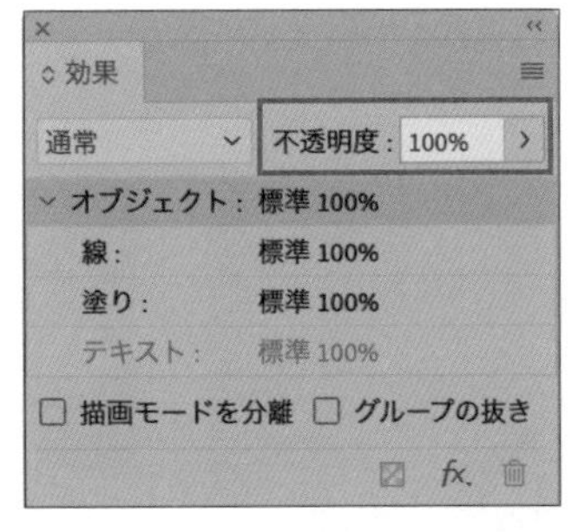

効果パネルの［不透明度］を変更すると、背景が透けて見えるのが分かるはずです。設定した値によって透過の程度は変わります 図2 。

図2 効果パネルの［不透明度］の変更

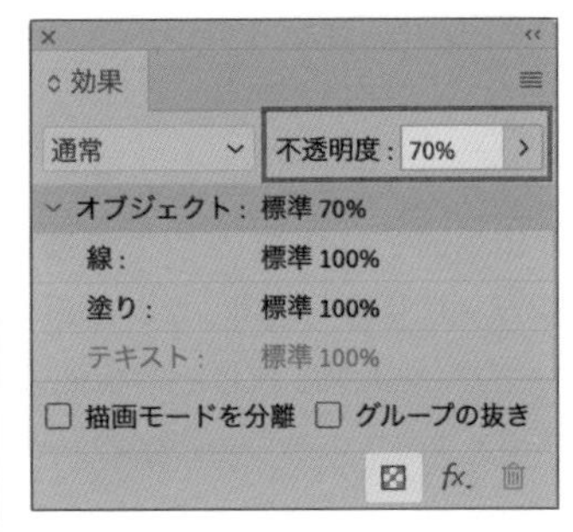

描画モードの設定

今度は、効果パネルの［描画モード］を変更してみましょう 図3。オブジェクトを選択したら、“乗算”や“スクリーン”等、目的のものを選択すれば適用されます 図4。いろいろなモードがあるので、どのような結果になるかを試してみてください。

図3 効果パネルの［描画モード］

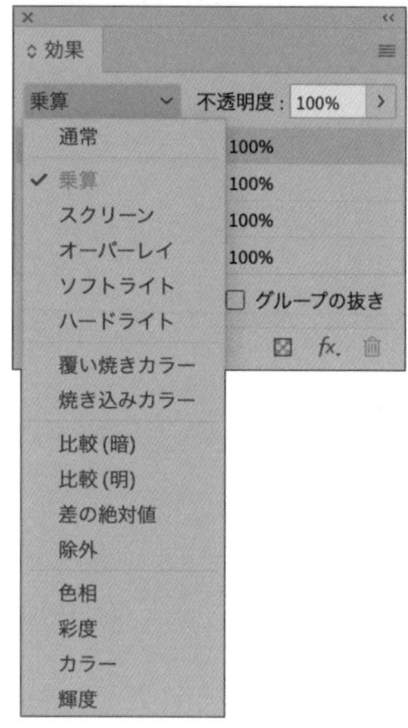

図4 ［描画モード］の適用例

描画モード：［乗算］を適用した例

描画モード：［輝度］を適用した例

効果の設定

今度は、効果を適用してみましょう。オブジェクトを選択したら、効果パネルの［fx］アイコンをクリックして、適用したい効果を選択します 図5。ここでは「ドロップシャドウ」を選択しました。なお、効果パネルメニュー→“効果”、またはオブジェクトメニュー→“効果”から実行してもかまいません。

図5 効果パネルの効果コマンド

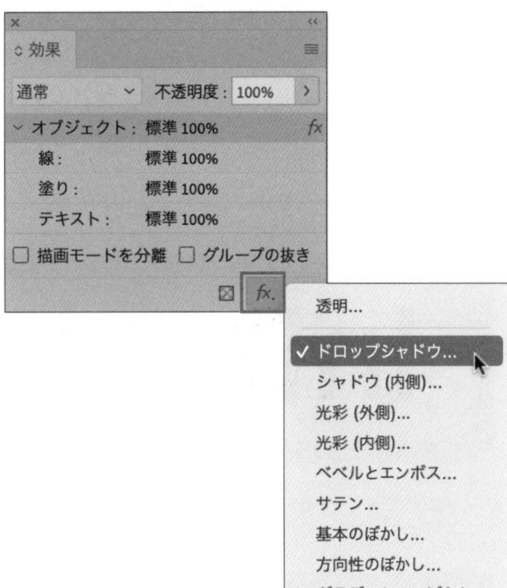

ドロップシャドウがオンの状態で効果パネルが表示されるので、各パラメーターを調整して、どのようなドロップシャドウを適用するかを設定します。[OK]ボタンをクリックすれば、オブジェクトにドロップシャドウが適用されます 図6。

図6 ドロップシャドウの適用

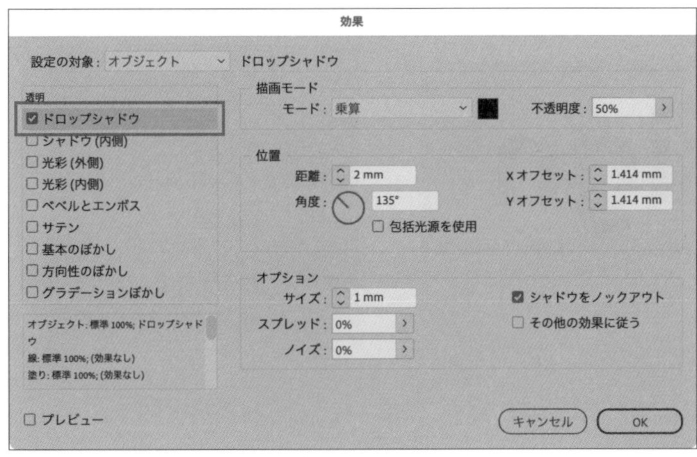

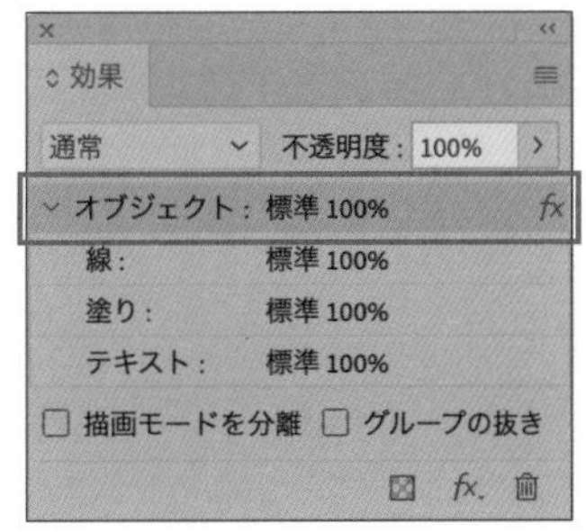

InDesignのデフォルトでは、オブジェクト全体に対して効果が適用されますが、[線][塗り][テキスト]のそれぞれ、あるいは複数に対して効果を適用することもできます。特定の項目に対して効果を適用したい場合には、その項目を選択した状態で効果を適用します。ここでは、[線][塗り][テキスト]のそれぞれに対して効果を適用してみました 図7 。

図7 **各項目ごとにドロップシャドウを適用した例**

[線]にドロップシャドウを適用した例

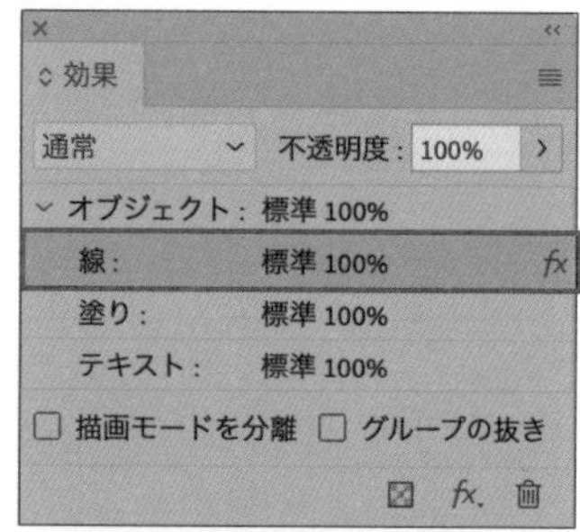

[塗り]にドロップシャドウを適用した例

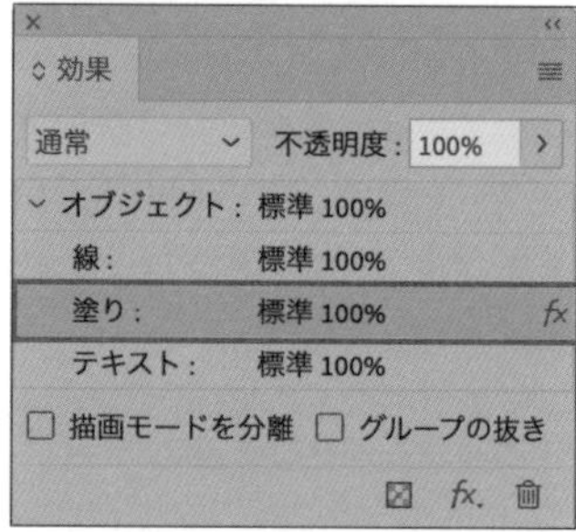

[テキスト]にドロップシャドウを適用した例

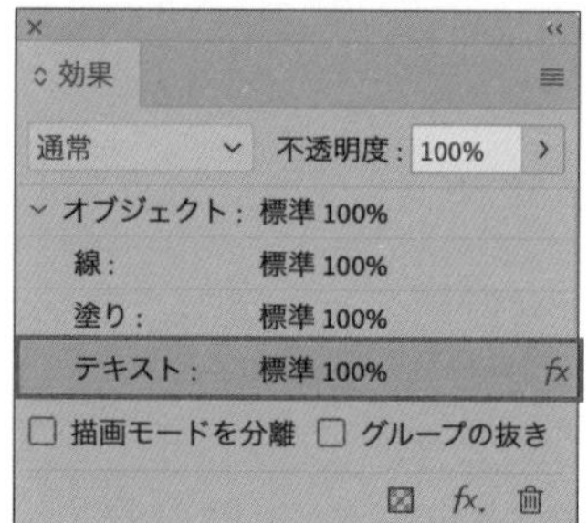

memo

効果パネルに表示された[fx]アイコンは、ドラッグすることで他の項目に効果を移動できます。また、option(Alt)キーを押しながら[fx]アイコンをドラッグすれば、他の項目にも同じ設定を適用できます。

オブジェクトのサイズを変更する

THEME テーマ

オブジェクトのサイズ変更は、選択時に表示されるハンドルをドラッグすれば可能です。しかし、正確な値に変更したい場合には、コントロールパネルや変形パネルで位置や幅、高さを指定します。

オブジェクトのサイズ変更

まず、オブジェクトを選択した際に表示されるハンドルをドラッグして、サイズを変更してみましょう。ハンドルをドラッグ中は、マウスポインターの右下に現在のサイズが表示されます 図1。

memo

ドラッグする際、各コーナーのいずれかのハンドルをドラッグすれば幅[W]と高さ[H]、左中央または右中央のハンドルをドラッグすれば幅のみ、上中央または下中央のハンドルをドラッグすれば高さのみ、サイズ変更できます。

図1 ハンドルをドラッグしてサイズ変更

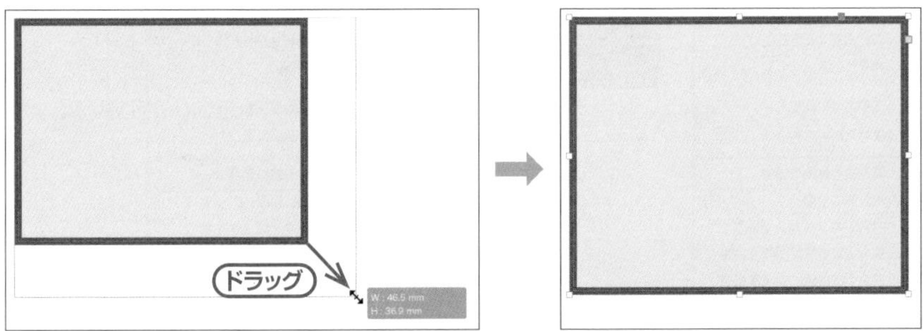

今度は、数値を指定してサイズ変更してみましょう。まず、ウィンドウ→“コントロール”、あるいはウィンドウ→“オブジェクトとレイアウト”→“変形”を実行して、コントロールパネルまたは変形パネルを表示しておきます。オブジェクトを選択して、幅[W]と高さ[H]に任意の値を入力します。入力した値でサイズが変更されます 図2。

図2 数値を指定したサイズ変更

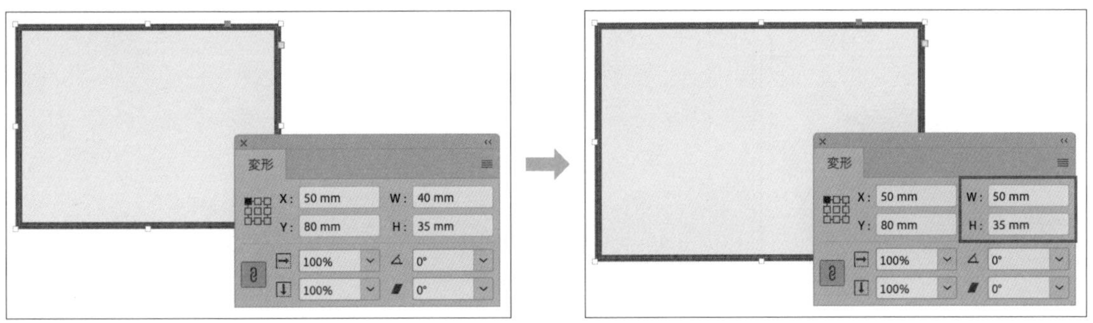

変形パネルのオプションメニュー

変形パネルのパネルメニューには、オンとオフを切り替えることによって動作や表示される値が変わる項目がいくつかあります。それぞれ、どのような違いがあるかを理解しておきましょう。まず、[境界線の線幅を含む]がオンの場合とオフの場合とで(デフォルトではオン)、オブジェクトを選択した際の[X位置]や[Y位置]、[W (幅)]や[H (高さ)]に表示される値は異なります 図3。なお、図の線幅は1mmです。

memo

同じ幅や高さの値が表示されていたとしても、[境界線の線幅を含む] がオンかオフかで、実際のサイズは異なるので注意が必要です。

図3 境界線の線幅を含む

選択しているオブジェクト

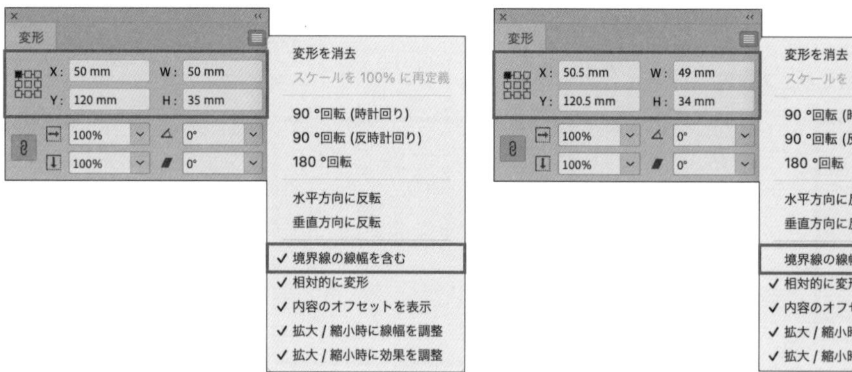

[境界線の線幅を含む]がオンの場合

[境界線の線幅を含む]がオフの場合

今度は [相対的に変形] がオンとオフでどう違うかを見ていきましょう。回転したオブジェクト内に別のオブジェクトが入れ子になっている場合、[相対的に変形]がオンなのか、オフなのかで、[回転角度]に表示される値が異なります。オンの場合は親のオブジェクトに対する [回転角度]が表示され、オフの場合はペーストボードを基準とした回転角度が表示されます 図4。デフォルトではオンになっています。

図4 相対的に変形

選択しているオブジェクト

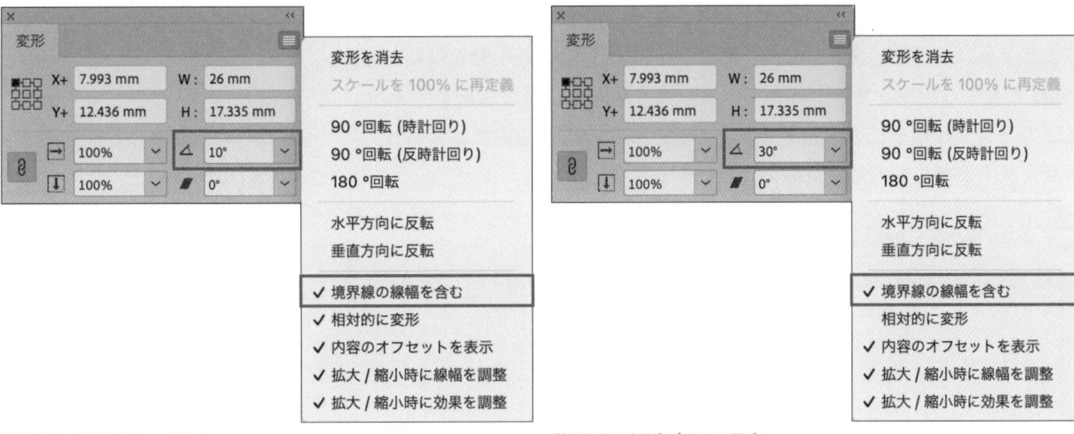

[相対的に変形]がオンの場合

[相対的に変形]がオフの場合

次は [内容のオフセットを表示] がオンとオフでどう違うかを見ていきましょう。画像をダイレクト選択ツールで選択した場合、グラフィックフレームではなく、中身の画像自体が選択されます。その際、[内容のオフセットを表示]がオンなのか、オフなのかで、[X位置]と[Y位置]に表示される値が異なります 図5。オンの場合はフレームを基準とした座標値が表示され、オフの場合はペーストボードを基準とした座標値が表示されます。デフォルトではオンになっています。

図5 内容のオフセットを表示

選択しているオブジェクト

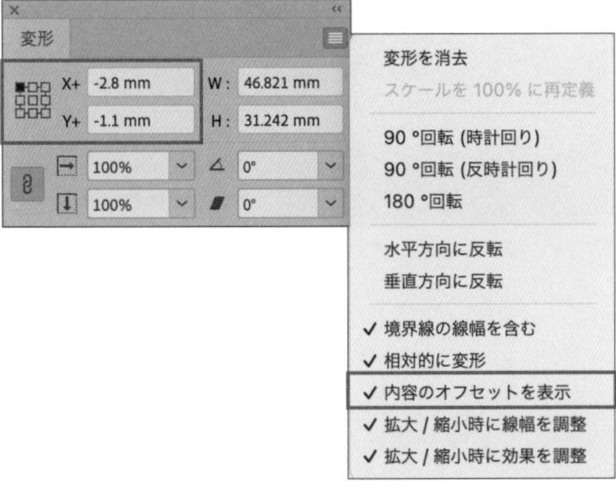

[内容のオフセットを表示]がオンの場合

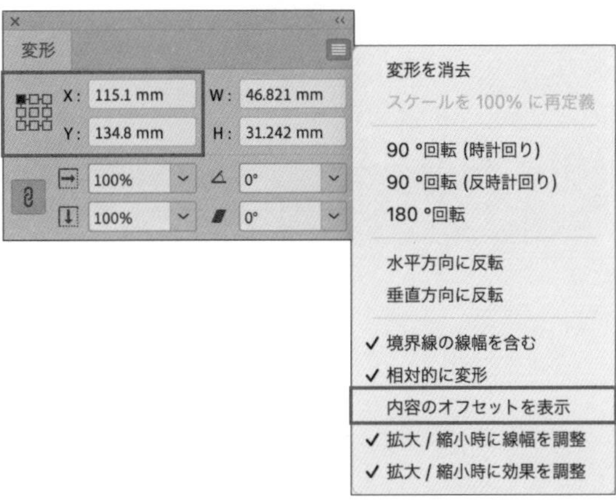

[内容のオフセットを表示]がオフの場合

次は［拡大/縮小時に線幅を調整］がオンとオフでどう違うかを見ていきましょう。オブジェクトを拡大／縮小した際に、［拡大/縮小時に線幅を調整］がオンなのか、オフなのかで、変形後の見栄えが異なります 図6。オンの場合は線幅も拡大・縮小されますが、オフの場合、線幅は変わりません。デフォルトではオンになっています。

図6 **拡大/縮小時に線幅を調整**

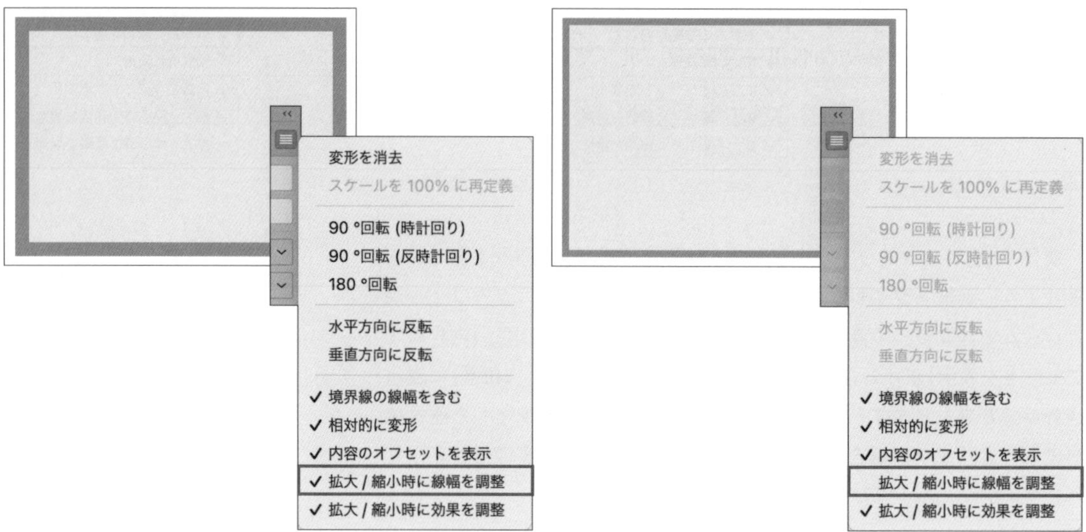

［拡大/縮小時に線幅を調整］がオンの場合　［拡大/縮小時に線幅を調整］がオフの場合

最後は［拡大/縮小時に効果を調整］がオンとオフでどう違うかを見ていきましょう。オブジェクトに効果が適用されている際に拡大／縮小すると、［拡大/縮小時に線幅を調整］がオンなのか、オフなのかで、変形後の効果が異なります 図7。オンの場合は効果も拡大･縮小されますが、オフの場合、効果は変わりません。デフォルトではオンになっています。

図7 **拡大/縮小時に効果を調整**

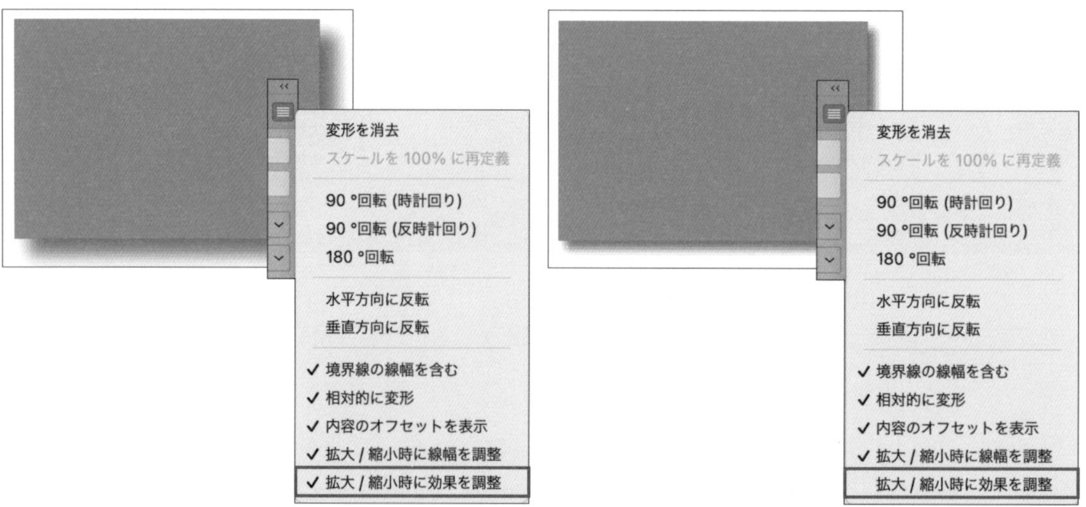

［拡大/縮小時に効果を調整］がオンの場合　［拡大/縮小時に効果を調整］がオフの場合

オブジェクトを整列させる

THEME テーマ

オブジェクトの整列は、頻繁に行う作業です。ドラッグすることでも整列はできますが、複数のオブジェクトを一気に整列させたい場合には、整列パネルの機能を使用すると便利です。

オブジェクトの整列

InDesignのスマートガイドの機能を利用すれば、オブジェクト同士の位置や間隔を揃えることができますが、整列パネル使ってオブジェクトを揃えることもできます。まず、ウィンドウメニュー→"オブジェクトとレイアウト"→"整列"を選択して整列パネルを表示させます。なお、コントロールパネルからも整列は可能です。

43ページ　Lesson2-05参照。

揃えたい複数のオブジェクトを選択ツールで選択し、さらに基準とするオブジェクトをクリックします。クリックしたオブジェクトは太い線でハイライトされ、キーオブジェクトと呼ばれます 図1。整列パネルで目的のアイコンをクリックすれば、キーオブジェクトを基準としてオブジェクトの位置が揃います 図2。図では、[垂直方向中央に整列] を実行しています。

memo

整列パネルの [オブジェクトの整列] には、[垂直方向中央に整列] 以外にもいくつかのアイコンが用意されているので、それぞれクリックしてどのような整列が実行されるかを確認しましょう。

図1 キーオブジェクトの設定

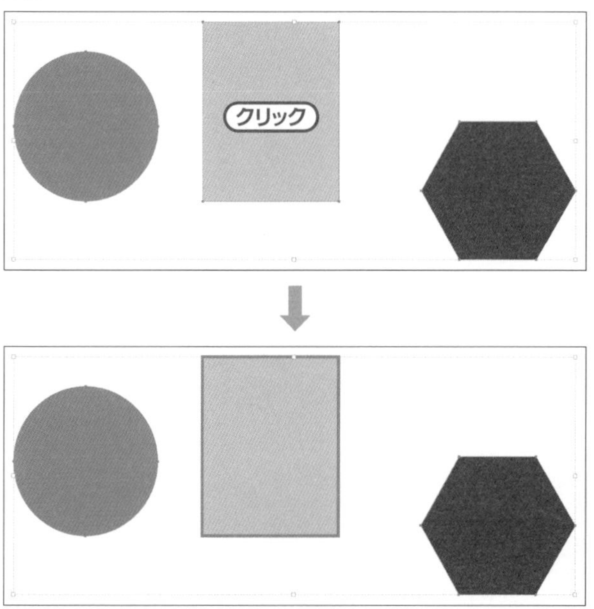

図2 垂直方向中央に整列

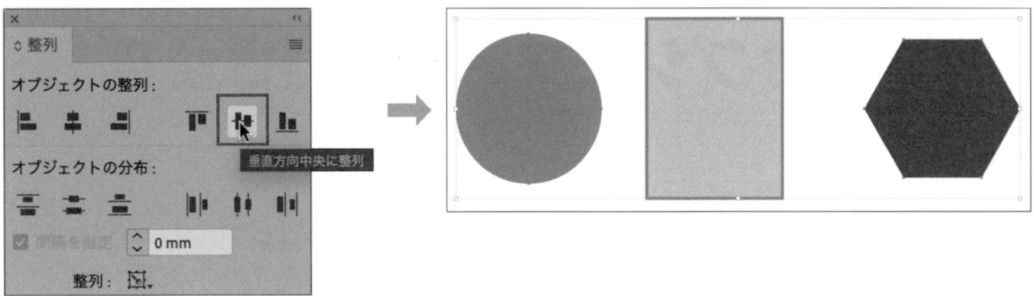

オブジェクトの分布

複数のオブジェクトの上部や中央、左部を同じ距離で分布させたい場合は整列パネルの［オブジェクトの分布］を使用します。複数のオブジェクトを選択して［オブジェクトの分布］のいずれかのアイコンをクリックします 図3 。図では、［水平方向中央に分布］を実行しています。

図3 オブジェクトの分布

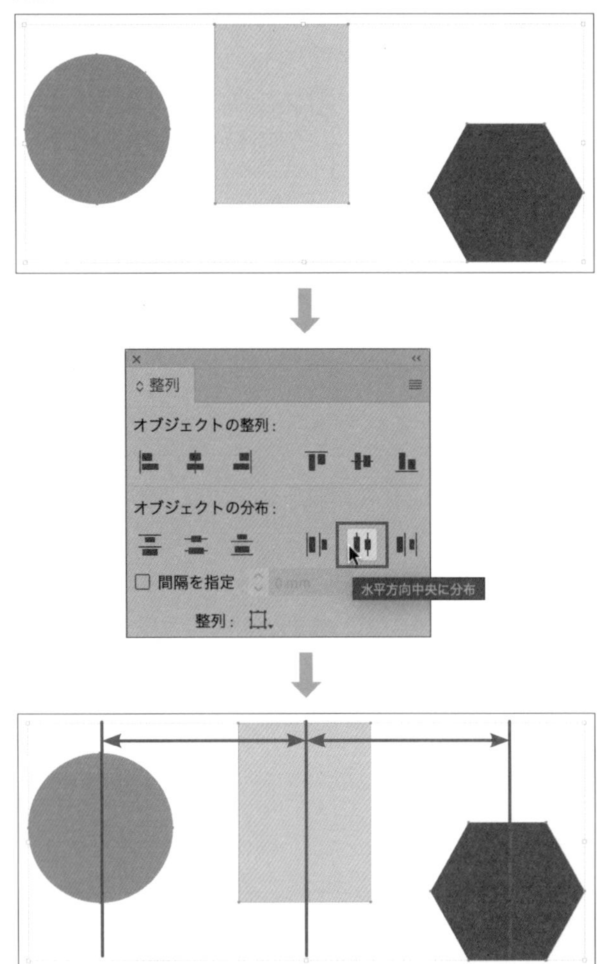

各オブジェクトの水平方向中央が均等になります

等間隔に分布

オブジェクト同士の間隔を同じにしたい場合は整列パネルの［等間隔に分布］を使用します。複数のオブジェクトを選択して［オブジェクトの分布］のどちらかのアイコンをクリックします。なお、［間隔を指定］にチェックを入れれば、間隔の値を指定できます 図4 。図では、［間隔を指定］を8mmに設定後、［水平方向等間隔に分布］を実行しています。

図4 等間隔に分布

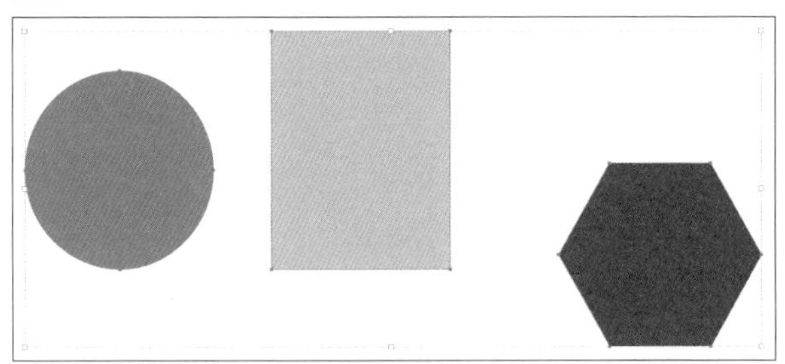

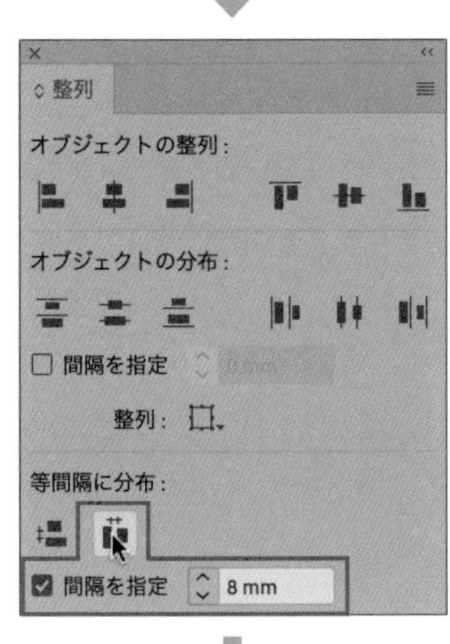

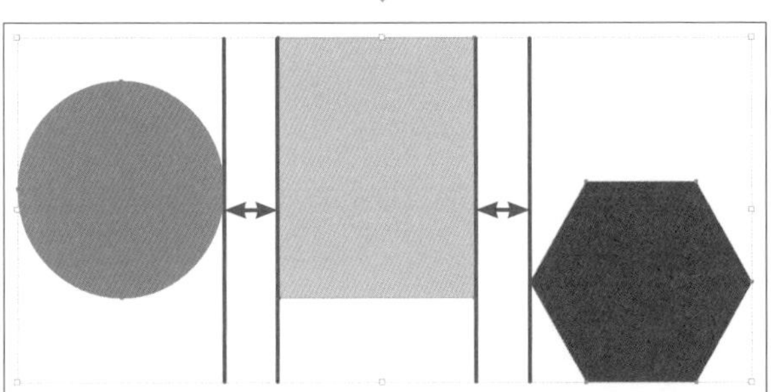

各オブジェクト同士の間隔が均等（指定したサイズ）になります

オブジェクトを複製する

コピー＆ペーストを実行すれば、オブジェクトを複製できますが、ドラッグコピーや繰り返し複製コマンド等、いろいろな方法でオブジェクトを複製できます。状況に応じた複製方法を理解しましょう。

繰り返し複製コマンド

繰り返し複製コマンドを実行すると、同じ間隔で素早くオブジェクトを複製できます。複製したいオブジェクトを選択したら、編集メニュー→"繰り返し複製..."を実行します 図1。「繰り返し複製」ダイアログが表示されるので、[オフセット]の[垂直方向]および[水平方向]にオブジェクトを複製したい距離を入力し、[カウント]に複製したい数を入力して[OK]ボタンをクリックします 図2。すると、指定した距離と数でオブジェクトが複製されます 図3。

> **memo**
> 編集メニュー→"複製"を実行すると、前回、繰り返し複製コマンドを実行した際の[オフセット]の値でオブジェクトが複製されます。

図1 [繰り返し複製]コマンド

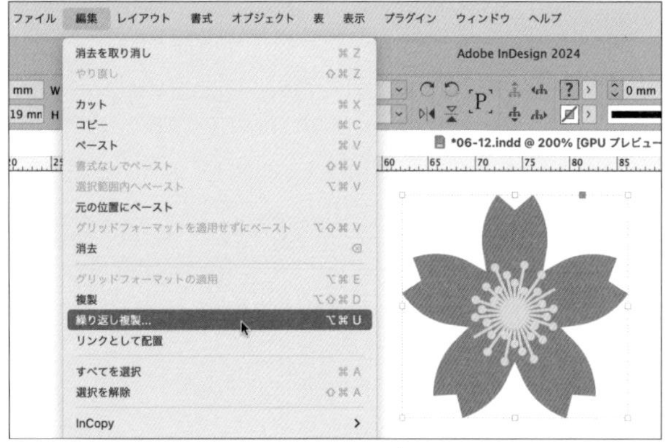

図2 「繰り返し複製」ダイアログ

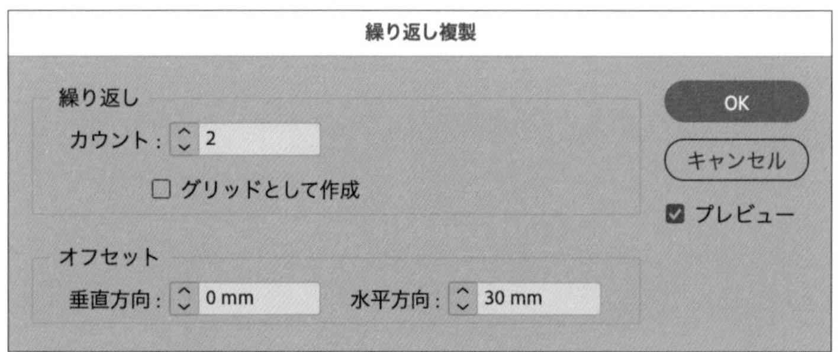

図3 複製されたオブジェクト

手順をひとつ戻り、「繰り返し複製」ダイアログで［グリッドとして作成］にチェックを入れて、複製してみましょう。［グリッドとして作成］にチェックを入れることで、［行］と［段数］の入力が可能となり、垂直方向と水平方向の両方に一度にオブジェクトを複製できます 図4。

図4 「繰り返し複製」ダイアログの［グリッドとして作成］

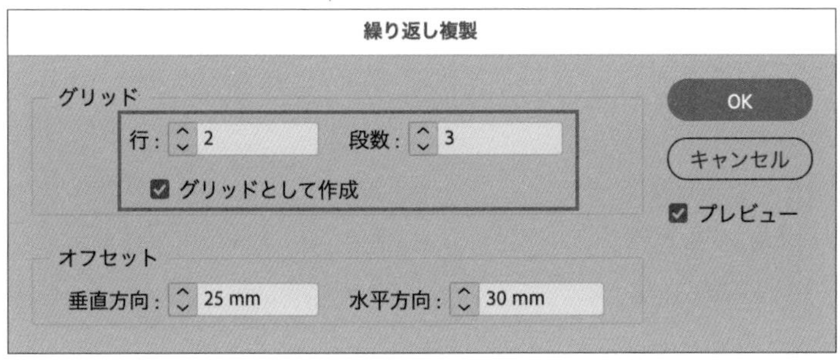

オブジェクトのドラッグコピー

オブジェクトをドラッグする際に、option〔Alt〕キーを押しながらドラッグすることでも複製が可能です。これをドラッグコピーと呼びます。さらにInDesignでは、ドラッグコピーする際に矢印キーを押すことで、押した矢印キーの方向と回数に応じて、オブジェクトを複製する数をコントロールすることができます。

では、option〔Alt〕キーを押しながらオブジェクトをドラッグし、マウスボタンを離す前に必要な数だけ矢印キーを押してみましょう。上矢印キーを押すと、押した数だけ縦方向に複製される数が増えていき、右矢印キーを押すと、横方向に複製される数が増えていきます。逆に下矢印キーを押すと縦方向に複製される数が減り、左矢印キーを押すと、横方向に複製される数が減ります。図では、上矢印キーを1回、右矢印キーを2回押した後、マウスボタンを離しています 図5。

図5 矢印キーを押しながらドラッグコピー

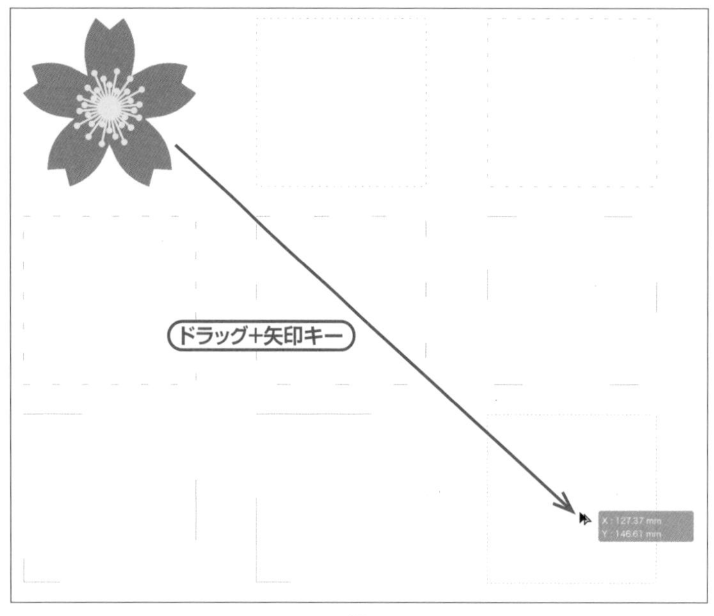

memo

オブジェクトをドラッグコピーする時だけでなく、図形やテキストフレームを作成する時にも矢印キーを使用することができます。例えば、長方形ツールでドラッグしながら矢印キーを押すと、押した矢印の方向や数に応じて長方形が分割されて描画されます（テキストフレームの場合は、連結された複数のテキストフレームが作成されます）。なお、分割される際の間隔は、レイアウトメニューの［レイアウトグリッド設定］の［段間］、または［マージン・段組...］の［間隔］の値が使用されます。

オブジェクトの間隔を調整する

THEME テーマ

間隔ツールを使用すると、オブジェクトとオブジェクト、またはオブジェクトとページの端の間隔を調整できます。マウス操作のみで直感的に操作できますが、スマートガイドの機能により、正確な値で調整することも可能です。

間隔の調整

オブジェクトとオブジェクト、またはページの端からオブジェクトの間隔を調整するには、間隔ツールを使用します。間隔ツールでオブジェクト間にマウスポインターを移動すると、調整可能な間隔がグレーにハイライトされます。このままクリック&ドラッグすれば、間隔のみが移動します 図1。

memo

間隔ツールのショートカットキーは、Uキーです。

図1 間隔ツールで間隔を移動

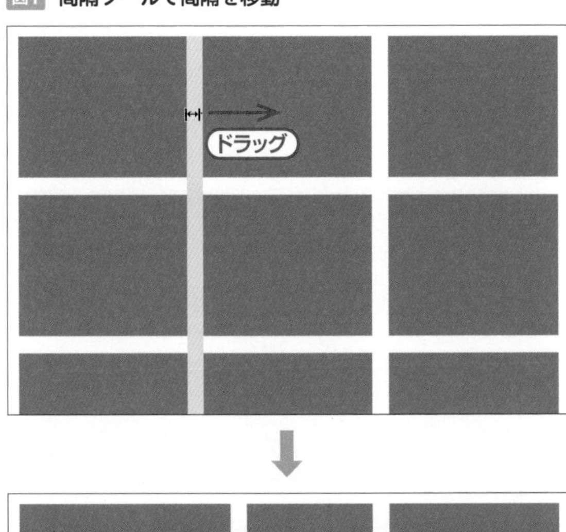

今度は、間隔ツールでオブジェクト間にマウスポインターを移動後、shiftキーを押してみましょう。マウスポインターに近接する間隔のみがハイライトされるので、そのままクリック＆ドラッグします。すると、近接する間隔のみが移動します 図2。

図2 **間隔ツールで近接する間隔のみを移動**

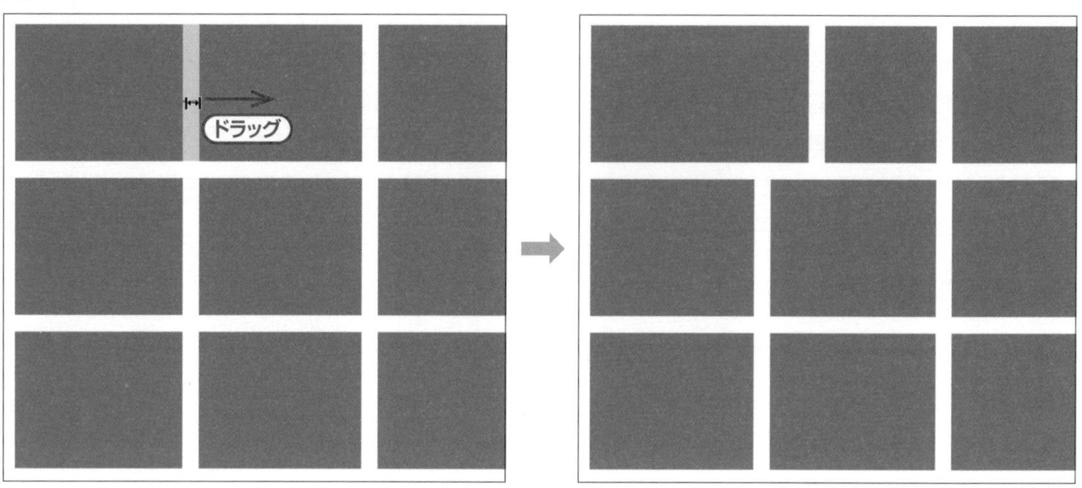

今度は、間隔ツールでオブジェクト間にマウスポインターを移動後、command〔Ctrl〕キーを押してみましょう。調整される間隔がハイライトされるので、クリック＆ドラッグすると、ドラッグする方向に応じて間隔が広くなったり、狭くなったりします 図3。

図3 **間隔ツールで間隔のサイズ変更**

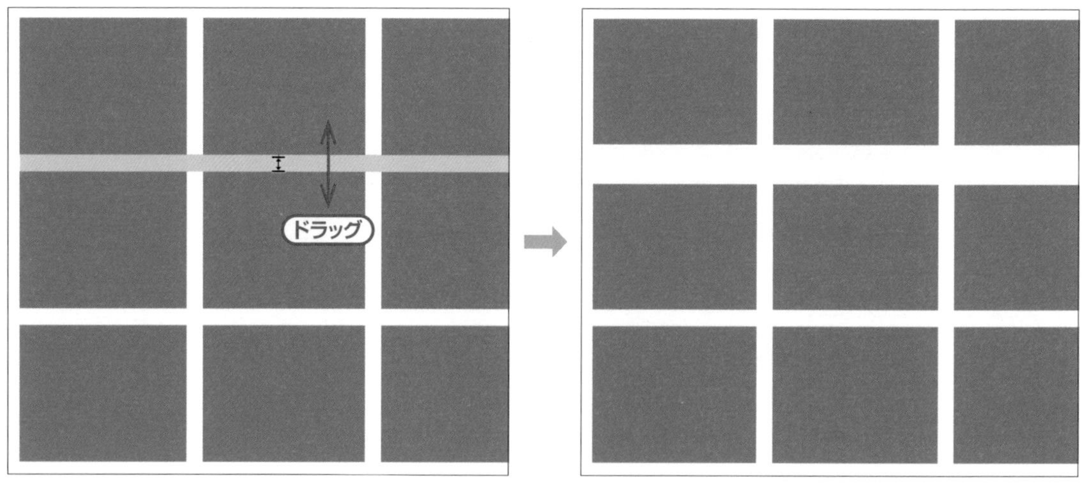

今度は、間隔ツールでオブジェクト間にマウスポインターを移動後、調整可能な間隔がグレーにハイライトされたら、option〔Alt〕キーを押しながらクリック＆ドラッグします。すると、間隔はそのままで、その間隔に隣接するオブジェクト全体が移動します 図4。

図4 間隔ツールで隣接するオブジェクトを移動

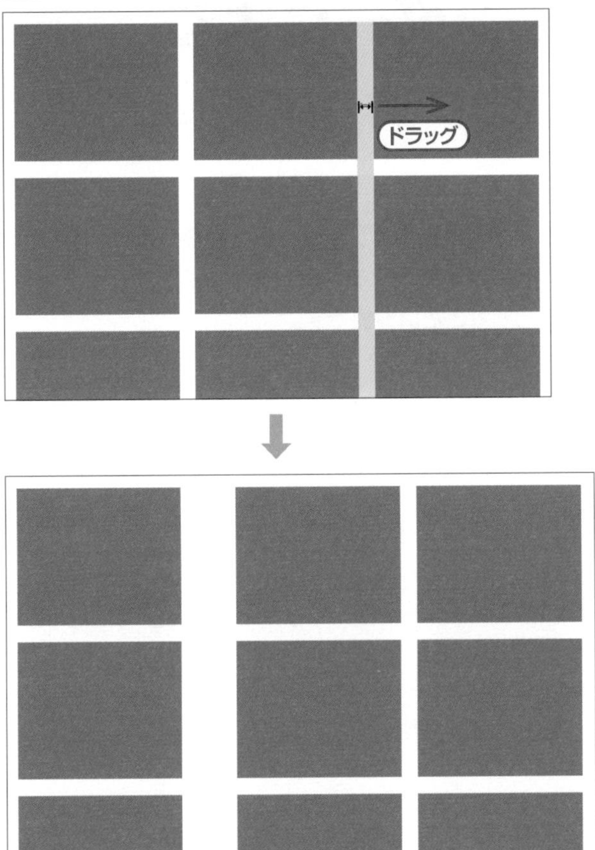

最後に、間隔ツールでオブジェクト間にマウスポインターを移動後、調整可能な間隔がグレーにハイライトされたら、command＋option〔Ctrl＋Alt〕キーを押しながらクリック＆ドラッグします。すると、間隔のサイズを変更しながら、隣接するオブジェクトを移動できます 図5 。

> **memo**
> command＋option〔Ctrl＋Alt〕キーに、さらにshiftキーをプラスすれば、カーソルに近接する箇所のみに適用できます。

図5 間隔ツールで間隔のサイズ変更とオブジェクトの移動

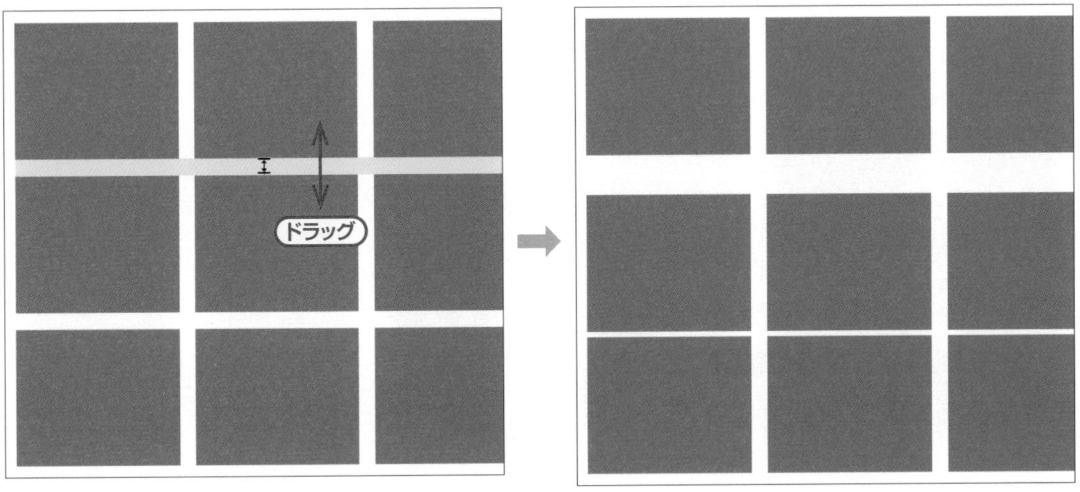

パスファインダーによるパスの合成

パスファインダーの機能を利用することで、複数のオブジェクトを合体したり、型抜きしたりして、オブジェクトを合成することができます。シンプルな図形から複雑な図形を作り出すことができるので、覚えておきたい機能です。

パスファインダーのオブジェクト合成

複数のオブジェクトを合成できるのが、パスファインダーパネルです。ウィンドウメニュー→“オブジェクトとレイアウト”→“パスファインダー”を実行して表示させ、[パスファインダー]にある5つのボタンがそれぞれどのような動作をするか覚えておきましょう。ここでは、図のような2つのオブジェクトに適用します 図1。[合体]を実行するとオブジェクトが1つに合体され、前面オブジェクトのカラーが適用されます 図2。

memo

パスファインダーの機能は、パスファインダーパネルからだけでなく、プロパティパネルからも実行できます。

図1 元となるオブジェクト

図2 パスファインダーの[合体]

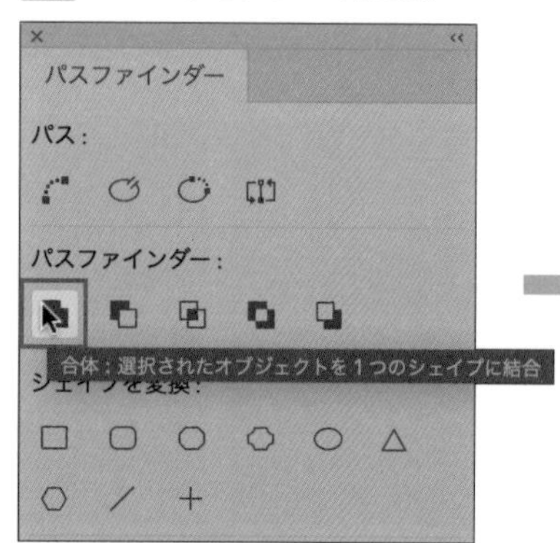

手順を1つ戻って、今度はパスファインダーパネルの［前面オブジェクトで型抜き］を実行してみましょう。すると、最背面のオブジェクトが前面のオブジェクトで型抜きされます 図3。なお、背面オブジェクトのカラーが反映されます。

図3 **パスファインダーの［前面オブジェクトで型抜き］**

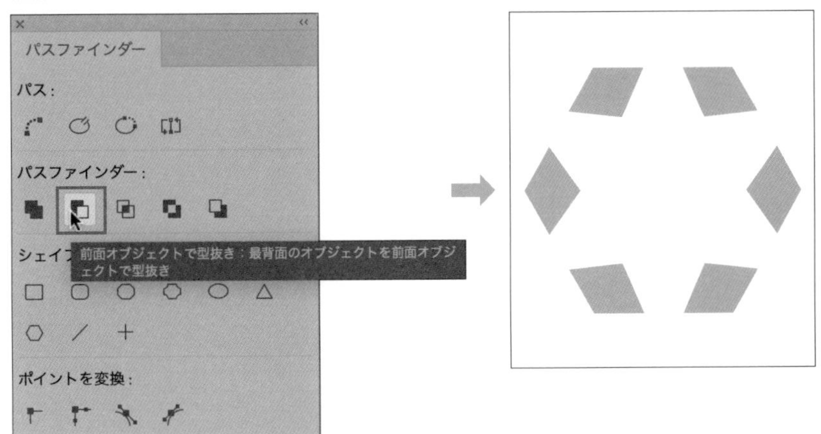

手順を1つ戻って、今度はパスファインダーパネルの［交差］を実行してみましょう。すると、オブジェクトの重なった部分のみが残ります 図4。なお、前面オブジェクトのカラーが反映されます。

図4 **パスファインダーの［交差］**

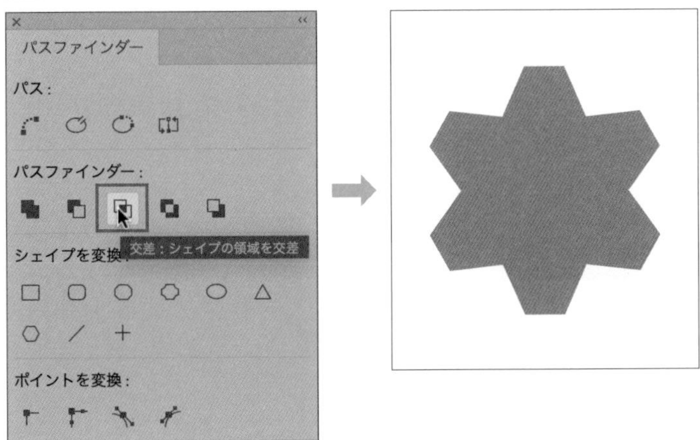

memo

パスファインダーパネルには、オブジェクトを合成する［パスファインダー］の機能だけでなく、パスやシェイプ、アンカーポイントを変換するコマンドも用意されています。それぞれクリックしてみて、どのような動作をするか確認しておきましょう。

手順を1つ戻って、今度はパスファインダーパネルの[中マド]を実行してみましょう。すると、オブジェクトの重なった部分のみが削除されます 図5 。なお、前面オブジェクトのカラーが反映されます。

図5 パスファインダーの[中マド]

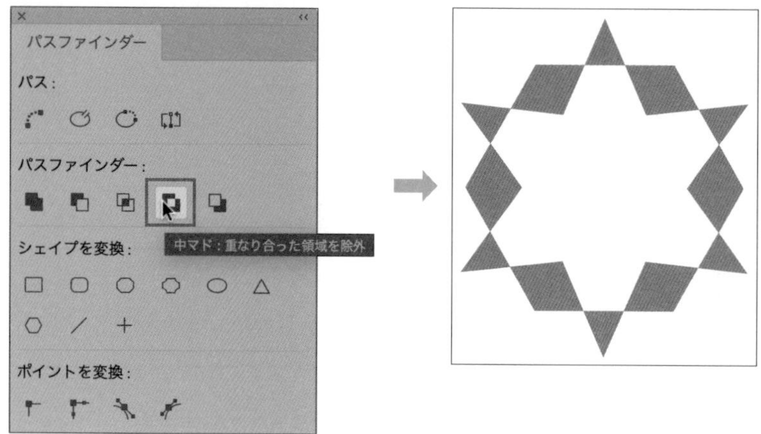

手順を1つ戻って、今度はパスファインダーパネルの［背面オブジェクトで型抜き］を実行してみましょう。すると、最前面のオブジェクトが背面のオブジェクトで型抜きされます 図6 。なお、前面オブジェクトのカラーが反映されます。

図6 パスファインダーの[背面オブジェクトで型抜き]

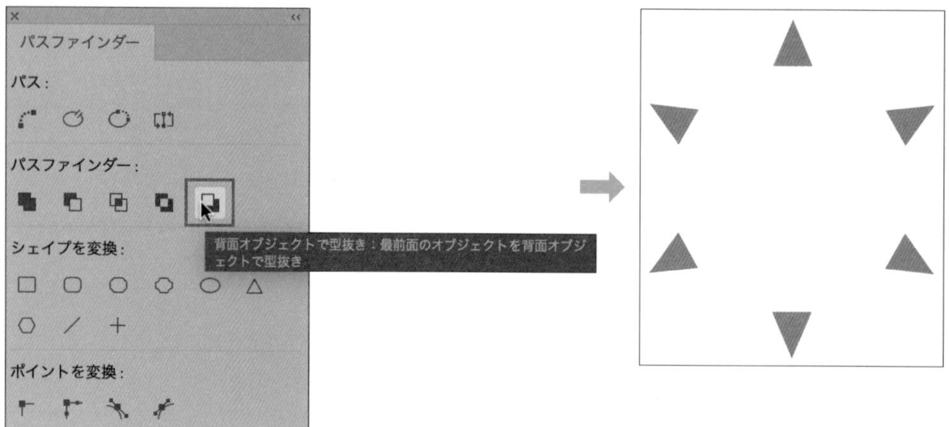

Lesson 7

ページの操作

このレッスンでは、ページ操作に関する機能をご紹介します。基本的に、ページに関する操作の多くはページパネルから行います。親ページとドキュメントページの違いをしっかりと理解して作業しましょう。

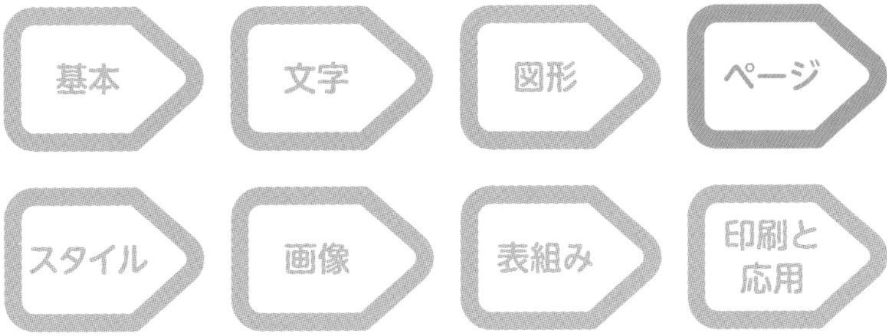

ページの基本的操作

THEME テーマ　ページ物を作成するInDesignでは、ページの移動や追加、削除といった操作はページパネルから行います。まずは、ページパネルで行うこれらの操作と基本的作業について理解しましょう。

ページパネルの表示

「新規ドキュメント」ダイアログで［ページ数］を指定して新規ドキュメントを作成すると、そのページ数がページパネルに反映されます 図1（ページパネルが表示されていない場合には、ウィンドウメニュー→“ページ”を選択して表示しておきます）。図1 の右は、「10ページのドキュメント」を作成した状態のページパネルですが、上部が親ページ領域、下部がドキュメントページ領域となっており、実際の作業はドキュメントページ領域に表示される各ページに対して行います。なお、親ページに関する詳細は、次のセクション「02 親ページとドキュメントページ」で解説します。

memo
2022年度版のInDesignから、［マスターページ］という名称が［親ページ］に変更になりました。

186ページ　Lesson7-02参照。

図1 ページ数の指定とページパネル

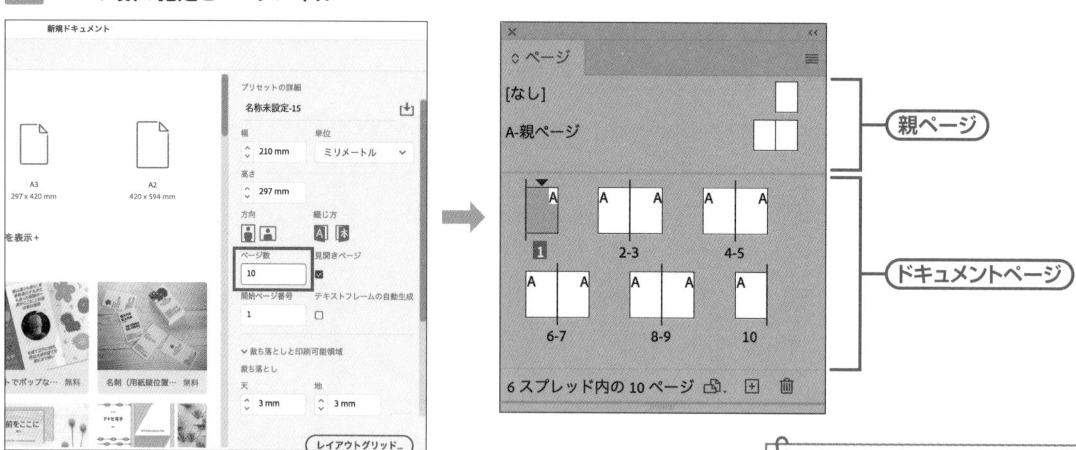

memo
ページパネルのアイコンの表示（並び方）は、ページパネルメニュー→“ページの表示”から切り替えられます。

表示するページの移動

ドキュメントウィンドウに目的のページを表示するには、ページパネルで目的のページアイコンをダブルクリックします。このとき、ページアイコンをダブルクリックすると、そのページがドキュメントウィンドウ

の中央に 図2 、ページ番号部分をダブルクリックすると、見開き（スプレッド）がドキュメントウィンドウの中央に表示されます 図3 。

図2 ページアイコンをダブルクリック

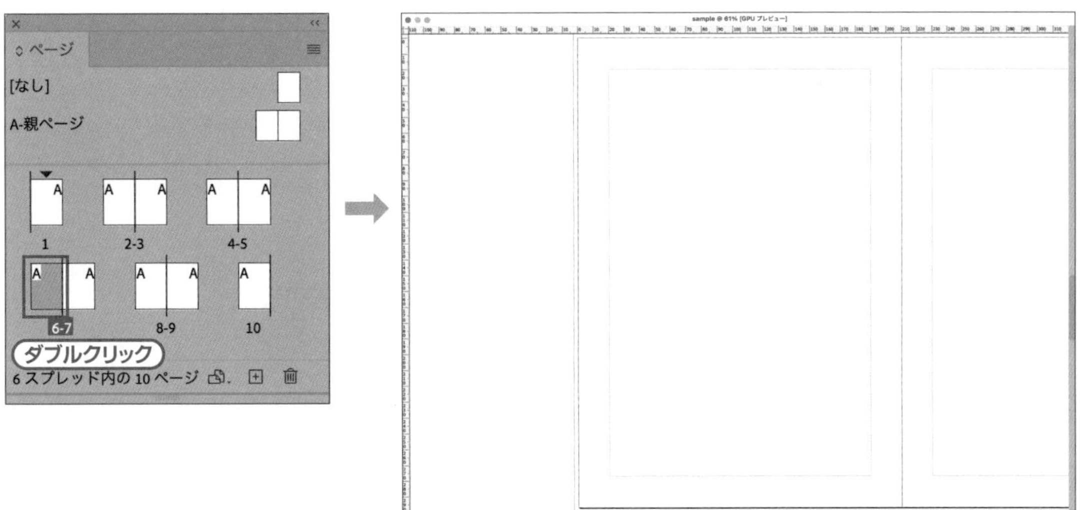

図3 ページ番号をダブルクリック

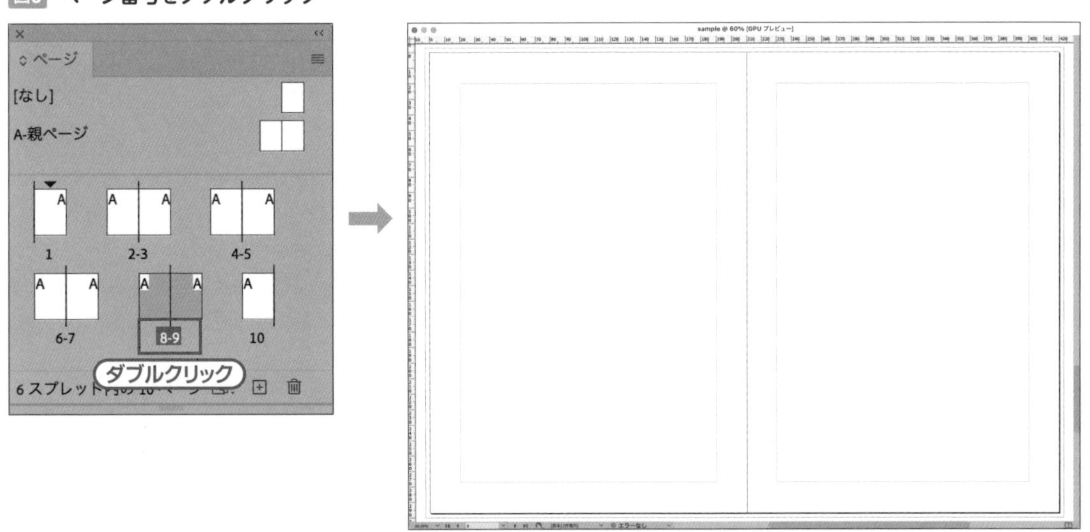

他にも、ページの移動方法はいくつかあります。ドキュメントウィンドウ左下に表示される［ページボックス］に直接ページ数を入力して確定するか、あるいはその右側にある∨マークをクリックして、ポップアップメニューから目的のページ番号を選択しても移動できます 図4 。

図4 ページ番号を選択

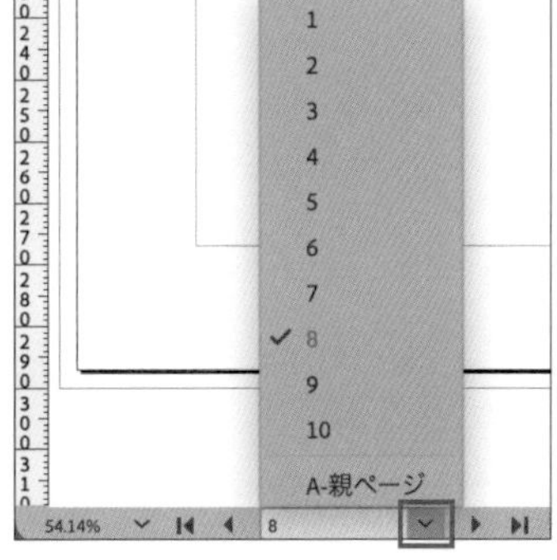

レイアウトメニューから［先頭ページ］［前ページ］［次ページ］［最終ページ］［次スプレッド］［前スプレッド］を選択すると、その内容に応じたページに移動できます 図5 。また、レイアウトメニューから［ページへ移動］を選択すると、「ページへ移動」ダイアログが表示され、ページ番号を指定して目的のページに移動できます 図6 。なお、［先頭ページ］［前ページ］［次ページ］［最終ページ］コマンドは、ドキュメントウィンドウ左下の［ページボックス］横のアイコンをクリックすることでも、同様の結果が得られます。

図5 レイアウトメニューのページ移動コマンド

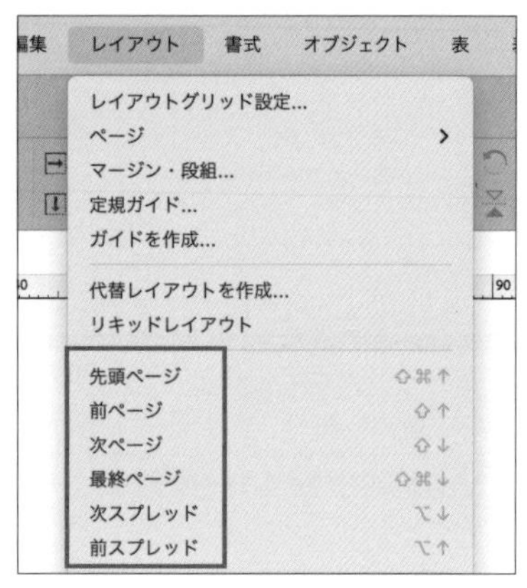

図6 「ページへ移動」ダイアログ

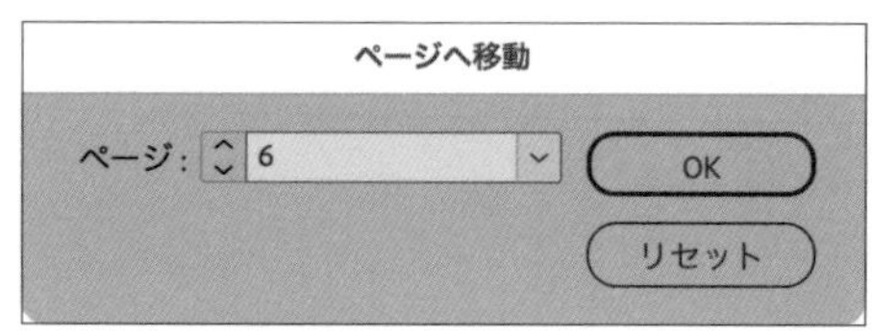

ドキュメントウィンドウ右端に表示されるスクロールバーを動かしても移動できます 図7 。もちろん、ホイールマウスを使用していれば、ホイール操作でページをスクロールできます。

図7 スクロールバーによるページ移動

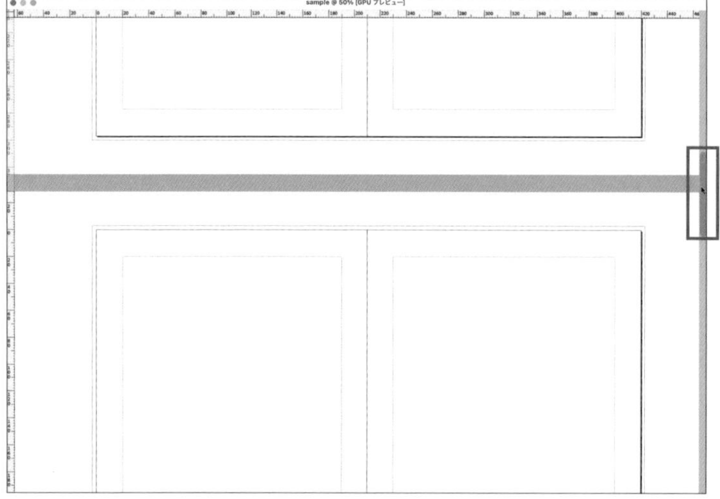

ページの挿入

ページ数は、新規ドキュメントを作成する際に指定しますが、後から追加することもできます。ページパネルメニュー→“ページを挿入”を実行すると、「ページを挿入」ダイアログが表示されるので、[ページ]や[挿入][親ページ]等、必要な項目を設定し、[OK]ボタンをクリックすると、指定した場所に指定したページ数が追加されます 図8。図では、5ページ目の後に、2ページ追加しています。

> **memo**
> 「ページを挿入」ダイアログは、レイアウトメニュー→“ページ”→“ページを挿入...”からも表示できます。

> **memo**
> 現在、選択しているスプレッドを複製することも可能です。選択しているページの次のページに複製したい場合は、ページパネルメニューから[スプレッドを複製]を選択し、最後のページに複製したい場合には、ページパネルメニューから[スプレッドを複製(ドキュメントの最後)]を選択します 図9。
> なお、2022年度版以前のInDesignには[スプレッドを複製]コマンドしかなく、ドキュメントの最後にスプレッドが追加されます。

図8 「ページを挿入」ダイアログを使用したページの追加

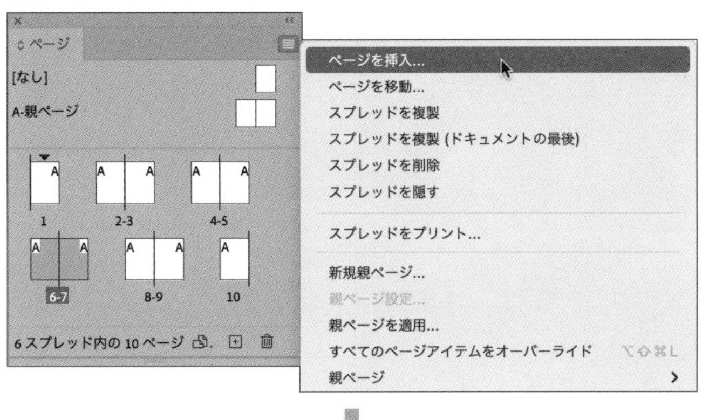

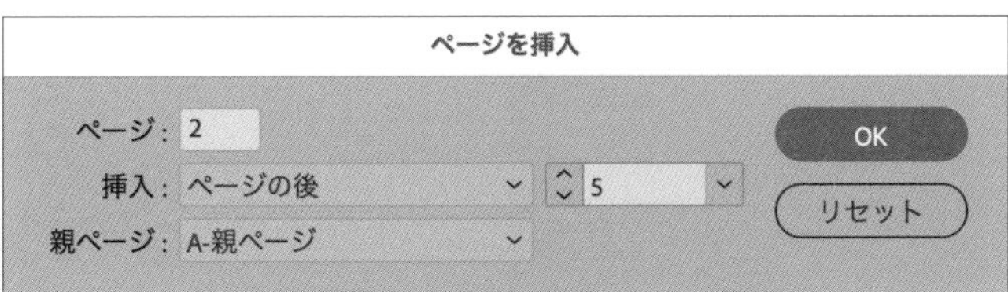

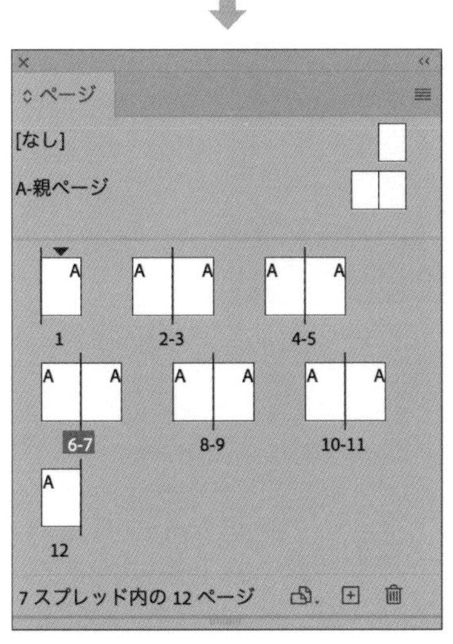

図9 スプレッドを複製

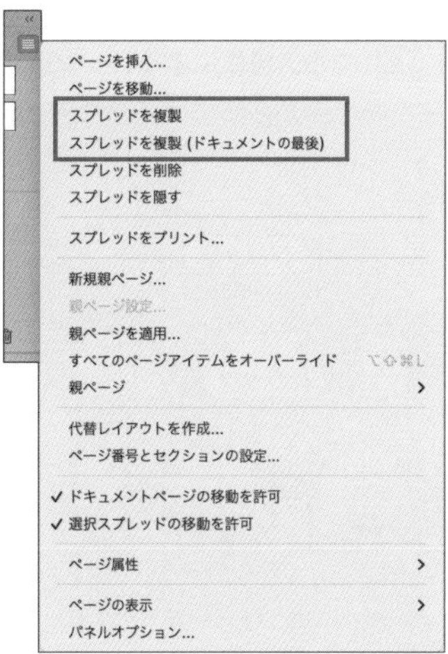

マウスによる直感的な操作でページを追加することもできます。ページパネルで左右いずれかの親ページアイコンをクリックして選択したら、ページを挿入したい位置までドラッグします（図10では、7ページと8ページの間）。挿入可能な位置にくると、縦線が表示されるのでマウスを離すと、その位置に1ページ追加されます図10。なお。スプレッド（見開き）としてページを追加したい場合には親ページの文字の部分をクリックして目的のページ間までドラッグします図11。

> **memo**
> マウス操作によるページの追加は、単ページあるいはスプレッドのページのみになります。もっと多くのページを一気に追加したい場合には「ページを挿入」ダイアログを使用します。

図10 マウス操作によるページ追加（単ページ）

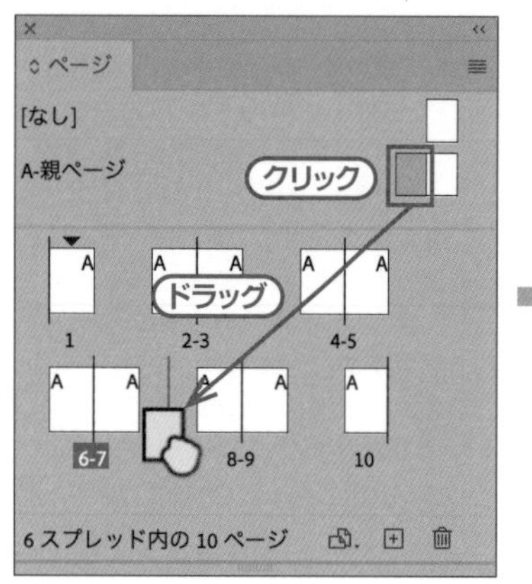

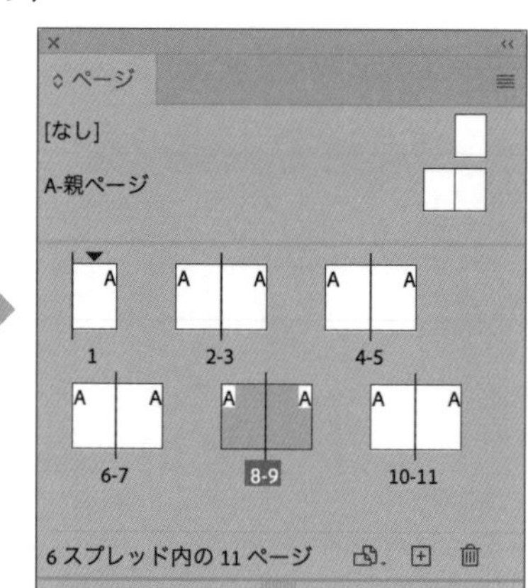

図11 マウス操作によるページ追加（スプレッド）

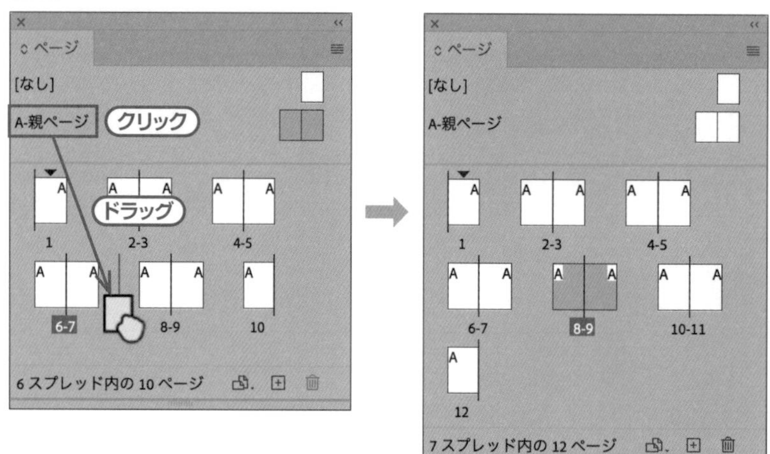

ページの削除

ページを削除する場合は、ページパネルで削除したいページを選択し、［選択されたページを削除］ボタンをクリックします図11。図では、6-7ページを削除しています。なお、ページパネルメニュー→“ページを削除”または“スプレッドを削除”を実行してもかまいません。

> **memo**
> 連続する複数ページを選択する場合はshiftキー、連続しない複数ページを選択する場合にはcommand〔Ctrl〕キーを押しながらページアイコンをクリックします。なお、ページアイコン下のページ番号部分をクリックすると、スプレッドを選択できます。

図12 マウス操作によるページ削除

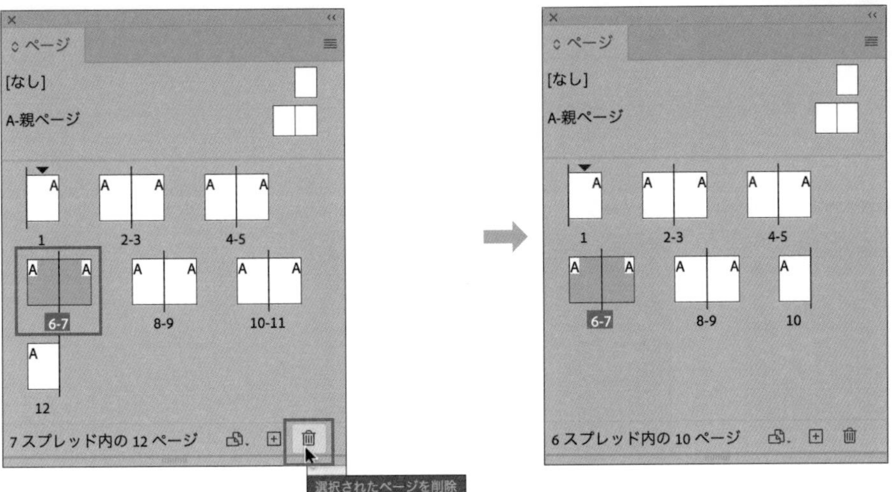

［ページを削除］ダイアログを表示させて、削除するページ数を指定することも可能です。レイアウトメニュー→“ページ”→“ページを削除...”を実行すると、［ページを削除］ダイアログが表示されます。削除するページを指定して［OK］ボタンをクリックすると、指定したページが削除されます 図13。

図13 ［ページを削除］ダイアログを使用したページ削除

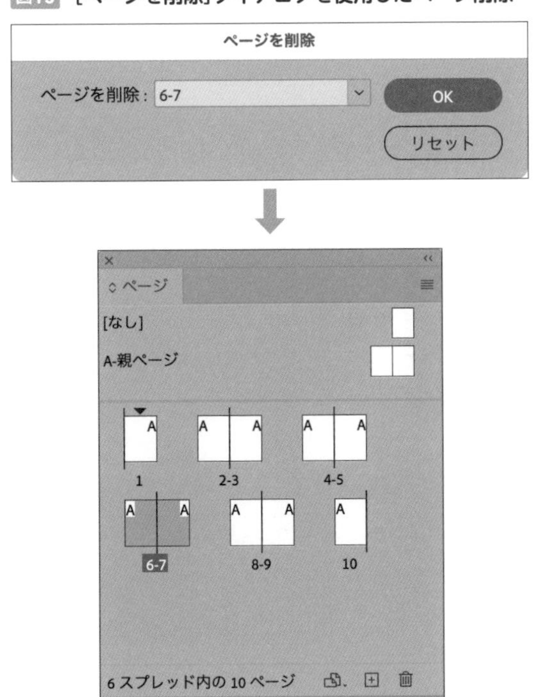

memo

ページ範囲の指定には、ハイフンとカンマを使用できます。連続ページの指定はハイフン、連続していないページの指定はカンマで区切ります。

memo

2024年度版のInDesignから、ページパネルメニューに［スプレッドを隠す］コマンドが追加されました 図14。このコマンドを実行すると、そのスプレッドは書き出しオプションとプレゼンテーションモードから除外されます 図15。なお、元に戻すには［スプレッドを表示］コマンドを実行します。

図14 ［スプレッドを隠す］コマンド

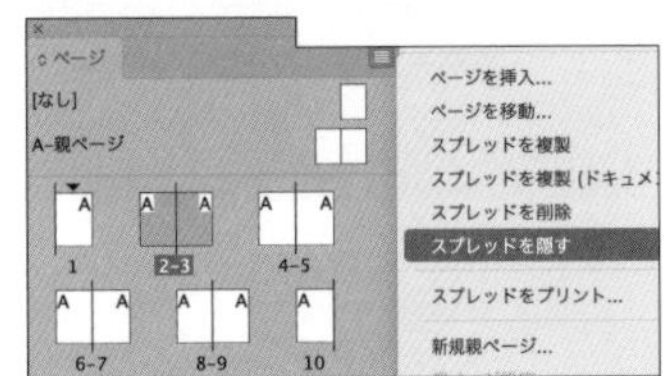

図15 ［スプレッドを隠す］コマンドが適用されたスプレッド

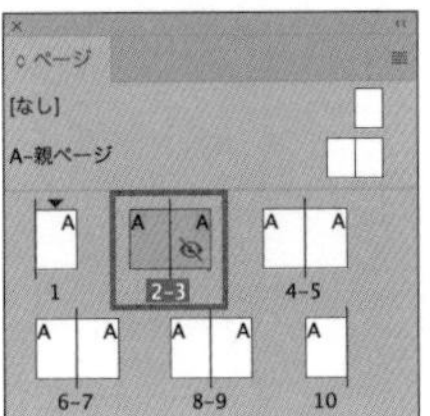

ページの移動

既存のページを別のページ間に移動することも可能です。移動させたいページまたはスプレッドを選択し、目的のページ間までドラッグします 図16。図では、4ページを2ページに移動しています。

図16 マウス操作によるページの移動

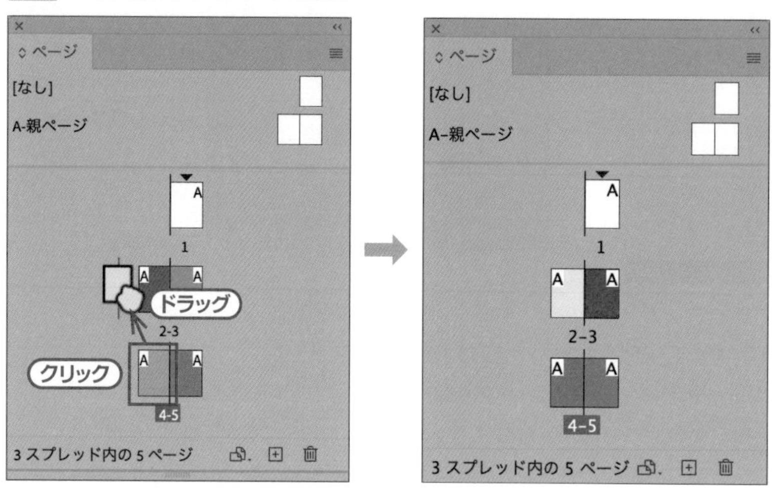

［ページを移動］ダイアログを表示させて、どこにページを移動するかを指定することも可能です。レイアウトメニュー→“ページ”→“ページを移動...”を実行すると、［ページを移動］ダイアログが表示されます。移動するページを［ページを移動］に、［出力先］に移動先を指定して［OK］ボタンをクリックすると、指定したページが移動します 図17。

図17 ［ページを移動］ダイアログを使用したページの移動

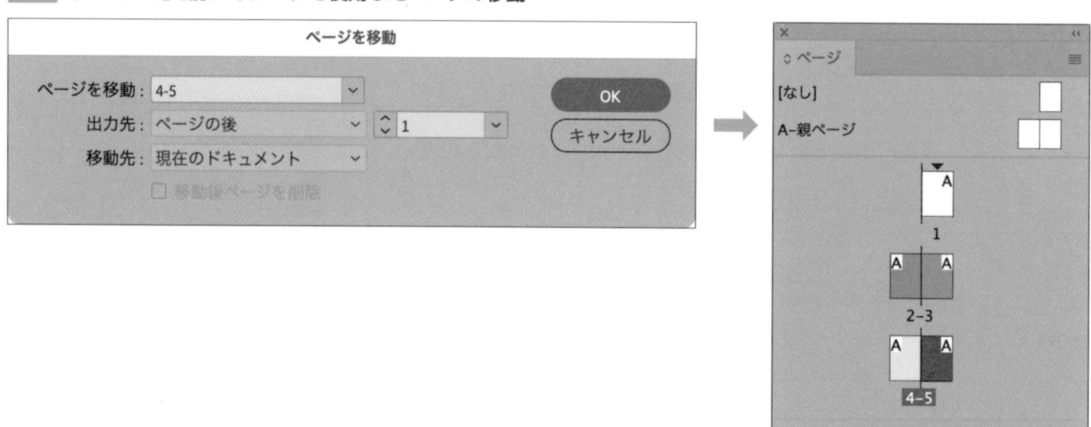

選択とターゲット

ページパネル上で操作を行う際に、選択とターゲットの違いを意識しておきましょう。

まず、ページパネル上でページアイコンをクリックしてみましょう。アイコンが青くハイライトされます。これが「選択」された状態です(図では2ページ) 図18。現在、ウィンドウに表示されているページが何ページであろうと、クリックしたページが選択されます。今度は、ページ番号(またはページアイコン)をダブルクリックしてみましょう。ウィンドウに表示されるページが移動し、ダブルクリックしたページアイコンおよびページ番号部分が青くハイライトされるはずです。これが「ターゲット」になっている状態です(図では4-5ページ) 図19。

では、図18 の状態から[選択されたページを削除]ボタンをクリックします。すると、ターゲットページではなく、選択されたページが削除されるはずです 図20。つまり、ウィンドウに表示されていないページが削除されてしまうわけです。思わぬトラブルを避けるためにも、「選択」と「ターゲット」を意識しながら作業すると良いでしょう。なお、ページパネルのアイコンは必ずダブルクリックするクセを付けておくのがお勧めです。これにより、「選択＝ターゲット」となり、思わぬ事故を防ぐことができます。

POINT

「選択」なのか、「ターゲット」なのかで、コマンドを実行した際の結果が異なる場合があります。普段から、「選択」と「ターゲット」を意識しながら作業するようにしましょう。

図18 選択されたページ

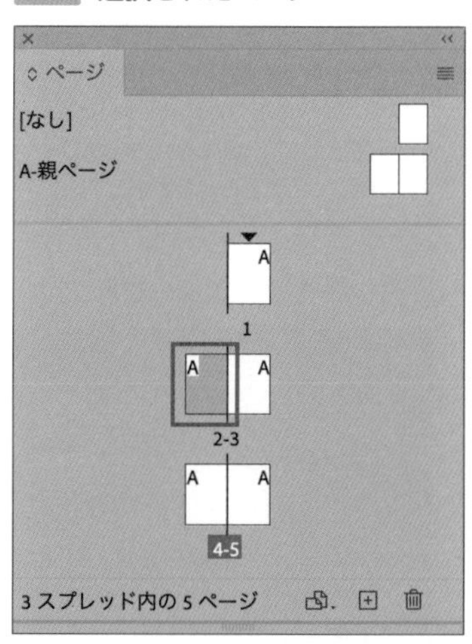

図19 ターゲットページ

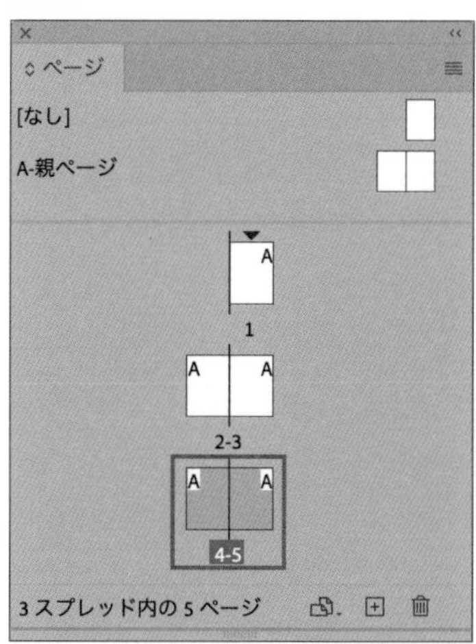

図20 選択ページが削除された状態

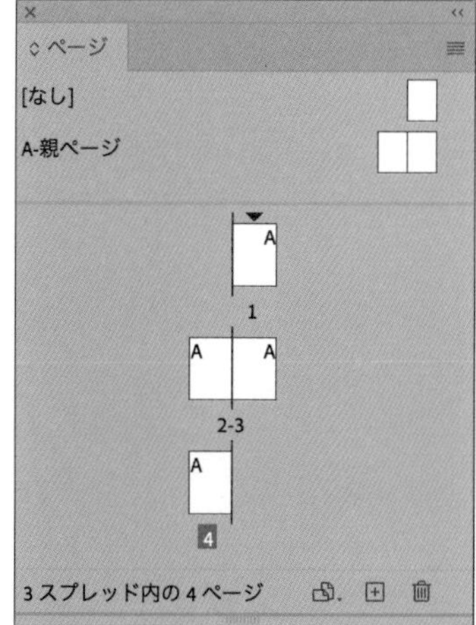

親ページとドキュメントページ

THEME テーマ

ページパネルを使用するうえで重要なのが親ページです。通常、作業するドキュメントページとは異なり、親ページ上にはノンブルや柱といった各ページに共通して入るアイテムを作成します。

親ページとは

ページ物制作に欠かせないのが「親ページ」の機能です。ノンブルや柱といった毎ページに共通するアイテムをページごとに作成していては手間がかかってしまいます。そこで、「親ページ」と呼ばれるページ上にこれらアイテムを作成し、ドキュメントページに適用するのです。つまり、親ページとは、ドキュメントページに重ねる下敷きのような物だと考えると分かりやすいでしょう 図1。

なお、親ページには、ノンブルや柱以外にも、ラインや図形等、毎ページに必要なアイテムを作成しておくと便利です。

図1 親ページのイメージ図

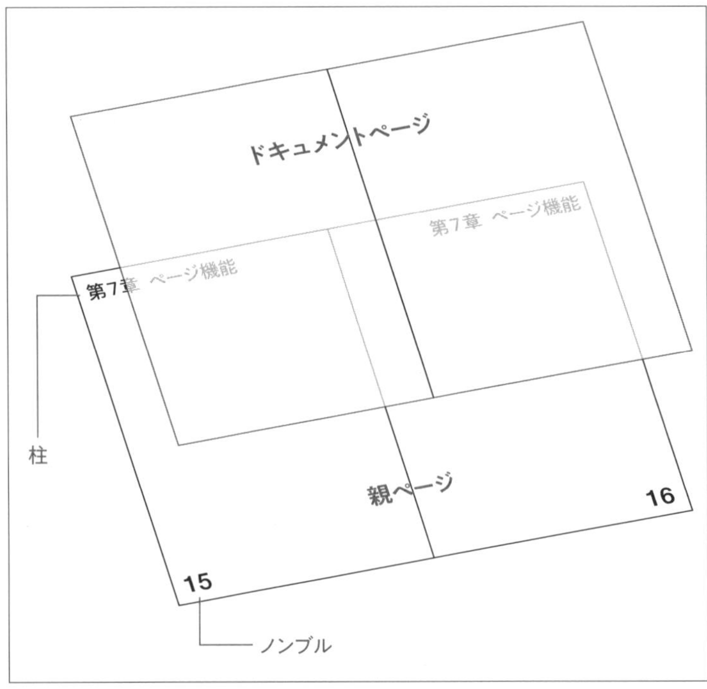

memo

2022年度版のInDesignから、[マスターページ]という名称が[親ページ]に変更になりました。

POINT

デフォルトの状態でページパネルのページアイコンを見てみると、「A」と表示されているのが分かります 図2。これは「A-親ページ」が適用されていることをあらわします。なお「B」と表示されていたら「B-親ページ」が、「C」と表示されていたら「C-親ページ」が適用されているということになります。

図2 ページアイコンの表示

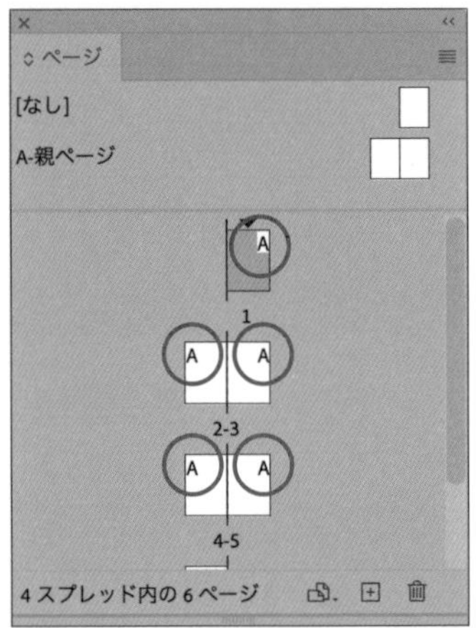

ノンブルを作成する

THEME テーマ

ページ物にとって、ノンブル（ページ番号）の作成は必須の作業です。InDesignでは、親ページ上にノンブルの設定をすることで、各ページに自動的にノンブルを発生させることが可能となります。

ノンブルの設定

ノンブル（ページ番号）の設定は、親ページ上で行います。まず、ページパネルで「A-親ページ」アイコンをダブルクリックして、親ページを表示します 図1 。ここでは、見開きページの左下と右下にノンブルを作成したいので、まず文字ツールで左ページの左下にプレーンテキストフレームを作成し、書式メニュー→"特殊文字を挿入"→"マーカー"→"現在のページ番号"を実行します。すると、テキストフレーム内に「A」と表示されます 図2 。なお、この「A」は文字としての「A」ではなく、ページ番号をあらわす特殊文字です。「B-親ページ」上に作成した場合には「B」と表示されます。

memo

［現在のページ番号］コマンドのショートカットは、commnd+option+shift+N〔Ctrl+Alt+Shift+N〕です。

図1 A-親ページ

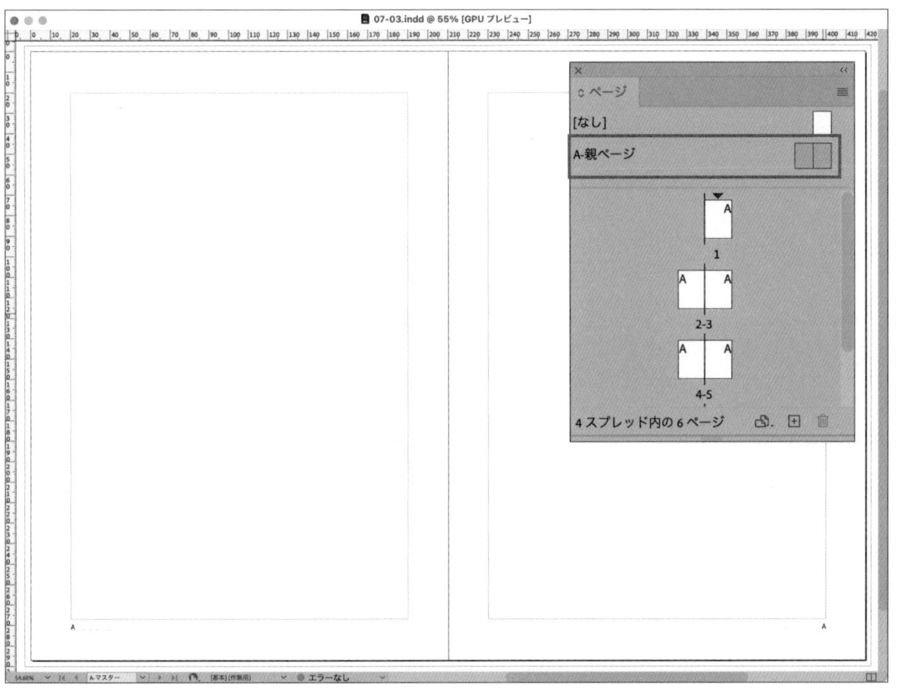

図2 [現在のページ番号]コマンドの実行

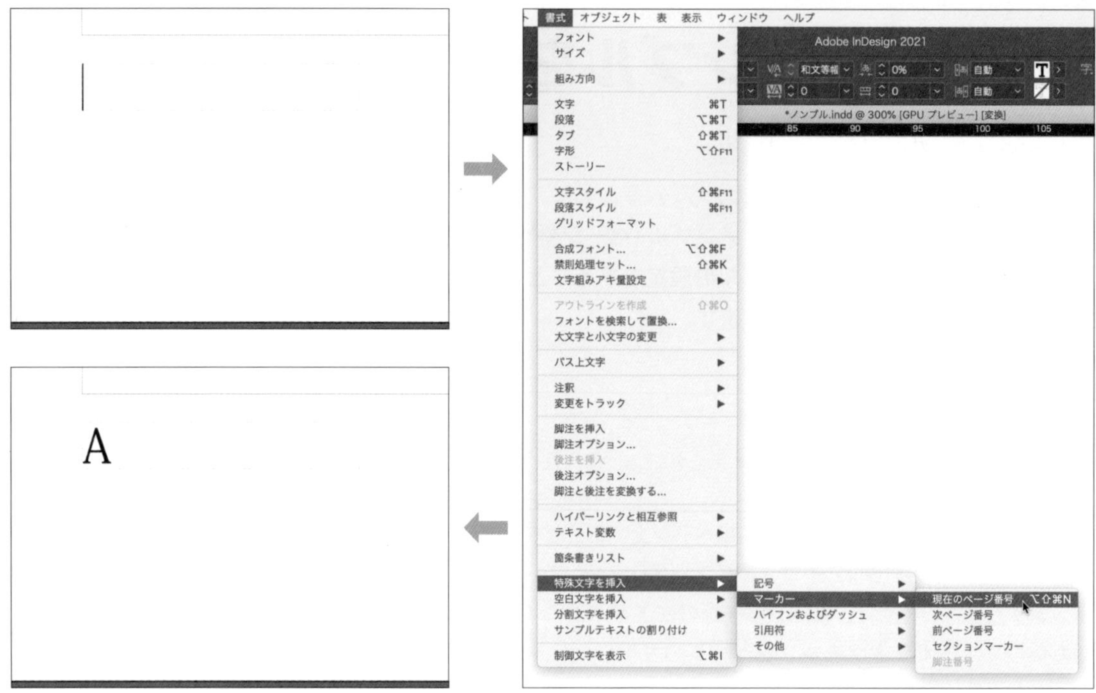

目的に応じて、フォントや文字サイズ、カラー等を設定します。同様の手順で右ページの右下にもページ番号を作成します図3。なお、左右のページに同じ物を二度作成するのは手間なので、片方のページで作成した物をもう片方のページにコピーすると便利です。

その際、段落揃えに[ノド揃え]または[小口揃え]を適用しておくと、ページの左右が変わったときに自動的に段落揃えも変わるので便利です。

図3 対向ページにもページ番号を作成

では、ドキュメントページに移動してみましょう。各ページにきちんとノンブルが反映されているのを確認できるはずです。図では最初のページ(1ページ)に移動しています図4。

図4 ノンブルが反映されたドキュメントページ

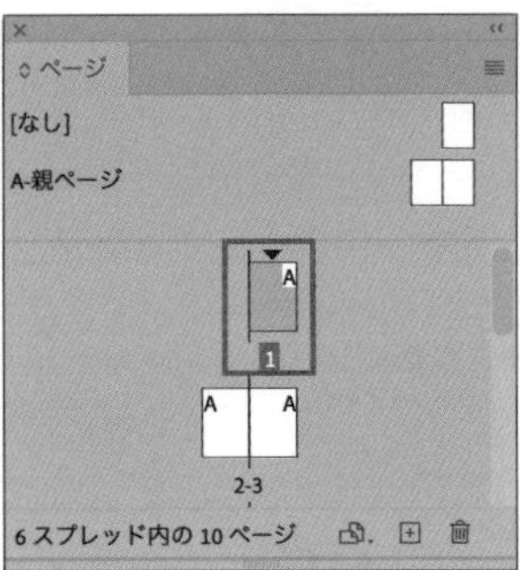

では、ノンブルの開始番号を変更してみましょう。1ページ目のページアイコンを選択したまま、ページパネルメニュー→“ページ番号とセクションの設定...”を実行します。すると、「ページ番号とセクションの設定」ダイアログが表示されるので、目的に応じて各項目を設定します。ここでは、最初のページを5ページ目からスタートしたいので、[ページ番号割り当てを開始]にチェックを入れ、「5」と入力します。

次に、ノンブルを二桁で表示させたいので、[スタイル]のプルダウンメニューから[01,02,03...]を選択します 図5 。

図5 ページ番号の設定

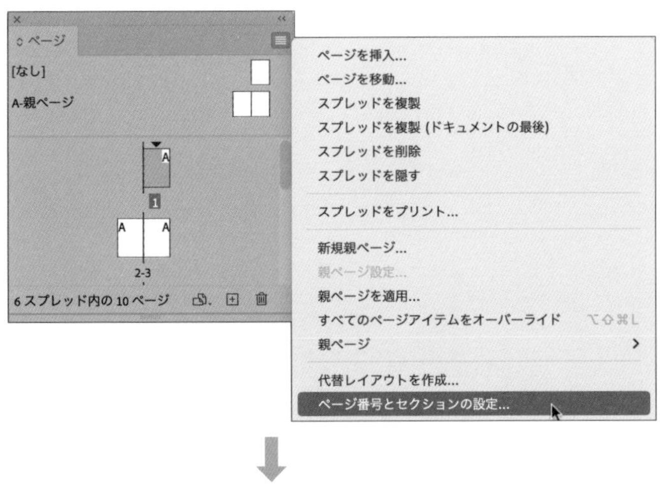

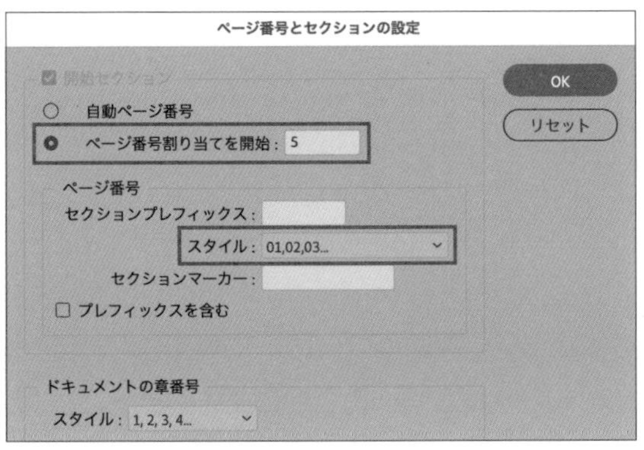

memo

「ページ番号とセクションの設定」ダイアログの［スタイル］から選択できる項目には、図6 のようなものが用意されています。

図6 「ページ番号とセクションの設定」ダイアログの[スタイル]

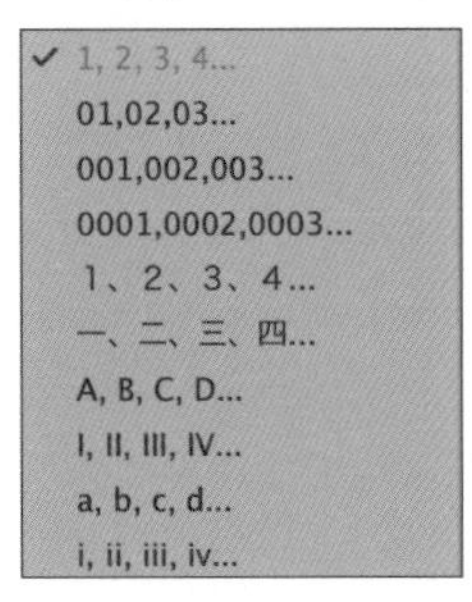

［OK］ボタンをクリックすると、設定内容が反映されます 図7。なお、途中のページからページ番号を変更することも可能です。その場合には、変更を開始するページを選択し、「ページ番号とセクションの設定」ダイアログを表示させて、［ページ番号割当を開始］に目的のページ番号を入力すればOKです。

図7 設定内容が反映されたノンブル

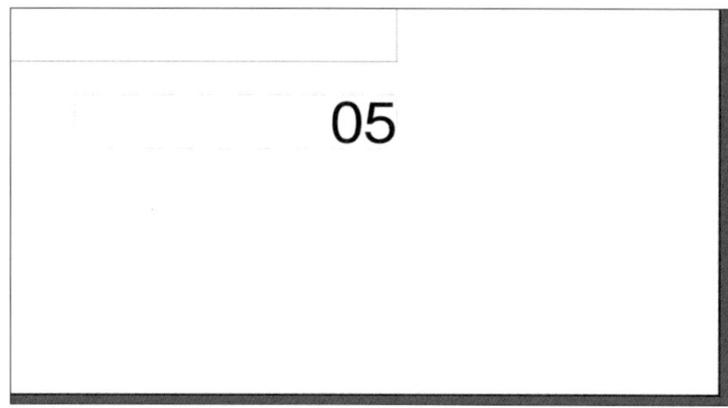

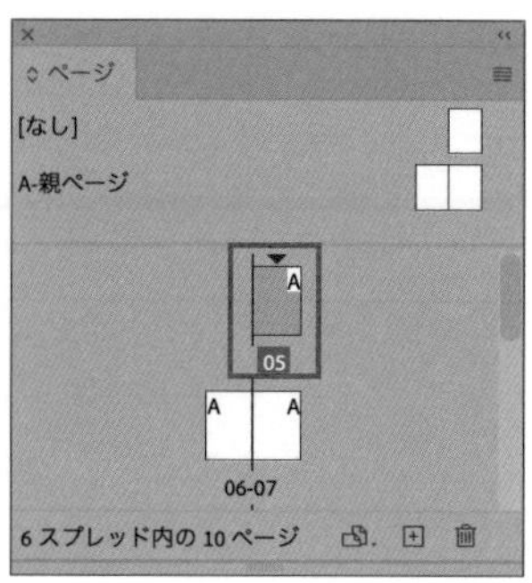

柱を作成する

THEME テーマ

柱とは、書籍や雑誌の版面の周囲に配置される書名・章・節・内容の要点などを記した文字列です。InDesignでは、親ページ上に柱(セクションマーカー)の設定をすることで、各ページに自動的に柱を発生させることが可能となります。

柱の設定

柱(セクションマーカー)の設定は、親ページ上で行います。まず、ページパネルで「A-親ページ」アイコンをダブルクリックして、親ページを表示します 図1。

ここでは、見開きの左ページ上部に柱を作成してみます。まず、文字ツールで左ページの上部にプレーンテキストフレームを作成し、書式メニュー→"特殊文字を挿入"→"マーカー"→"セクションマーカー"を実行します。すると、テキストフレーム内に「セクション」と表示されます 図2。なお、この「セクション」は文字列ではなく、柱をあらわす特殊文字です。

図1 A-親ページ

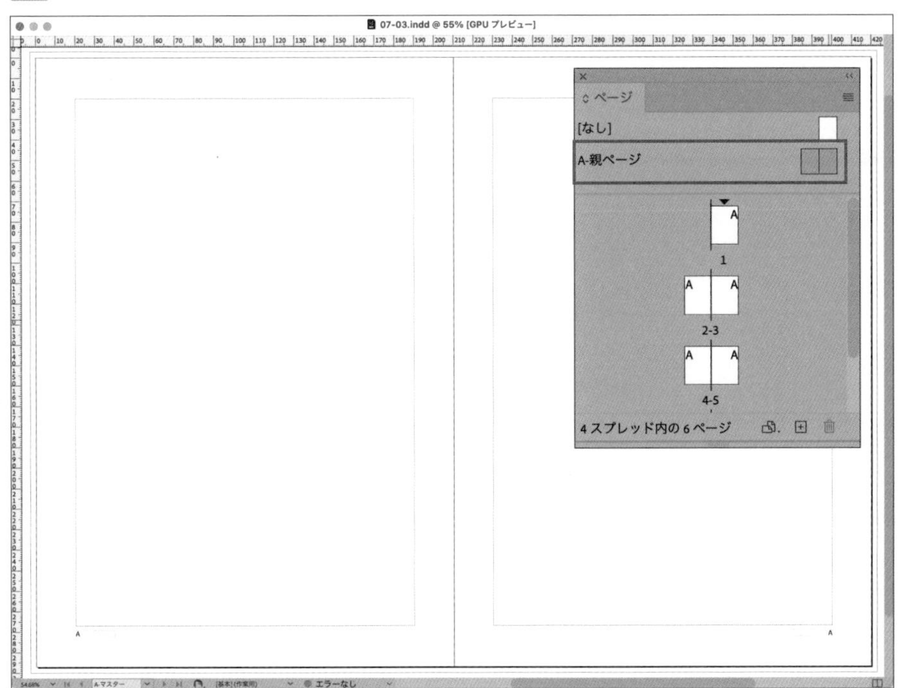

図2 [セクションマーカー]コマンドの実行

セクション

目的に応じて、フォントや文字サイズ、カラー等を設定します 図3 。

図3 セクションマーカーの書式設定

セクション

では、ドキュメントページに移動してみましょう。図では2ページ目を表示していますが、点線の枠のみが表示されていて、文字列は表示されていません図4。これは、まだ文字列として使用する文字を入力していないからです。

図4 ドキュメントページのセクションマーカー

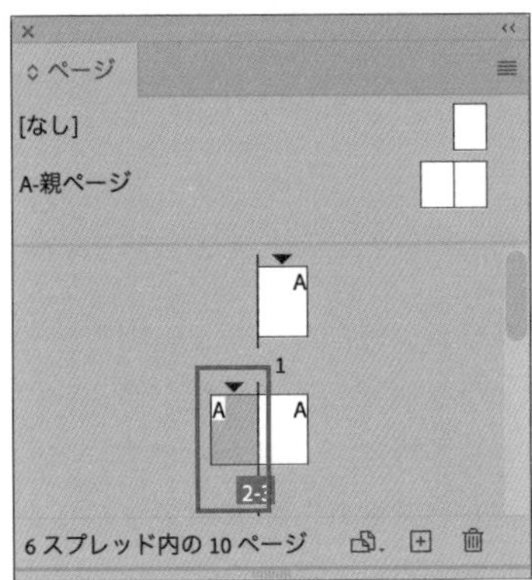

そこで、ページパネルメニュー→"ページ番号とセクションの設定..."を実行します。「新規セクション」ダイアログが表示されるので、[セクションマーカー]に文字列として使用する文字を入力します図5。

図5 セクションマーカーの入力

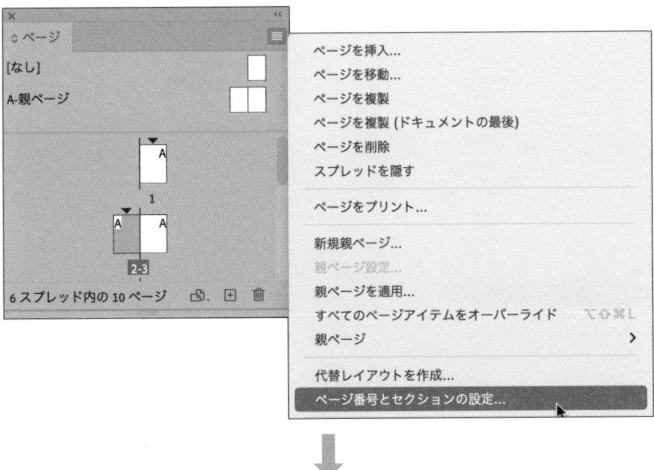

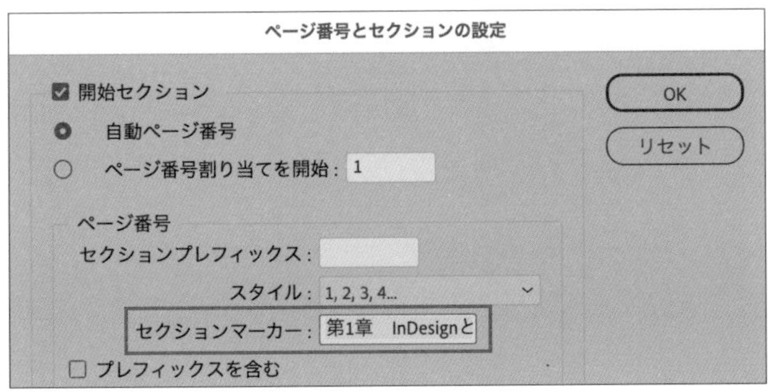

[OK]ボタンをクリックすると、そのページ以降のすべての左ページに、設定した文字列が柱（セクションマーカー）として反映されます 図6。

図6 反映された柱

第1章　InDesign とは？

今度は、異なるページに別の柱を設定してみましょう。ここでは、6ページを選択して、再度、ページパネルメニュー→“ページ番号とセクションの設定...”を実行します。「ページ番号とセクションの設定」ダイアログが表示されるので、[セクションマーカー]に文字列として使用する文字を入力し、[OK]ボタンをクリックします 図7。すると、6ページ以降の左ページに入力した文字列が柱として反映されます 図8。

図7 異なるセクションマーカーの入力

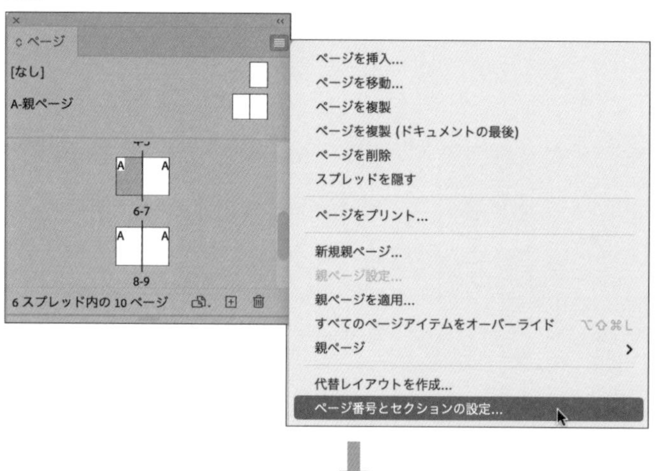

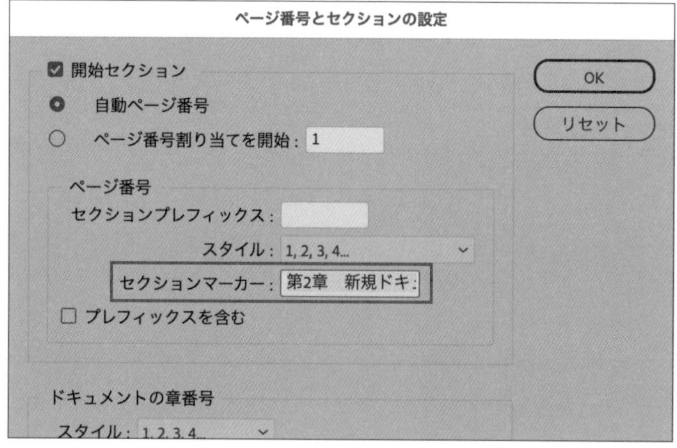

図8 **6ページ以降に反映された柱**

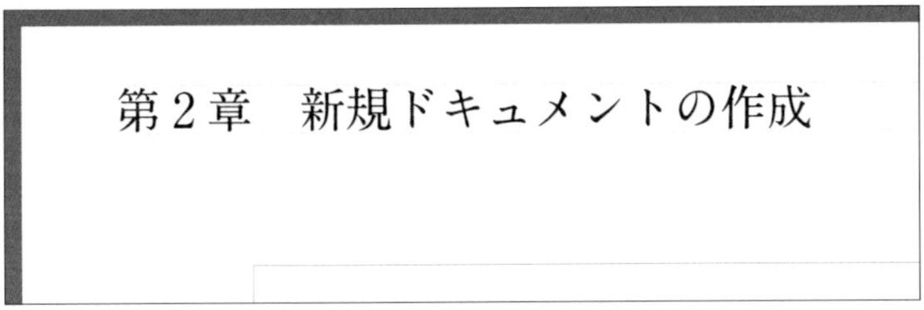

第2章　新規ドキュメントの作成

このように、セクションマーカーを指定すると、他のセクションマーカーを指定するまで、指定した同じ柱が反映されます。なお、ドキュメントページアイコンの上に▼マークが表示されている場合、そのページでノンブル（ページ番号）または柱（セクションマーカー）が変更されていることを表しています 図9。

図9 **ページパネルの▼マーク**

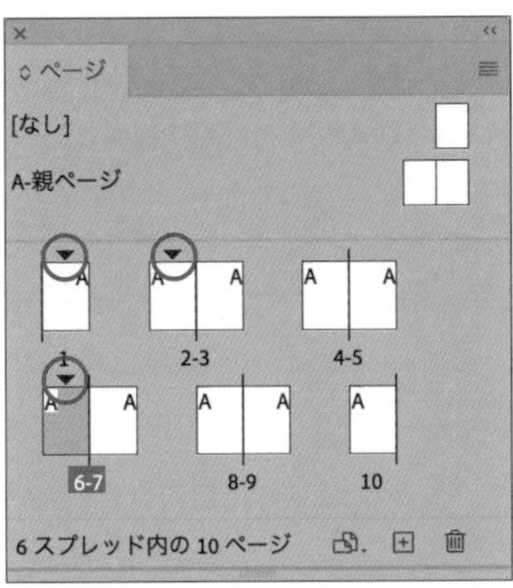

親ページの追加と適用

THEME テーマ

親ページは複数、作成することができます。例えば、章ごとにデザインが異なるような場合には、章ごとに親ページを作成することで、効率良く作業ができます。このセクションでは、親ページの追加と適用方法を学びます。

新規親ページの作成

デフォルトでは、[なし]と「A-親ページ」という2つの親ページが用意されていますが、新規で親ページを追加することもできます。まず、ページパネルメニュー→“新規親ページ...”を実行します。「新規親ページ」ダイアログが表示されるので、そのまま[OK]ボタンをクリックすると、「B-親ページ」が追加されます 図1 。なお、[プレフィックス]や[名前]の指定も可能ですが、そのままでも特に問題はありません。

memo

親ページ[なし]は、ドキュメントページに対して、親ページを適用したくない場合に使用するもので、削除することはできません。

図1 新規親ページの作成

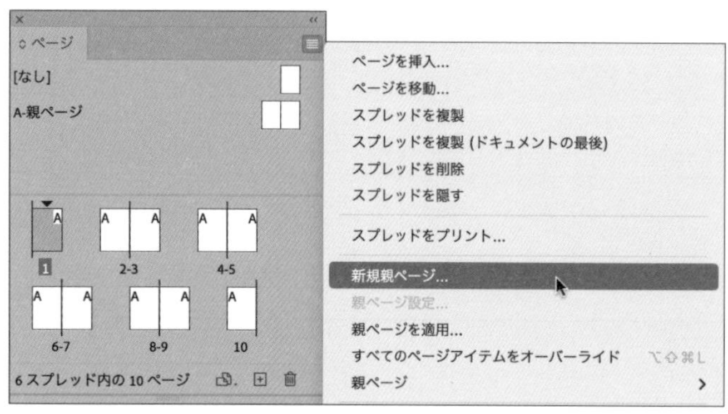

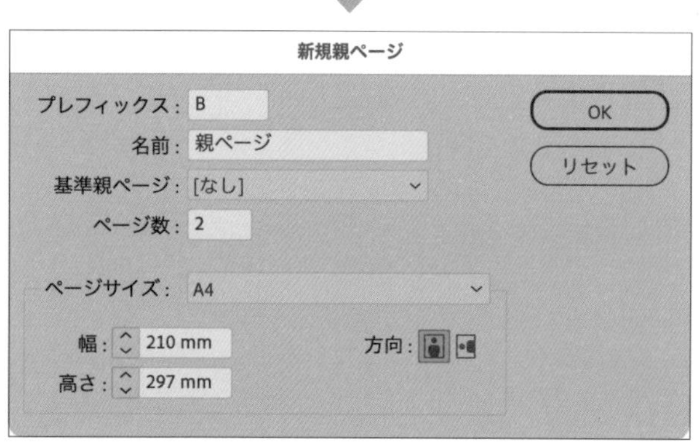

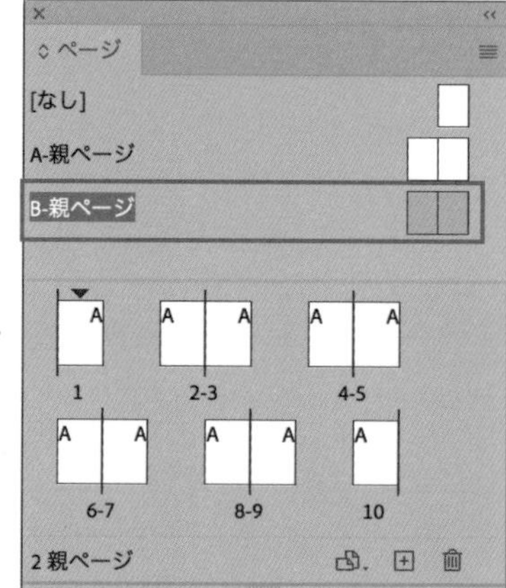

マウス操作による親ページの適用

デフォルトでは、すべてのドキュメントページに「A-親ページ」が適用されていますが、任意の親ページを適用することも可能です。マウス操作による適用方法と、ダイアログによる適用方法がありますが、まずはマウス操作で適用してみましょう。なお、分かりやすいように「A-親ページ」には青色、「B-親ページ」には黄色のオブジェクトを作成してあります 図2。

memo
親ページを適用したくない場合は、親ページ[なし]を適用します。これにより、親ページの影響を受けないページ運用も可能です。

図2 スタート時のページパネル

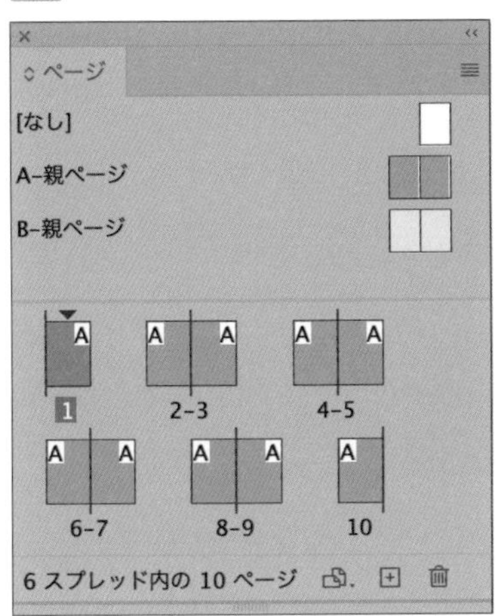

適用したい親ページ（ここでは「B-親ページ」）をクリックして選択し、そのまま適用したいドキュメントページ上までドラッグします。ページアイコンがハイライトされるので、マウスを離せばそのページに「B-親ページ」が適用されます 図3。

memo
クリックして選択する親ページは、文字の部分でも、アイコンの部分でもかまいません。

図3 片ページのみに「B-親ページ」を適用する

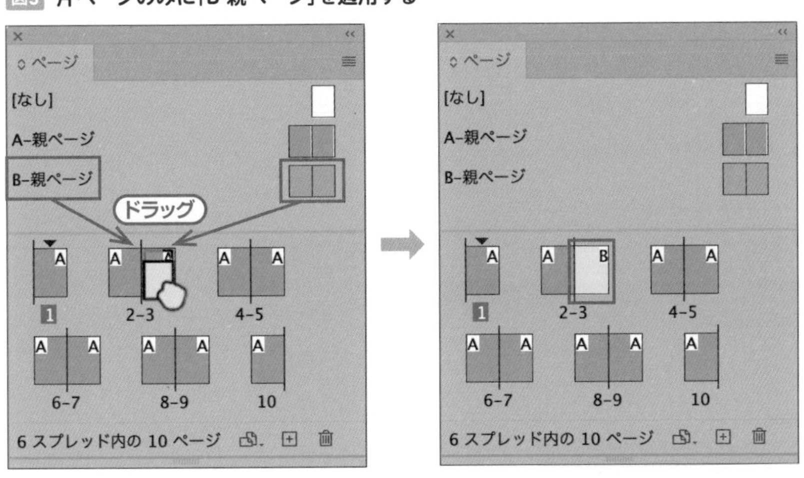

今度は、スプレッド(見開き)に対して親ページを適用してみましょう。先程と同様に、親ページアイコンをドキュメントページ上までドラッグしますが、スプレッドアイコンの左下、または右下にマウスを置くと、見開きの両ページのアイコンがハイライトされる位置があるので、そこでマウスを離します 図4 。

図4 見開きに「B-親ページ」を適用する

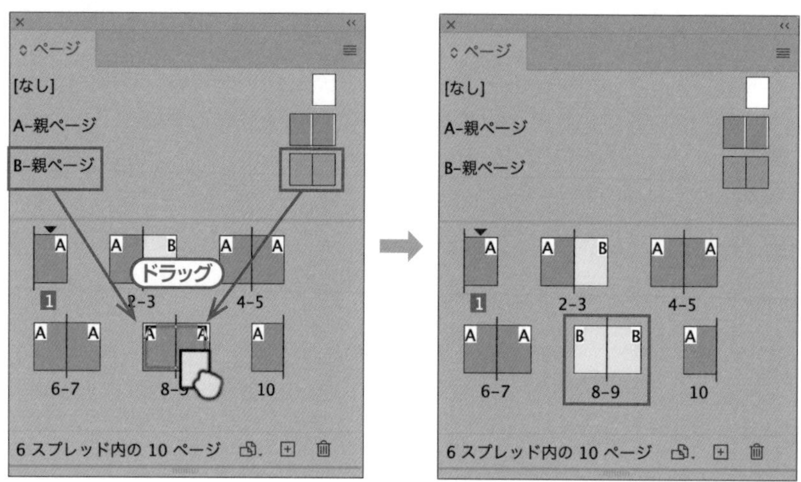

ダイアログによる親ページの適用

今度は、ダイアログを表示させて親ページを適用してみましょう。ページパネルメニュー→“親ページを適用...”を実行します。「親ページを適用」ダイアログが表示されるので、適用する親ページと適用するページを指定します 図5 。

図5 「親ページを適用」コマンド

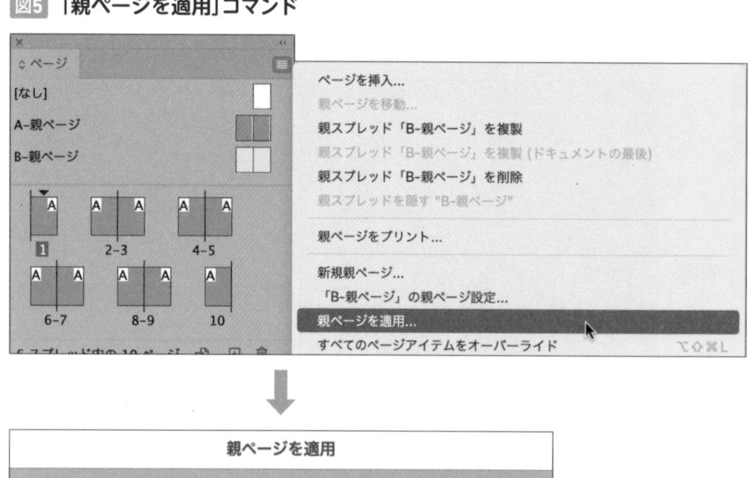

［OK］ボタンをクリックすると、指定したドキュメントページに、指定した親ページが適用されます 図6 。

図6 「B-親ページ」が適用されたドキュメントページ

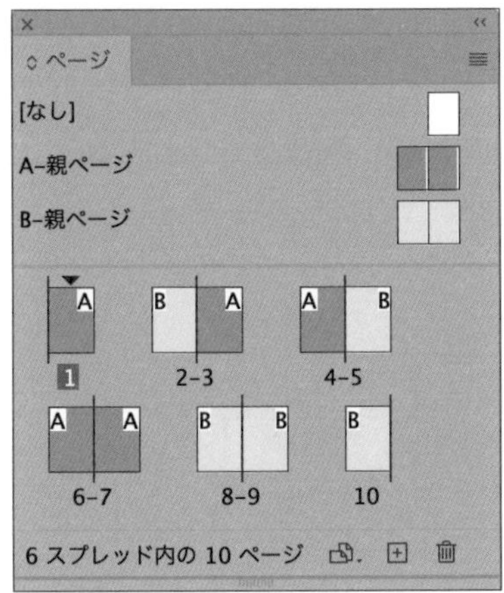

戸惑いやすい親ページアイテムの動作

親ページ上に作成したオブジェクトは、ドキュメントページに反映されますが、ドキュメントページ上で選択しようと思ってもできません。これは、誤って動かしてしまうことを防ぐためですが、作業内容によっては特定のページの親ページアイテムのみ、編集したいケースが出てきます。このような場合、command＋shift〔Ctrl＋Shift〕キーを押しながら親ページアイテムをクリックします。これにより親ページアイテムが選択され、編集可能になります 図7 。この状態をオーバーライド（元の状態と異なる状態）と呼びます。

図7 親ページアイテムのオーバーライド

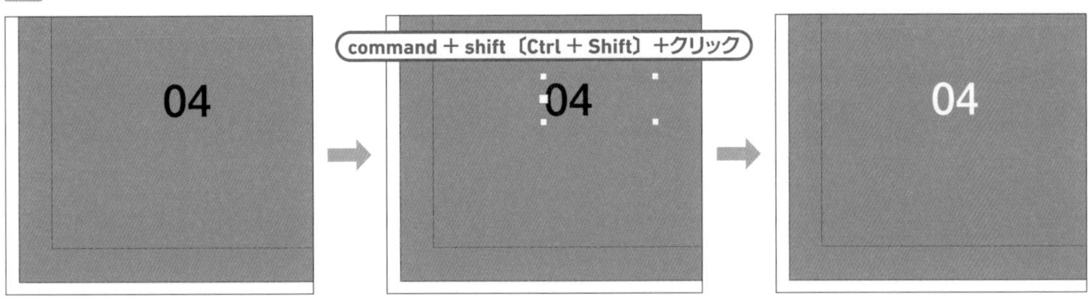

ドキュメントページ上で、親ページアイテムをcommand+shift〔Ctrl+Shift〕キーを押しながらクリックすることで編集可能になります。図は、ノンブルのカラーを白に変更しています。

なお、オーバーライドしたオブジェクトを元に戻したり、親ページとのリンクを完全に分離したり 図8 、あるいはスプレッド（見開き）すべての親ページアイテムを一気にオーバーライドしたりといったコマンドも用意されています 図9 。

図8 ページパネルの[親ページ]コマンド

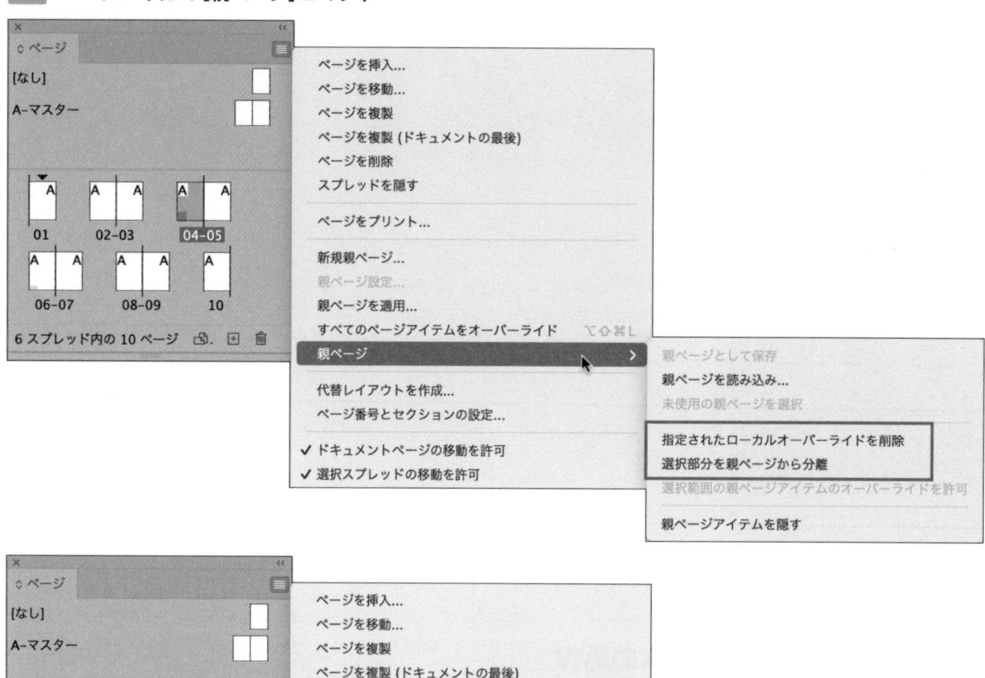

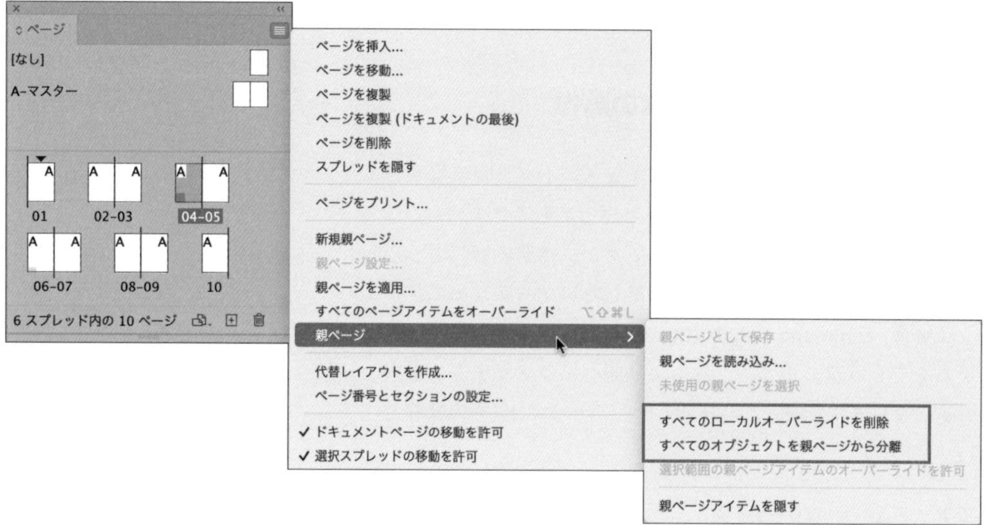

親ページアイテムを選択している場合（上）としていない場合（下）では、コマンド名が変わります。

図9 ページパネルの[すべてのページアイテムをオーバーライド]コマンド

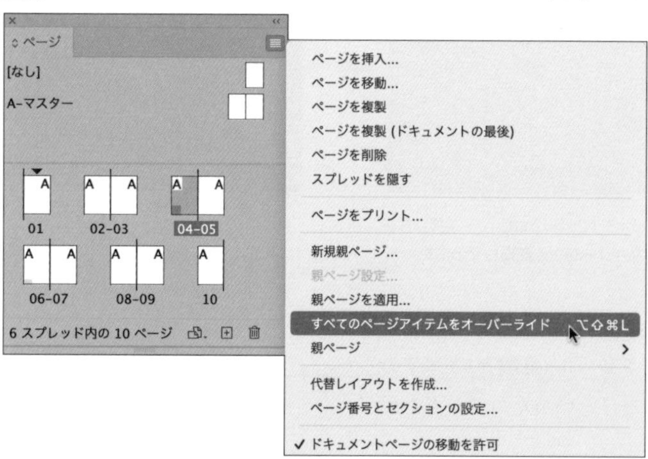

また、デフォルトでは親ページアイテムはドキュメントページの再背面に配置されるため、親ページアイテムが表示された位置にオブジェクトを作成すると、親ページアイテムは隠れてしまいます 図10。これを避けるためには、親ページアイテム用のレイヤーを一番上に作成し、そのレイヤー内に親ページアイテムを作成します。これにより、親ページアイテムの背面にオブジェクトを作成することが可能になります 図11。

図10 レイヤー分けしない状態

デフォルトの状態では、親ページアイテムであるノンブルは隠れてしまいます。

図11 レイヤー分けした状態

親ページアイテムを最上位のレイヤー内に作成しておくことで、ノンブルは画像の上に表示されます。

見開きからスタートさせる

THEME テーマ

InDesignでは、雑誌や書籍の本来の仕様に応じたノンブルの付け方がなされます。イレギュラーなノンブルの付け方をするためには、設定を変更する必要があります。このセクションでは、ページの左右とノンブルの関係を理解します。

見開きから始まるドキュメントの作成

「新規ドキュメント」ダイアログで、[開始ページ番号]を偶数にして新規ドキュメントを作成すると、見開きページからスタートするドキュメントが作成されます 図1 ([開始ページ番号]に奇数を指定すると、片ページから始まります)。ページを見開きから始めたいのであれば、[開始ページ番号]を偶数にすればよいのですが、奇数のページ番号で見開きから始めたい場合には、このままの設定ではうまくありません。

memo

左開きの印刷物では右ページが奇数、右開きの印刷物では左ページが奇数になるのが、本来、正しいノンブル(ページ番号)の付け方です。

図1 偶数ノンブルからスタートしたドキュメント

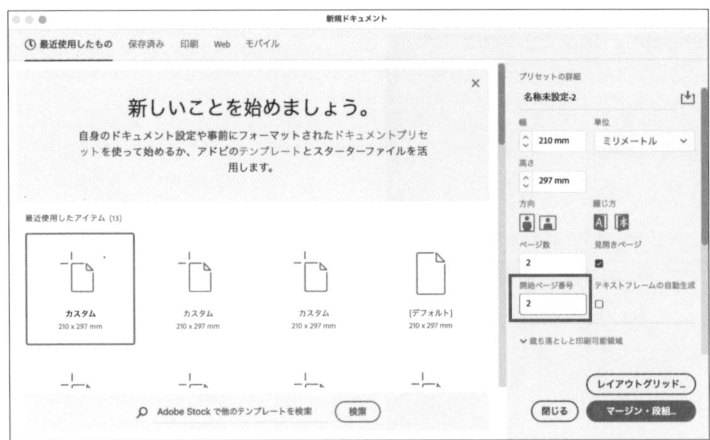

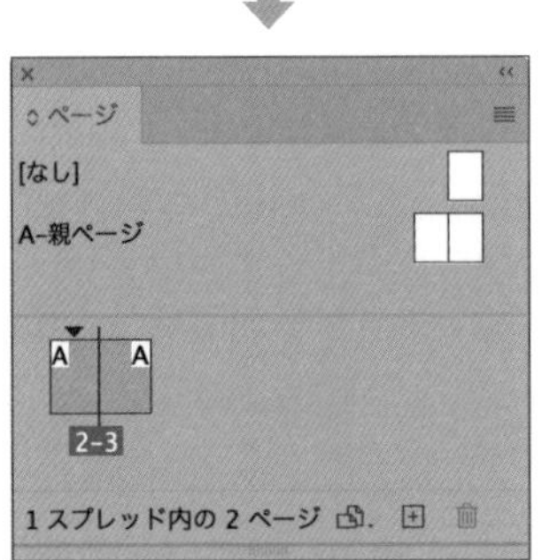

そこで、ページパネルメニュー→"ページ番号とセクションの設定..."を実行し、「ページ番号とセクションの設定」ダイアログで［ページ番号割り当てを開始］を奇数に設定して［OK］ボタンをクリックします。すると、ページは片ページから始まってしまいます 図2 。

図2 スタートを奇数ノンブルに変更した場合

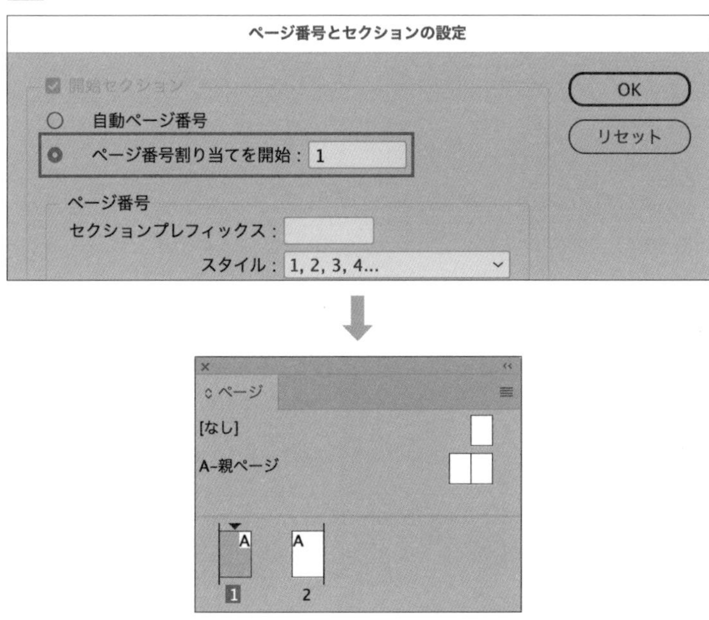

これは、本来のノンブルの付け方としては正しい動作なのですが、イレギュラーなノンブルを付けたいケースも出てきます。その場合には、あらかじめページパネルメニューの設定を変更しておきます。手順を一つ前に戻り、ページパネルメニュー→"ドキュメントページの移動を許可"をオフにします(デフォルトではオン) 図3 。

図3 ［ドキュメントページの移動を許可］コマンド

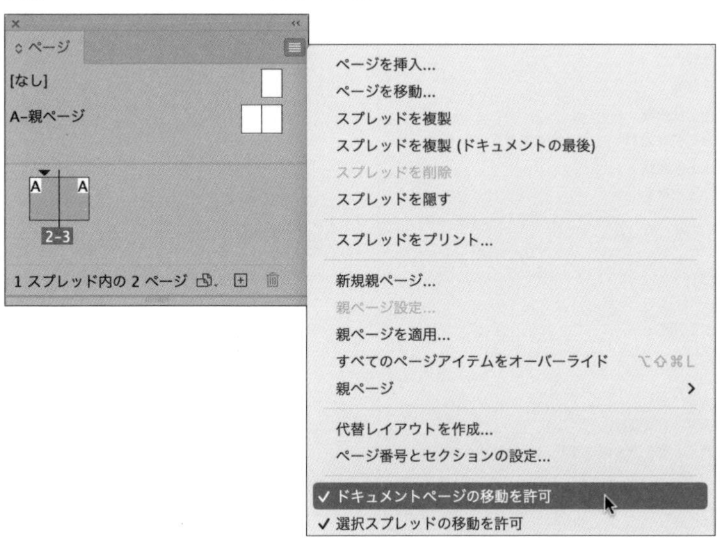

再度、「ページ番号とセクションの設定」ダイアログを表示させ、[ページ番号割り当てを開始]に奇数を設定して[OK]ボタンをクリックします。すると、見開きページのまま、ノンブルだけが奇数から始まります 図4。

図4 奇数ノンブルで見開きからスタートしたドキュメント

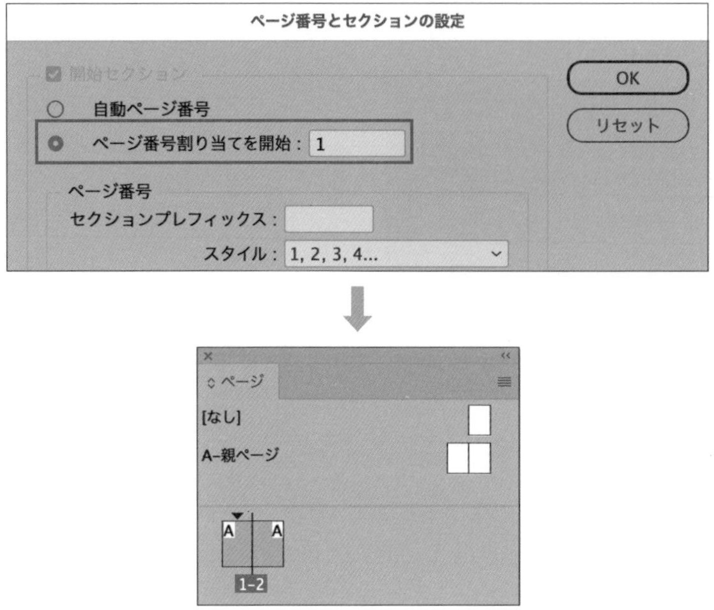

ページを見開きで固定する

もう一つ、見開きページから始める方法があります。まず、ページパネルでスプレッド(見開きページ)を選択し、ページパネルメニュー→"選択スプレッドの移動を許可"をオフにします(デフォルトではオン) 図5。

図5 [選択スプレッドの移動を許可]コマンド

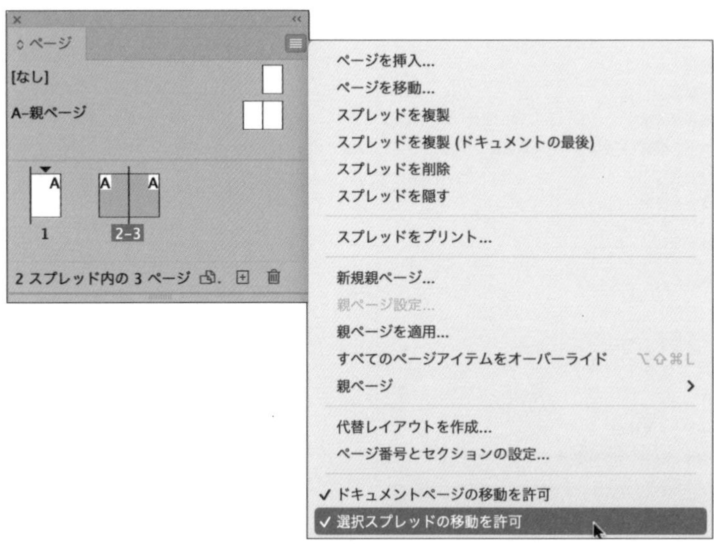

すると、選択していたスプレッドのページ数が［　］で囲まれ、固定されます 図6 。

図6 固定されたスプレッド

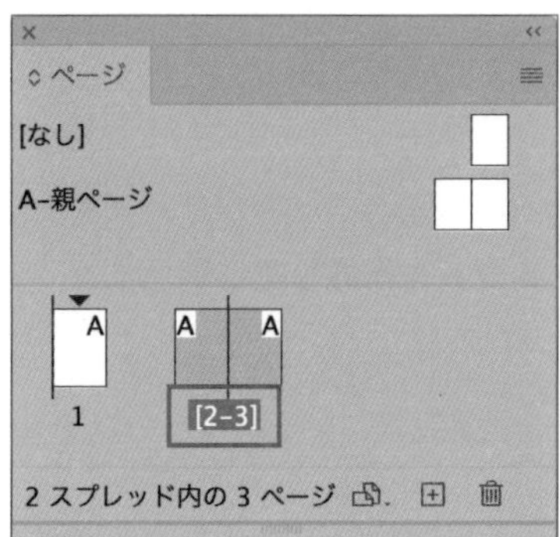

この状態から、最初の片ページ（図では1ページ）を削除すると見開きから始めることができます 図7 。

図7 固定され、見開きから始まるドキュメント

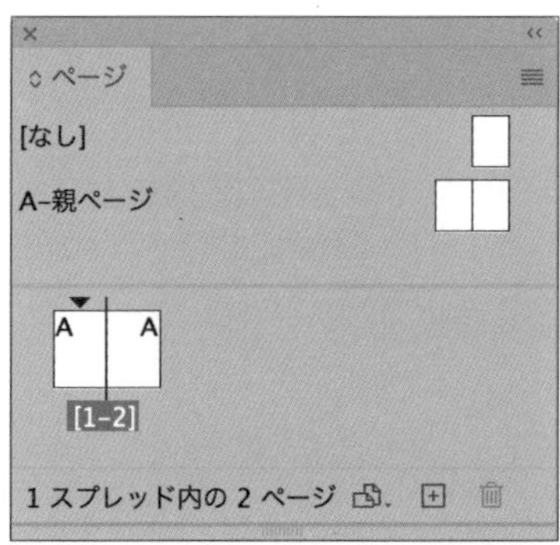

なお、この状態から新たにページを追加すると、そのページに関しては、本来のページの左右を保った状態（並び方）となるので注意してください 図8 。

図8 ページ本来の並び方になった追加ページ

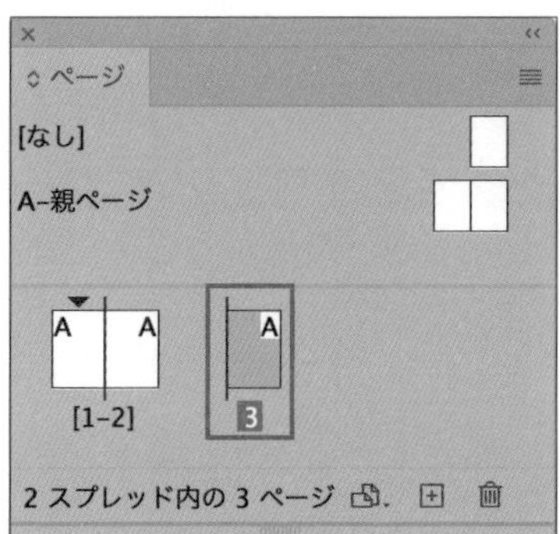

ページサイズを変更する

THEME テーマ

InDesignでは、ページツールを使用することで、任意のページのみ、ページサイズを変更することができます。三つ折りや観音開きのドキュメントを作成したい場合にとくに重宝する機能です。

ページサイズの変更

ページサイズを変更する場合には、まず、ツールパネルからページツールを選択し、ページパネルで目的のページを選択します。すると、プロパティパネルに現在のページサイズが表示されます 図1。あとは、プロパティパネルのページサイズを変更すればOKです 図2。

memo
ページサイズは、プロパティパネルだけでなく、コントロールパネルや変形パネルからも変更可能です。

図1 変更前のページサイズ

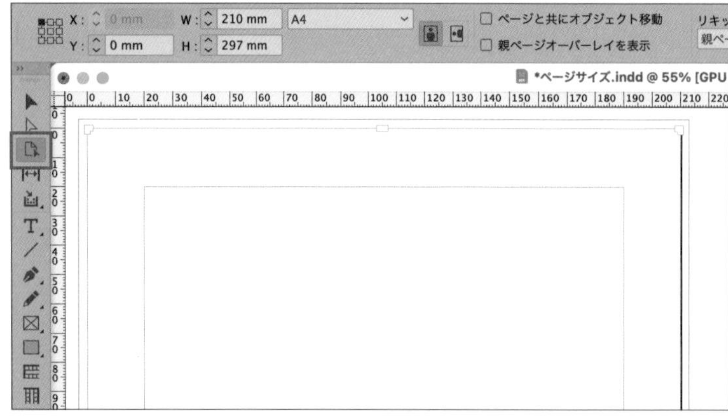

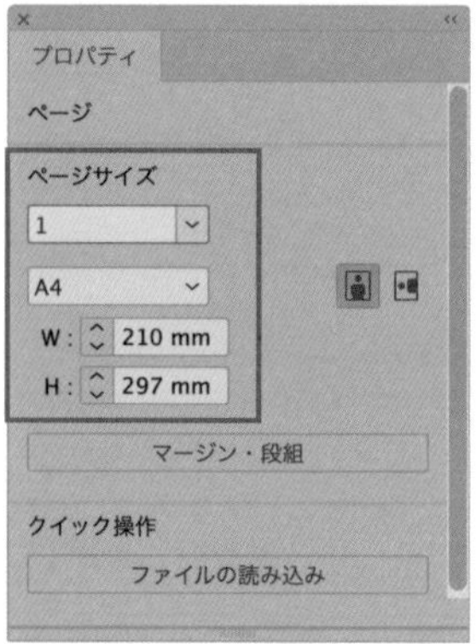

図2 変更後のページサイズ

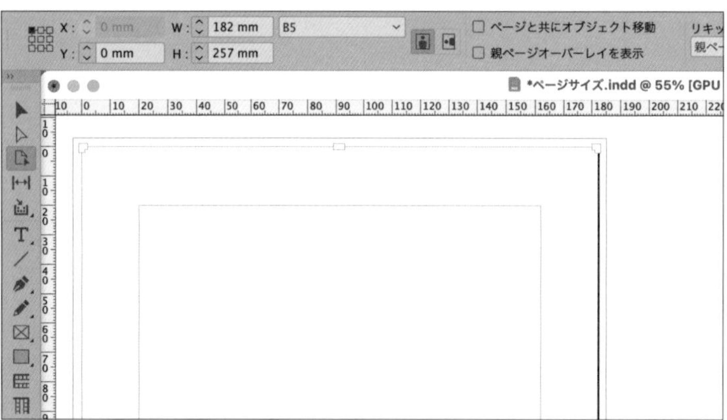

Lesson 8

スタイル機能

テキストに書式を適用する際に欠かせないのが「スタイル機能」です。書式をスタイルとして登録することで、素早く同じ書式を適用できるだけでなく、書式が変更になった際には、同じスタイルを適用した書式を一気に修正できます。

基本
文字
図形
ページ
スタイル
画像
表組み
印刷と応用

段落スタイルを作成し、適用する

THEME テーマ

同じ書式設定を何度も行うような場合には、段落スタイルの機能を使用します。繰り返しの書式設定を素早く行えるだけでなく、修正時にも威力を発揮します。いかにスタイル機能を使いこなせるかが、InDesign使用時のもっとも重要なポイントです。

段落スタイルの運用

ドキュメント内で、同じ書式を設定する箇所が何度も出てくるような場合、その書式を段落スタイルとして登録することで、ワンクリックで同じ書式が適用できます。スピーディな作業が可能になるだけでなく、手作業による設定ミスも減らせます。まずは、段落に対して運用する「段落スタイル」を作成してみましょう。

まず、登録したい書式を設定したテキストを文字ツールで選択します 図1。ウィンドウメニュー→"スタイル"→"段落スタイル"を選択して段落スタイルパネルを表示させ、[新規スタイルを作成] ボタンをクリックします 図2。すると、「段落スタイル1」という名前で段落スタイルが追加されます 図3。

POINT

InDesignで基本となるスタイルが、段落スタイルと文字スタイルです。段落全体に同じ書式を適用する段落スタイルと、段落スタイルを適用したテキストの書式を部分的に変更したい場合に使用する文字スタイルです。まれに、文字スタイルのみを適用したデータを見ますが、文字スタイルは段落スタイルを適用した上で、部分的に書式を変えたい場合に使用するようにしましょう。

図1 段落スタイルとして登録したい書式を設定したテキスト

段落スタイルとして登録しておくことで、ワンクリックで同じ書式を適用できます。繰り返しの書式設定をミス無く素

図2 段落スタイルパネルの[新規スタイルを作成]ボタン

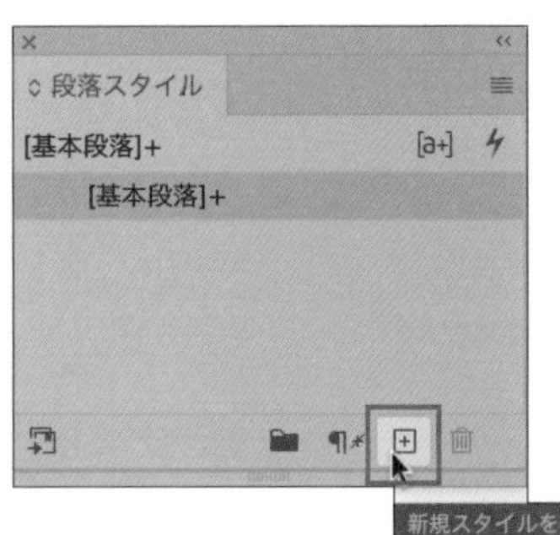

図3 新規段落スタイルの追加

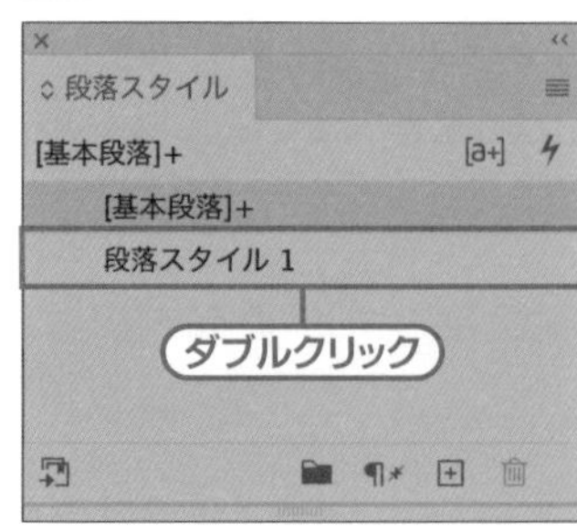

memo

「段落スタイル」パネルには［基本段落］、「文字スタイル」パネルには［なし］というスタイルがあらかじめ用意されています。文字スタイルの[なし]は、文字どおり、文字スタイルが適用されていないことをあらわしますが、段落スタイルの［基本段落］は書式属性を持っており、デフォルトではその内容がプレーンテキストフレーム内のテキストに適用されます。[基本段落] をダブルクリックして書式内容を変更することもできますが、他のドキュメントからテキストをコピーする際に書式が変わるなどのトラブルが起きる可能性があるので、変更はしない方が良いでしょう。なお、フレームグリッドの場合には、[基本段落]は適用されず、[段落スタイルなし] となります。

この「段落スタイル1」には、選択していたテキストの書式が登録されますが、実はまだ、テキストとこの「段落スタイル1」はリンク（関連付け）されていません。そこで、テキストと「段落スタイル1」を関連付けするとともに、分かりやすい名前を付けます。そのためにはまず、この「段落スタイル1」をダブルクリックします。「段落スタイルの編集」ダイアログが表示されるので、[スタイル設定]を見てみると、テキストに適用していた書式が反映されているのが分かるはずです。ここでは、[スタイル名]に自分が分かりやすい名前を付け、[OK]ボタンをクリックします 図4 。これで段落スタイル名が変更され 図5 、この段落スタイルと選択していたテキストがリンク（関連付け）されます。

あとは段落を選択して、このスタイル名をクリックするだけで、このスタイルに登録されている書式が適用できます。

memo

段落スタイルや文字スタイルは、［新規スタイルグループを作成］ボタンをクリックすることで、グループとして管理できます 図6 。とくにスタイル数が多い場合には、目的に応じてグループ分けしておくと便利です。

図4 「段落スタイルの編集」ダイアログ

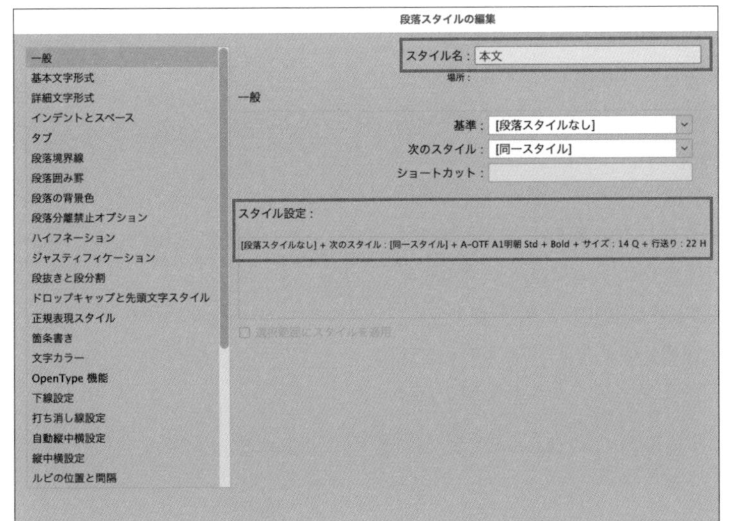

図6 スタイルグループ

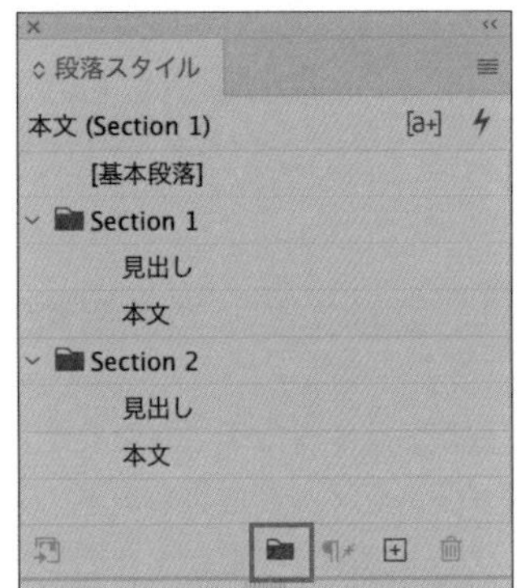

memo

段落スタイルや文字スタイルは、他のドキュメントから読み込むことも可能です。その場合、段落スタイルパネル、あるいは文字スタイルパネルのパネルメニューから［すべてのテキストスタイルの読み込み…］を実行して 図7 、目的のファイルを指定します。

図5 名前が変更された段落スタイル

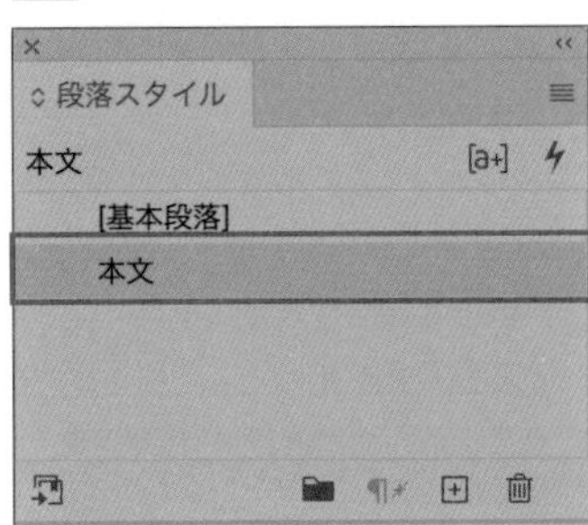

図7 ［すべてのテキストスタイルの読み込み］コマンド

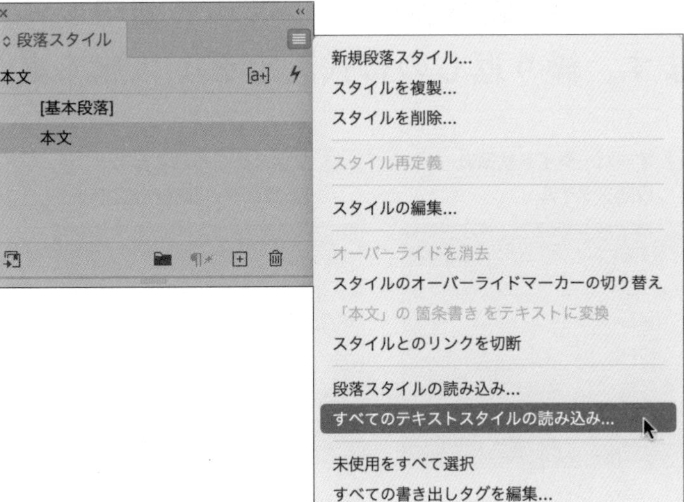

文字スタイルを作成し、適用する

THEME テーマ

段落スタイルを適用したテキストの書式を部分的に変更したい際に使用するのが、文字スタイルです。段落スタイルが段落全体に対して適用されるのに対し、文字スタイルは選択している文字に対してのみ適用できます。

文字スタイルの運用

段落スタイルを適用したテキストの書式を部分的に変更したいときには文字スタイルを使用します。まず、文字スタイルとして運用したいテキストを選択して書式を変更します。ここでは、カラーを変更しました 図1 。すると、段落スタイル名の横に＋記号が表示されます 図2 。この状態を「オーバーライド」と呼び、選択しているテキストと適用している段落スタイルに異なる書式があることをあらわしています。ここでは、テキストのカラーを変更しているのでオーバーライドになっているわけです。では、カラーを変更したテキストを文字スタイルに登録するために、文字スタイルパネルの［新規スタイルを作成］ボタンをクリックします 図3 。すると、「文字スタイル1」という名前で文字スタイルが追加されます 図4 。

図1 **部分的に書式を変更したテキスト**

段落スタイルとして登録しておくことで、ワンクリックで同じ書式を適用できます。繰り返しの書式設定をミス無く素

図2 **オーバーライド状態の段落スタイル**

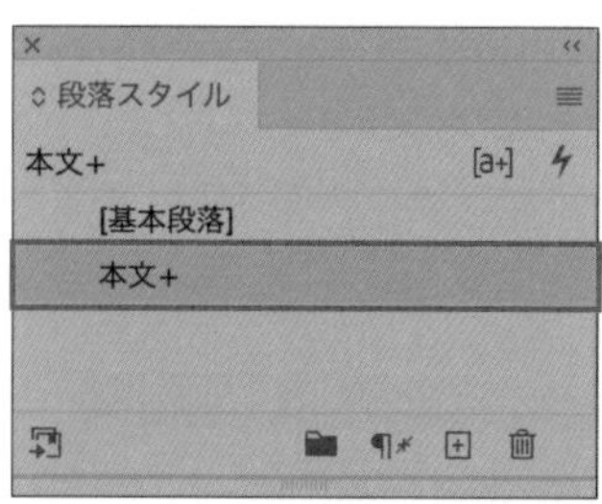

図3 **文字スタイルパネルの［新規スタイルを作成］ボタン**

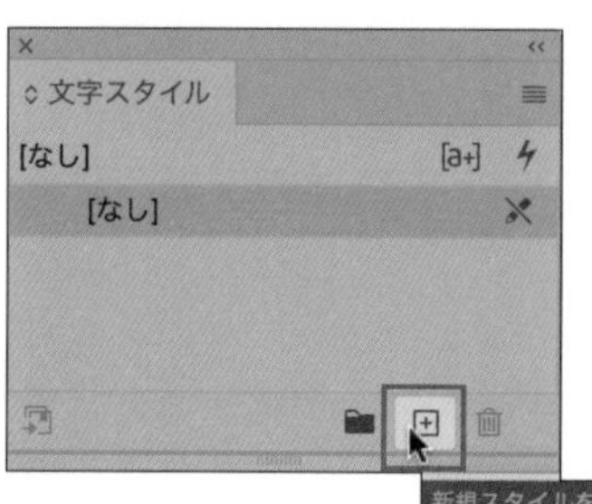

図4 **新規で追加された文字スタイル**

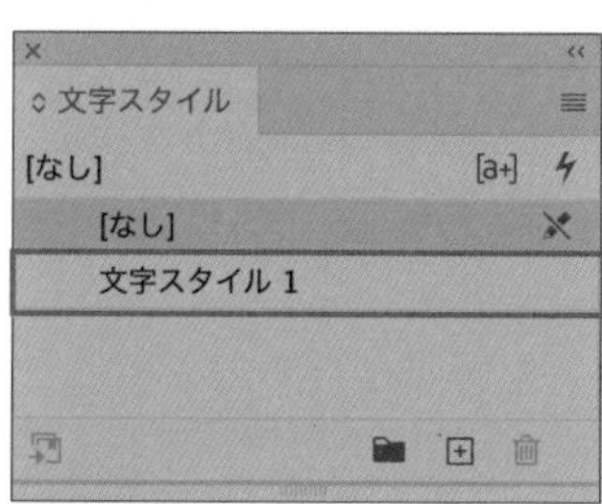

この「文字スタイル1」には、適用されている段落スタイルと異なる文字属性の書式のみが保存されます。つまり、ここではカラーの属性のみが文字スタイル内に保存されることになります。また、段落スタイル同様、テキストとこの「文字スタイル1」は、まだリンク（関連付け）されていません。そこで、テキストと「文字スタイル1」を関連付けするとともに、分かりやすい名前を付けます。

「文字スタイル1」をダブルクリックすると、「文字スタイルの編集」ダイアログが表示されます。[スタイル設定]を見ると、段落スタイルと異なる書式のみ（ここではカラー情報）が反映されているのが分かります。[スタイル名]に自分が分かりやすい名前を付け、[OK]ボタンをクリックします 図5。これで文字スタイル名が変更され 図6、この文字スタイルと選択していたテキストがリンク（関連付け）されます。あとは目的のテキストを選択して、このスタイル名をクリックするだけで、この文字スタイルの書式が適用できます。

memo

よく使用する段落スタイルや文字スタイルには、ショートカットを設定しておきましょう。スタイル名をクリックするよりも、素早く目的のスタイルを適用できます。「段落（文字）スタイルの編集」ダイアログの[ショートカット]フィールドに、直接ショートカットを入力することで指定できます。

図5 「文字スタイルの編集」ダイアログ

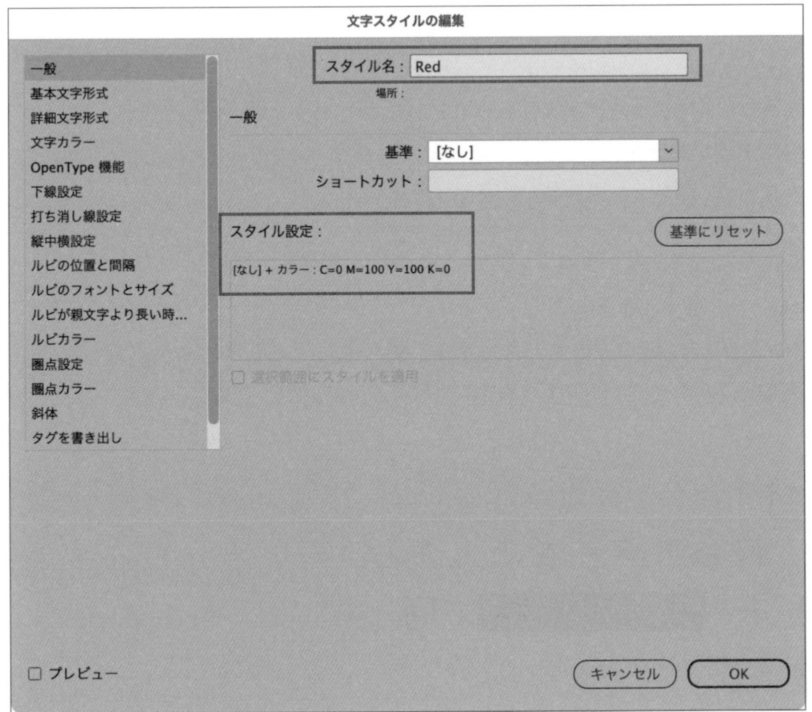

図6 名前が変更された文字スタイル

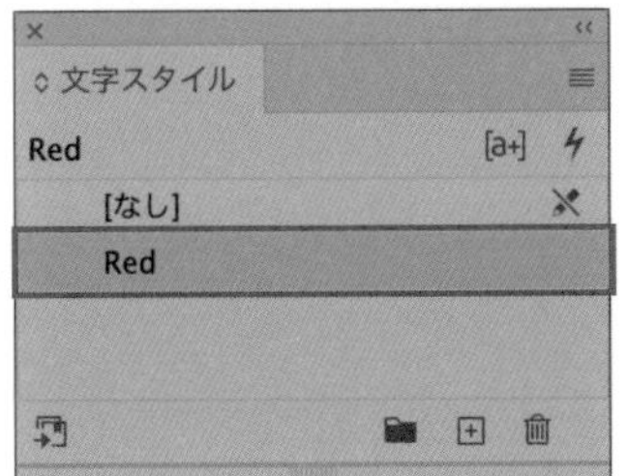

スタイルを再定義する

THEME テーマ

段落スタイルや文字スタイルを作成して運用している場合、修正も一気に終えることができます。スタイル機能は、ワンクリックで同じ書式が適用できますが、同じスタイルを適用したテキストの書式を一気に修正できるのも大きなメリットです。

スタイルの再定義

同じ書式を適用したテキストすべてを修正する必要がある場合でも、段落スタイルや文字スタイルが適用してあれば、修正を一気に終えることができます。まず、スタイルが適用されたいずれかのテキストを選択して書式を変更します。ここでは、フォントを明朝体からゴシック体に変更しました 図1 。すると、段落スタイル名の後ろにオーバーライドをあらわす「＋」記号が表示されるので、修正したテキストを選択したまま、段落スタイルパネルのパネルメニュー→“スタイル再定義”を実行します 図2 。すると、同じ段落スタイルを適用していたテキストの書式が一気に修正され、オーバーライドが消去されます 図3 。このように、スタイルとして運用しているテキストの修正は、非常に簡単です。

なお、段落スタイルを修正する場合には段落スタイルパネルから、文字スタイルを修正する場合には文字スタイルパネルから“スタイル再定義”を実行します。

図1 部分的に書式を変更したテキスト

InDesign では、段落スタイルとして登録しておくことで、ワンクリックで同じ書式を適用できます。
繰り返しの書式設定をミス無く素早く行えるだけでなく、修正も一気に行えるのがポイントです。

図2 [スタイル再定義]コマンド

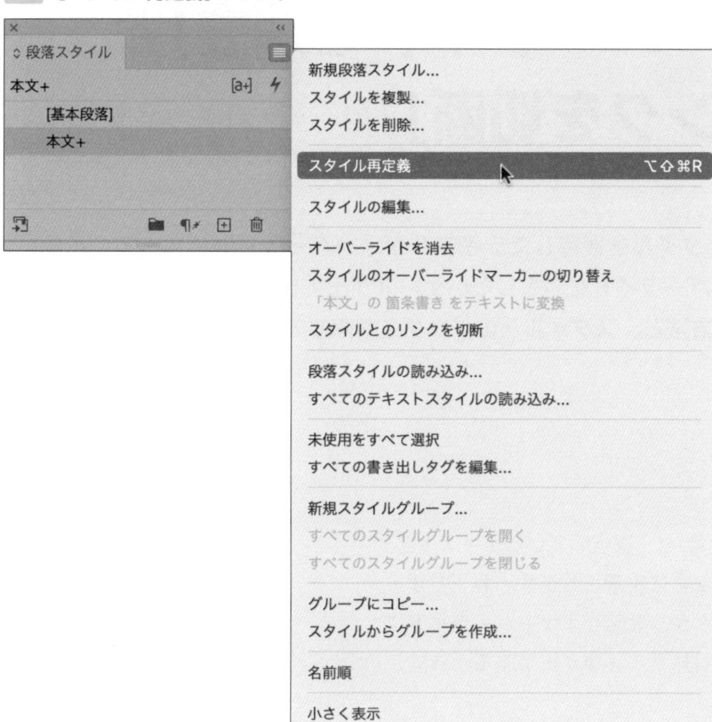

図3 書式が修正され、オーバーライドが消去されたテキスト

InDesign では、段落スタイルとして登録しておくことで、ワンクリックで同じ書式を適用できます。
繰り返しの書式設定をミス無く素早く行えるだけでなく、修正も一気に行えるのがポイントです。

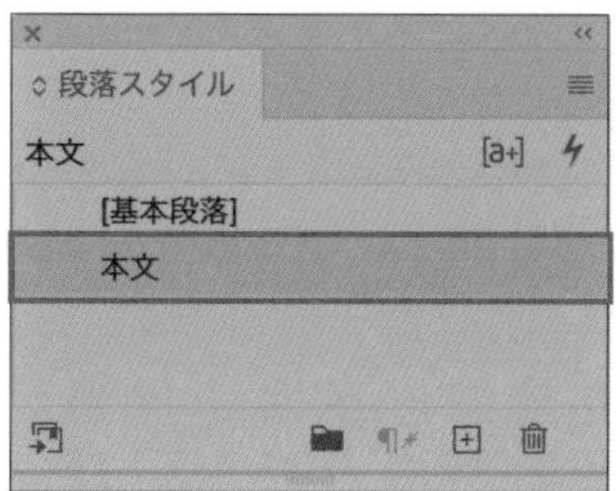

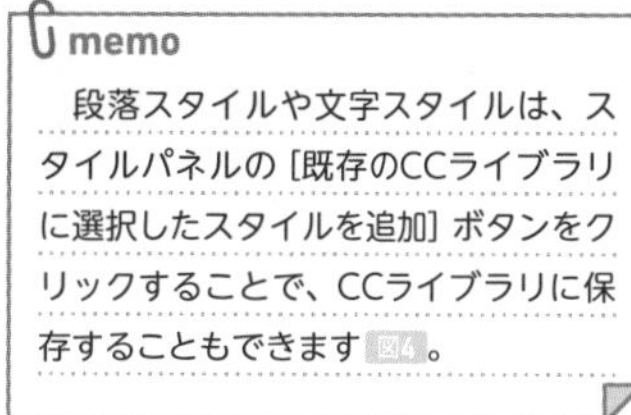
memo

段落スタイルや文字スタイルは、スタイルパネルの［既存のCCライブラリに選択したスタイルを追加］ボタンをクリックすることで、CCライブラリに保存することもできます 図4。

図4 スタイルをCCライブラリに追加

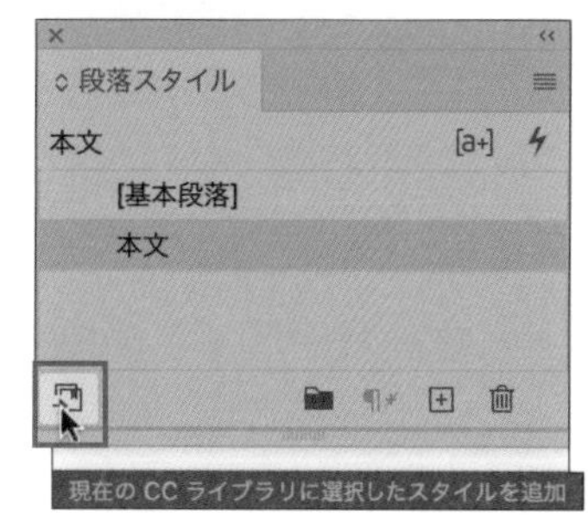

「オーバーライドを消去」と「リンクを切断」

THEME テーマ

段落スタイルや文字スタイルを適用したテキストがオーバーライドになっている場合、目的に応じてオーバーライドを消去したいケースが出てきます。ここでは、オーバーライドを消去する方法と、スタイルとのリンクを解除する方法を学びます。

オーバーライドを探す

スタイル機能のオーバーライド(+記号)は、選択しているテキストと、適用しているスタイルの内容が異なる場合に表示されます。わざとオーバーライドさせた場合は問題ありませんが、意図せずオーバーライドになっている場合には、何らかの方法で対処する必要が出てくるケースがあります。

テキストを選択している際に、スタイル名の後に+記号が表示された場合は、選択しているテキストのどこかにスタイルの内容と異なる書式がありますが、ピンポイントでどの部分かを探すのは大変です。そこで、段落スタイルパネル、または文字スタイルパネルの[スタイルオーバーライドハイライター]ボタンをクリックします 図1 。すると、ドキュメント内のテキストでオーバーライドになっている箇所がハイライトされます 図3 。図では、フォントを変更した箇所、下線を引いた箇所、**異体字**に変更した箇所がハイライトされています。

WORD 異体字

異体字とは、旧字など、読み方や使用方法などが一緒で漢字の字形が異なる字体のことです。InDesignでは、字形パネルを使用して異体字に置換することが可能です 図2 。

図1 [スタイルオーバーライドハイライター]ボタン

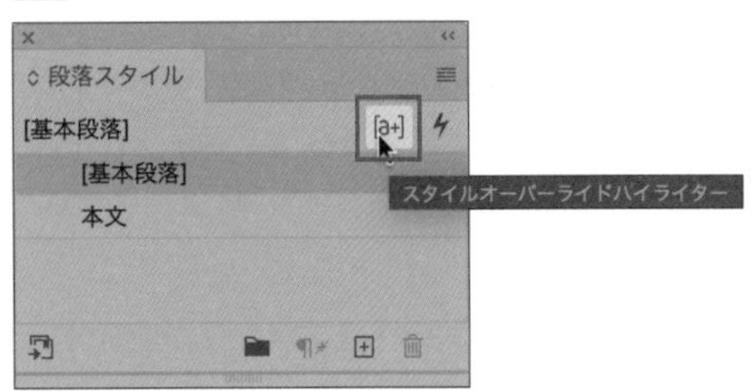

図2 字形パネルに表示された異体字

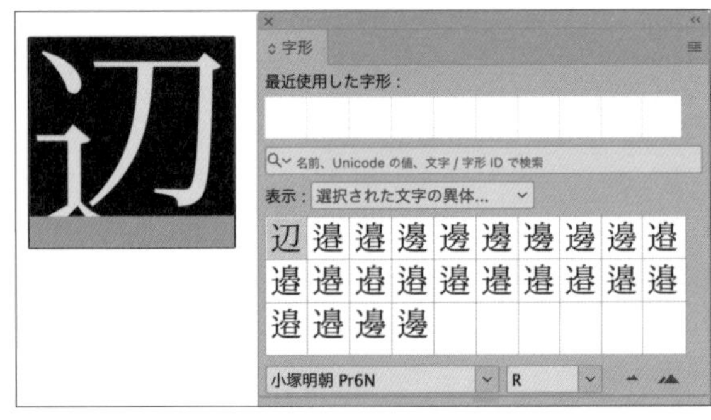

図3 ハイライトされたオーバーライド箇所

InDesignでは、段落スタイルとして登録しておくことで、ワンクリックで同じ書式を適用できます。
繰り返しの書式設定をミス無く素早く行えるだけでなく、修正も一気に行えるのがポイントです。情報を整理しておき

↓

InDesignでは、段落スタイルとして登録しておくことで、ワンクリックで同じ書式を適用できます。
繰り返しの書式設定をミス無く素早く行えるだけでなく、修正も一気に行えるのがポイントです。情報を整理しておき

オーバーライドを消去

オーバーライドを消去するには、いくつかの方法があります。まず、1つ目は[選択範囲のオーバーライドを消去]コマンドです。あらかじめ、文字ツールでオーバーライドを消去したい範囲のテキストを選択しておき、段落スタイルパネルの[選択範囲のオーバーライドを消去]ボタンをクリックします 図4。

図4 [選択範囲のオーバーライドを消去]ボタン

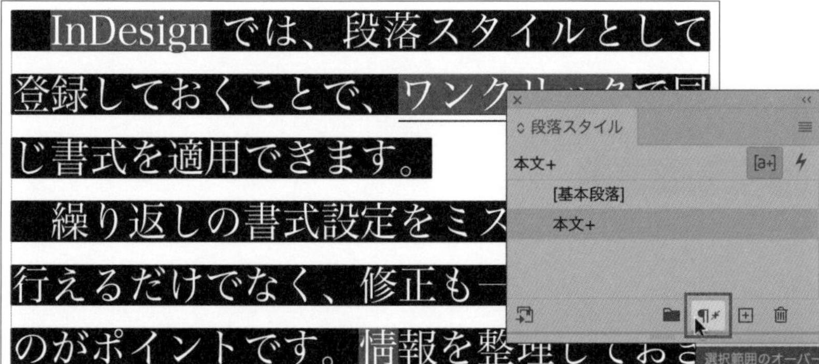

memo

[選択範囲のオーバーライドを消去]コマンドは、選択していない範囲のテキストには影響しません。
なお、command〔Ctrl〕キーを押しながらクリックすれば、文字レベルのオーバーライドのみ、command〔Ctrl〕+shiftキーを押しながらクリックすれば、段落レベルのオーバーライドのみを消去できます。

すると、オーバーライドが消去され、ハイライト箇所のフォントが元に戻り、下線も消去されます。なお、「情」という字形がハイライトされていますが、段落スタイルパネルの＋記号は消え、オーバーライドは消去されています。このハイライトしている文字に関しては後述します 図5 。

> **memo**
> ［選択範囲のオーバーライドを消去］ボタンではなく、段落スタイルパネルのパネルメニューから“オーバーライドを消去”を実行しても、同じ結果が得られます。

図5 **選択範囲のオーバーライドが消去される**

InDesignでは、段落スタイルとして登録しておくことで、ワンクリックで同じ書式を適用できます。
繰り返しの書式設定をミス無く素早く行えるだけでなく、修正も一気に行えるのがポイントです。情報を整理しておき

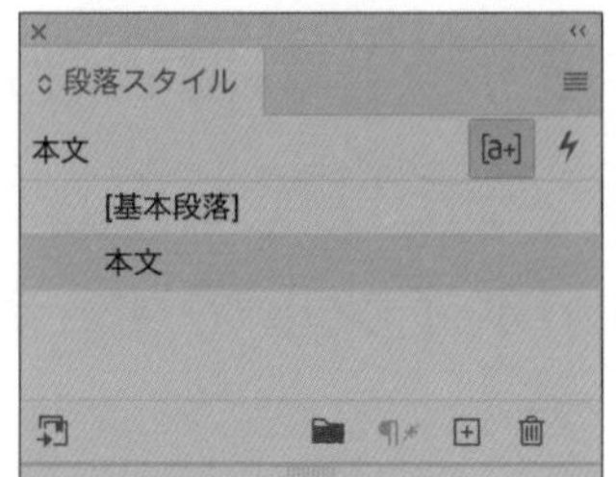

手順を一つ戻り、今度は別の方法でオーバーライドを消去してみましょう。文字ツールまたは選択ツールで、オーバーライドを消去したいテキストを選択し、段落スタイルパネルのスタイル名をoption〔Alt〕キーを押しながらクリックします 図6 。

> **memo**
> option〔Alt〕＋クリックでオーバーライドを消去する場合、選択している文字だけでなく、カーソルがある段落すべてのテキストのオーバーライドが消去されます。また、選択ツールで選択している場合には、そのテキストフレーム内のテキストすべてがオーバーライド消去されます。

図6 **テキストを選択し、option〔Alt〕＋クリック**

InDesignでは、段落スタイルとして登録しておくことで、ワンクリックで同じ書式を適用できます。
繰り返しの書式設定をミス無く素早く行えるだけでなく、修正も一気に行えるのがポイントです。情報を整理しておき

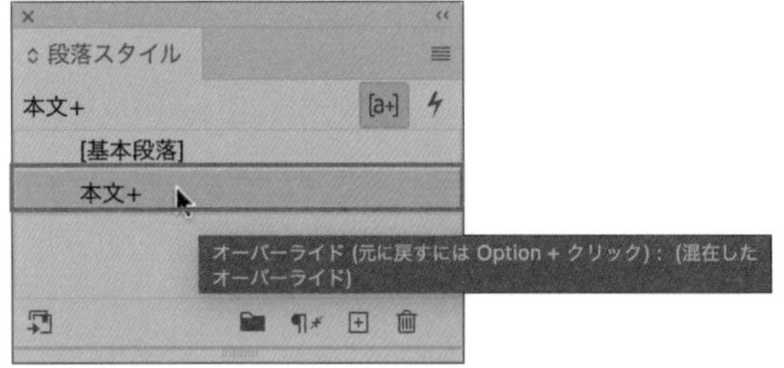

すると、オーバーライドが消去され、ハイライト箇所のフォントが元に戻り、下線も消去されますが、「情」という異体字が元の親文字である「情」という字形に戻ってしまいます 図7。これで問題なければ良いのですが、そうでない場合には印刷事故に繋がります。これは元の文字と異体字に置換した文字のユニコード番号が同じ場合に起こります（「情」のユニコード番号も、「情」のユニコード番号も60C5）。「高（ユニコード番号9AD8）」と「髙（ユニコード番号9AD9）」のようにユニコード番号が違う場合にはこのようなことは起こりません。なお、ユニコード番号は字形パネルで目的の文字にマウスオーバーすれば確認できます 図8。

なお、前ページでオーバーライドを消去したにもかかわらず、ハイライトしているのは、同じユニコード番号で異なる字形に置換したため（異体字属性が追加されたため）だと思われます。オーバーライドに関するアルゴリズムが違うため、現時点ではこういうものだと理解して使用しましょう。

図7 オーバーライドが消去されたことで字形が戻ってしまう例

InDesignでは、段落スタイルとして登録しておくことで、ワンクリックで同じ書式を適用できます。
繰り返しの書式設定をミス無く素早く行えるだけでなく、修正も一気に行えるのがポイントです。情報を整理しておき

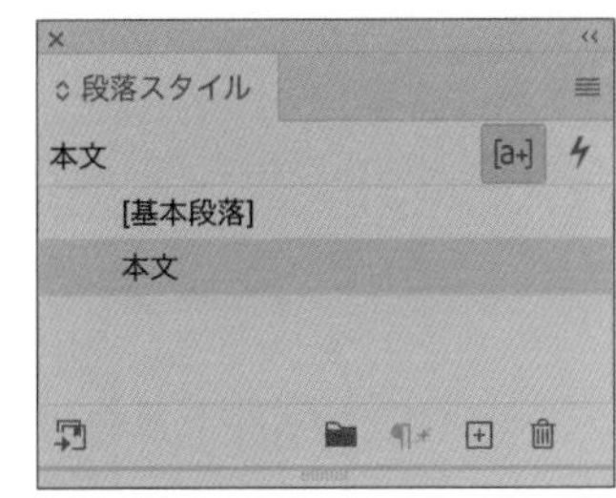

図8 字形パネルのマウスオーバーで表示される文字の情報

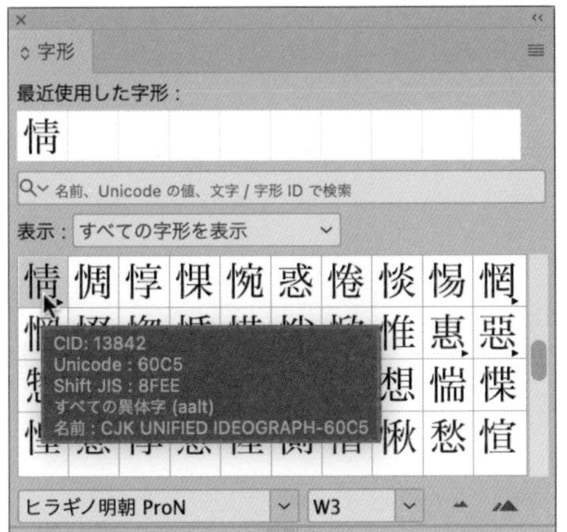

memo

文字スタイルのオーバーライドを消去したい場合には、option〔Alt〕キーを押しながら文字スタイル名をクリックします 図9。また、文字スタイルを解除して段落スタイルのみが適用された状態にしたい場合には、文字スタイルパネルの[なし]をクリックします。なお、文字単位で適用する文字スタイルには、[選択範囲のオーバーライドを消去] ボタンはありません。

図9 文字スタイルのオーバーライドを消去

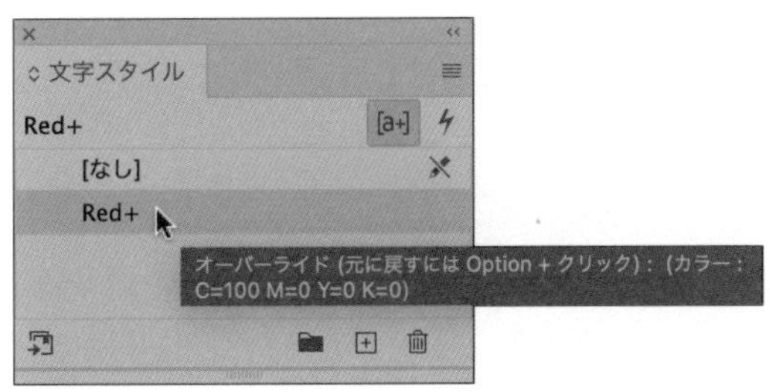

スタイルとのリンクを切断

［スタイル再定義］を実行すると、そのスタイルを適用しているテキストの書式はすべて修正されます。しかし、任意のテキストのみ修正を反映したくない場合には、あらかじめスタイルを切断しておきます。

まず、スタイルとのリンクを切りたいテキスト、またはテキストフレームを選択します。次に、段落スタイルパネルのパネルメニュー→“スタイルとのリンクを切断”を実行します 図10 。これでテキストはスタイルとのリンクが切れ、段落スタイルパネルには「スタイルなし」と表示されます 図11 。なお、スタイルとのリンクを切断しても、テキストの書式は変わりません。

図10 ［スタイルとのリンクを切断］コマンド

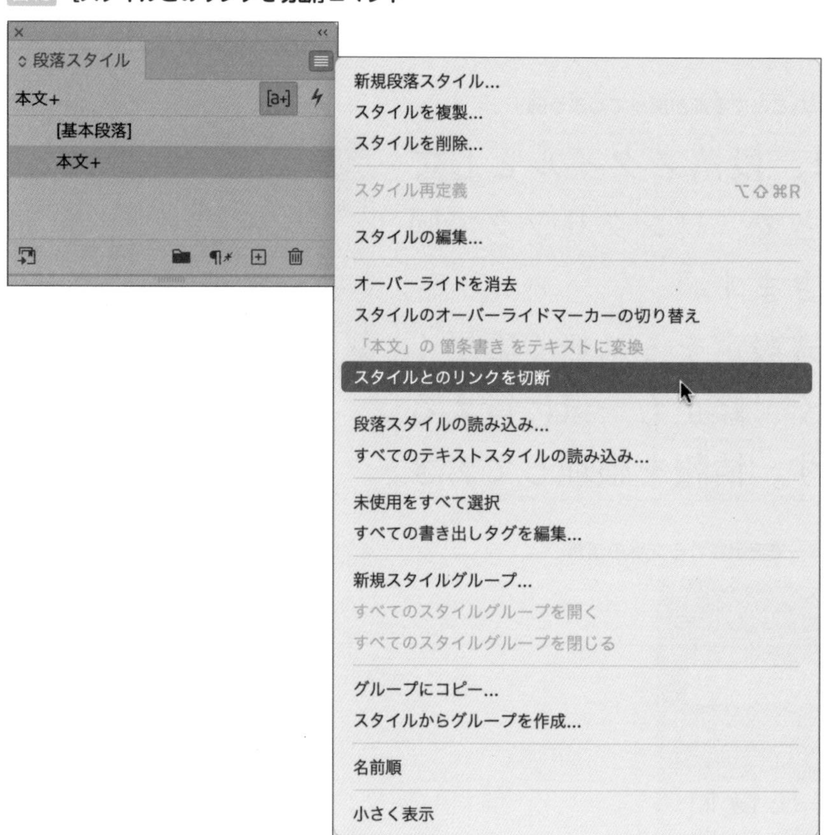

図11 段落スタイルパネルの（スタイルなし）

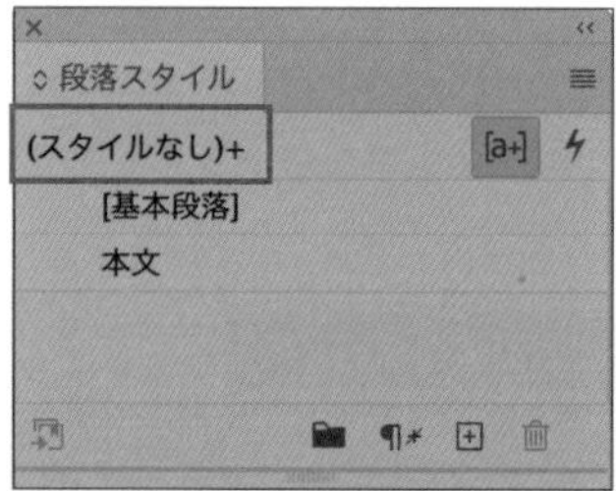

親子関係を持つ段落スタイルを作成する

THEME テーマ

段落スタイルは、親子関係を持った運用が可能です。例えば、親の段落スタイルの内容を変更すると、その変更は子の段落スタイルにも反映できます。うまく使えば効率的に作業できますが、意図せず親子関係となった段落スタイルには注意が必要です。

親子関係を持つ段落スタイルの運用

例えば、「コラムテキストの書式は基本的に本文と同じで、文字サイズのみ本文より1級下げたい」といった場合、本文の段落スタイルを「親」、コラムの段落スタイルを「子」として段落スタイルを作成すれば、「親」の書式を変更する必要があった場合、その変更（文字サイズ以外の変更）を「子」にも反映できます。

まず、段落スタイル「本文」を作成します 図1。次に、コラム用のテキストに段落スタイル「本文」を適用後、文字サイズを1級小さくします。コラムに適用している段落スタイル「本文」はオーバーライドになるので、新規で段落スタイルを作成します 図2。

図1 本文テキスト

InDesignでは、段落スタイルとして登録しておくことで、ワンクリックで同じ書式を適用できます。

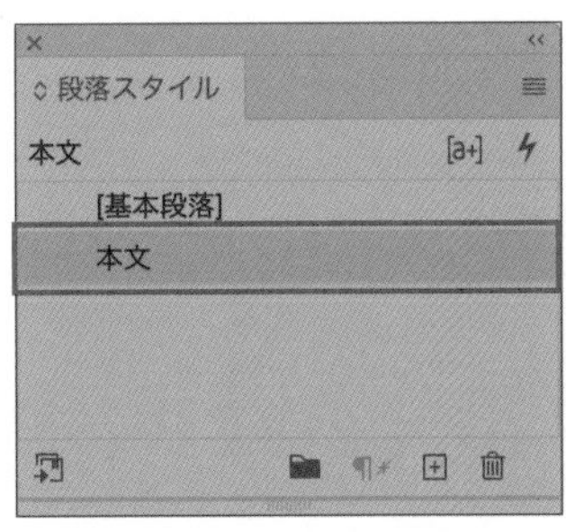

図2 コラムテキスト

繰り返しの書式設定をミス無く素早く行えるだけでなく、修正も一気に行えるのがポイントです。

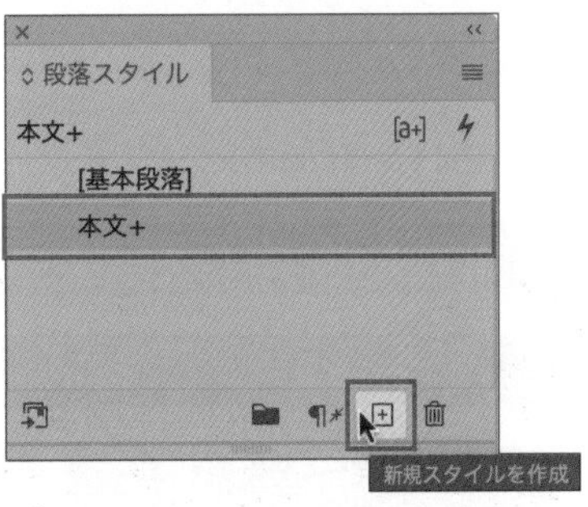

新しく作成された「段落スタイル1」をダブルクリックして段落スタイルの編集ダイアログを表示させます。すると、[スタイル設定]には、フォントサイズしか指定されていないのが分かります。また、[基準]には「本文」が指定されています 図3 。これは、段落スタイル「本文」を「親」に持つ段落スタイルであることをあらわしており、「本文」と異なる設定のみが保存されるというわけです。[スタイル名] を入力したら（ここでは「コラム」としました）、[OK]ボタンをクリックしてダイアログを閉じます。

memo

一般的に、新規で段落スタイルを作成すると、[基準] には [段落スタイルなし]が選択されています。

図3 段落スタイルの内容の確認とスタイル名の変更

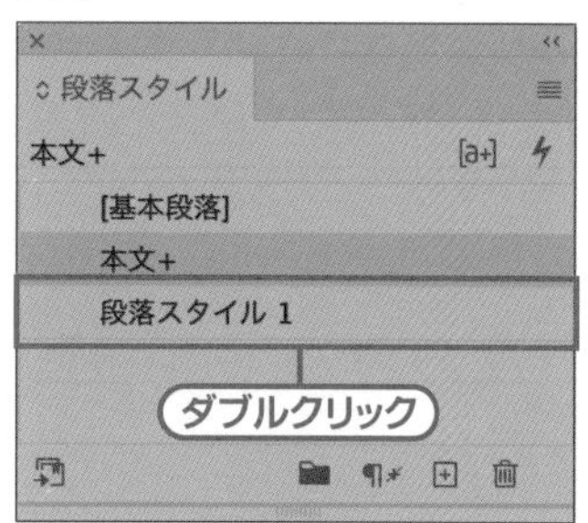

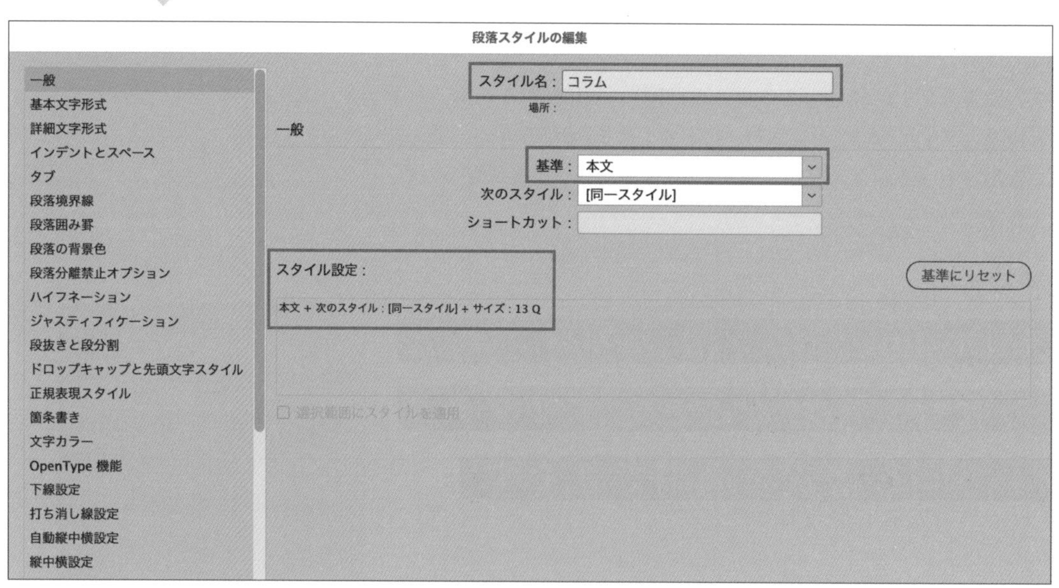

段落スタイル「本文」が適用されたテキストの書式を変更します（ここでは、フォントをゴシック体に変更しました）図4 。

図4 書式を変更した本文テキスト

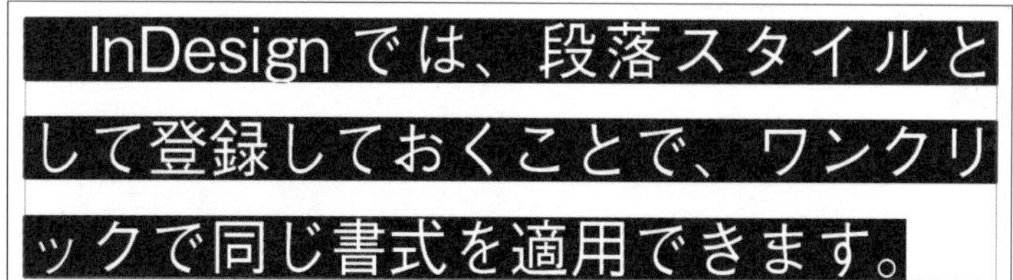

書式を変更したテキストを選択したまま、段落スタイルパネルのパネルメニュー→"スタイル再定義"を実行します。すると、子である「コラム」の書式も変更されます 図5 。これは、親の書式変更が子にも反映されるからです。このように、親子関係を持つ段落スタイルを運用すると便利なケースがあります。

図5 **親の段落スタイルの再定義は、子の段落スタイルにも影響する**

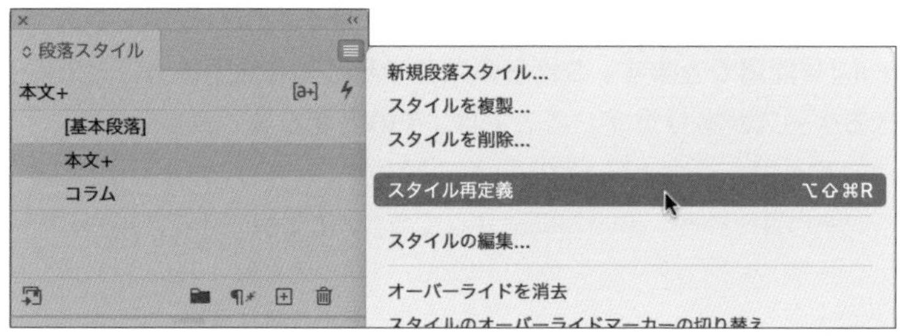

繰り返しの書式設定をミス無く素早く行えるだけでなく、修正も一気に行えるのがポイントです。

[基準]に注意

「段落スタイルの編集」ダイアログの[基準]で指定された段落スタイルが「親」となりますが、意図しない親子関係には要注意です。例えば、既に段落スタイルが設定されたテキストの書式を変更し、新たな段落スタイルを作成すると、元々設定されていた段落スタイルが「親」となります。意図して親子関係になるよう設定したのなら良いのですが、そうでない場合には、思わぬトラブルになるケースも出てきます。そのため、新規段落スタイルを作成したら、「段落スタイルの編集」ダイアログの[基準]を必ず確認するようにしましょう。もし、何らかの段落スタイルが設定されていたら、[段落スタイルなし]を指定してから保存します 図6 。こうすることで、親子関係を持たない段落スタイルとして保存できます。

memo

新規にプレーンテキストフレームを作成した場合、デフォルトでは段落スタイル[基本段落]が適用されますが、[基本段落]が適用された状態から新規段落スタイルを作成しても[基準]は[段落スタイルなし]のままで親子関係にはなりません。

図6 **「段落スタイルの編集」ダイアログの[基準]**

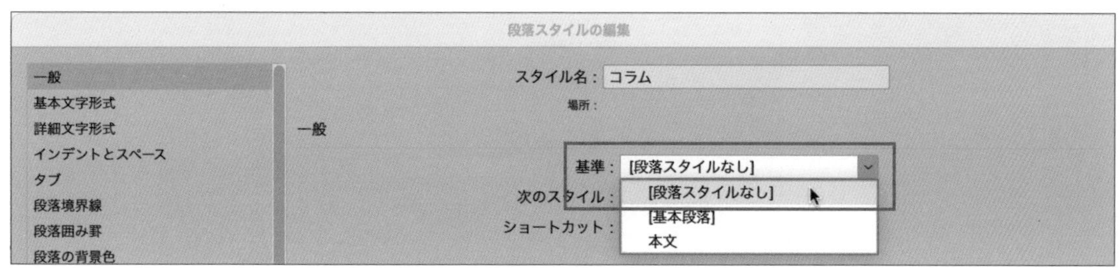

その他のスタイル機能

THEME テーマ

段落スタイルや文字スタイル以外にも、InDesignでは「次のスタイル」や「先頭文字スタイル」「正規表現スタイル」を使用できます。これらのスタイル機能を活用することで半自動で書式適用ができるケースがあります。ここでは、その概要を見てみましょう。

次のスタイル

段落スタイルと文字スタイルをいかに使いこなすかが、InDesignをマスターするうえで非常に重要ですが、段落スタイルと文字スタイルを使いこなせるようになったら、「次のスタイル」や「先頭文字スタイル」「正規表現スタイル」も使いこなせるようにしましょう。ワンランク上のコントロールが可能になります。

まず、「次のスタイル」です。「段落スタイルの編集」ダイアログには、[次のスタイル]という項目があります。デフォルトでは[同一スタイル]が選ばれていますが、ここに他のスタイルを設定しておくと、ワンクリックで複数の段落に異なる段落スタイルを適用可能です。例えば、「A」「B」「C」と3つの段落スタイルがあった場合に、「A」の「次のスタイル」に「B」、「B」の「次のスタイル」に「C」といった設定を行っておけば 図1 、3つの段落にそれぞれ「A」「B」「C」の段落スタイルを一気に適用できます 図2 。なお、詳細に関しては筆者のサイト(https://study-room.info/id/studyroom/cs3/study32.html)をご覧ください。

図1 次のスタイルの設定

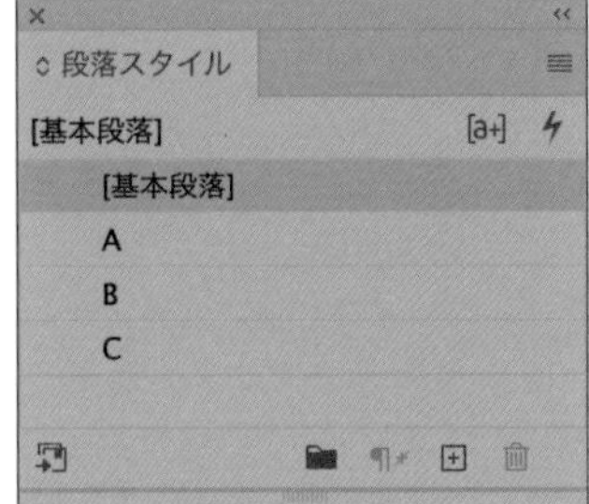

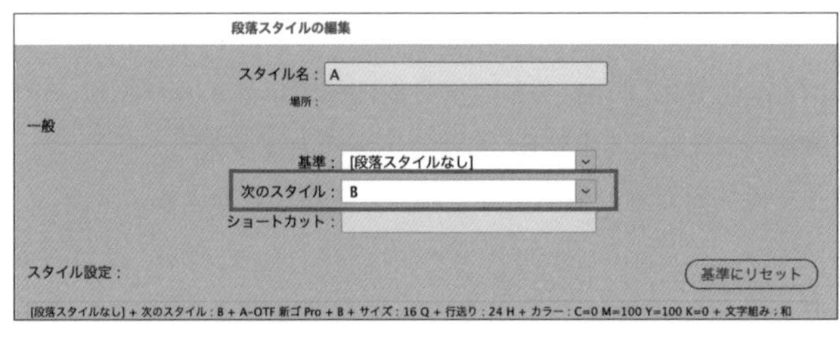

図2 次のスタイルの適用例

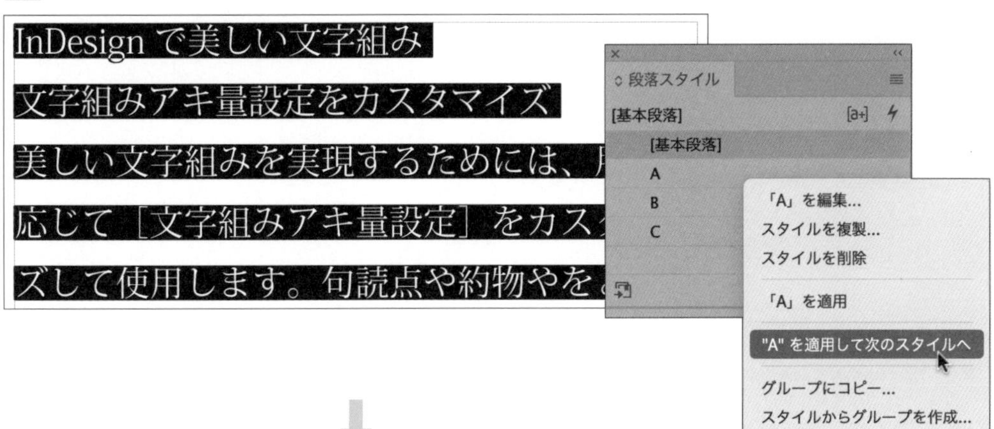

InDesignで美しい文字組み
文字組みアキ量設定をカスタマイズ
美しい文字組みを実現するためには、用途に応じて［文字組みアキ量設定］をカスタマイズして使用します。句読点や約物やをどのように扱うのか、

テキストを選択したら、最初の段落に適用する段落スタイルの上で右クリックして、“"○○○"を適用して次のスタイルへ”を実行することで、複数の段落に複数の段落スタイルを適用できます。

先頭文字スタイル

先頭文字スタイルは、段落の先頭から任意の文字のところまで、指定した文字スタイルを自動で適用してくれる機能です。後から文字を修正したような場合でも、自動で文字スタイルが再適用されます。

ここでは、テキストに対して「対談用」という名前の段落スタイルを適用するだけで、自動的に名前や社名の部分に文字スタイルが適用されるようにしています 図3。「段落スタイルの編集」ダイアログで［ドロップキャップと先頭文字スタイル］の項目を設定することで、このような動作を実現しています 図4。なお、詳細に関しては筆者のサイト（https://study-room.info/id/studyroom/cs4/study19.html）をご覧ください。

図3 先頭文字スタイルを設定するために用意した段落スタイルと文字スタイル

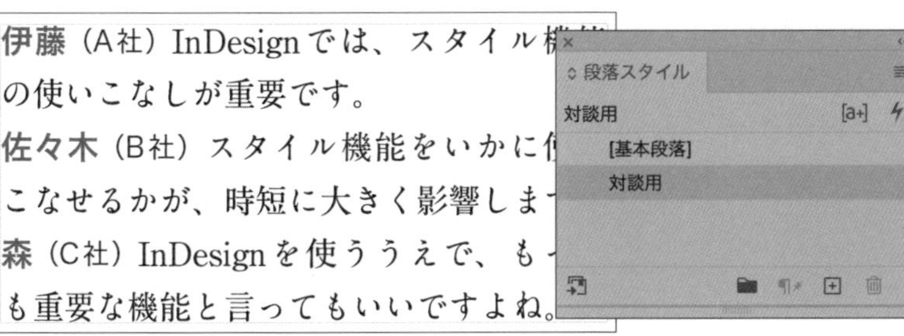

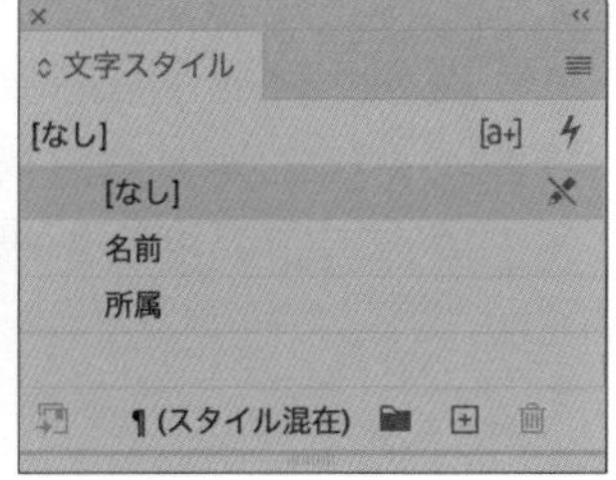

図4 「段落スタイルの編集」ダイアログの[先頭文字スタイル]の設定

段落スタイルの編集

一般
基本文字形式
詳細文字形式
インデントとスペース
タブ
段落境界線
段落囲み罫
段落の背景色
段落分離禁止オプション
ハイフネーション
ジャスティフィケーション
段抜きと段分割
ドロップキャップと先頭文字スタイル
正規表現スタイル
箇条書き
文字カラー
OpenType 機能
下線設定
打ち消し線設定
自動縦中横設定
縦中横設定
ルビの位置と間隔

スタイル名：対談用
場所：
ドロップキャップと先頭文字スタイル
ドロップキャップ
行数 0　文字数 0　文字スタイル [なし]
☐ 左端 / 上端揃え　☐ ディセンダの比率
フレームグリッドを無視
先頭文字スタイル
名前 1 (で区切る
所属 1) を含む
新規スタイル
行スタイル
新規行スタイルボタンをクリックして新規行スタイルを作成します。
新規行スタイル

正規表現スタイル

正規表現スタイルは、指定した**正規表現**にマッチする文字列に対して、自動的に指定した文字スタイルを適用してくれる機能です。目的に合った正規表現を記述できれば、半自動的に書式の設定を終えられます。先頭文字スタイル同様、後から文字を修正した場合でも、自動で文字スタイルが再適用されます。

ここでは、テキスト中の丸括弧で囲まれた部分のみ、文字サイズを小さくして色を付けています 図5 。正規表現を記述するには、それなりの勉強が必要ですが、ある程度のことであれば、InDesignのプルダウンメニューから指定することもできます 図6 。なお、詳細に関しては筆者のサイト（https://study-room.info/id/studyroom/cs4/study19.html）をご覧ください。

WORD 正規表現

正規表現を使用すると、通常の文字ではなく、文字のパターン（特徴）を指定することができます。通常の文字とメタキャラクタ（メタ文字）と呼ばれる特別な意味を持つ記号を組み合わせて表記され、検索や置換等に利用することができます。

図5 正規表現スタイルの適用例

正規表現を使用すると、通常の文字ではなく、文字のパターン（特徴）を指定することができます。通常の文字とメタキャラクタ（メタ文字）と呼ばれる特別な意味を持つ記号を組み合わせて表記され、検索や置換等に利用することができます。表記の揺れを吸収して検索を行なった

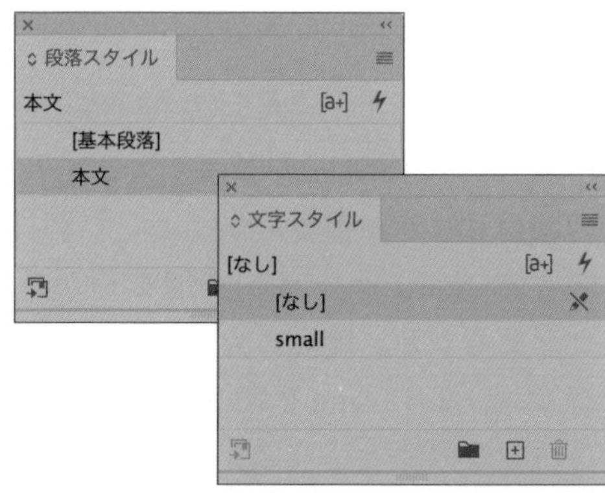

図6 「段落スタイルの編集」ダイアログの[正規表現スタイル]の設定

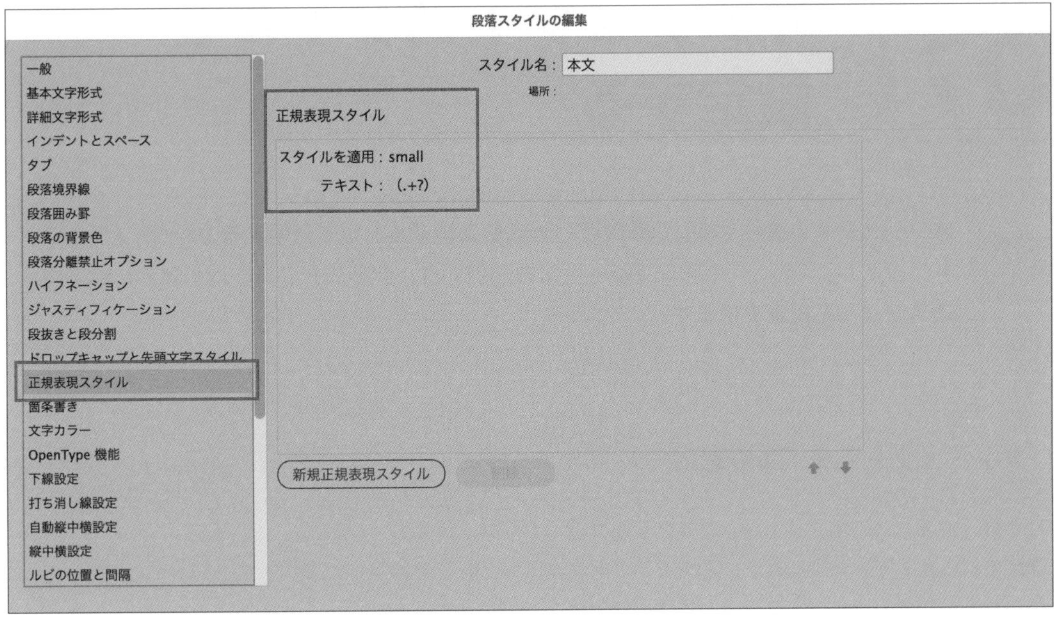

また、以下は縦組みテキストの2桁数字には「等幅半角字形」を、3桁数字は「等幅三分字形」を適用する正規表現スタイルの例です 図7 。

図7 縦中横の数字に正規表現スタイルを適用した例

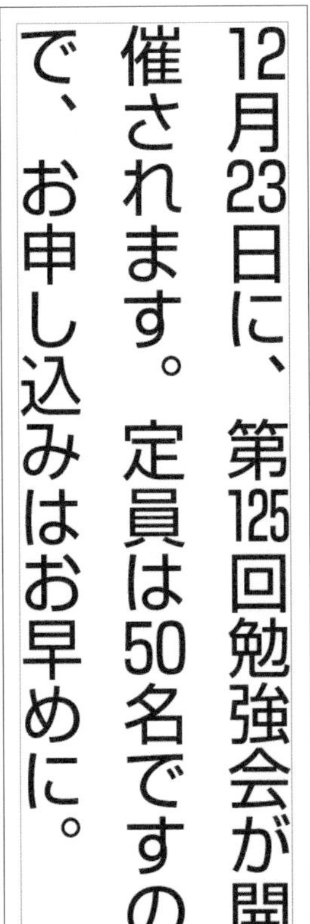

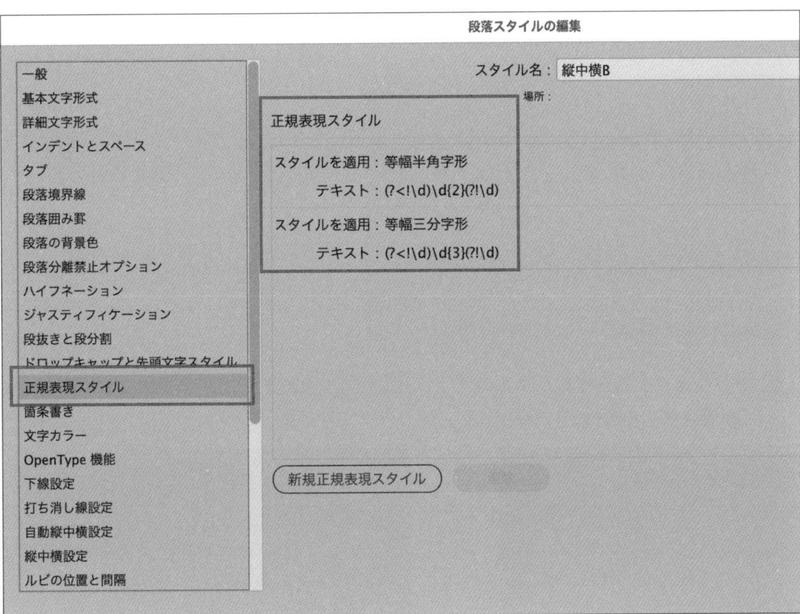

オブジェクトスタイルを設定する

THEME テーマ

オブジェクトの塗りや線、効果などの外観をスタイルとして運用するのが「オブジェクトスタイル」です。テキストフレームにも適用でき、テキストフレームの場合には、段落スタイルも指定できます。

オブジェクトスタイルの運用

塗りや線、効果など、オブジェクトの外観をオブジェクトスタイルとして運用することもできます。まず、オブジェクトスタイルとして登録したい外観を持つオブジェクトを選択します 図1。ウィンドウメニュー→“スタイル”→“オブジェクトスタイル”を選択してオブジェクトスタイルパネルを表示させ、[新規スタイルを作成] ボタンをクリックします 図2。すると、「オブジェクトスタイル1」という名前で新規オブジェクトスタイルが追加されます 図3。

図1 **オブジェクトスタイルとして登録するオブジェクト**

図2 **オブジェクトスタイルパネルの[新規スタイルを作成]ボタン**

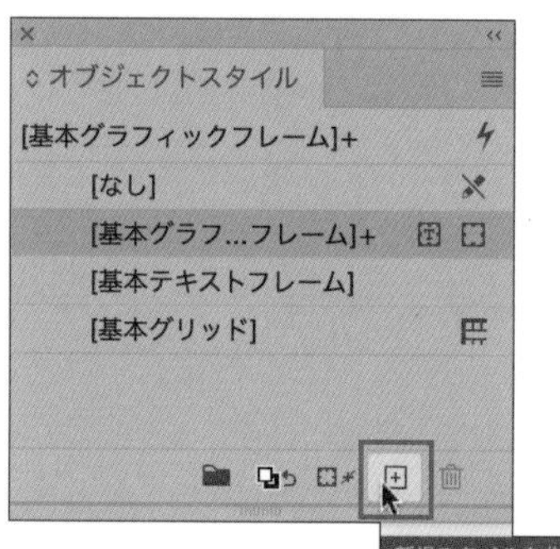

図3 **追加された新規オブジェクトスタイル**

オブジェクトスタイル
[基本グラフィックフレーム]+
[なし]
[基本グラフ...フレーム]+
[基本テキストフレーム]
[基本グリッド]
オブジェク...タイル1
ダブルクリック

memo

オブジェクトスタイルパネルには、[なし] [基本グラフィックフレーム] [基本テキストフレーム] [基本グリッド] の4つのスタイルがデフォルトで用意されており、削除することはできません。描画するオブジェクトに応じて、これらのスタイルが自動的に適用されます。

この「オブジェクトスタイル1」には、選択していたオブジェクトの属性が登録されますが、実はまだ、オブジェクトとこの「オブジェクトスタイル1」はリンク（関連付け）されていません。そこで、オブジェクトと「オブジェクトスタイル1」を関連付けするとともに、分かりやすい名前を付けます。

そのためにまず、この「オブジェクトスタイル1」をダブルクリックします。「オブジェクトスタイルオプション」ダイアログが表示され、オブジェクトに適用していた属性が反映されているのが確認できます。ここでは、[スタイル名] に自分が分かりやすい名前を付け、[OK] ボタンをクリックします 図4。これでオブジェクトスタイル名が変更され 図5、このオブジェクトスタイルと選択していたオブジェクトがリンク（関連付け）されます。あとはこのスタイル名をクリックするだけで、その属性が選択しているオブジェクトに対して適用されます。

図4 「オブジェクトスタイルオプション」ダイアログ

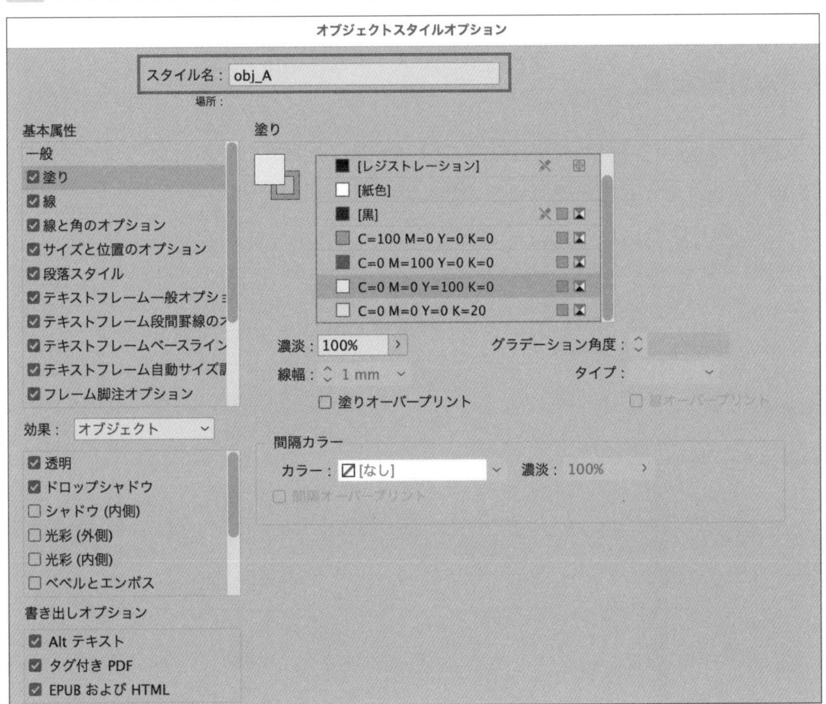

図5 名前が変更されたオブジェクトスタイル

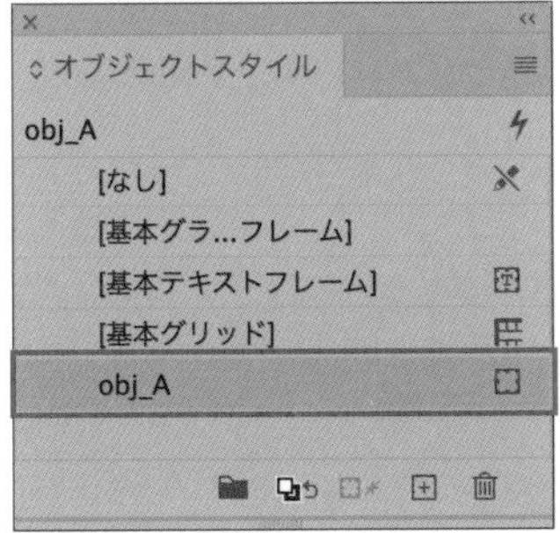

なお、テキストフレームに対してオブジェクトスタイルを運用する場合には、オブジェクトスタイル作成後に、オブジェクトスタイルの編集ダイアログで［段落スタイル］の項目をオンにし、任意の段落スタイルを指定しておくことで 図6 、テキストフレームの外観だけでなく、テキストに段落スタイルを適用することも可能です。

図6 「オブジェクトスタイルオプション」ダイアログの［段落スタイル］

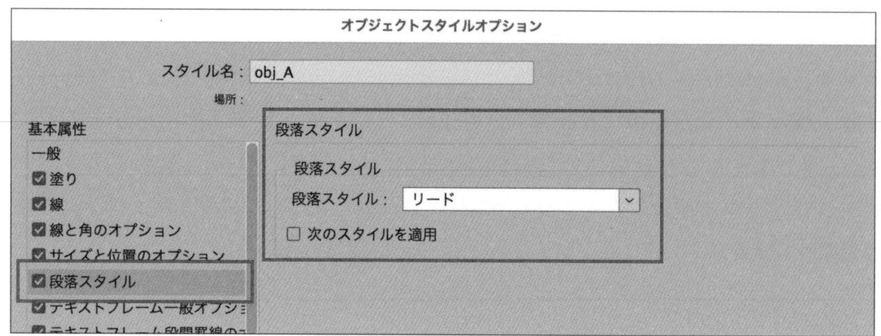

オブジェクトスタイルの再定義

同じオブジェクトスタイルを適用したオブジェクトの外観すべてを変更する必要が生じた場合、再定義を実行することで一気に更新できます。

まず、いずれかのオブジェクトの外観を変更します 図7 。このオブジェクトを選択した状態で、オブジェクトスタイルパネルのパネルメニュー→"スタイル再定義"を実行します 図8 。これで、このオブジェクトスタイルを適用しているオブジェクトすべての外観が変更されます。

図7 オブジェクトの外観を変更する

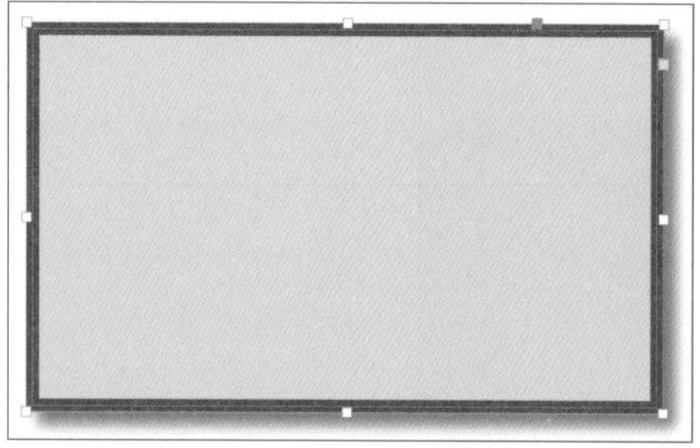

図8 オブジェクトスタイルパネルの"スタイル再定義"コマンド

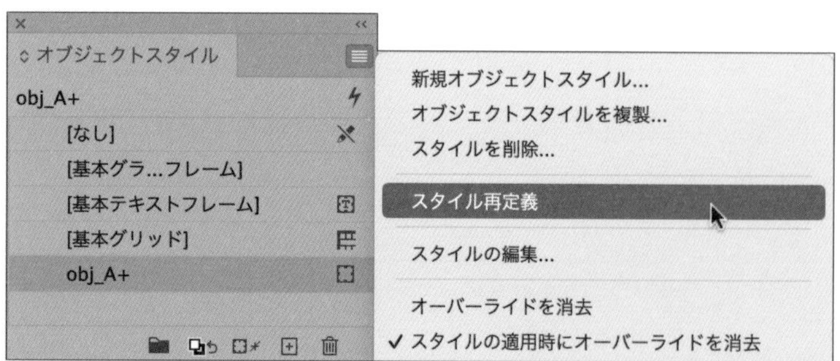

Lesson 9

画像の配置と編集

Illustratorと異なり、InDesignの画像にはグラフィックフレームが必要です。画像は、フレーム自体のコントロールと、画像自体のコントロールがそれぞれ可能で、一度に複数の画像を配置することも可能です。

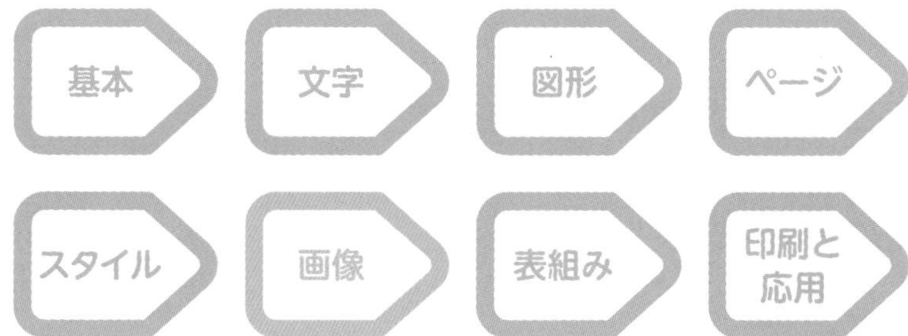

画像を配置する

THEME テーマ

InDesignの画像は、グラフィックフレームと呼ばれる入れ物(フレーム)の中に配置されます。グラフィックフレームは、あらかじめ作成しておいてもかまいませんが、画像を配置する際に自動的に作成することもできます。

グラフィックフレームを作成して画像を配置

InDesignの画像には、必ずグラフィックフレームが必要です。まず、長方形フレームツール、楕円形フレームツール、多角形フレームツールのいずれかを選択したら、ドキュメント上でドラッグし、グラフィックフレームを作成します 図1。ここでは、長方形フレームツールを使用しています。グラフィックフレームが選択された状態になっているので、ファイルメニュー→"配置..."を実行し、「配置」ダイアログが表示されたら目的の画像を選択して[開く]ボタンをクリックします 図2。すると、選択していたグラフィックフレーム内に画像が原寸(元の大きさ)で配置されます 図3。なお、作例の画像は一部、**トリミング**された状態になっています。

図1 空のグラフィックフレーム

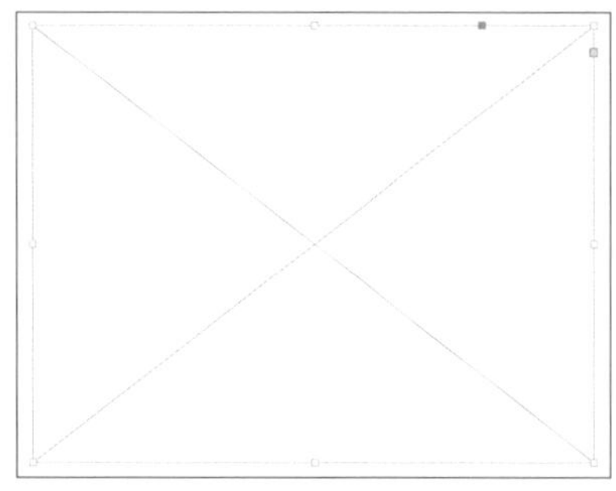

図2 「配置」ダイアログ

図3 画像を配置したグラフィックフレーム

POINT

InDesignに配置された画像は、グラフィックフレームと呼ばれる入れ物と、その中に配置される実際の画像からなっています。額縁の中に飾られた絵画をイメージすると理解しやすいでしょう。

WORD トリミング

画像の一部分のみが切り取られた状態。InDesign上では、実際に切り取られたわけではなく、部分的に非表示になっています。

memo

リンク配置された画像には、画像の左上にリンクバッチと呼ばれる鎖のアイコンが表示されます。ただし、[標準モード]以外の時には非表示となっています。なお、CCライブラリから画像を配置した際には、書類のようなアイコンのリンクバッチが表示されます。

なお、「配置」ダイアログには、どのように読み込むかをコントロールするチェックボックスが表示されています 図4（表示されていない時は［オプションを表示］ボタンをクリックします）。それぞれ、以下のような動作をします。

読み込みオプションを表示：オンにすると、読み込む画像形式に応じたオプションダイアログが表示されます。PSD形式の画像の場合には、［画像］［カラー］［レイヤー］のそれぞれを指定できます 図5。［画像］タブでは任意のアルファチャンネルの指定、［カラー］タブではプロファイル等の指定、［レイヤー］タブでは読み込むレイヤーの切り替えやレイヤーカンプの指定が可能になっています。

選択アイテムの置換：このオプションがオンの場合、画像は選択しているグラフィックフレーム内に配置されますが、オフの場合、グラフィックフレームを選択していても、そのグラフィックフレーム内に画像は配置されません。デフォルトではオンになっているので、オフにせずに使用するのがお勧めです。

キャプションを作成：画像を配置する際に、画像のメタデータからキャプションを自動生成する機能です。この書籍では、画像配置後にキャプションを作成する方法を解説しています。

257ページ　Lesson9-07参照。

グリッドフォーマットの適用：画像配置では関係ありませんが、テキストを配置する際に、フレームグリッドが作成されるのか、プレーンテキストフレームが作成されるのかを決定します。

61ページ　Lesson3-02参照。

memo

InDesignに配置する画像のカラーモードはCMYKにしておきましょう。これは、印刷がCMYKで行なわれるためです。最近では、RGBのまま運用する方法もありますが、RGBからCMYKへ、どのようなカラーの変換が行なわれるかをきちんと理解したうえで行わないと、「仕上がりイメージが違う」といったことにもなるので注意してください。

なお、配置する画像はPSDやAIといったネイティブ形式での保存がお勧めです。EPS形式は、現在ではデメリットが多いので、使用しない方が賢明です。

図4 「配置」ダイアログのオプション

図5 PSD形式画像の配置時に表示される［画像読み込みオプション］ダイアログ

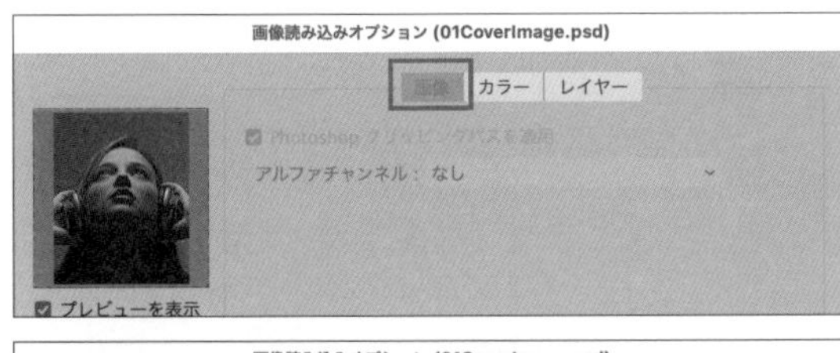

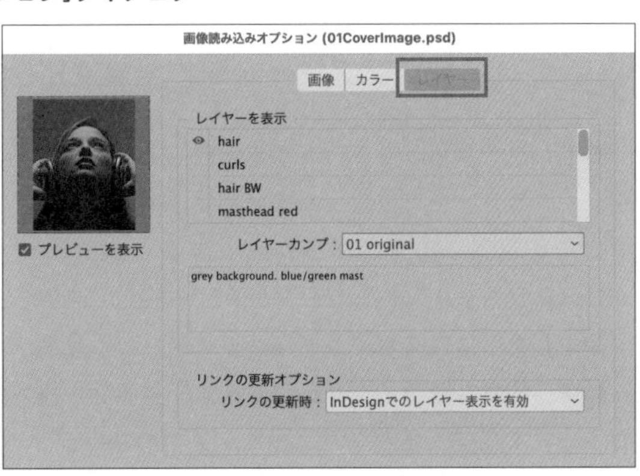

画像をグラフィックフレームに配置

［配置］コマンドを実行せず、直接、画像をグラフィックフレームに配置することもできます。自分のマシン内、あるいはCCライブラリパネルから目的の画像をInDesignドキュメント上にドラッグします 図6 。すると、マウスポインターがグラフィック配置アイコンに変化するので 図7 、目的のグラフィックフレーム上まで移動します。マウスポインターのプレビューに(　)が表示されたら、クリックして画像を配置します 図8 。なお、ドキュメント上に複数の画像をドラッグした場合、続けて配置していくことができます。

memo

配置する画像は、自分のPC内にある画像だけでなく、CCライブラリの画像を配置することも可能です。

図6 画像をInDesignドキュメント上にドラッグ

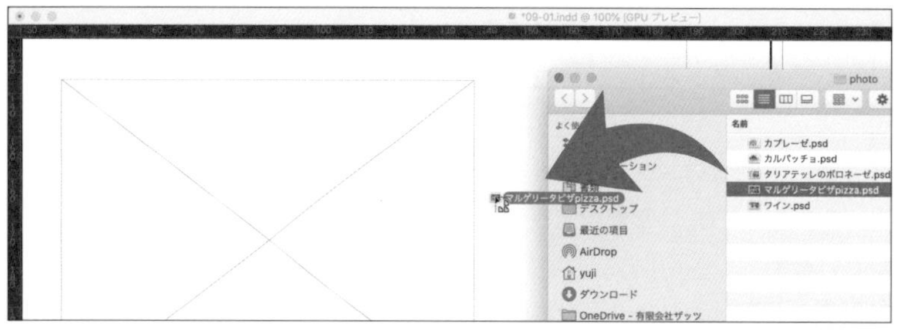

図7 グラフィック配置アイコン

図8 グラフィックフレーム上でクリックして画像を配置

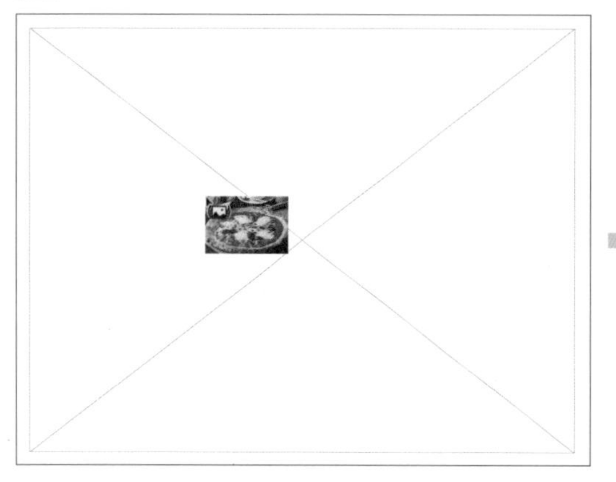

グラフィックフレームを作成せずに画像を配置

事前にグラフィックフレームを作成していなくても、画像を配置する際に、グラフィックフレームを自動生成することができます。まず、配置したい画像を自分のマシン内、あるいはCCライブラリパネルからInDesignドキュメント上にドラッグします。ここでは、4点の画像をドラッグしました。マウスポインターがグラフィック配置アイコンに変化したら 図9 、任意の場所でクリックします。すると、原寸サイズで画像が配置されます 図10 。画像の原寸サイズで自動的にグラフィックフレームが作成され、その中に画像が配置されたというわけです。

memo

［配置］コマンドを実行した場合でも、グラフィックフレームを自動生成して配置することが可能です。

なお、複数の画像をドラッグした際、グラフィック配置アイコンには最初に配置される画像のプレビューと画像数が表示されます。矢印キーを押すことで、次に配置する画像を切り替えることも可能です。

図9 グラフィック配置アイコン

図10 原寸で配置された画像

今度は、クリックではなく、ドラッグしてみましょう。すると、ドラッグした大きさに画像が拡大・縮小されて配置されます 図11 。この時、画像の縦横比率を保ったまま、拡大・縮小されます。

図11 ドラッグしたサイズで配置された画像

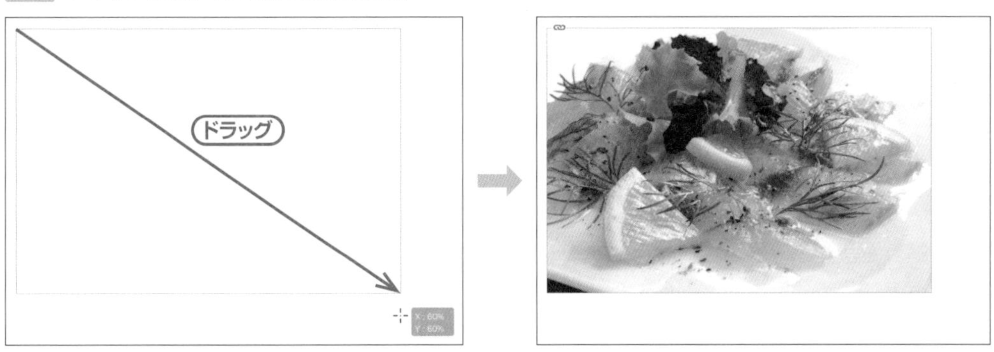

なお、ドラッグ中に矢印キーを押すと、押した方向にフレームが分割されて、同じサイズのグラフィックフレームを複数作成しながら、画像を配置することもできます 図12 。

図12 同一サイズで一気に画像を配置する

memo

矢印キーを押して画像を複数配置した場合、グラフィックフレームとグラフィックフレームの間隔は、レイアウトメニュー→"マージン・段組..."を実行した際に表示される「マージン・段組」ダイアログの[間隔]の値が反映されます。

Illustratorドキュメントの配置

Illustratorドキュメントや PDFファイルも、Photoshop画像と同様に配置可能です。ただし、「配置」ダイアログで[読み込みオプションを表示]にチェックを入れ、「PDFを配置」ダイアログの[トリミング]に何を選択したかで、どのように読み込むかをコントロールできます 図13 。なお、ここでは 図14 のようなIllustratorドキュメントをInDesignに配置してみたいと思います。画像はトリミングしてあり、赤い丸のオブジェクトは非表示レイヤー上に作成してあります(分かりやすいよう、ここでは表示させています)。

図13 「PDFを配置」ダイアログの[トリミング]

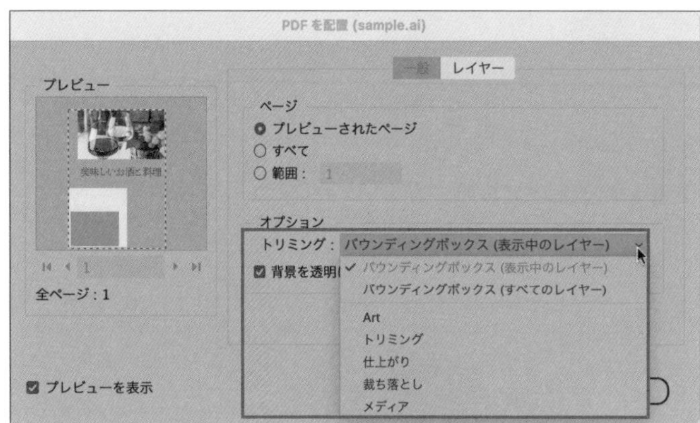

図14 配置するIllustratorドキュメント

memo

InDesignにAI形式のドキュメントを配置すると、PDFとして認識されます。これは、Illustratorが内部的にPDFとして動作しているためです。

「PDFを配置」ダイアログの［トリミング］に選択した項目に応じて、以下のような配置結果になります 図15 。

図15 ［トリミング］の選択項目による配置結果の違い

バウンディングボックス（表示中のレイヤーのみ）
裁ち落とし領域内で、表示されているオブジェクトのサイズで配置されます。

バウンディングボックス（すべてのレイヤー）
裁ち落とし領域内の、非表示レイヤーのオブジェクトも含めたサイズで配置されます。

Art
アートボードサイズ内に存在するオブジェクトのサイズで配置されます（マスクされた画像本来のサイズ部分も含む）。

トリミング
アートボード＋裁ち落とし領域のサイズで配置されます。

仕上がり
アートボード（仕上がり）のサイズで配置されます。

裁ち落とし
アートボード＋裁ち落とし領域のサイズで配置されます。

メディア
アートボード＋裁ち落とし領域＋トンボを含むサイズで配置されます。

画像の位置・サイズを調整する

THEME テーマ InDesignに配置した画像は、グラフィックフレームの位置やサイズ、中の画像の位置や拡大縮小率、トリミングを調整します。中の画像をグラフィックフレームにフィットさせるコマンドもいくつか用意されているので、用途に応じて使い分けましょう。

画像の選択

画像の選択には、グラフィックフレーム自体の選択と、その中の画像のみの選択の2つがあります。それぞれ、どちらを選択しているかによって動作は異なるため、どちらが選択されているかを意識しながら作業しましょう。基本的に、選択ツールで画像を選択すると、グラフィックフレーム全体が選択され、プロパティパネルや変形パネルの[X位置]や[Y位置]、[幅]や[高さ]には、グラフィックフレームの値が表示されます 図1。また、ダイレクト選択ツールで画像を選択すると、中の画像が選択され、[X位置]や[Y位置]、[幅]や[高さ]には画像自体の値が表示されます 図2。なお、[X位置]と[Y位置]には、グラフィックフレームを基準とした値が表示されます。

図1 画像を選択ツールで選択した場合

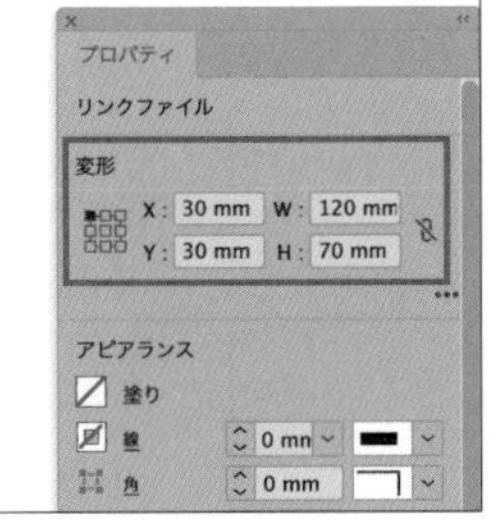

図2 画像をダイレクト選択ツールで選択した場合

POINT

グラフィックフレームが選択されているのか、それとも中の画像が選択されているのかによって、選択時に変形パネルに表示される値は異なります。また、コマンドを実行した時の動作も変わります。

memo

選択ツールを選択している場合でも、画像の中心付近にマウスを移動させると、コンテンツグラバーと呼ばれるドーナツ状のマークが表示され、マウスポインターの表示が手のひらツールに変わります 図3。そのままクリックすれば、ダイレクト選択ツール同様、中の画像を選択することができます。しかし、画像を選択ツールで移動させたいときなど、画像の中心付近をドラッグすると、グラフィックフレームではなく、誤って中の画像を移動させてしまうことも多いため、そういった動作が嫌な場合は、表示メニュー→"エクストラ"→"コンテンツグラバーを隠す"を選択して、コンテンツグラバーを非表示にします。

図3 コンテンツグラバー

グラフィックフレームの移動、サイズ変更

グラフィックフレームを移動させるには、選択ツールでグラフィックフレームを選択後、そのままドラッグすれば移動できますが、正確な位置に移動させたい場合は、プロパティパネルや変形パネル、あるいはコントロールパネルの[X位置]や[Y位置]に値を入力します 図4。

また、グラフィックフレーム自体のサイズを変更したい場合には、選択ツールでグラフィックフレームを選択後、表示されるハンドルを掴んでドラッグするか、プロパティパネルや変形パネル、あるいはコントロールパネルの[W（幅）]と[H（高さ）]に値を入力します 図5。

> **memo**
> [X位置]や[Y位置]、[幅]や[高さ]への値の入力は、プロパティパネルや変形パネル、コントロールパネルから実行できます。

図4 グラフィックフレームの移動

図5 グラフィックフレームのサイズ変更

画像のサイズ変更とトリミング

今度は、グラフィックフレーム内の画像自体のサイズを変更してみましょう。画像をダイレクト選択ツールで選択し、[拡大/縮小Xパーセント]または［拡大/縮小Yパーセント］に値を入力します。すると、画像が入力した値に拡大・縮小されます 図6。なお、デフォルトのサイズは100%（原寸）になっています。

図6 画像のサイズ変更

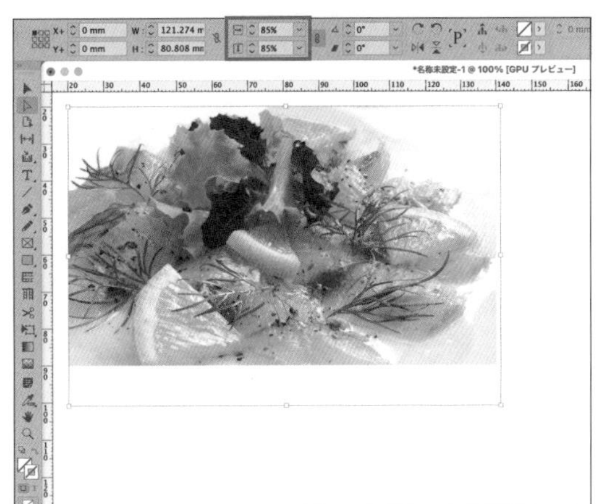

次に、画像のトリミングを変更してみましょう。選択ツールで画像の中央付近にマウスポインターを移動させると、コンテンツグラバーが表示され、手のひらツールに変わります。この状態で画像をプレスするか、あるいはダイレクト選択ツールでプレスすると、トリミングされて非表示だった部分が半透明で表示されます。このままドラッグして、ちょうど良い位置になったらマウスボタンを離せばトリミングを変更できます 図7。

memo

デフォルトでは、[拡大/縮小Xパーセント] または [拡大/縮小Yパーセント] のどちらか片方に入力すれば、もう片方にも同じ値が反映されるようになっています。なお、[拡大/縮小の縦横の比率を固定] アイコンをクリックすれば、縦横の値が連動しなくなります。

図7 画像のトリミング変更

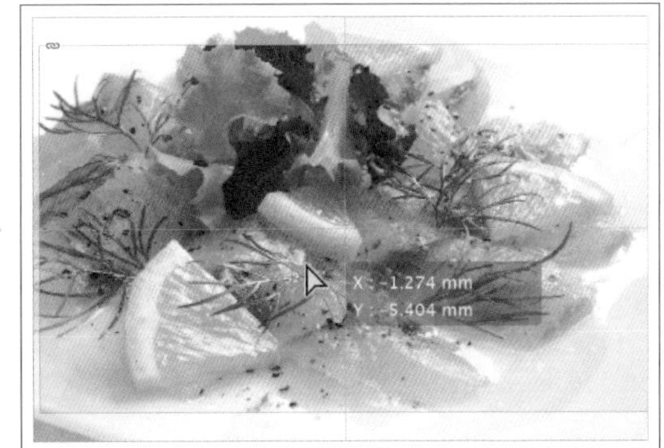

オブジェクトサイズの調整

画像自体のサイズを正確にコントロールしたい場合は、[拡大/縮小X (Y) パーセント] に値を入力しますが、グラフィックフレームに画像をフィットさせるいくつかのコマンドも用意されています。素早く大量の画像をグラフィックフレームにフィットさせる際に有効な方法です。

まず、画像を選択ツール、またはダイレクト選択ツールで選択します。次に、オブジェクトメニュー→"オブジェクトサイズの調整" から目的のコマンドを実行します 図8。あるいは、コントロールパネルから目的のア

memo

画像の表示にはプレビューが使用されるため、粗い状態で表示される場合があります。実際の画像の状態を確認したい場合には、画像を選択し、オブジェクトメニュー→"表示画質の設定"→"高品質表示"、あるいはコンテキストメニューの"表示画質"→"高品質表示" を選択します。なお、「環境設定」の [表示画質] でデフォルトの設定を変更することも可能です。

イコンをクリックしてもかまいません 図9 。それぞれ、以下のような結果になります 図10 。なお、コントロールパネルを使用した方が、素早く実行できるのでお勧めです。

memo

［オブジェクトサイズの調整］コマンドは、複数の画像を選択した状態でも実行できます。

図8 ［オブジェクトサイズの調整］コマンド

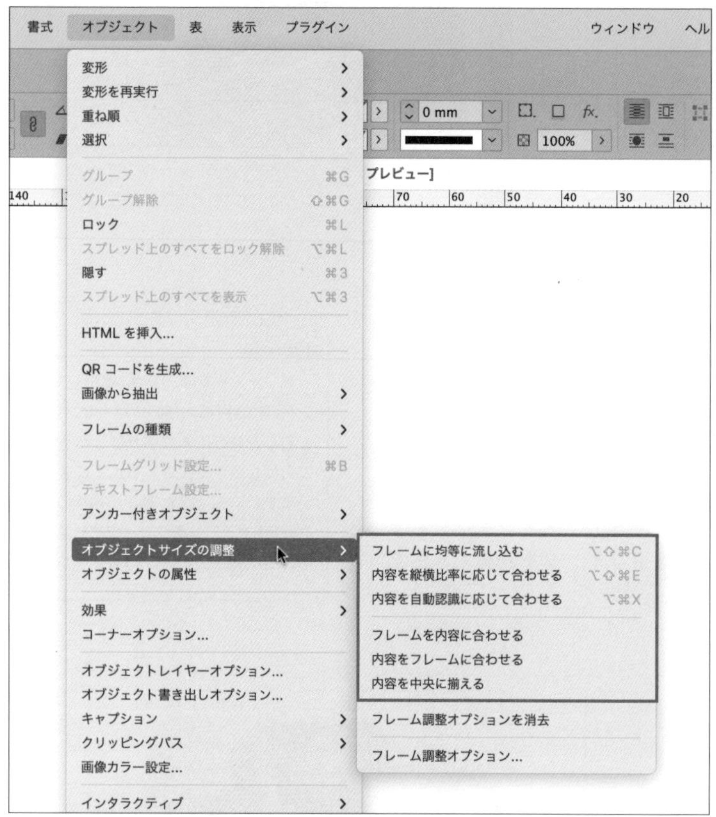

図9 ［オブジェクトサイズの調整］アイコン

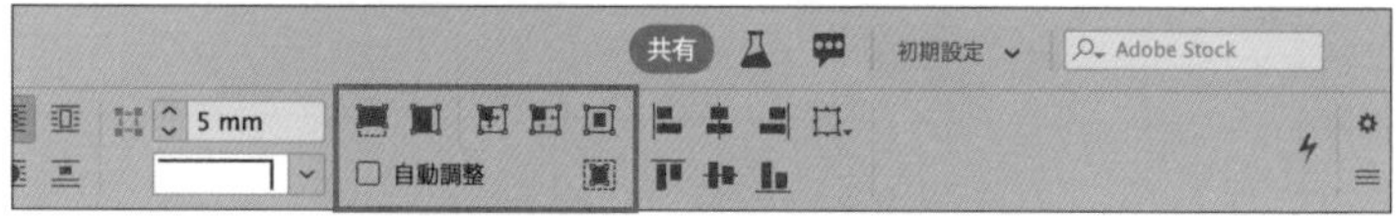

図10 元画像と［オブジェクトサイズの調整］を実行後の画像

元画像(100%)

フレームに均等に流し込む

縦横比率を保ったまま画像がグラフィックフレームにフィットします。ただし、画像が一部トリミングされます。

内容を縦横比率に応じて合わせる

縦横比率を保ったまま画像がグラフィックフレームにフィットします。ただし、グラフィックフレーム内に一部アキができます。

内容を自動認識に応じて合わせる

Adobe Sensei（AdobeのAI)のテクノロジーを利用して、どのような画像かを自動的に認識し、ユーザーが望む結果を予想して、画像のサイズや位置を合わせてくれます。

フレームを内容に合わせる

トリミングされた画像がすべて表示されるよう、グラフィックフレームのサイズが変更されます。

内容をフレームに合わせる

画像の縦も横もグラフィックフレームにフィットしますが、縦と横で拡大・縮小率が異なります。

内容を中央に揃える

画像をグラフィックフレームの中央に揃えます。

フレーム調整オプションを設定する

THEME テーマ

InDesignのデフォルトでは、画像は原寸(100%)で配置されますが、グラフィックフレームに対して、あらかじめ「フレーム調整オプション」を設定しておくと、画像をグラフィックフレームにフィットさせた状態で配置することが可能です。

フレーム調整オプションを設定した画像配置

InDesignに画像を配置すると、基本的に画像は原寸(100%)で配置されます。しかし、あらかじめ作成したグラフィックフレームに対し、「フレーム調整オプション」を設定しておくと、その内容に応じて拡大・縮小された状態で配置できます。

グラフィックフレームを作成したら、選択された状態でオブジェクトメニュー→“オブジェクトサイズの調整”→“フレーム調整オプション...”を実行します 図1。「フレーム調整オプション」ダイアログが表示されるので、各項目を設定して［OK］ボタンをクリックします 図2。ここでは、［サイズ調整］を［なし］から［フレームに均等に流し込む］に変更し、［整列の開始位置］を［中央］に設定しました。なお、［サイズ調整］には［内容をフレームに合わせる］［内容を縦横比率に応じて合わせる］［フレームに均等に流し込む］のいずれかを選択できますが、それぞれの動作に関しては前ページを参照してください。また、［整列の開始位置］はどこを基準に配置するかを指定するものです。目的に応じて選択してください。

図1 ［フレーム調整オプション］コマンド

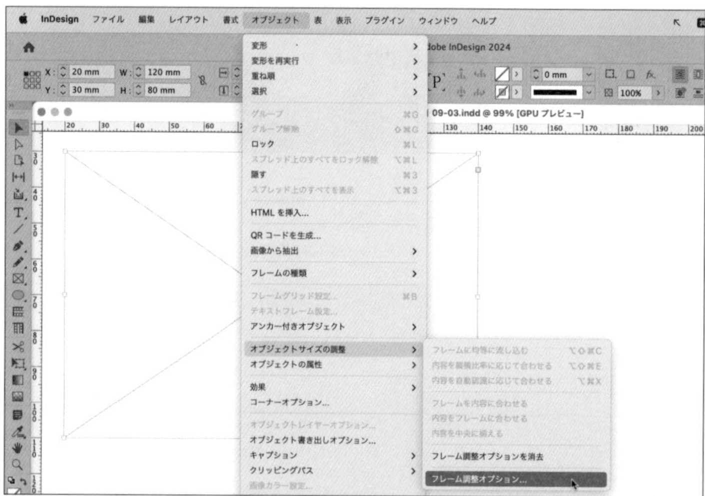

図2 「フレーム調整オプション」ダイアログ

フレーム調整オプション

自動調整

コンテンツのサイズ調整

サイズ調整：フレームに均等に流し込む

整列の開始位置：

なし
内容をフレームに合わせる
内容を縦横比率に応じて合わせる
✓ フレームに均等に流し込む

トリミング量

上：0 mm　左：0 mm

地：0 mm　右：0 mm

プレビュー　キャンセル　OK

「フレーム調整オプション」を設定したグラフィックフレームに画像を配置すると、原寸（100%）ではなく、指定した内容で配置されます 図3。つまり、あらかじめ「フレーム調整オプション」を設定しておくことで、画像配置後に［オブジェクトサイズの調整］コマンドを適用したのと同じ効果が得られるわけです。

図3 配置された画像

memo

「フレーム調整オプション」ダイアログの［トリミング量］を設定すると、画像配置時に非表示にする領域をmmで指定できますが、画像の拡大縮小率が影響してくるため、なかなか思い通りに設定できません。そのため、あまり使用する機会はないでしょう。

memo

「フレーム調整オプション」ダイアログの［自働調整］オプションは、オンでもオフでも画像配置時に違いはありません。しかし、後からグラフィックフレームのサイズ変更をした際に動作が異なります。オンの場合、グラフィックフレームのサイズ変更に合わせて、中の画像も拡大縮小されますが、オフの場合には、グラフィックフレームのサイズを変更しても、中の画像は変化（拡大縮小）しません。

リンクを管理する

THEME テーマ

配置された画像は、基本的にリンクとして運用されます。InDesignでは、画像の管理をリンクパネルで行い、リンク画像への移動やリンクの更新、別の画像への再リンク等、さまざまな操作をこのパネル上から実行できます。

リンクパネルの操作

InDesignドキュメントに配置された画像は、基本的にリンク画像として運用されます。そして、配置された画像はすべてリンクパネルで管理されます。まず、ウィンドウメニュー→"リンク"を実行して、リンクパネルを表示し、いずれかの画像を選択してみましょう。選択している画像のファイル名がハイライトされ、[リンク情報] にカラースペースやPPI、拡大・縮小等、さまざまな情報が表示されます 図1。

図1 **リンクパネル**

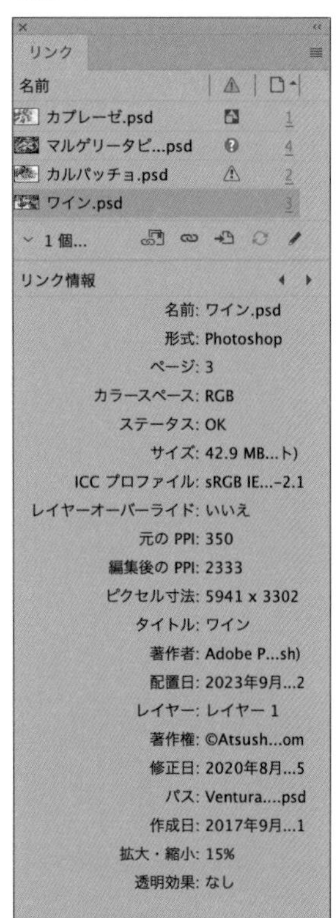

画像のファイル名の横には、その画像が配置されているページ数が表示されますが、状況に応じてさまざまなアイコンが表示される場合があります。
アイコンが表示される場合は、埋め込まれたファイルであることをあらわし、アイコンが表示される場合は、リンク元のファイルの内容が変更されていることをあらわし、アイコンが表示される場合は、無効なリンク(リンク画像が見つからない) であることをあらわしています。

memo

リンクパネルのパネルメニュー→"パネルオプション..." を選択すると、「パネルオプション」ダイアログが表示され、リンクパネルにどのような情報を表示させるかを設定できます。

リンクパネルで選択している画像を画面上に表示させたい場合は、リンクパネルで[リンクへ移動]ボタンをクリックします 図2。すると、その画像が選択された状態でドキュメントウィンドウに表示されます。

図2 [リンクへ移動]ボタン

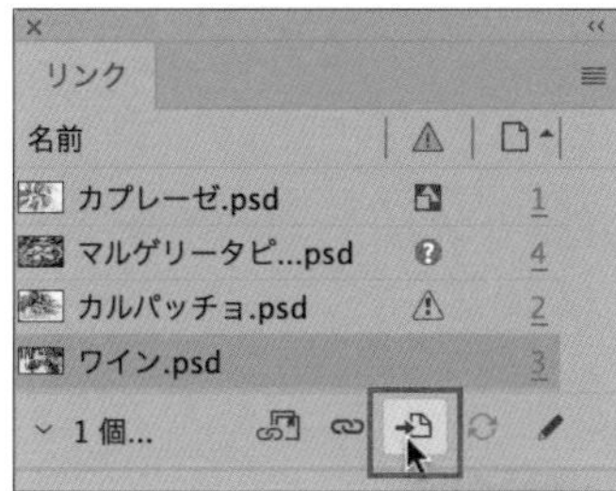

リンクの更新

リンクしている画像に変更があると、リンクパネルには［変更済み］アイコン⚠が表示されるので、リンクを更新します。更新したい画像を選択し、リンクパネルで［リンクを更新］ボタンをクリックすれば更新されます（変更済みアイコンも消えます）図3。なお、更新したい同一画像が複数個ある場合には、option〔Alt〕キーを押しながら[リンクを更新]ボタンをクリックすることで、同一画像すべてを一気に更新できます。

図3 [リンクを更新]ボタン

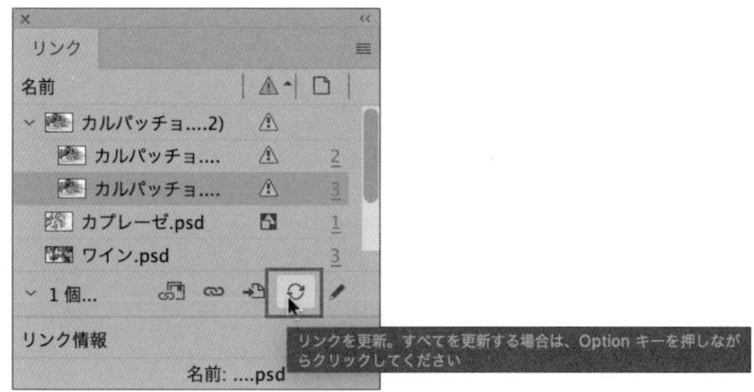

また、別の方法として、画像の左上に表示された警告アイコン⚠をクリックすることでも、リンクの更新は可能です 図4。

> **memo**
> 画像に表示される警告アイコンは、プレビューモードになっていると表示されないので注意してください。また、option〔Alt〕キーを押しながらクリックすると、リンクは更新されず、リンクパネルが表示されます。

図4 リンクの更新

再リンクする

一度配置した画像を別の画像に差し替えたいような場合は、再リンクします。リンクパネル上で差し替えたい画像を選択し、[再リンク] ボタンをクリックします。すると、「再リンク」ダイアログが表示されるので、差し替えるファイルを選択して [開く] ボタンをクリックすれば画像が差し替わり、リンクパネルのファイル名も変更されます 図5。

図5 画像の再リンク

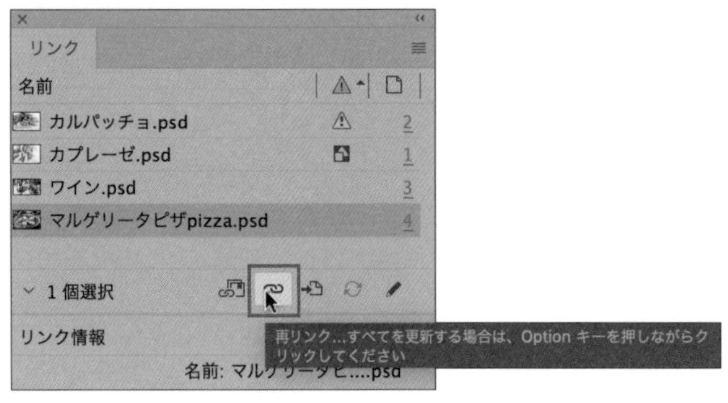

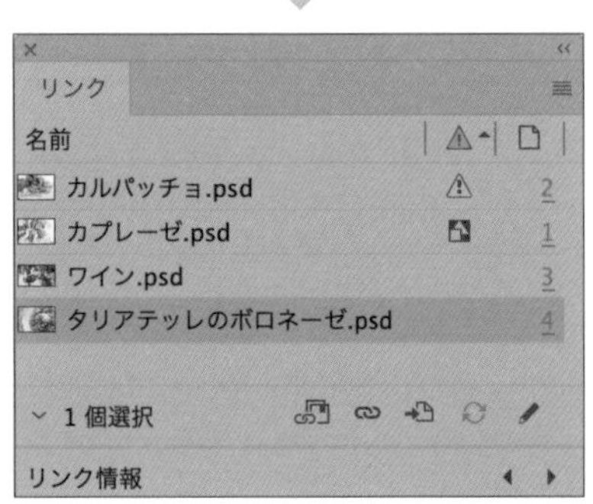

また、ドラッグ操作のみで画像を再リンクすることも可能です。この場合、デスクトップやフォルダー内にある画像ファイルをInDesignドキュメント上にoption〔Alt〕キーを押しながらドラッグし、差し替えたい画像の上にドロップします。この方法でも、新しい画像に差し替えることが可能です 図6。

図6 画像の差し替え

元データを編集

一度、配置したPhotoshopやIllustratorの画像を、再編集したい場合にはPhotoshopやIllustratorに戻って作業します。直接、画像をPhotoshopやIllustratorで開いても良いのですが、InDesign上から配置画像を作成したアプリケーションで開く指示を出すこともできます。目的の画像を選択し、リンクパネルで[元データを編集]ボタンをクリックします 図7。

図7 [元データを編集]ボタン

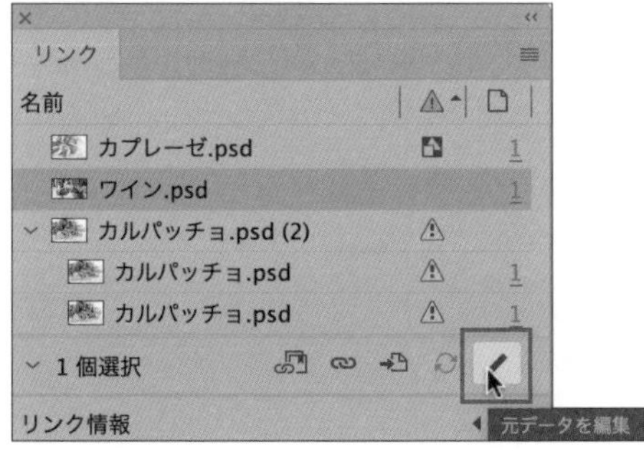

同様のことは、option〔Alt〕キーを押しなが画像を直接ダブルクリックすることでも可能です。InDesignから［元データを編集］を実行した場合、PhotoshopやIllustratorで編集後に保存してInDesignに戻れば、リンクの更新が自動的に完了するというメリットがあります。そのため、リンク画像を編集する際には、InDesignから[元データを編集]するのがお勧めです。

回り込みを設定する

THEME テーマ

配置した画像にテキストが重なり、隠れてしまうようなケースでは、画像に対して回り込みの設定をします。これにより、テキストは画像と重なるのを避けて流れます。目的に応じて、いくつかの回り込みの設定を使い分けましょう。

回り込みの設定

テキストと画像が重なった際に、画像に対して回り込みの設定をすることで、画像を避けてテキストを流すことができます。ここでは、選択ツールで画像を選択し、回り込みを適用するとどのような結果になるかを見てみましょう。ウィンドウメニュー→"テキストの回り込み"を選択してテキストの回り込みパネルを表示しておきます 図1。

図1 配置した画像とテキストの回り込みパネル

画像に沿ってテキストを回り込ませるためには、画像に対して回り込みの設定をします。
テキストの回り込みは、
線ボックスで回り込む」「
クトのシェイプで回り込
ブジェクトを挟んで回り込
の段へテキストを送る」の
用意されており、さらに選択した
回り込みに応じてオフセットが指定できます。

また、さまざまな回り込みオプションと輪郭オプションも用意されており、特定のテキストの
回り込みさせないといったこ
能です。なお、回り込み
パスでできており、ダイ
選択ツールで自由に編集す
もできます。このように、
InDesign では高度な回り込み設定が可能です。

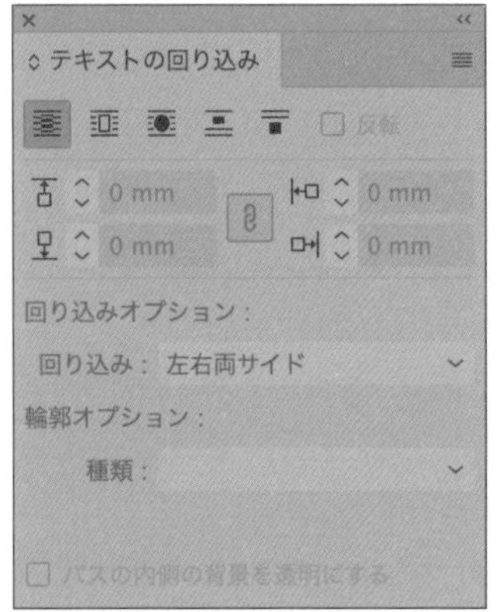

POINT

画像とテキストが重なる場合、画像に対して回り込みの設定をすることで、テキストは画像を避けて流れます。なお、デフォルトでは画像の前面にあるテキストも、背面にあるテキストも回り込みが反映されますが、「環境設定」ダイアログの[組版]カテゴリーで[テキストの背面にあるオブジェクトを無視]をオンにすることで 図2、画像の前面にあるテキストだけに対して回り込みを適用することもできます。

POINT

画像を選択ツールで選択した場合とダイレクト選択ツールで選択した場合とでは、回り込みを適用した際の結果が異なる場合があります。基本的に、画像は選択ツールで選択しましょう。

図2 テキストの背面にあるオブジェクトを無視

環境設定

一般
インターフェイス
UI の拡大・縮小
テキスト
高度なテキスト
組版
単位と増減値
グリッド
ガイドとペーストボード
文字枠グリッド
辞書
欧文スペルチェック
スペル自動修正
注釈
変更をトラック
ストーリーエディター
表示画質

組版

ハイライト表示オプション
- [ ] H&J 違反保持
- [x] 代替フォント
- [ ] H&J 違反
- [ ] 禁則処理
- [ ] カスタマイズされたトラッキング / カーニング
- [ ] 代替字形

テキストの回り込み
- [ ] オブジェクトの次へテキストを均等配置
- [x] 次の行に合わせる
- [ ] テキストの背面にあるオブジェクトを無視
- [x] テキストの回り込み時にテキストのインデントを維持

文字組み互換モード
- [x] 縦組み中の欧文に垂直・水平比率を適用する方向を切り替える
- [x] 文字組みアキ量設定の文字クラスを CID ベースにする (Adobe-Japan1 のみ)

選択ツールで画像を選択したら、まずはテキストの回り込みパネルで[境界線ボックスで回り込む]を適用します。すると、画像の境界線ボックスを基準に回り込みが適用されます 図3 。上下左右の[オフセット]や[回り込みオプション]の各項目が設定できます。なお、[回り込み]のオプションは実際に選択してみればどのように動作するかは分かると思いますが、選択した項目(サイド)に対してテキストが流れます。

memo
テキストの回り込みパネルの各オフセットでは、画像とテキストの距離をどれだけ離すかを設定できます。なお、マイナスの値も入力できます。

図3 境界線ボックスで回り込む

画像に沿ってテキストを回り込ませるためには、画像に対して回り込みの設定をします。
テキストの回り込みは、「境界線ボックスで回り込む」「オブジェクトのシェイプで回り込む」「オブジェクトを挟んで回り込む」「次の段へテキストを送る」の4つが用意されており、さらに選択した回り込みに応じてオフセットが指定できます。
また、さまざまな回り込みオプションと輪郭オプションも用意されており、特定のテキストのみ、回り込みさせないといったことも可能です。なお、回り込みの輪郭はパスでできており、ダイレクト選択ツールで自由に編

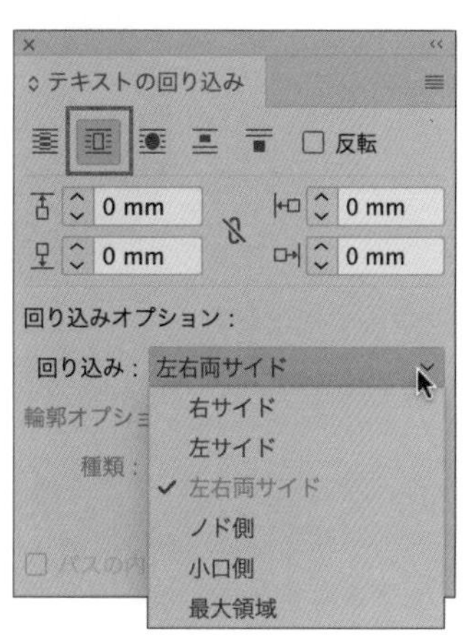

今度は、[オブジェクトのシェイプで回り込む]を適用します。すると、画像のシェイプ(形)を基準に回り込みが適用されます 図4 。[上オフセット]や[回り込みオプション][輪郭オプション]の各項目が設定できます。なお、[輪郭オプション]では、画像の持つアルファチャンネルやPhotoshop パスを基準に回り込ませることも可能です。なお、[輪郭オプション：被写体を選択]を選択すると、画像の被写体を自動で認識して、その被写体に沿って回り込みさせることも可能です。詳しくは、以下のURLを参照してください。

https://study-room.info/id/studyroom/cc2021/study02.html

memo
[オブジェクトのシェイプで回り込む]では、画像の形に沿って回り込むため、[上オフセット](画像の輪郭からテキストまでの距離)のみが指定できます。

図4 オブジェクトのシェイプで回り込む

画像に沿ってテキストを回り込ませるためには、画像に対して回り込みの設定をします。
テキストの回り込みは、「境界線ボックスで回り込む」「オブジェクトのシェイプで回り込む」「オブジェクトを挟んで回り込む」「次の段へテキストを送る」の4つが用意されており、さらに選択した回り込みに応じてオフセットが指定できます。
また、さまざまな回り込みオプションと輪郭オプションも用意されており、特定のテキストのみ、回り込みさせないといったことも可能です。なお、回り込みの輪郭はパスでできており、ダイレクト選択ツールで自由に編集す

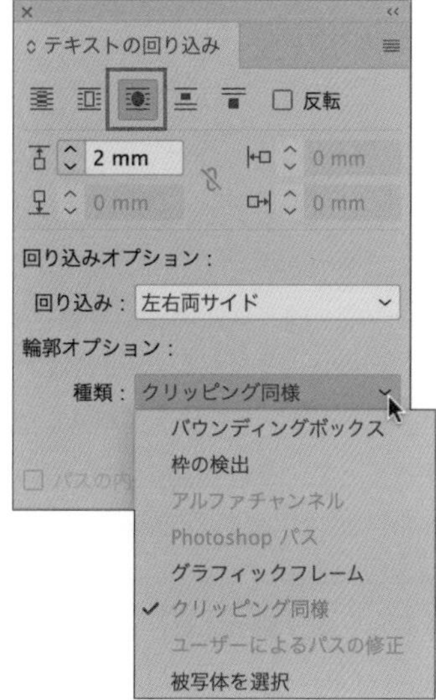

今度は、[オブジェクトを挟んで回り込む]を適用します。すると、画像の左右の領域（縦組みの場合は上下の領域）にはテキストが流れなくなります 図5。左右の[オフセット]は、設定しても意味がありません。

> **memo**
> テキストの回り込みパネルの［反転］をオンにすると、テキストが流れる領域と流れない領域が逆になります。

図5 オブジェクトを挟んで回り込む

画像に沿ってテキストを回り込ませるためには、画像に対して回

り込みの設定をします。
テキストの回り込みは、「境界線ボックスで回り込む」「オブジェクトのシェイプで回り込む」「オブジェクトを挟んで回り込む」「次の段へテキストを送る」の4つが

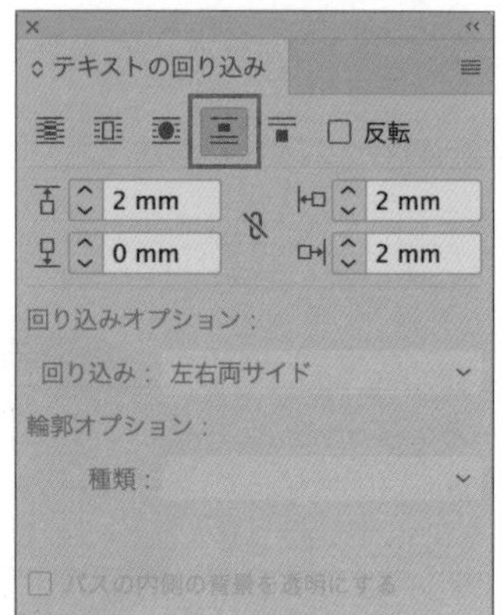

最後に、[次の段へテキストを送る]を適用します。すると、画像にかかる所から、テキストは次の段に送られます 図6。左右の[オフセット]は、設定しても意味がありません。

図6 次の段へテキストを送る

画像に沿ってテキストを回り込ませるためには、画像に対して回り込みの設定をします。
テキストの回り込みは、「境界

テキストの回り込み
反転
2 mm
2 mm
0 mm
2 mm
回り込みオプション：
回り込み： 左右両サイド
輪郭オプション：
種類：
パスの内側の背景を透明にする

なお、回り込みを適用した際に表示される回り込みの輪郭はパスでできており、編集可能です。ダイレクト選択ツールで、輪郭のアンカーポイントをつかんでドラッグしたり、アンカーポイントを追加したりすることで、回り込みの輪郭を好きなように調整できます 図7。なお、編集した輪郭は［回り込みなし］をクリックしたり、［輪郭オプション］の［種類］を［ユーザーによるパスの修正］から［クリッピング同様］に変更することで、元の状態に戻すことができます。

また、2023年度版のInDesignより、インデントを適用したテキストに回り込みを適用しても、インデントが反映されないと言う問題が解消されました。詳しくは、以下のURLを参照してください。

https://study-room.info/id/studyroom/cc2023/study04.html

図7 回り込みの輪郭の修正

画像を切り抜き使用する

THEME テーマ

InDesignでは、さまざまな方法で画像の切り抜き使用が可能です。どのような画像なのか、またどの方法が一番素早く作業できるのか等を考慮して、最適な切り抜き方法を選択しましょう。

クリッピングパスによる切り抜き

さまざまある画像の切り抜き方法のうち、昔から使用されていたのが「画像に設定された**クリッピングパス**を基に切り抜く」方法です。まず、事前にPhotoshop上で画像に対してクリッピングパスを設定しておきます 図1 。この画像をInDesignドキュメントに配置すると、切り抜かれた状態で配置されます 図2 。ここでは、分かりやすいようInDesignドキュメントの背景には、グラデーションオブジェクトを作成してあります。

WORD クリッピングパス

クリッピングパスとは、画像を切り抜くために用いられるパスのことで、1つの画像には1つのクリッピングパスしか設定できません。

図1 クリッピングパスを設定したPhotoshop画像

図2 InDesignに配置した画像

なお、InDesignのデフォルト設定では、クリッピングパスが設定された画像は、そのまま配置すれば切り抜かれた状態で配置されますが、切り抜かれなかった場合には、「配置」ダイアログを開いた際に[読み込みオプションを表示]にチェックを入れ、[画像読み込みオプション]ダイアログの設定を確認してください。[画像] タブの [Photoshopクリッピングパスを適用]がオフになっていたら、オンにすることで切り抜かれた状態で配置できます 図3 。

図3 Photoshopクリッピングパスを適用

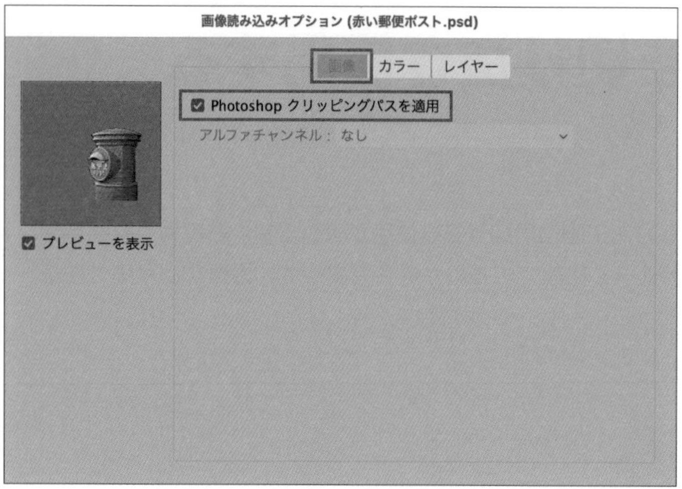

Photoshopパスによる切り抜き

InDesignでは、Photoshopパスによる切り抜き使用も可能です。クリッピングパスが画像に1つしか設定できないのに対し、Photoshopパスは画像に対して複数設定することができるため、1つの画像を異なる切り抜き方で使用するといったこともできます。まず、Photoshop上で画像に対してPhotoshopパスを設定しておきます 図4 。

図4 Photoshopパスを複数設定した画像

次に、この画像をInDesignドキュメントに配置します 図5 。しかし、まだこの時点では画像は切り抜きされていません。

図5 Photoshopパスを適用した画像の配置

次に、画像を選択したままで、オブジェクトメニュー→“クリッピングパス”→“オプション...”を選択します。「Clipping Path」ダイアログが表示されるので、[タイプ]に[Photoshopパス]を、[パス]に目的のパスを選択して[OK]ボタンをクリックします。すると、選択したパスで画像が切り抜かれます 図6 。

> **memo**
> 「クリッピングパス」ダイアログの[マージン]を設定すると、指定したサイズの分だけパスのサイズを大きくしたり、小さくしたりできます。

図6 Photoshopパスを使用した画像の切り抜き

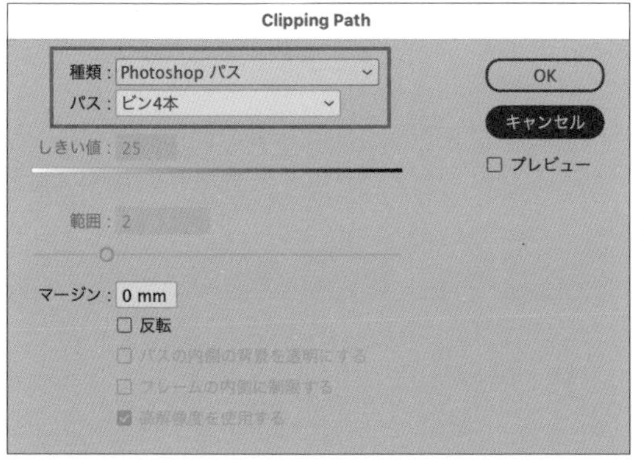

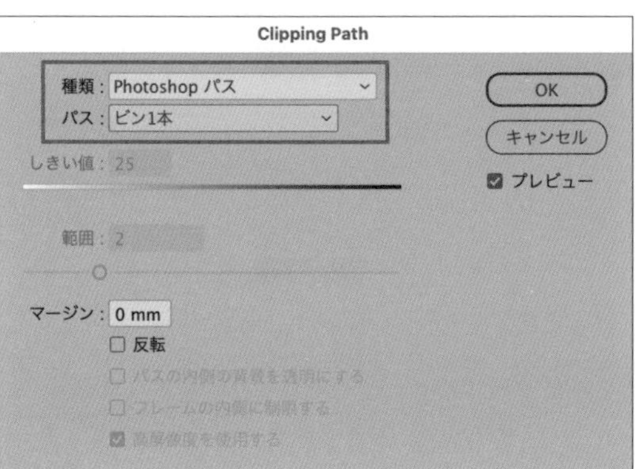

アルファチャンネルによる切り抜き

Photoshop画像のアルファチャンネルを利用した切り抜きも可能です。まず、Photoshop上で画像に対してアルファチャンネルを設定しておきます 図7。

図7 アルファチャンネルを設定した画像

次に、ファイルメニュー→"配置"を選択して「配置」ダイアログを表示させたら、[読み込みオプションを表示]をオンにし、目的のファイルを選択して「開く」ボタンをクリックします 図8。「画像読み込みオプション」ダイアログが表示されるので、[画像] タブの [アルファチャンネル] に目的のアルファチャンネルを選択し、[OK]ボタンをクリックします。画像が切り抜かれた状態で配置されます 図9。

図8 「配置」ダイアログ

図9 アルファチャンネルを利用した画像配置

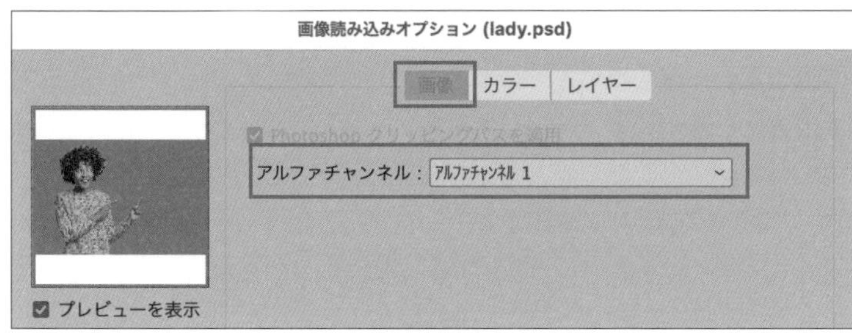

図10 「画像読み込みオプション」ダイアログの[レイヤー]

memo

「画像読み込みオプション」ダイアログの［レイヤー］タブでは、Photoshop画像のレイヤーやレイヤーカンプを指定して読み込むことが可能です 図10 。この設定は、あとから変更することも可能で、オブジェクトメニュー→"オブジェクトレイヤーオプション..." を選択することで、配置済みの画像のレイヤーやレイヤーカンプの切り替えも可能です。

透明機能を利用した切り抜き

InDesignでは、PhotoshopやIllustratorで適用された透明機能をそのまま認識します。つまり、PhotoshopやIllustratorで透明にした部分は、InDesignでも透明のまま扱うことができるわけです。ここでは、まずPhotoshop画像に対して透明機能を利用して背景を削除しておきます 図11 。

図11 背景を透明にしたPhotoshop画像

この画像をInDesignドキュメントに配置すると、Photoshop画像の透明部分を認識して、切り抜かれた状態で配置されます 図12 。

図12 InDesignドキュメントに配置した背景が透明なPhotoshop画像

キャプションの作成

配置画像に対し、画像のメタデータを利用して、指定した位置、指定したスタイルで素早くキャプションを生成することが可能です。キャプションの作成がグッと楽になる機能なので活用しましょう。

キャプション設定

一般的には手作業でキャプションを作成することが多いと思いますが、InDesignには配置画像が持つ**メタデータ**をキャプションのテキストとして呼び出す機能が用意されています。この機能を活用すれば、画像に素早くキャプションを付けることができます。まず、どのようなキャプションを作成するかを指定するため、ウィンドウメニュー→“リンク”を実行してリンクパネルを表示し、パネルメニューから“キャプション”→“キャプション設定”を実行します 図1。

WORD メタデータ

メタデータとは「データのためのデータ」と定義できますが、分かりやすく言えば、データが持つ情報です。例えば、写真には“写真を構成するビットマップデータ”以外にも、ファイル名や作成日、解像度、カラープロファイルをはじめ、レンズや焦点距離等、じつに多くの情報を保持しています。これら直接、目に見えない情報をメタデータと呼びます。

図1 リンクパネルの[キャプション設定]コマンド

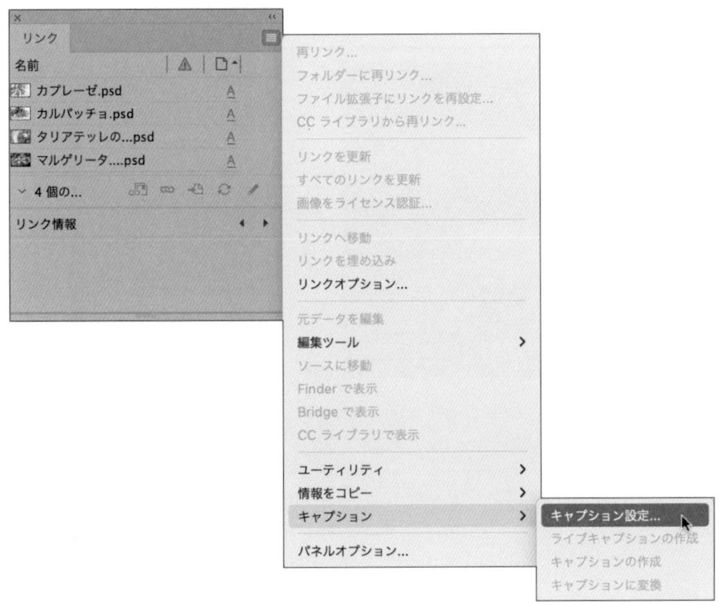

「キャプション設定」ダイアログが表示されるので、各項目を設定します 図2。[OK]ボタンをクリックすれば、事前の設定は終わりです。なお、各項目の設定に関する詳細を以下に記述しておきます。

① **[先行テキスト]**：作成するキャプションの前に文言を追加したい際に入力します。

② **[メタデータ]**：キャプション用にテキストを生成するために使用するメタデータをプルダウンメニューから選択します。

③ **[後続テキスト]**：作成するキャプションの後に文言を追加したい際に入力します

④ **[揃え]**：キャプションを画像のどこに作成するかを、[画像の下] [画像の上] [画像の左] [画像の右]の中から選択します。ただし、日本語組版では [画像の左] または [画像の右] を選択しても、テキストが縦組みにならないため、実際は使用できるのは [画像の下] か [画像の上] となります。

⑤ **[オフセット]**：画像からキャプションまで何ミリ離すかを [オフセット]で指定します。

⑥ **[段落スタイル]**：キャプションに適用する段落スタイルを指定します。なお、段落スタイルを指定したい場合は、事前に作成しておきます。

⑦ **[レイヤー]**：画像と同じレイヤーにキャプションを作成するのか、アクティブレイヤーに作成するのか、あるいは任意のレイヤーを指定します。

⑧ **[キャプションと画像をグループ化]**：キャプションと画像をグループ化したい際にチェックを入れます。

ここでは、図2 のように設定しました。

図2 「キャプション設定」ダイアログ

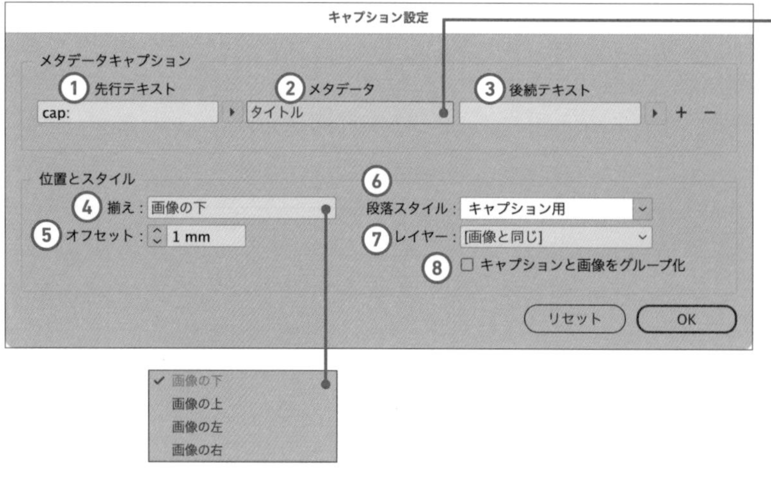

キャプションの作成

では、画像にキャプションを作成しましょう。まず、キャプションを作成したい画像を選択し(ここでは、画像を4点選択しました)、リンクパネルのパネルメニュー→“キャプション”→“ライブキャプションの作成”またはリンクパネルのパネルメニュー→“キャプション”→“キャプションの作成”を実行します 図3 。すると、選択していた画像にキャプションが作成されます 図4 図5 。

図3 リンクパネルの[ライブキャプションの作成]と[キャプションの作成]

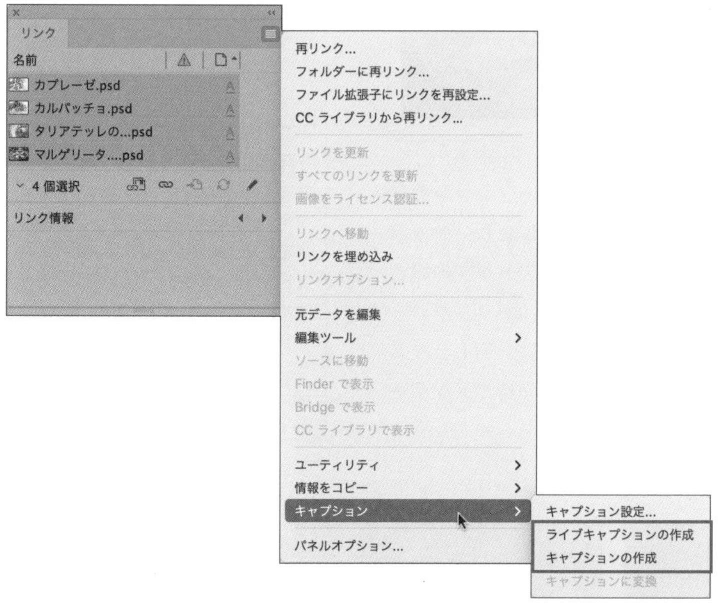

図4 [ライブキャプションの作成]で作成されたキャプション

図5 [キャプションの作成]で作成されたキャプション

[ライブキャプションの作成] を実行した場合でも、[キャプションの作成] を実行した場合でも、キャプションは作成されます。しかし、「キャプション設定」ダイアログで指定した [メタデータ] にテキストが空の場合の結果が異なります。[ライブキャプションの作成] の場合は〈リンクからのデータなし〉と表示され、[キャプションの作成] の場合は、何もテキストが表示されません。なお、Adobe Bridgeを使えば、画像の持つメタデータを確認できます 図6 。

> **memo**
> 画像にメタデータを入力するのは手間です。そのため、実際の作業ではメタデータがなくても、指定した位置に、指定した書式でキャプション用のテキストフレームを作成してくれるだけで作業効率はアップします。筆者も [キャプションの作成] を実行後に、手動でキャプションとして使用するテキストを入力、またはペーストしています。

図6 Adobe Bridgeで表示させた画像のメタデータ

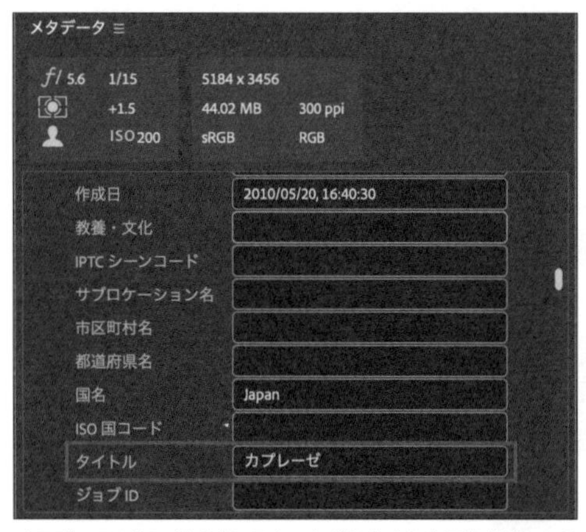

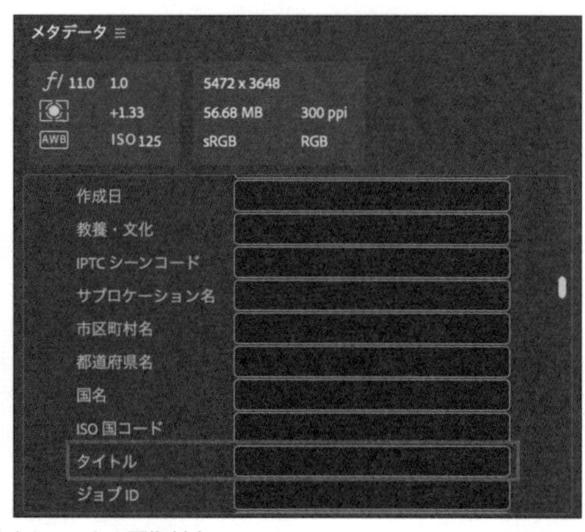

メタデータの[タイトル]にテキストが入力された画像(左)と、入力されていない画像(右)

なお、[ライブキャプションの作成] と [キャプションの作成] の大きな違いは、[ライブキャプションの作成] はメタデータとリンクされた状態でキャプションが作成されるのに対し、[キャプションの作成] は最初にキャプションを作成する時のみメタデータが参照される点です。そのため、[ライブキャプションの作成] を実行した場合のみ、キャプションを作成後にメタデータを修正すると、InDesign上で[リンクの更新]をすることで、キャプションのテキストも更新できます。

> **memo**
> メタデータの修正は、Adobe Bridgeのメタデータパネルから実行できます。

Illustratorのパスオブジェクトをペーストする

THEME テーマ Illustratorのパスオブジェクトは、そのままInDesignドキュメントに配置するだけでなく、ペーストすることもできます。この場合、リンク画像としてではなく、InDesignのオブジェクトとしてペーストされるので、InDesign上で編集も可能です。

Illustratorパスのペースト

Illustratorのパスオブジェクトは、そのままInDesignドキュメントにペーストできます。まず、Illustrator上でパスオブジェクトを選択し、コピーします 図1。InDesignに切り替え、このパスオブジェクトをドキュメント上にペーストします。すると、グループ化されたInDesignのパスとしてペーストされます 図2。もちろん、リンクにはなっていません。

図1 Illustratorのパスオブジェクト

図2 InDesignドキュメントにペーストしたパス

ペーストしたパスオブジェクトは、InDesignのパスオブジェクトとして運用できるため、InDesign上でパスを編集したり、カラーを変更したりといったことが可能です 図3。なお、Illustrator上でパスオブジェクトとテキストオブジェクトを一緒にコピーして、InDesignドキュメントにペーストした場合、テキストが画像化されたり、位置がずれたりしておかしな状態になってしまうこともあるので、InDesignにペーストするのはパスのみにしておきましょう 図4。

図3 InDesign上でパスのカラーを変更した状態

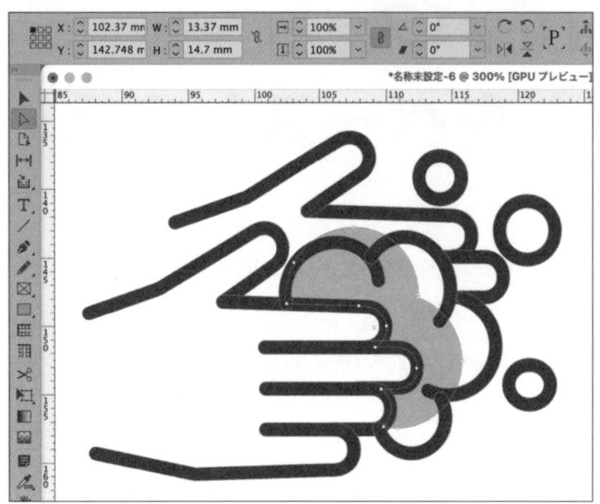

図4 テキストを含むパスオブジェクトのペースト

Lesson 10

表組み

Illustratorには表組みの機能はありませんが、InDesignには標準で表組みの機能が用意されています。Excelの表の読み込みも可能で、また、高度な表を作成するためのさまざまな機能が搭載されています。

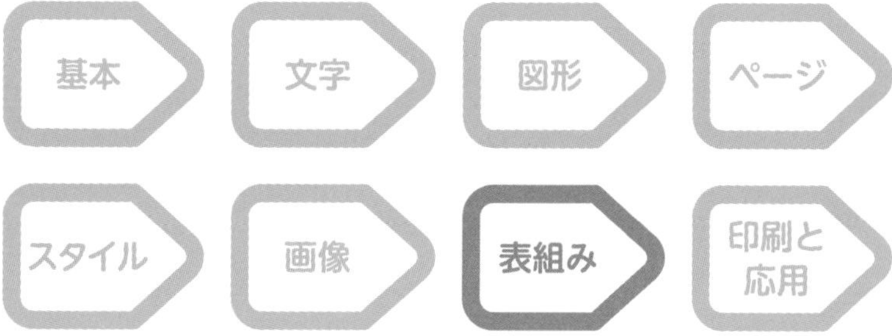

表を作成する

THEME テーマ

InDesignの表組みは、テキストフレーム内に作成します。表専用のツールといったものはなく、基本的に文字ツールを使って表に関する操作を行います。縦組みと横組みのどちらの表も作成でき、テキストフレームやページをまたぐことも可能です。

表を挿入

InDesignの表は、テキストフレーム内に作成します。表組み専用のツールがあるわけではなく、文字ツールと表パネル、表メニューを使用して作成します。テキスト間に表を作成することも可能です。では、表メニューから表を挿入してみましょう。

まず、プレーンテキストフレームを作成します(横組みの表を作成する場合は、横組み用のプレーンテキストフレーム、縦組みの表を作成する場合は、縦組み用のプレーンテキストフレームを作成します)。次に、テキストフレーム内にカーソルが点滅している状態から表メニュー→"表を挿入..."を実行します 図1 。すると、「表を挿入」ダイアログが表示されるので、各項目を入力して[OK]ボタンをクリックすれば 図2 、指定した内容で表が作成されます 図3 。なお、[表スタイル]はデフォルトの[基本表]のままでかまいません。

POINT

InDesignの表は、プレーンテキストフレームとフレームグリッドのどちらを使用しても作成することができますが、フレームグリッドだとグリッド揃えの影響を受けて文字を思い通りの位置に配置できなかったり、グリッドがあることで表の罫線が見づらかったりするため、プレーンテキストフレーム内に作成するのがお勧めです。

図1 [表を挿入]コマンド

図2 「表を挿入」ダイアログ

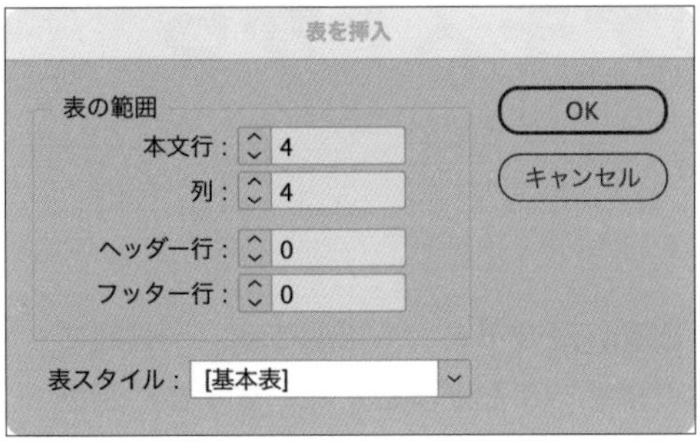

表を挿入

表の範囲
本文行：4
列：4
ヘッダー行：0
フッター行：0
表スタイル：[基本表]
OK
キャンセル

図3 作成された表

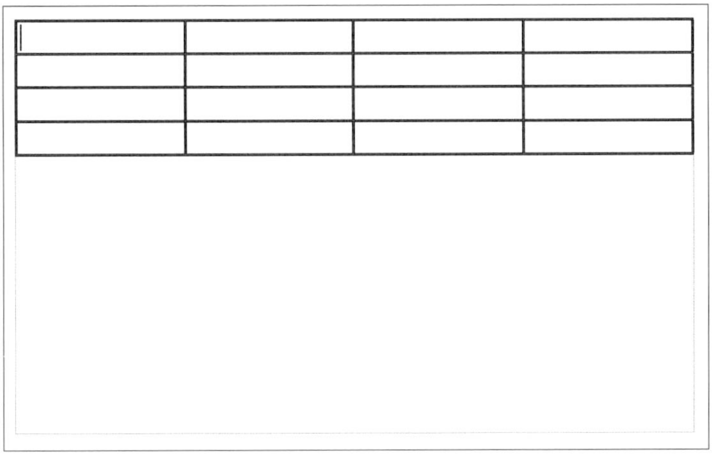

あとは、セル内にテキストを入力し、表の体裁やテキストの書式を整えていきます。ちなみに、InDesignの表はテキスト間に表を作成することも可能です 図4。つまり、InDesignの表はテキストの一部として動作するということです。

図4 テキスト間に挿入した表

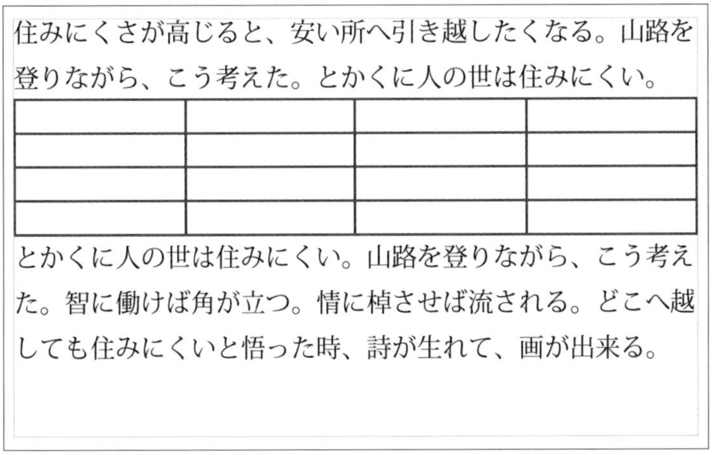

住みにくさが高じると、安い所へ引き越したくなる。山路を登りながら、こう考えた。とかくに人の世は住みにくい。

とかくに人の世は住みにくい。山路を登りながら、こう考えた。智に働けば角が立つ。情に棹させば流される。どこへ越しても住みにくいと悟った時、詩が生れて、画が出来る。

タブ区切りのテキストから表を作成する

THEME テーマ
タブやコンマ、改行で区切ったテキストから表を作成することも可能です。一般的には、タブやコンマを列、改行を行として表に変換することが多いと思いますが、選択してコマンドを実行するだけで、簡単に表を作成することができます。

テキストを表に変換

InDesignでは、タブやコンマ、改行で区切ったテキストから表を作成することができます。まず、テキストフレームを作成し、タブやコンマ、改行で区切ったテキストを配置します 図1。次に、文字ツールでそのテキストをすべて選択し、表メニュー→"テキストを表に変換..."を実行します 図2。「テキストを表に変換」ダイアログが表示されるので、[列分解]と[行分解]に適切なものを選択して[OK]ボタンをクリックします 図3。選択していたテキストから表が作成されます 図4。

図1 配置したタブ区切りのテキスト

順位	国名	総人口	男性の人口	女性の人口
1	中国	1,435,651	736,377	699,274
2	インド	1,352,642	703,056	649,587
3	アメリカ	327,096	161,847	165,249
4	インドネシア	267,671	134,788	132,882
5	パキスタン	212,228	109,217	103,012
6	ブラジル	209,469	102,996	106,473
7	ナイジェリア	195,875	99,238	96,637
8	バングラデシュ	161,377	81,677	79,700
9	ロシア	145,734	67,531	78,203
10	日本	127,202	62,126	65,076

memo
画面上で、実際には印刷されないタブ等の特殊文字を表示するには、書式メニュー→"制御文字を表示"を実行して、特殊文字を目視で確認できるようにしておきます。

図2 [テキストを表に変換]コマンド

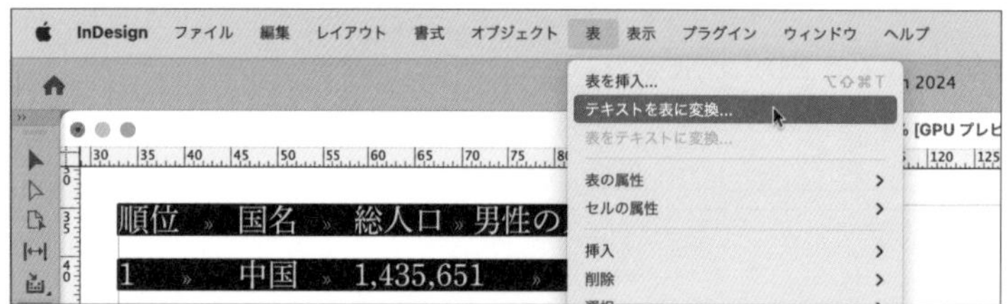

図3 「テキストを表に変換」ダイアログ

テキストを表に変換

列分解：タブ
行分解：段落
列数：
表スタイル：[基本表]
OK
リセット

図4 変換された表

順位	国名	総人口	男性の人口	女性の人口
1	中国	1,435,651	736,377	699,274
2	インド	1,352,642	703,056	649,587
3	アメリカ	327,096	161,847	165,249
4	インドネシア	267,671	134,788	132,882
5	パキスタン	212,228	109,217	103,012
6	ブラジル	209,469	102,996	106,473
7	ナイジェリア	195,875	99,238	96,637
8	バングラデシュ	161,377	81,677	79,700
9	ロシア	145,734	67,531	78,203
10	日本	127,202	62,126	65,076

あとは、表の体裁やテキストの書式を整えて仕上げていきます。なお、作成した表をテキストに戻すことも可能です。その場合、表を選択して表メニュー→"表をテキストに変換..."を実行します 図5。

図5 表をテキストに変換

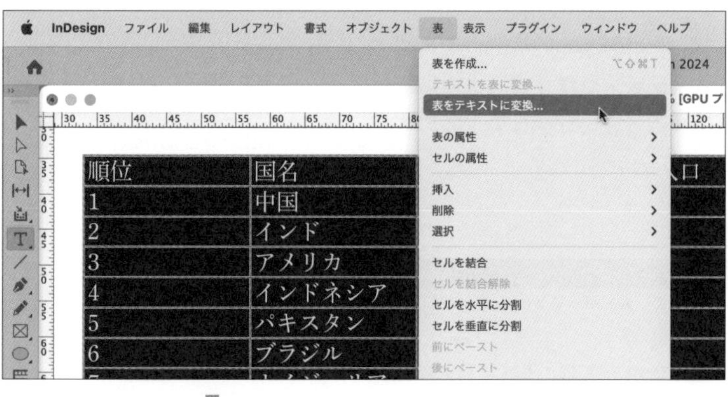

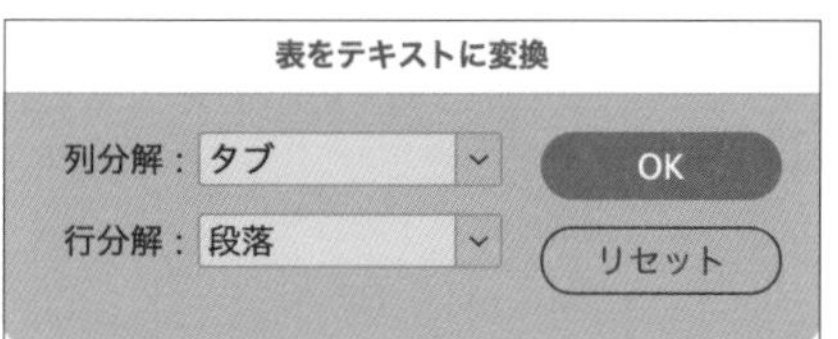

順位 » 国名 » 総人口 » 男性の人口 » 女性の人口¶
1 » 中国 » 1,435,651 » 736,377 » 699,274¶
2 » インド » 1,352,642 » 703,056 » 649,587¶
3 » アメリカ » 327,096 » 161,847 » 165,249¶
4 » インドネシア » 267,671 » 134,788 » 132,882¶
5 » パキスタン » 212,228 » 109,217 » 103,012¶
6 » ブラジル » 209,469 » 102,996 » 106,473¶
7 » ナイジェリア » 195,875 » 99,238 » 96,637¶
8 » バングラデシュ » 161,377 » 81,677 » 79,700¶
9 » ロシア » 145,734 » 67,531 » 78,203¶
10 » 日本 » 127,202 » 62,126 » 65,076#

Excelの表を読み込む

THEME テーマ Excelで作成した表も、InDesignの表として読み込むことが可能です。罫線等もInDesignの罫線として変換できますが、100%完全な状態で読み込めるわけではありません。読み込んだ後、InDesign上で表を調整して仕上げます。

Excelの表の読み込み

InDesignでは、Excelで作成された表を「InDesignの表として」読み込むことができます。ここでは、図1のようなExcelの表を配置してみましょう。

まず、InDesignドキュメントにテキストフレームを作成します。カーソルが挿入された状態で、ファイルメニュー→“配置...”を実行すると「配置」ダイアログが表示されるので、目的のファイルを選択し、[読み込みオプションを表示]をオンにして[開く]ボタンをクリックします図2。「Microsoft Excel読み込みオプション」ダイアログが表示されされるので、各項目を設定して[OK]ボタンをクリックします図3。これで、テキストフレーム内に表が読み込まれるので図4、あとはセルの体裁やテキストの書式を編集して見栄えを整えます。

なお、InDesignに読み込まれた表は、100%元のExcelの状態のまま読み込めるわけではありません。Excelのバージョンや作り方、さらにはInDesignへの読み込み方によって、読み込まれる表の状態は異なるので注意してください。

memo
Excel上で適用した斜線やセルのカラー、罫線等、完全に元の状態を再現できるとはかぎりません。

図1 配置用のExcelファイル

ホーム 挿入 描画 ページレイアウト 数式 データ 校閲 表示 Acrobat 操作アシスト
小塚ゴシック Pr6N 12 標準
F8

	A	B	C	D	E
1	順位	国名	総人口	男性の人口	女性の人口
2	1	中国	1,435,651	736,377	699,274
3	2	インド	1,352,642	703,056	649,587
4	3	アメリカ	327,096	161,847	165,249
5	4	インドネシア	267,671	134,788	132,882
6	5	パキスタン	212,228	109,217	103,012

図2 「配置」ダイアログの［読み込みオプションを表示］

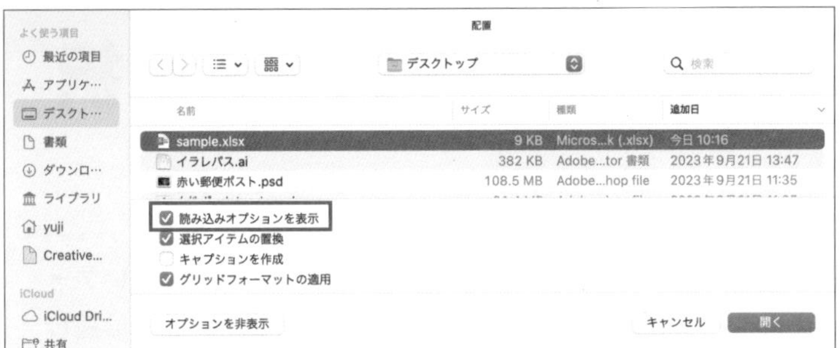

図3 「Microsoft Excel読み込みオプション」ダイアログ

Microsoft Excel 読み込みオプション (sample.xlsx)

オプション
シート：Sheet1
表示：［表示設定無視］
セル範囲：A1:E6
未保存の非表示セルを読み込む

フォーマット
テーブル：アンフォーマットテーブル
表スタイル：［基本表］
セル揃え：現在のスプレッドシート
インライングラフィックを含める
小数点割り付けの数：3
英文引用符を使用

OK
リセット

図4 InDesignに読み込まれた表

順位	国名	総人口	男性の人口	口
1	中国	1,435,651	736,377	699,274
2	インド	1,352,642	703,056	649,587
3	アメリカ	327,096	161,847	165,249
4	インドネシア	267,671	134,788	132,882
5	パキスタン	212,228	109,217	103,012

memo

［読み込みオプションを表示］をオフで読み込みする場合、前回、同じ形式のファイルを読み込んだ時と同じ設定が反映されます。

memo

Excelファイルに複数のシートがある場合、どの［シート］を読み込むかを選択できます。

また、［セル範囲］は文字が入力されたセルをInDesignが自動で認識して表示するので、すべてを読み込む場合は、とくに変更する必要はありません。特定のセル範囲を読み込みたい場合だけ設定します。

また、［テーブル］には［フォーマットテーブル］［アンフォーマットテーブル］［アンフォーマットタブ付きテキスト］［1回だけフォーマット］のいずれかを選択できますが、読み込まれた表は、あとからInDesign上で書式を整えるため、一般的には［アンフォーマットテーブル］を選択しておきます。

セルの選択とテキストの選択

THEME テーマ InDesignの表は、文字ツールを使用して編集します。その際、セルを選択したいケースと、テキストを選択したいケースが出てきますが、マウスのみで選択するのは難しいため、ショートカットキーを使用すると便利です。

セル／テキストの選択と移動

InDesignの表のセルやテキストは、マウスでドラッグすれば選択できますが、慣れないとなかなかうまく選択できません。そこで、escキーを使用した選択方法を覚えておきましょう。セル内にカーソルを置き、escキーを押すことで、セルの選択とテキストの選択が切り替わります 図1。

また、セルの選択を移動したい場合には、セルが選択された状態で移動したい方向に矢印キーを押します。あるいは、tabキーを押すことでも次のセルへの移動が可能です 図2。

連続した複数のセルを選択したい場合、マウスで目的のセル上をドラッグしてもかまいませんが、shiftキーを押しながら矢印キーを押すことでも、その方向のセルを追加して選択できます 図3。

図1 セルを選択した場合とテキストを選択した場合

	1,435,651
	1,352,642
	327,096

	1,435,651
	1,352,642
	327,096

escキーを押すことで、セルの選択(左)とテキストの選択(右)が交互に切り替わります。

図2 選択しているセルの移動

	1,435,651	736,377
	1,352,642	703,056
	327,096	161,847

➡

	1,435,651	736,377
	1,352,642	703,056
	327,096	161,847

tabキーまたは右矢印キーを押して次のセルに移動します。

図3 選択しているセルの追加

	1,435,651	736,377
	1,352,642	703,056
	327,096	161,847

➡

	1,435,651	736,377
	1,352,642	703,056
	327,096	161,847

shiftキーと矢印キーを押すことで、隣のセルを追加選択します。

また、行や列をまとめて選択することもできます。マウスポインターを表の左端（縦組みでは上端）に移動すると、マウスポインターの表示が矢印に変わる所があります。そのまま、クリックすれば行全体を選択できます 図4。

同様に、マウスポインターを表の上端（縦組みでは右端）に移動すると、マウスポインターの表示が矢印に変わる所があります。そのまま、クリックすれば列全体を選択できます 図5。

さらに、マウスポインターを表の左上端（縦組みでは右上端）に移動すると、マウスポインターの表示が矢印に変わる所があります。そのまま、クリックすれば表全体を選択できます 図6。

memo

マウスポインターの表示が矢印に変わる所でクリックしながら、そのままドラッグすれば、ドラッグした方向の行や列を追加で選択可能です。

memo

選択した行や列は、マウス操作のみで移動可能です。任意の行または列を選択したら、マウスで目的の位置までドラッグし、ハイライトされた位置でマウスを離します。

図4 行全体の選択

順位	国
1	中国
2	インド
3	アメリ
4	インド
5	パキス

→

順位	国名	総人口	男性の人口	女性の人口
1	中国	1,435,651	736,377	699,274
2	インド	1,352,642	703,056	649,587
3	アメリカ	327,096	161,847	165,249
4	インドネシア	267,671	134,788	132,882
5	パキスタン	212,228	109,217	103,012

マウスポインターが右矢印のアイコンに変化する位置でクリックすると、行全体が選択されます。

図5 列全体の選択

順位	国名	総人口	男性
1	中国	1,435,651	73
2	インド	1,352,642	70
3	アメリカ	327,096	16
4	インドネシア	267,671	13
5	パキスタン	212,228	10

→

順位	国名	総人口	男性
1	中国	1,435,651	73
2	インド	1,352,642	70
3	アメリカ	327,096	16
4	インドネシア	267,671	13
5	パキスタン	212,228	10

マウスポインターが下矢印のアイコンに変化する位置でクリックすると、列全体が選択されます。

図6 表全体の選択

順位	国名
1	中国
2	インド
3	アメリカ
4	インドネシ
5	パキスタン

→

順位	国名	総人口	男性の人口	女性の人口
1	中国	1,435,651	736,377	699,274
2	インド	1,352,642	703,056	649,587
3	アメリカ	327,096	161,847	165,249
4	インドネシア	267,671	134,788	132,882
5	パキスタン	212,228	109,217	103,012

マウスポインターが右下矢印のアイコンに変化する位置でクリックすると、表全体が選択されます。

表のサイズをコントロールする

表（セル）のサイズの調整は、マウスによる直感的な操作と、表パネル、あるいはコントロールパネルを使用した数値指定による操作が可能です。なお、[行の高さ] は数値指定だけでなく、テキスト量に応じて自動的に可変させることもできます。

マウス操作によるサイズ変更

マウス操作でセルのサイズを変更したい場合は、マウスポインターを目的の境界線上に移動させ、矢印のアイコンに変化したら、クリックしながらドラッグします。ドラッグした位置まで境界線が移動しますが、他のセルのサイズは変わりません（表全体のサイズは変わります） 図1。表全体のサイズを変えずに境界線を移動させたい場合は、shiftキーを押しながら境界線をドラッグします 図2。

図1 境界線をドラッグした場合

順位	国名	総
1	中国	1,4
2	インド	1,3
3	アメリカ	3
4	インドネシア	2
5	パキスタン	2

順位	国名	総人口	男性の人口	女性の人口
1	中国	1,435,651	736,377	699,274
2	インド	1,352,642	703,056	649,587
3	アメリカ	327,096	161,847	165,249
4	インドネシア	267,671	134,788	132,882
5	パキスタン	212,228	109,217	103,012

境界線をドラッグすることで、セルのサイズを変更できます（表全体のサイズは変わります）。

図2 shiftキーを押しながら境界線をドラッグした場合

順位	国名	総
1	中国	1,4
2	インド	1,3
3	アメリカ	3
4	インドネシア	2
5	パキスタン	2

順位	国名	総人口	男性の人口	女性の人口
1	中国	1,435,651	736,377	699,274
2	インド	1,352,642	703,056	649,587
3	アメリカ	327,096	161,847	165,249
4	インドネシア	267,671	134,788	132,882
5	パキスタン	212,228	109,217	103,012

shiftキーを押しながら境界線をドラッグすることで、境界線の位置を変更できます（表全体のサイズは変わりません）。

表全体のサイズを変更するには、マウスポインターを表のコーナーに移動し、矢印のアイコンに変化したら、クリックしながらドラッグします 図3 。

図3 境界線をドラッグした場合

順位	国名	総人口	男性の人口	女性の人口
1	中国	1,435,651	736,377	699,274
2	インド	1,352,642	703,056	649,587
3	アメリカ	327,096	161,847	165,249
4	インドネシア	267,671	134,788	132,882
5	パキスタン	212,228	109,217	103,012

順位	国名	総人口	男性の人口	女性の人口
1	中国	1,435,651	736,377	699,274
2	インド	1,352,642	703,056	649,587
3	アメリカ	327,096	161,847	165,249
4	インドネシア	267,671	134,788	132,882
5	パキスタン	212,228	109,217	103,012

表のコーナーをドラッグすることで、表全体のサイズを変更できます。

数値指定によるサイズ変更

表（セル）のサイズをきちんとコントロールしたい場合、表パネルやプロパティパネルを使って、各セルのサイズを数値で指定します。ここでは、ウィンドウメニュー→“書式と表”→“表”を実行して、表パネルから指定してみましょう。まず、サイズを変更したいセルを選択します 図4 。この時、同じサイズにしたいセルはすべて選択しておきましょう。ここでは、すべてのセルを選択しました。

図4 サイズを調整するセルを選択

順位	国名	総人口	男性の人口	女性の人口
1	中国	1,435,651	736,377	699,274
2	インド	1,352,642	703,056	649,587
3	アメリカ	327,096	161,847	165,249
4	インドネシア	267,671	134,788	132,882
5	パキスタン	212,228	109,217	103,012

memo

横組み用のテキストフレームを使用している場合、InDesignの表は、テキストフレームを横方向にはみ出して作成することができますが、縦方向にはみ出すことはできず、行があふれてしまいます。なお、境界線の太さも行のあふれ（表のサイズ）に影響するので注意しましょう。

次に、表パネルで［行の高さ］と［列の幅］に数値を入力してサイズを調整します 図5。ただし、［行の高さ］に数値指定する場合には［最小限度］を［指定値を使用］に変更しておきます。なお、各行や各列のサイズを個別に指定したい場合は、目的の行や列を選択してそれぞれサイズを指定します 図6。

図5 ［行の高さ］と［列の幅］の数値指定

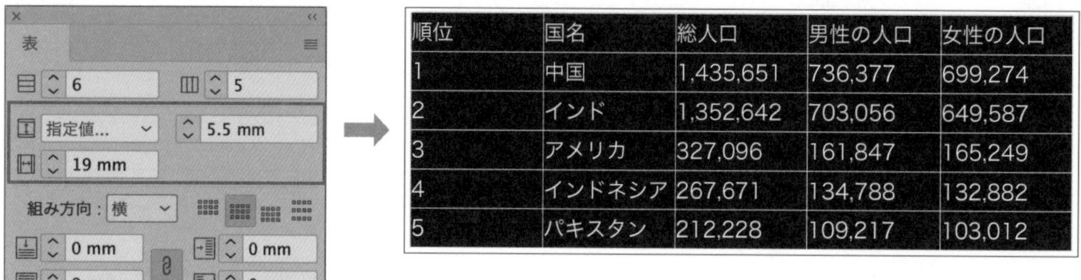

順位	国名	総人口	男性の人口	女性の人口
1	中国	1,435,651	736,377	699,274
2	インド	1,352,642	703,056	649,587
3	アメリカ	327,096	161,847	165,249
4	インドネシア	267,671	134,788	132,882
5	パキスタン	212,228	109,217	103,012

図6 各セルのサイズ調整後

順位	国名	総人口	男性の人口	女性の人口
1	中国	1,435,651	736,377	699,274
2	インド	1,352,642	703,056	649,587
3	アメリカ	327,096	161,847	165,249
4	インドネシア	267,671	134,788	132,882
5	パキスタン	212,228	109,217	103,012

なお、［行の高さ］をデフォルトの［最小限度］のまま運用すると、文字サイズに応じて自動的に［行の高さ］が可変する表を作ることもできます。例えば、文字サイズが12Q、行送りが16H、［上部セルの余白］と［下部セルの余白］が1mmの場合、テキストが1行の時と2行の時では、［行の高さ］は図のように変化します 図7。行数に応じて自動的に可変する表を作成したい場合に、便利な方法なので覚えておきましょう。

図7 ［行の高さ］が［最小限度］の場合の行数による［行の高さ］の変化

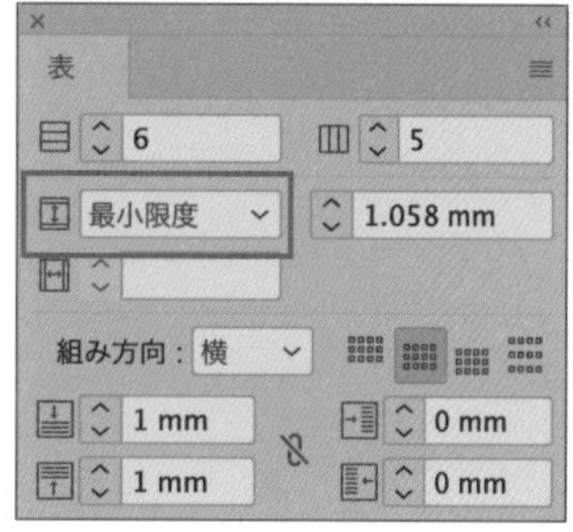

順位	国名	総人口	男性の人口	女性の人口
1	中国	1,435,651	736,377	699,274
2	インド	1,352,642	703,056	649,587
3	アメリカ	327,096	161,847	165,249

順位	国名	総人口 （男性＋女性）	男性の人口	女性の人口
1	中国	1,435,651	736,377	699,274
2	インド	1,352,642	703,056	649,587

行数が1行の場合（上）と2行の場合（下）。自動的にセルサイズ［行の高さ］が変わります。

セル内のテキストを設定する

セル内のテキストの書式は、通常のテキストと同じように設定します。ただし、セル内でのテキストの揃えや境界線との余白、テキストの組み方向等は、表パネルから設定します。

セル内テキストの書式設定

セル内のテキストの書式は、通常のテキストと同じです。ここでは、セルをすべて選択した状態で、テキストの書式を設定することとします。まず、フォント、フォントサイズ、行送り、文字組みアキ量設定、カラー等を設定します 図1。

図1 テキストの書式を整える

順位	国名	総人口	男性の人口	女性の人口
1	中国	1,435,651	736,377	699,274
2	インド	1,352,642	703,056	649,587
3	アメリカ	327,096	161,847	165,249
4	インドネシア	267,671	134,788	132,882
5	パキスタン	212,228	109,217	103,012

次に、セル内でのテキストの（上下の）揃えを設定します。ここでは、表パネルで［中央揃え］を選択しました 図2。これで、テキストがセルの天地中央に揃います。

図2 テキストの揃えを設定する

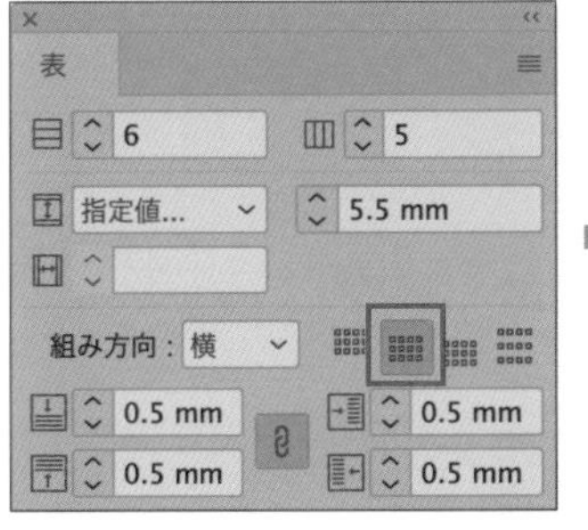

順位	国名	総人口	男性の人口	女性の人口
1	中国	1,435,651	736,377	699,274
2	インド	1,352,642	703,056	649,587
3	アメリカ	327,096	161,847	165,249
4	インドネシア	267,671	134,788	132,882
5	パキスタン	212,228	109,217	103,012

今度は、セル内でのテキストの（左右の）揃えを設定します 図3 。段落パネルやプロパティパネルから、それぞれ目的の［段落揃え］を適用します。そして、上下左右のセルの余白も設定しておきます 図4 。ここでは、2行3列目から6行5列目までに対して［右セルの余白］のみ、1.5mmにしています。

図3 段落揃えを設定する

順位	国名	総人口	男性の人口	女性の人口
1	中国	1,435,651	736,377	699,274
2	インド	1,352,642	703,056	649,587
3	アメリカ	327,096	161,847	165,249
4	インドネシア	267,671	134,788	132,882
5	パキスタン	212,228	109,217	103,012

図4 セルの余白を設定する

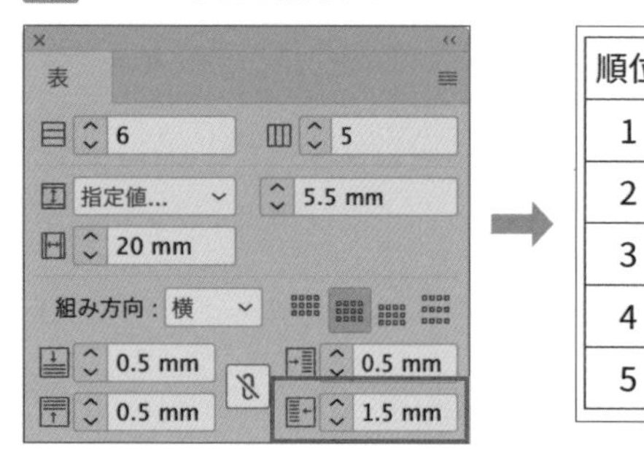

順位	国名	総人口	男性の人口	女性の人口
1	中国	1,435,651	736,377	699,274
2	インド	1,352,642	703,056	649,587
3	アメリカ	327,096	161,847	165,249
4	インドネシア	267,671	134,788	132,882
5	パキスタン	212,228	109,217	103,012

なお、セル内でテキストがあふれている場合には、赤い●印が表示されます 図5 。このような場合は、セルのサイズを広げるか、またはテキストを編集してセル内に収まるようにします。なお、あふれたテキストはそのままでは選択できないので、セル内にカーソルを置き、編集メニュー→“ストーリーエディターで編集”を実行します。これにより、別ウィンドウでストーリーエディターが表示されるので、目的に応じて編集します 図6 。ストーリーエディターには、あふれたテキストも表示されます。

図5 セル内で文字があふれた状態

順位	国名	総人口	男性の人口	女性の人口
1	中国	1,435,651	736,377	699,274
2	インド	1,352,642	703,056	649,587
3	アメリカ	327,096	161,847	165,249
4	インドネシ	267,671	134,788	132,882
5	パキスタン	212,228	109,217	103,012

図6 ストーリーエディター

10-05.indd :
699,274
行 3
2
インド
1,352,642
703,056
649,587
行 4
3
アメリカ
327,096
161,847
165,249
行 5
4
インドネシア
オーバーセット
267,671
134,788
132,882
行 6
5
パキスタン
212,228
109,217
103,012
[段落スタイルなし]

境界線を設定する

THEME テーマ

InDesignの境界線(罫線)は、太さやカラー等、セルの境界線単位で自由に設定できます。設定は線パネルやコントロールパネル等から行いますが、「表の属性」ダイアログや「セルの属性」ダイアログからも設定できます。

境界線の設定

境界線は、「表の属性」ダイアログや「セルの属性」ダイアログからも設定できますが、パターンとして設定しないのであれば、線パネル(またはコントロールパネル)から設定するのが便利です。まず、文字ツールで境界線を設定したいセルを選択します。ここでは、表すべてを選択しました 図1。ウィンドウメニュー→"書式と表"→"表"を実行して表パネルを表示させ、設定したい境界線を選択します 図2。表パネルに表示された各境界線をクリックすることで、選択/非選択を切り替えられます。ここでは、すべての境界線が選択された状態で[線幅]を0.1mmとしました。表の境界線に0.1mmの線幅が反映されます 図3。

図1 セルの選択

	国名	総人口	男性の人口	女性の人口
1	中国	1,435,651	736,377	699,274
2	インド	1,352,642	703,056	649,587
3	アメリカ	327,096	161,847	165,249
4	インドネシア	267,671	134,788	132,882
5	パキスタン	212,228	109,217	103,012

memo

線パネル下部に表示される境界線は、選択しているセルの状態によって表示が変わります。それぞれの境界線は、クリックすることで選択と非選択を切り替えられますが、外側のいずれかの線上をダブルクリックすると、外側のすべての罫線の選択/非選択、内側のいずれかの線上をダブルクリックすると、内側のすべての罫線の選択/非選択を切り替えられます。

また、いずれかの線上をトリプルクリックすると、すべての罫線の選択/非選択を切り替えられます。

なお、コントロールパネル、または線パネルの線上で右クリックすると、コンテキストメニューが表示され、目的の項目を選択することでも罫線の選択/非選択を切り替えられます。

図2 線パネルの表示

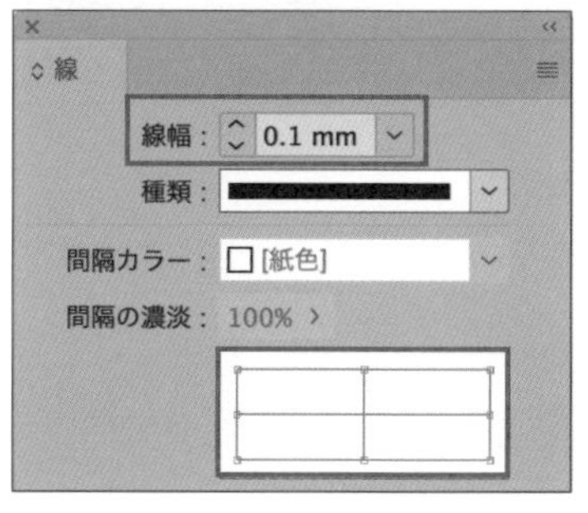

図3 線幅の適用結果

	国名	総人口	男性の人口	女性の人口
1	中国	1,435,651	736,377	699,274
2	インド	1,352,642	703,056	649,587
3	アメリカ	327,096	161,847	165,249
4	インドネシア	267,671	134,788	132,882
5	パキスタン	212,228	109,217	103,012

今度は、外側の境界線のみ、線幅を変更してみましょう。すべてのセル選択した状態で、線パネルの境界線の表示を「外側のみが選択された状態」にし、[線幅]を変更します図4。

図4 外側の境界線のみ線幅を変更

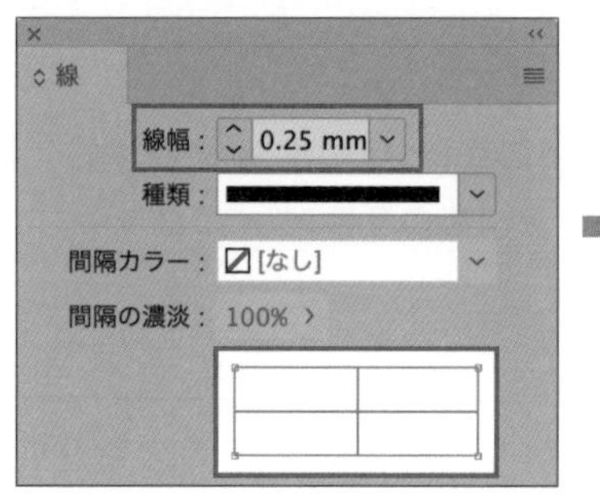

	国名	総人口	男性の人口	女性の人口
1	中国	1,435,651	736,377	699,274
2	インド	1,352,642	703,056	649,587
3	アメリカ	327,096	161,847	165,249
4	インドネシア	267,671	134,788	132,882
5	パキスタン	212,228	109,217	103,012

今度は、1行目の境界線のみ、線幅を太くしてみましょう。まず、1行目のセルのみを選択します図5。1行目の上と左右の境界線はすでに太くなっているので、線パネルの境界線の表示を「下側のみが選択された状態」にし、[線幅]を変更します図6。なお、選択しているセルに応じて線パネルの境界線の表示は変わります。

図5 1行目のセルの選択

	国名	総人口	男性の人口	女性の人口
1	中国	1,435,651	736,377	699,274
2	インド	1,352,642	703,056	649,587
3	アメリカ	327,096	161,847	165,249
4	インドネシア	267,671	134,788	132,882
5	パキスタン	212,228	109,217	103,012

図6 1行目の境界線のみ線幅を変更

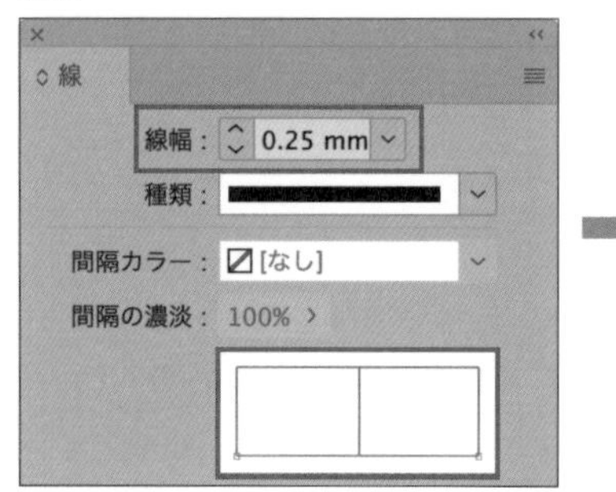

	国名	総人口	男性の人口	女性の人口
1	中国	1,435,651	736,377	699,274
2	インド	1,352,642	703,056	649,587
3	アメリカ	327,096	161,847	165,249
4	インドネシア	267,671	134,788	132,882
5	パキスタン	212,228	109,217	103,012

最後に、1行目1列目のセルに対して、斜線を設定してみましょう。まず、1行目1列目のセルのみを選択します図7。表メニュー→"セルの属性"→"斜線の設定…"を選択し、「セルの属性」ダイアログを表示します。目的に応じた斜線のアイコンを選択し、[線幅]や[カラー]等を設定して[OK]ボタンをクリックすれば斜線が反映されます図8。

図7 1行目1列目のセルの選択

	国名	総人口	男性の人口	女性の人口
1	中国	1,435,651	736,377	699,274
2	インド	1,352,642	703,056	649,587
3	アメリカ	327,096	161,847	165,249
4	インドネシア	267,671	134,788	132,882
5	パキスタン	212,228	109,217	103,012

図8 「セルの属性」ダイアログの[斜線の設定]

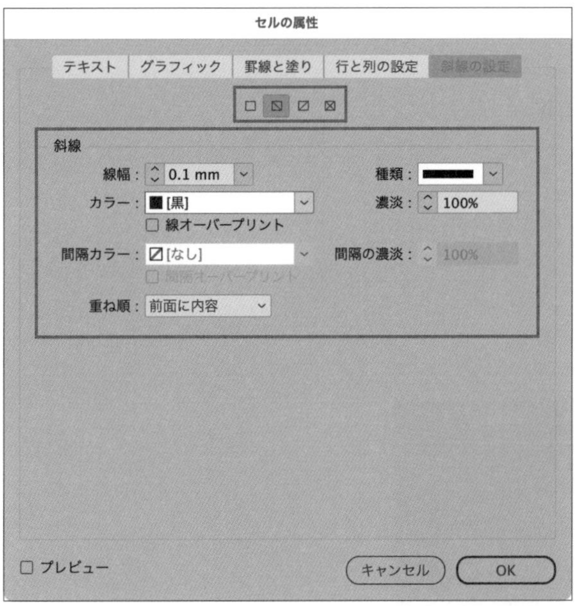

	国名	総人口	男性の人口	女性の人口
1	中国	1,435,651	736,377	699,274
2	インド	1,352,642	703,056	649,587
3	アメリカ	327,096	161,847	165,249
4	インドネシア	267,671	134,788	132,882
5	パキスタン	212,228	109,217	103,012

行や列を追加・削除する

行や列は、簡単な操作で追加や削除が可能です。表パネルや表メニューから実行できますが、最終行や最終列が追加・削除されるのか、それとも選択している行や列が追加・削除されるのかといった違いがあります。

表パネルを利用した行や列の追加・削除

まず、表パネルを使用して行や列を追加してみましょう。文字ツールで表を選択します（この時、表内のどこかにカーソルがあればかまいません）図1。表パネルの［本文行数］や［列数］を増やします。すると、最終行（または最終列）に行（または列）が追加されます 図2。

図1 表の選択

	国名	総人口	男性の人口	女性の人口
1	中国	1,435,651	736,377	699,274
2	インド	1,352,642	703,056	649,587
3	アメリカ	327,096	161,847	165,249
4	インドネシア	267,671	134,788	132,882
5	パキスタン	212,228	109,217	103,012

図2 表パネルでの行の追加

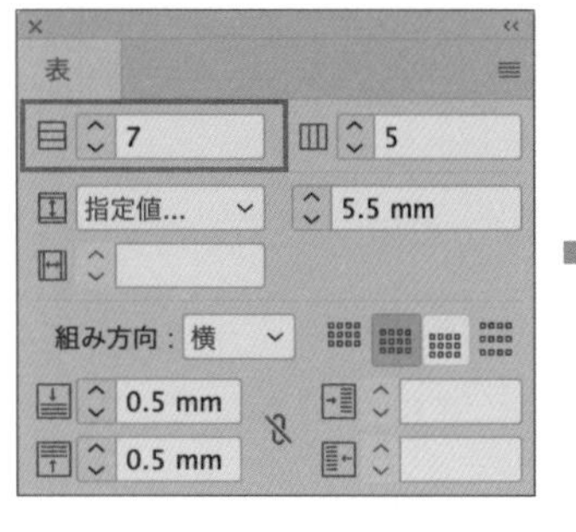

	国名	総人口	男性の人口	女性の人口
1	中国	1,435,651	736,377	699,274
2	インド	1,352,642	703,056	649,587
3	アメリカ	327,096	161,847	165,249
4	インドネシア	267,671	134,788	132,882
5	パキスタン	212,228	109,217	103,012

今度は、表パネルで行や列を削除してみましょう。文字ツールで表を選択したら、表パネルの［本文行数］や［列数］を減らします（ここでは［列数］を減らします）図3。すると、削除しても大丈夫か聞かれるので［OK］ボタンをクリックすると、最終列が削除されます 図4。

図3 表パネルでの列の指定

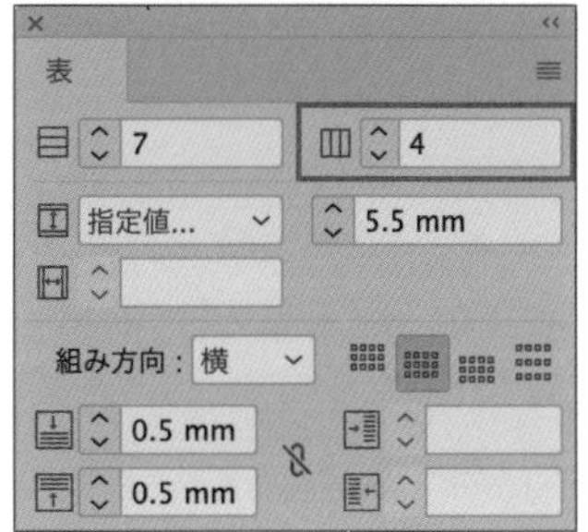

図4 列の削除

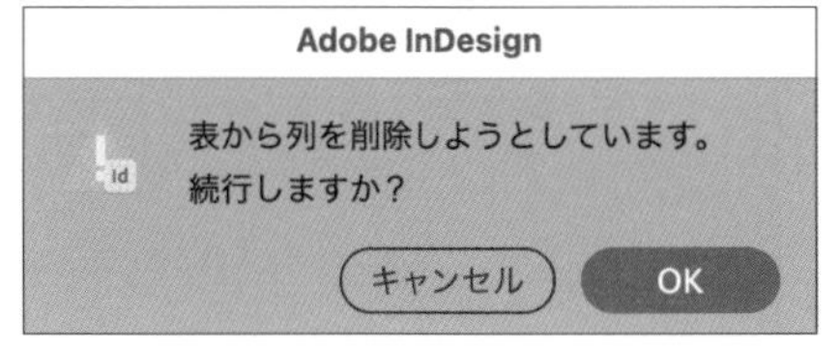

	国名	総人口	男性の人口
1	中国	1,435,651	736,377
2	インド	1,352,642	703,056
3	アメリカ	327,096	161,847
4	インドネシア	267,671	134,788
5	パキスタン	212,228	109,217

表メニューを利用した行や列の追加・削除

表メニューを使用すると、任意の場所に行や列を追加できます。ここでは、3行目の下に1行追加してみましょう。まず、文字ツールで3行目を選択します図5。次に、表メニュー→"挿入"→"行..."を実行します図6。すると、「行を挿入」ダイアログが表示されるので、挿入する[行数]と、現在選択している行の[上]と[下]のどちらに追加するかを指定して[OK]ボタンをクリックすれば、目的の位置に行を追加できます図7。

図5 行の選択

	国名	総人口	男性の人口	女性の人口
1	中国	1,435,651	736,377	699,274
2	インド	1,352,642	703,056	649,587
3	アメリカ	327,096	161,847	165,249
4	インドネシア	267,671	134,788	132,882
5	パキスタン	212,228	109,217	103,012

図6 表メニューの行の挿入コマンド

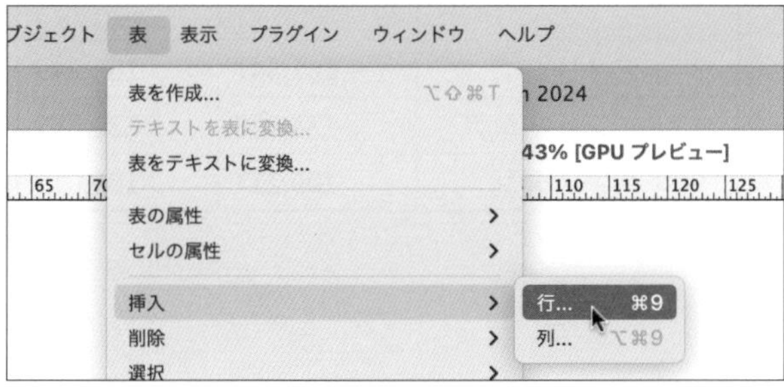

図7 行を挿入

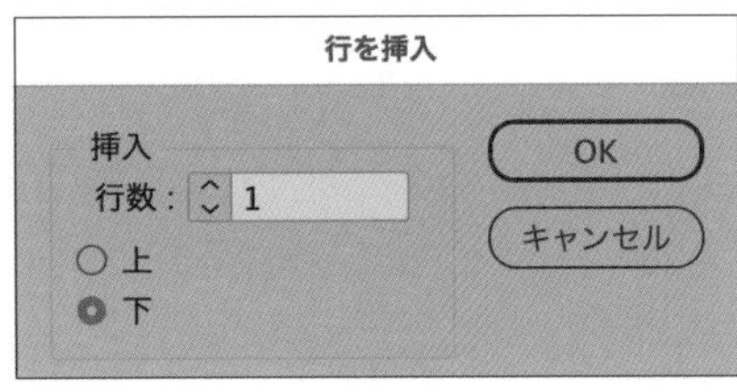

	国名	総人口	男性の人口	女性の人口
1	中国	1,435,651	736,377	699,274
2	インド	1,352,642	703,056	649,587
3	アメリカ	327,096	161,847	165,249
4	インドネシア	267,671	134,788	132,882
5	パキスタン	212,228	109,217	103,012

今度は、行や列を削除してみましょう。文字ツールで削除したい列を選択します図8。次に、表メニュー→"削除"→"列..."を実行すれば、選択していた列を削除できます図9。

図8 列の選択

	国名	総人口	男性の人口	女性の人口
1	中国	1,435,651	736,377	699,274
2	インド	1,352,642	703,056	649,587
3	アメリカ	327,096	161,847	165,249
4	インドネシア	267,671	134,788	132,882

図9 表メニューの列の削除コマンド

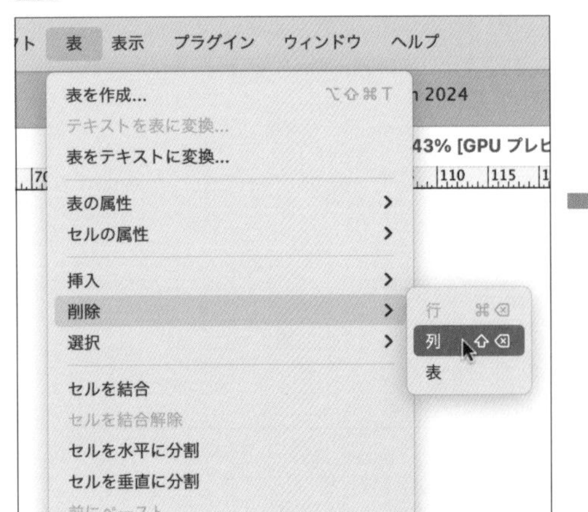

	国名	男性の人口	女性の人口
1	中国	736,377	699,274
2	インド	703,056	649,587
3	アメリカ	161,847	165,249
4	インドネシア	134,788	132,882
5	パキスタン	109,217	103,012

セルの結合と分割

InDesignのセルは、結合したり、元に戻したりすることができます。また、セルを水平または垂直に分割することもできます。これらの操作は、表メニューから選ぶだけで簡単に実現可能です。

セルを結合

セルの結合は、非常に簡単な作業です。まず、文字ツールで結合したいセルを選択します図1。次に、表メニュー→"セルを結合"を実行すれば選択していたセルが結合されます図2。なお、結合するセル内のテキストは、結合したセル内に改行されてまとめられます。

図1 結合するセルの選択

	地域	国名	総人口
1	アジア	中国	1,435,651
2		インド	1,352,642
3	北米	アメリカ	327,096

図2 セルを結合

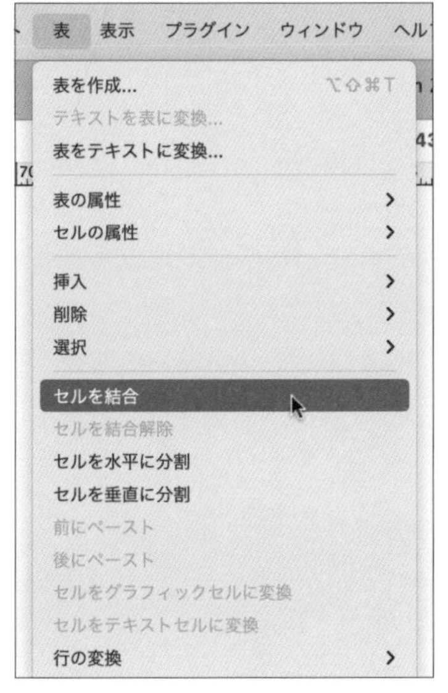

	地域	国名	総人口
1	アジア	中国	1,435,651
2		インド	1,352,642
3	北米	アメリカ	327,096

なお、結合したセルを元に戻したい場合には、結合したセルを選択し 図3、表メニュー→"セルを結合解除"を実行します 図4。ただし、結合により1つにまとめられたテキストは、元の状態には戻らないので注意してください。

図3 結合を解除するセルの選択

	地域	国名	総人口
1	アジア	中国	1,435,651
2		インド	1,352,642
3	北米	アメリカ	327,096

図4 セルを結合解除

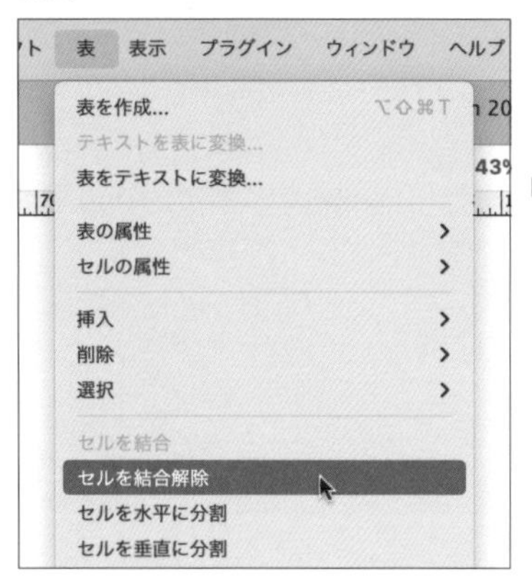

	地域	国名	総人口
1	アジア	中国	1,435,651
2		インド	1,352,642
3	北米	アメリカ	327,096

セルの分割

セルの分割は、目的のセルを選択して 図5、表メニュー→"セルを水平に分割"または表メニュー→"セルを垂直に分割"を実行すればOKです。[セルを水平に分割]と[セルを垂直に分割]を試してみましょう 図6 図7。どちらも、ちょうど半分のサイズに分割されます。

図5 分割するセルの選択

	地域	国名	総人口
1		中国	1,435,651
2		インド	1,352,642
3		アメリカ	327,096
4		インドネシア	267,671
5		パキスタン	212,228

図6 セルを水平に分割

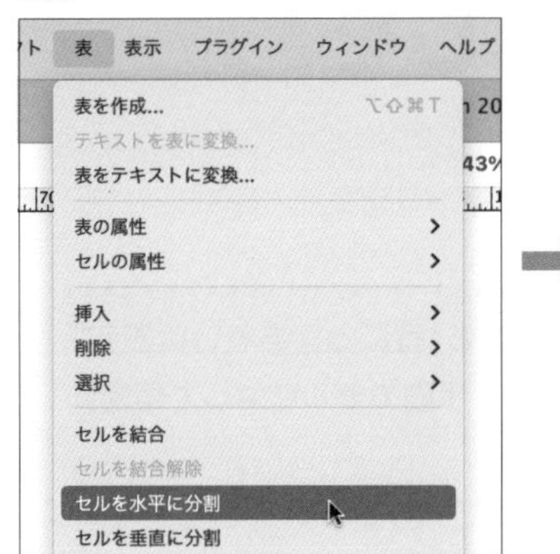

	地域	国名	総人口
1		中国	1,435,651
2		インド	1,352,642
3		アメリカ	327,096
4		インドネシア	267,671
5		パキスタン	212,228

図7 セルを垂直に分割

	地域	国名	総人口
1		中国	1,435,651
2		インド	1,352,642
3		アメリカ	327,096
4		インドネシア	267,671
5		パキスタン	212,228

パターンの繰り返しを設定する

THEME テーマ

InDesignでは、セルのカラーや境界線の太さ、カラー等を1行ごと、あるいは2行ごとといったように反復する表を作成できます。もちろん、手動でセルに対して個別にカラーを設定することも可能です。

塗りのパターンの設定

InDesignでは、行ごと、列ごとにセルのカラーを反復させて適用できます。見やすい表を作るためによく使用される手法ですが、簡単な手順で実現できます。まず、表を選択し、表メニュー→“表の属性”→“塗りのスタイル...”を実行します 図1。[塗りのスタイル] タブが選択された状態で「表の属性」ダイアログが表示されるので、[繰り返しの適用] を設定します(ここでは[1行ごとに反復]を選択しました)。さらに、繰り返すカラーをそれぞれ指定します。最後にスキップする最初と最後の行を設定したら(ここでは最初の1行のみスキップしました)、[OK]ボタンをクリックします 図2。指定した内容が表に反映されます 図3。最後に1行目のみを選択して、個別にカラーを設定すればできあがりです 図4。

memo

表のセルには、カラーパネルやプロパティパネルを使用して、個別にカラーを設定することもできます。

図1 [塗りのスタイル]コマンドの実行

順位	国名	総人口	男性の人口	女性の人口
1	中国	1,435,651	736,377	699,274
2	インド	1,352,642	703,056	649,587
3	アメリカ	327,096	161,847	165,249
4	インドネシア	267,671	134,788	132,882
5	パキスタン	212,228	109,217	103,012

ェクト 表 表示 プラグイン ウィンドウ ヘルプ
表を作成... ⌥⇧⌘T
テキストを表に変換...
表をテキストに変換...
表の属性 >
セルの属性 >
挿入 >
削除 >
選択 >
セルを結合
セルを結合解除
表の設定... ⌥⇧⌘B
行の罫線...
列の罫線...
塗りのスタイル...
ヘッダーとフッター...
n 2024
98% [GPU プレビュー]

図2 繰り返しパターンの適用

図3 塗りのパターンが適用された表

順位	国名	総人口	男性の人口	女性の人口
1	中国	1,435,651	736,377	699,274
2	インド	1,352,642	703,056	649,587
3	アメリカ	327,096	161,847	165,249
4	インドネシア	267,671	134,788	132,882
5	パキスタン	212,228	109,217	103,012

図4 1行目に手動でカラーを適用

順位	国名	総人口	男性の人口	女性の人口
1	中国	1,435,651	736,377	699,274
2	インド	1,352,642	703,056	649,587
3	アメリカ	327,096	161,847	165,249
4	インドネシア	267,671	134,788	132,882
5	パキスタン	212,228	109,217	103,012

memo

［繰り返しの適用］では、［1行ごとに反復］以外にも、いくつかのパターンが用意されています。なお、［行の反復をカスタム］や［列の反復をカスタム］を選択すると、反復する行数を指定することもできます。

また、「表の属性」ダイアログで［行の罫線］タブや［列の罫線］タブを選択すると、罫線のパターンを設定することができます。

ヘッダー・フッターを設定する

THEME テーマ

InDesignでは、連結されたテキストフレームやページをまたぐ表を作成できますが、ヘッダーやフッターを指定しておくと、各テキストフレームにヘッダーやフッターを自動生成できます。行に増減があった場合でも、ヘッダーやフッターは動きません。

ヘッダーの設定

InDesignの表は、通常のテキストと同じ動作をするため、複数のテキストフレームやページをまたいで流すことができます。この時、ヘッダーやフッターを設定しておくと、各テキストフレームの先頭行や最終行に自動的にヘッダーやフッターを生成できます。まずは、ヘッダーを設定してみましょう。図のような、連結された2つのテキストフレームにまたがる表の最初の行をヘッダーとして指定します。まず、最初の行を選択したら、表メニュー→“行の変換”→“ヘッダーに”を実行します 図1 。2つ目のテキストフレームの最初の行にヘッダーが追加されます 図2 。

図1 行をヘッダーに変換

都道府県	気温
札幌	29.8
仙台	30.1
東京	32.5
名古屋	33.4
大阪	33.2

広島	32.9
福岡	34.1
沖縄	34.6
最高気温一覧	

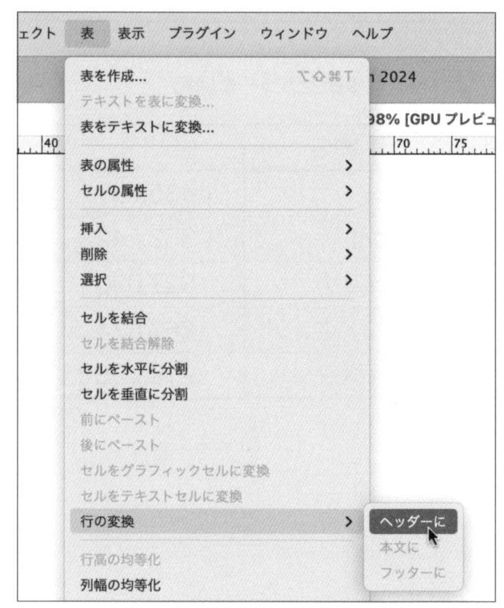

図2 ヘッダーを設定した表

都道府県	気温
札幌	29.8
仙台	30.1
東京	32.5
名古屋	33.4
大阪	33.2

都道府県	気温
広島	32.9
福岡	34.1
沖縄	34.6
最高気温一覧	

フッターの設定

今度はフッターを設定してみましょう。フッターとして設定したい行を選択したら、表メニュー→"行の変換"→"フッターに"を実行します 図3 。1つ目のテキストフレームの最終行にフッターが追加されます 図4 。この状態で行数やフレームサイズが変わっても、ヘッダーやフッターの位置は変わらず、各テキストフレームの最初の行、および最後の行のまま運用できます 図5 。なお、ヘッダーやフッターを元に戻したい場合は、表メニュー→"行の変換"→"本文に"を実行します。

図3 行をフッターに変換

都道府県	気温
札幌	29.8
仙台	30.1
東京	32.5
名古屋	33.4
大阪	33.2

都道府県	気温
広島	32.9
福岡	34.1
沖縄	34.6
最高気温一覧	

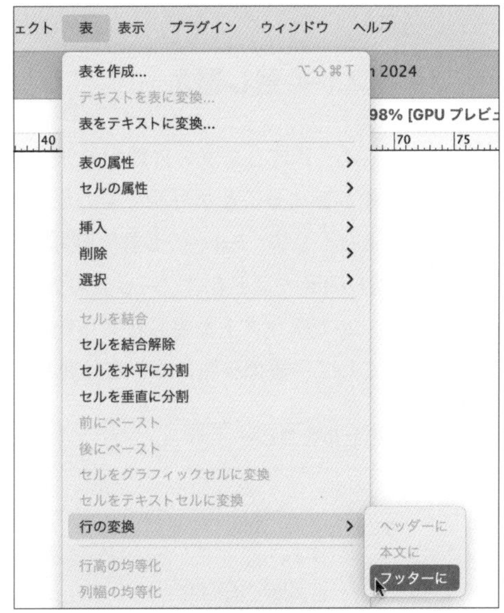

図4 フッターを設定した表

都道府県	気温
札幌	29.8
仙台	30.1
東京	32.5
名古屋	33.4
最高気温一覧	

都道府県	気温
大阪	33.2
広島	32.9
福岡	34.1
沖縄	34.6
最高気温一覧	

図5 行数やフレームサイズが変わった表

都道府県	気温
札幌	29.8
仙台	30.1
東京	32.5
名古屋	33.4
大阪	33.2
最高気温一覧	

都道府県	気温
広島	32.9
福岡	34.1
沖縄	34.6
最高気温一覧	

表のテキストを差し替える

InDesignでは、一度作成した表の見栄えはそのままで、中身のテキストだけを差し替えることも可能です。毎回、同じデザインの表を使用する場合、中のテキストだけを差し替えると効率的です。

テキストの差し替え

InDesignでは、作成した表の外観の見栄えはそのままで、中身のテキストのみを差し替えることが可能です。まず、差し替えるテキストを用意します。あらかじめ、Excelの必要な範囲のセルを選択してコピーしたり、タブ区切りのテキストをコピーしておきます 図1。InDesignに切り替え、文字ツールでテキストを差し替えたいセルを選択し、ペーストを実行します。これで、表のテキストが差し変わります 図2。

memo

タブ等で区切られたコピー元のテキストの数と、コピー先のセルの数が異なっていると、余分なセルが追加されたり、元のテキストが残ったりするので注意しましょう。

図1 Excelのセルをコピー

	A	B	C	D	E
1	順位	国名	総人口	男性の人口	女性の人口
2	1	ブラジル	209,469	102,996	106,473
3	2	ナイジェリア	195,875	99,238	96,637
4	3	バングラデシュ	161,377	81,677	79,700
5	4	ロシア	145,734	67,531	78,203
6	5	日本	127,202	62,126	65,076

図2 テキストをペーストして、表のテキストを差し替え

順位	国名	総人口	男性の人口	女性の人口
1	中国	1,435,651	736,377	699,274
2	インド	1,352,642	703,056	649,587
3	アメリカ	327,096	161,847	165,249
4	インドネシア	267,671	134,788	132,882
5	パキスタン	212,228	109,217	103,012

順位	国名	総人口	男性の人口	女性の人口
1	ブラジル	209,469	102,996	106,473
2	ナイジェリア	195,875	99,238	96,637
3	バングラデシュ	161,377	81,677	79,700
4	ロシア	145,734	67,531	78,203
5	日本	127,202	62,126	65,076

memo

この書籍では紹介していませんが、表にもスタイル機能（表スタイル・セルスタイル）が用意されています。うまく運用すれば効率良く表組みが作成できますが、少しクセもあります。興味のある方は、ぜひ表のスタイル機能にもチャレンジしてみましょう！

Lesson 11

ドキュメントのチェック・プリント・書き出し

印刷所に入稿する際には、そのドキュメントに問題ないかどうかをチェックし、必要なファイルを収集します。また、プリントや他のファイル形式への書き出し方法も知っておく必要があります。

ライブプリフライトを実行する

THEME テーマ

作成したドキュメントを印刷所に入稿する場合、そのドキュメントが問題なく作成できているかどうかチェックしておく必要があります。InDesignには、ドキュメントの問題点をチェックする機能が用意されています。

問題点の修正

InDesignには、ドキュメントの問題点をチェックする「ライブプリフライト」という機能が搭載されています。この機能を利用することで、印刷所にデータ入稿した際の出力エラーを減らすことができます。

まず、チェックするドキュメントを開きます。ドキュメントに問題があると、ドキュメントウィンドウ左下に赤い●印とエラーの数が表示されるので、エラー数が表示された箇所をダブルクリックします 図1 。すると、プリフライトパネルが表示され、エラーの項目を確認できます 図2 。

なお、エラーの内容は各項目を展開し、[情報] 欄で確認できます。エラーの内容を確認したら、その項目名をダブルクリックします。すると、問題の箇所がハイライトされた状態で表示されるので、問題点を解消します 図3 。問題が解消されると、プリフライトパネルのエラー数が減ります。同様の手順で問題点を解消していき、●色の丸印と [エラーなし] が表示されたらOKです 図4 。

memo
プリフライトパネルは、ウィンドウメニュー→"出力"→"プリフライト"を実行することでも表示できます。

図1 ドキュメントウィンドウ左下に表示されるエラー

図2 プリフライトパネル

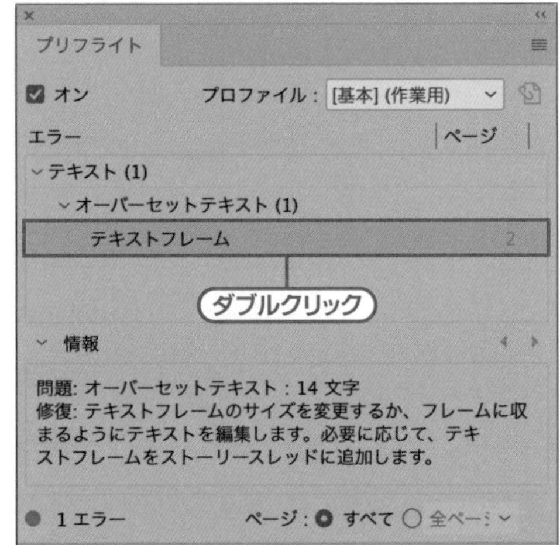

図3 エラー箇所の修正

図4 問題点が解消されたプリフライトパネル

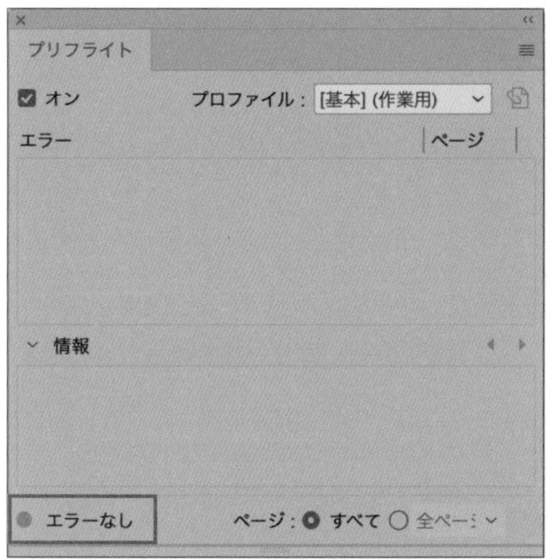

新規プリフライトプロファイルの作成

InDesignのデフォルト設定では、プリフライトパネルの[プロファイル]には[基本]（作業用）が選択されており、このプロファイルの内容でドキュメントのチェックが行なわれます。しかし、このデフォルトの設定はドキュメントをチェックする項目が少なく、実務ではあまり使い物になりません。そこで、仕事の内容に応じたプロファイルを新しく作成し、そのプロファイルでドキュメントをチェックする必要があります。

新規でプロファイルを作成するためには、まずプリフライトパネルのパネルメニュー→“プロファイルを管理...”を実行します 図5。

図5 [プロファイルを定義]コマンド

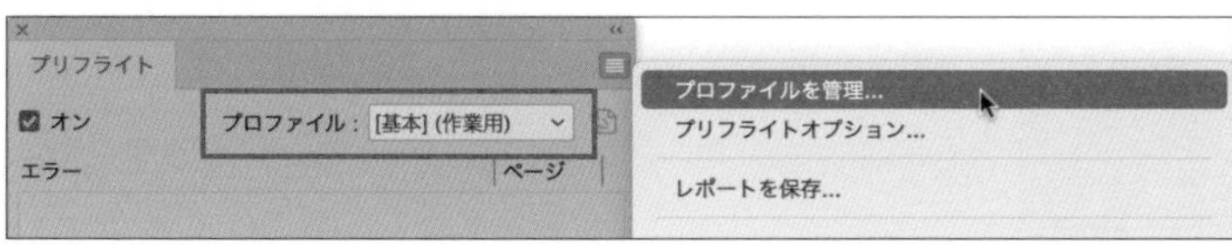

「プリフライトプロファイル」ダイアログが表示されるので、[新規プリフライトプロファイル] ボタンをクリックします 図6。新しいプロファイルが作成されるので、[プロファイル名] を入力し、必要な項目にチェックを入れたり数値を入力したりして、[保存] ボタンをクリックします 図7。ここでは、[使用を許可しないカラースペースおよびカラーモード] をオンにし、CMYK以外にチェックを入れ、[白または [紙色] に適用されたオーバープリント] をオンにしました。また、[画像解像度] をオンにし、カラー画像、グレースケール画像、1ビット画像の最小解像度をそれぞれ指定しました。さらに、[最小線幅] をオンにし、数値を入力しました。

memo

プロファイルは、他のドキュメントから読み込んだり、他のドキュメント用に書き出したり、ドキュメント自体に埋め込むことができます 図8。

図6 「プリフライトプロファイル」ダイアログ

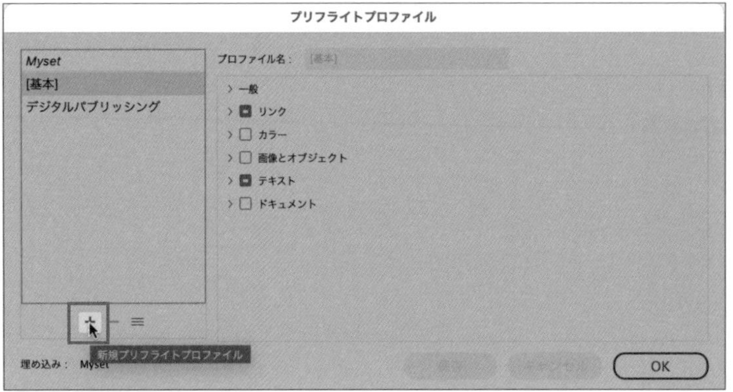

図7 設定した項目

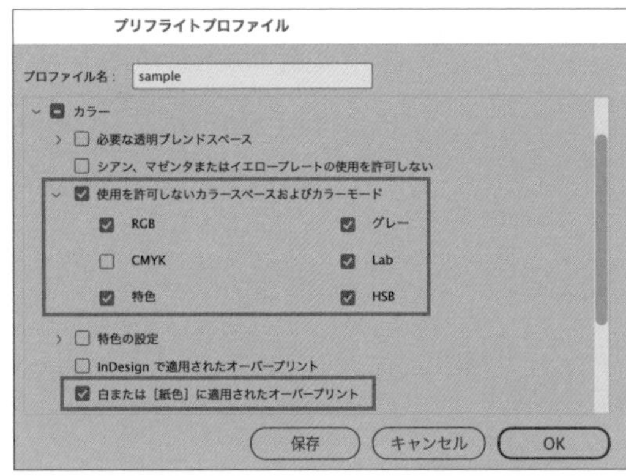

図8 プロファイルの読み込み／書き出し／埋め込み

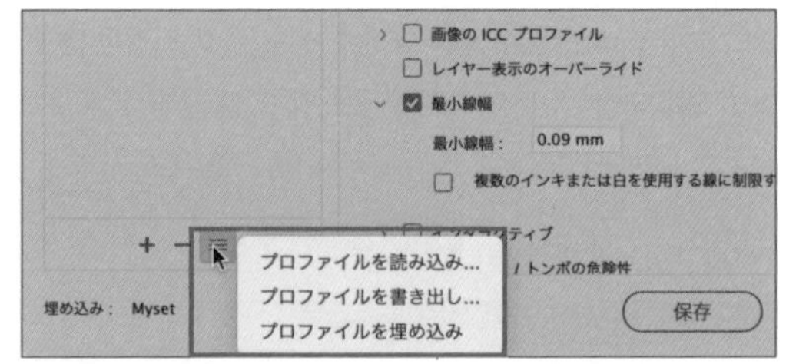

プリフライトパネルに戻り、[プロファイル]を先ほど作成したものに変更します。すると、新しくエラーが見つかりました 図9。これは、より厳しい内容でチェックしたためです。ここでは、RGBのPhotoshop画像と解像度が低いPhotoshop画像、さらには線幅が細すぎる箇所が見つかりました。それぞれ、先にご紹介した方法で問題点を解消していき、エラーがなくなればOKです。

図9 エラーが表示されたプリフライトパネル

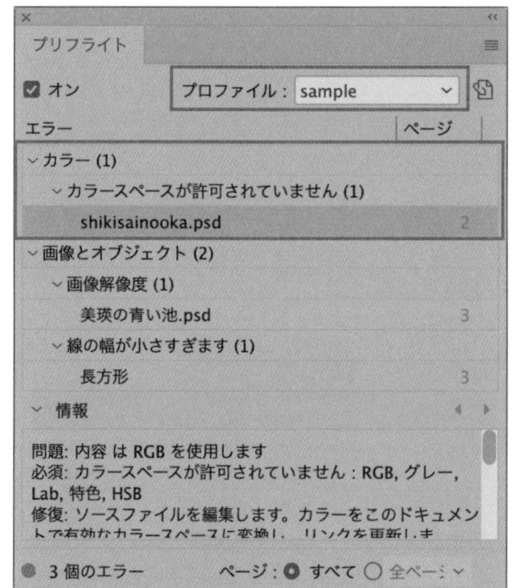

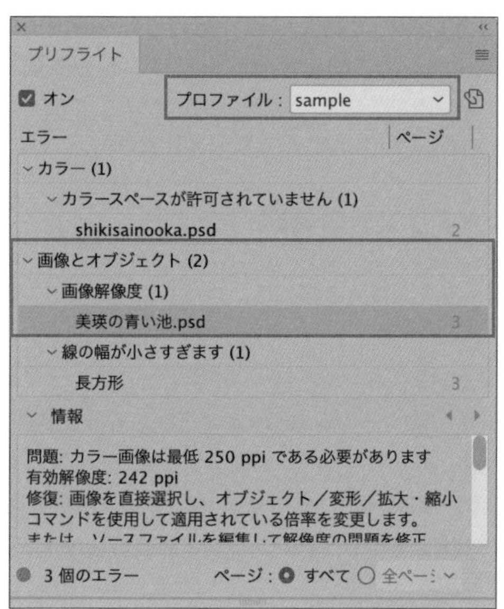

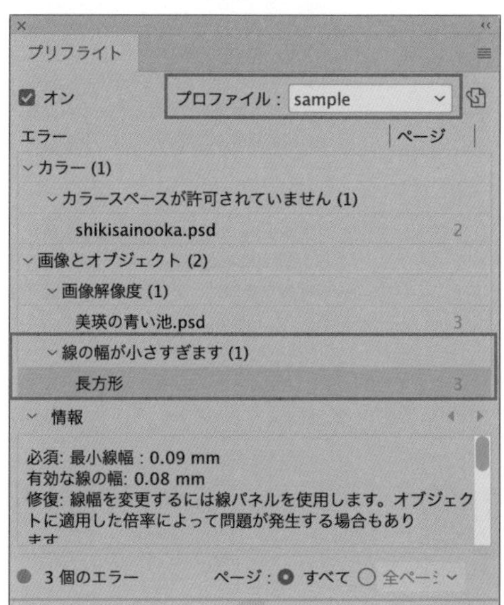

memo

印刷は、CMYKで行なわれるため、使用する画像もCMYKにしておく必要があります（ただし、現在ではRGB画像を使用するワークフローもあるため、その場合にはRGBを使用しても問題ありません）。

また、一般的に印刷に適した画像の解像度は350ppi以上と言われています。解像度が低すぎると、ぼけた仕上がりなどになってしまうので、注意しましょう。

線幅に関しても、0.1mmは欲しいところです。あまり細い線は、画面上では見えていても、印刷すると飛んでしまって見えなくなってしまうことがあります。

オーバープリントを確認する

THEME テーマ

適切にオーバープリントが設定されていなかったり、意図しない箇所にオーバープリントが設定されていたりすると、印刷事故に繋がります。問題なく印刷できるよう、データ入稿の前にオーバープリントを確認しておきます。

オーバープリントの確認

印刷会社にデータを入稿する際には、作成したドキュメントに問題がないかどうか、いくつかチェックしておきたい項目があります。その1つが、**オーバープリント**です。オーバープリントのチェックは、表示メニュー→“オーバープリントプレビュー”を選択することで図1、目視で確認できます図2。誤ってオーバープリントを設定していないか、確認しておきましょう。なお、オーバープリントは、ウィンドウメニュー→“出力”→“プリント属性”で表示されるプリント属性パネルから設定のオン／オフが可能です図3。

WORD オーバープリント

オーバープリントは、上のカラーと下のカラーを重ねて印刷することです（通常、オブジェクトが重なった部分は、上のオブジェクトのカラーのみが印刷されます）。印刷用語では「ノセ」とも呼ばれますが、一般的に墨文字［K100］に対して設定します。これは、版ズレした際に下地の色（白）が出ないようにするためです。しかし、オーバープリントはさまざまなカラーのオブジェクトに設定できます。意図しないオーバープリントは、印刷事故に繋がるので注意しましょう。また、ページ物では“K100以外に適用されたオーバープリントは無視”をデフォルトとしている印刷所も多く存在します。InDesignでオーバープリントを使用する際は、必ず印刷所に相談するようにしましょう。

図1 「オーバープリントプレビュー」コマンド

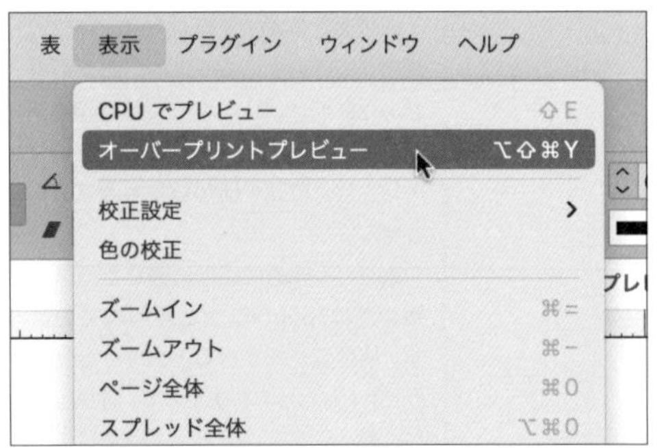

図2 オーバープリントプレビューのオン／オフ

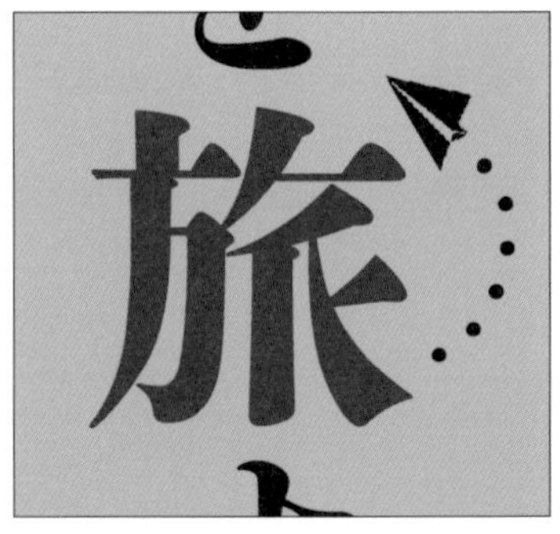

オーバープリントがオフの場合（左）とオンの場合（右）。オーバープリントがオンになっていると、下のオブジェクトのカラーの影響を受け、実際に印刷されるカラーが変わる場合があります。

図3 プリント属性パネル

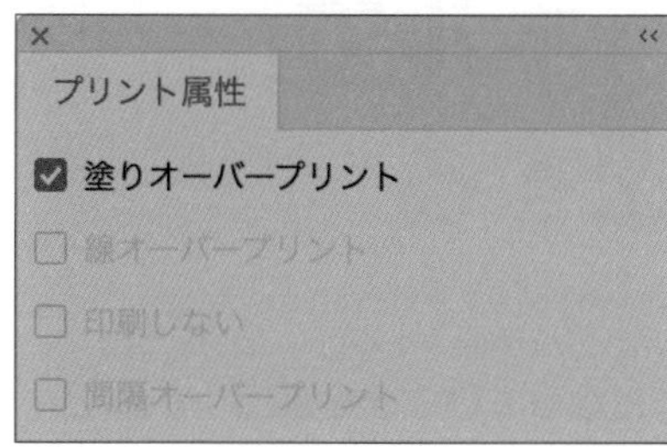

InDesignでは、スウォッチパネルの[黒]スウォッチを使用した場合は、自動的にオーバープリントになるようになっています。そのため、基本的に墨文字には[黒]スウォッチを使用するようにしましょう。ただし、墨文字でもオーバープリントにしたくない場合には、[黒] スウォッチを使用せずに、カラーパネルで[K100]を設定するようにします。なお、デフォルトでは、環境設定ダイアログの [黒の表示方法] の「[黒] スウォッチを100%でオーバープリント」がオンになっているため、[黒] スウォッチを使うと自動的にオーバープリントが適用されます 図4。

図4 [黒]のオーバープリント

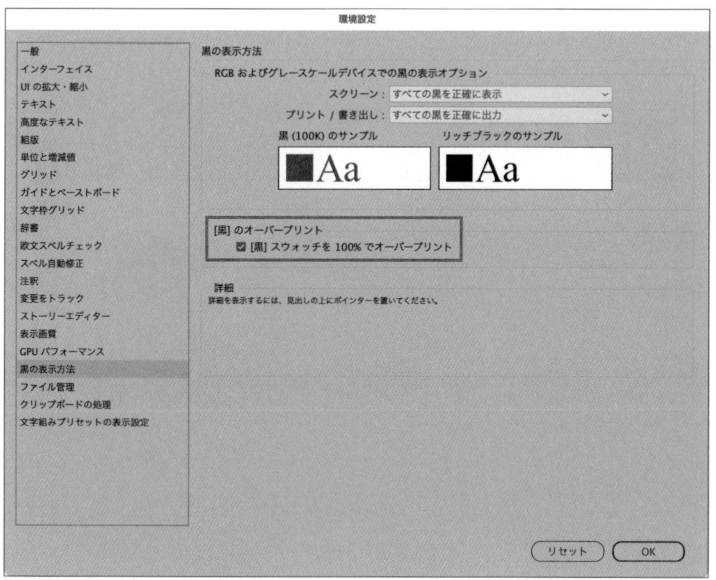

分版プレビューパネルで各版の状態を確認する

THEME テーマ

問題なく印刷するためには、CMYKの各版がどのようになっているかを確認しておくと良いでしょう。InDesignでは、分版プレビューパネルを使って各版の状態が確認できます。また、総インキ量も確認しておきましょう。

各版の状態の確認

分版プレビューパネルを使用すると、各版の状態を版ごとに表示できるので、問題がないかどうか確認しておきましょう。ウィンドウメニュー→“出力”→“分版プレビュー”を選択して分版プレビューパネルを表示させたら、[表示]を[色分解]に変更します 図1。目玉アイコンのオン／オフによる切り替えが可能となり、版ごとの表示を目視確認できます 図2。

memo

分版プレビューパネルでは、特色の確認も可能です。なお、スウォッチパネルに特色スウォッチがある場合には、実際に特色を使用していなくても、分版プレビューパネルに特色版がリストされます。

図1 分版プレビューパネルの[表示]と元データ

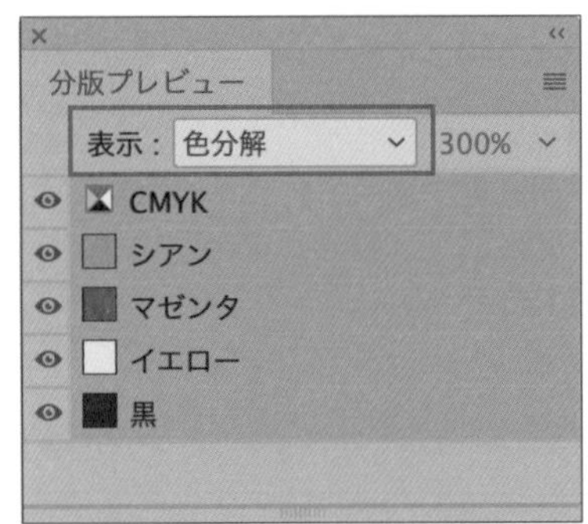

図3 [単数プレートを黒で表示]コマンド

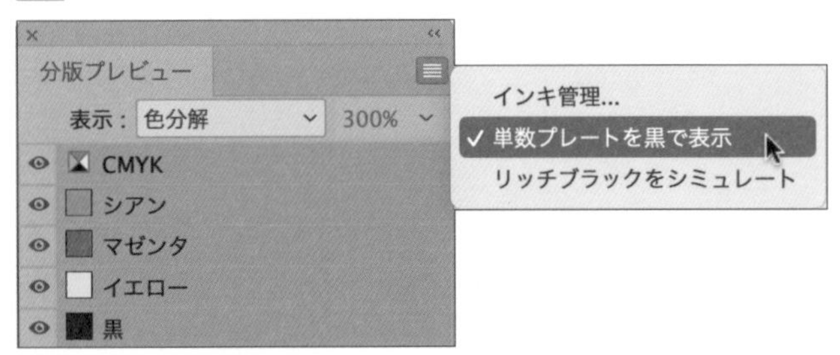

memo

分版プレビューパネルの［表示］に［色分解］を選択した場合、1つの版のみを表示させると黒色で表示されます。これを、その版の色で表示したい場合にはパネルメニュー→“単数プレートを黒で表示”をオフにします 図3。

図2 各版の表示

シアン版のみ表示

マゼンタ版のみ表示

イエロー版のみ表示

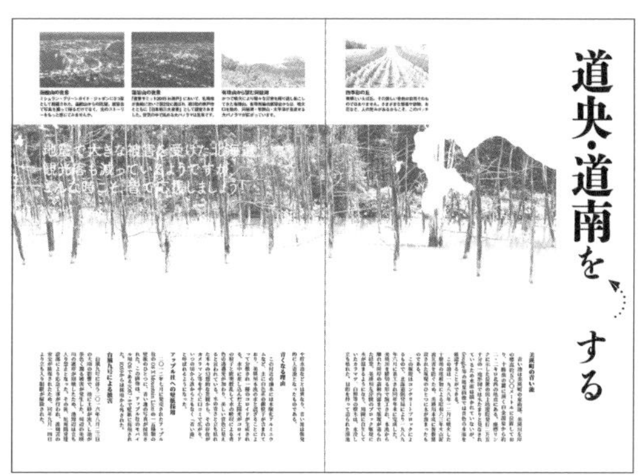

黒版のみ表示

総インキ量の確認

分版プレビューパネルでは、**総インキ量**も確認できます。分版プレビューパネルの［表示］を［インキ限定］に変更し、その右側に総インキ量の値を入力します。すると、指定した総インキ量を超える領域が赤くハイライトされます 図4 。

WORD 総インキ量

総インキ量とは、CMYKの各版を重ね合わせた%のことです。総インキ量が高いと、印刷時にインキの定着や乾きの問題により、裏移りやブロッキングが発生しやすくなります。用紙・インキ・印刷機などによって総インキ量の限界値は異なり、一般的に商業印刷では300〜360%が限界値と言われています。

図4 分版プレビューパネルの［インキ限定］

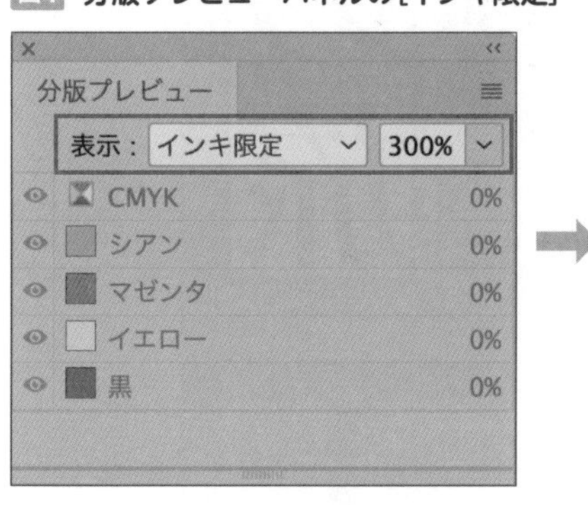

透明の分割・統合パネルで透明部分を確認する

THEME テーマ

透明の分割・統合パネルを使用することで、透明機能を使用した箇所が、最終的にどのように処理されるのかを確認することができます。意図しない形でラスタライズされないよう、確認しておきましょう。

透明部分の確認

透明の分割・統合パネルを使用すると、透明機能を使用した箇所がどのように処理されるのかを確認できます。まず、ウィンドウメニュー→“出力”→“透明の分割・統合”を選択して透明の分割・統合パネルを表示させ、[ハイライト]に目的のものを選択してみましょう 図1。選択した内容に応じた箇所が赤くハイライトされます 図2。なお、テキストが部分的にラスタライズされて太さが異なるといったことがないようにしましょう。

図1 透明の分割・統合パネルと元データ

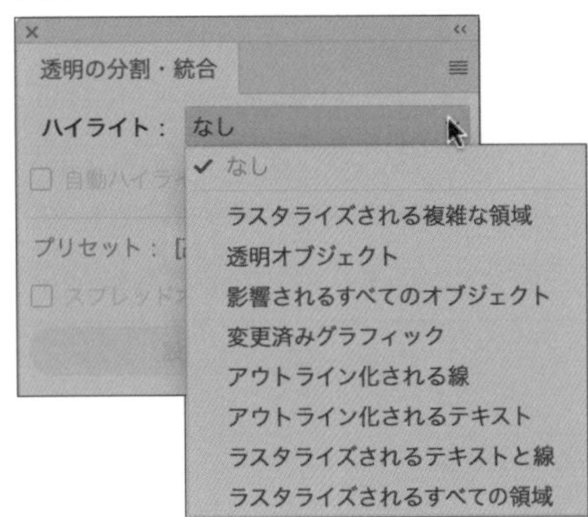

図2 [ハイライト]の選択とその結果

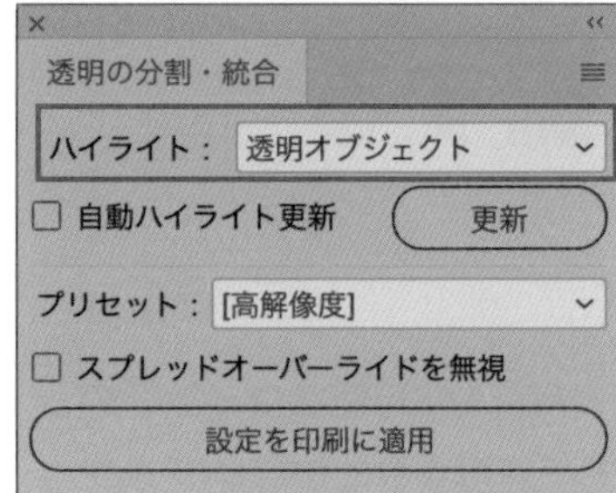

[ハイライト] に [透明オブジェクト] を選択すると、ドキュメント内の透明機能を適用したすべてのオブジェクトが赤くハイライトされます。

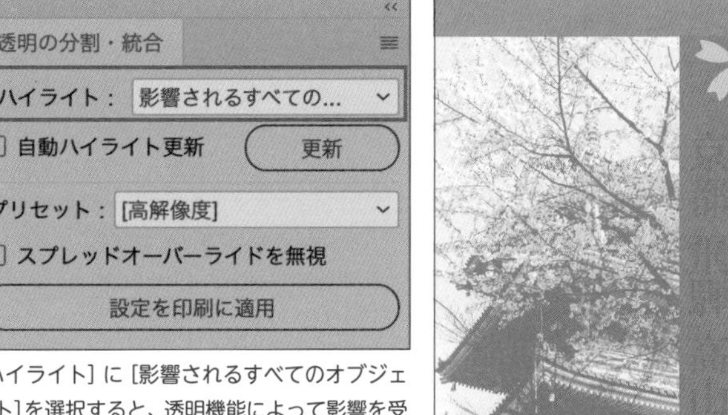

[ハイライト] に [影響されるすべてのオブジェクト]を選択すると、透明機能によって影響を受けるすべてのオブジェクトが赤くハイライトされます。

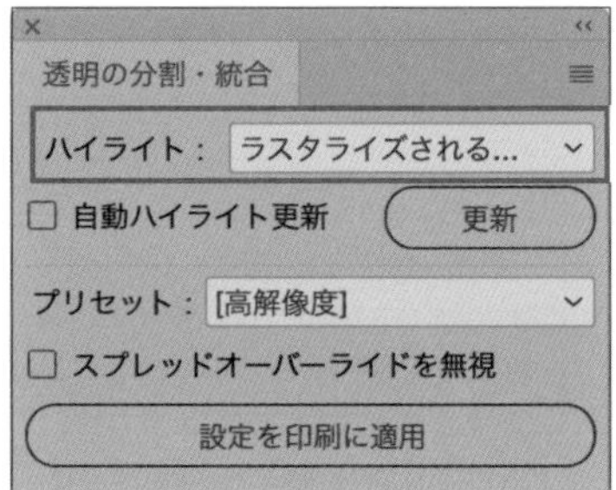

[ハイライト] に [ラスタライズされるテキストと線]を選択すると、透明機能の影響を受け、ラスタライズされるテキストや線が赤くハイライトされます。

memo

透明の分割・統合パネルの [プリセット] に何を選択しているかで表示結果は異なります。そのため、出力する際に使用する[プリセット]を選択して確認するのがベストです。出力に使用するプリセットが分からない場合は、[高解像度]を選択しておくとよいでしょう。

使用フォントを確認する

THEME テーマ

InDesignのデータをそのまま(生データで)入稿する場合には、入稿可能なフォントのみを使用しているか確認しておく必要があります。入稿先で許可されていないフォントを使用している場合は、他のフォントに置き換える必要があります。

使用フォントの確認

ドキュメントで使用しているフォントを確認するには、書式メニュー→“フォントの検索と置換...”を実行し、「フォントの検索と置換」ダイアログを表示します。ドキュメントで使用しているすべてのフォントが表示されます。なお、置換したいフォントがある場合は、そのフォントを選択し、[次で置換]に置換するフォントを指定して置換します 図1。

図1 「フォントを検索して置換」ダイアログ

フォントの検索と置換

ドキュメント内に 6 個のフォント

グラフィックのフォント：0
環境にないフォント：0
Type 1 フォント：0

フォント情報

A-OTF 中ゴシックBBB Pr6N Med
A-OTF 太ゴB101 Pr6N Bold
DNP 秀英初号明朝 Std Hv
FOT-筑紫A丸ゴシック Std B
源ノ明朝 Bold
源ノ明朝 Regular

完了
最初を検索
すべてを置換
詳細情報

次で置換：

フォント：ヒラギノ明朝 ProN
スタイル：W6

☐ すべてを置換した時にスタイルおよびグリッドフォーマットを再定義

memo

フォントを置換すると、文字組みが変わり、テキストがあふれる可能性もあるので注意しましょう。

なお、[最初を検索] を実行すれば、置換されるテキストを一つひとつ確認しながら作業できますが、一気に置換したい場合には [すべてを置換] を実行します。

図2 「環境に無いフォント」ダイアログ

環境にないフォント

! ドキュメント「finish.indd」は、このコンピューター上で現在利用不能なフォント、または InDesign でサポートされていないフォントを使用しています。ダイアログボックスを閉じると、オリジナルフォントが利用可能になるまで、環境にないフォントがデフォルトのフォントで代用されます。
Adobe Fonts では一致するフォントが見つかりませんでした。

環境にないフォント

A-OTF 太ゴB101 Pr6N Bold	デフォルトのフォントと置換
A P-OTF 中ゴシックBBB Pr6N R	デフォルトのフォントと置換

フォントを置換... スキップ

memo

ドキュメントを開く際に、システムにないフォントが使用されていると、[環境に無いフォント] があることを示すアラートが表示されます 図2。その場合、システムにそのフォントを追加するか、使用されているフォントを置換して対処します。

なお、[環境に無いフォント]がAdobe Fonts内にある場合には、そのフォントをアクティベートして、使用することができます (Creative Cloudメンバーのみ)。

プリントする

作成したものを確認するために、プリントは頻繁に行う作業です。用紙サイズやプリントするページ範囲等、いろいろな形でプリントできますが、「プリント」ダイアログの覚えておきたいポイントを解説します。

プリントの実行

ファイルメニュー→"プリント…"を実行すると、「プリント」ダイアログが表示され、どのようにプリントするかを設定できます。ここでは、「プリント」ダイアログの各カテゴリーの設定項目を見ていきましょう。

まずは、[一般] タブから。ここではまず使用するプリンターを[プリンター] から選択します。次にプリントする [部数] を指定します。そして、[ページ] でプリントするページ範囲を指定し、単ページ、あるいは見開きとしてプリントするのかを指定します 図1。

図1 「プリント」ダイアログ[一般]

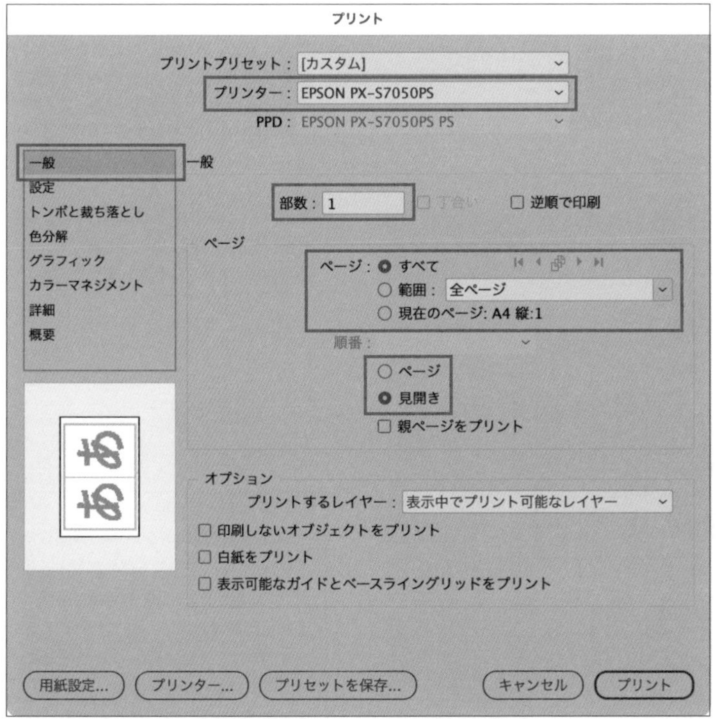

memo

「プリント」ダイアログの左下には、どのようにプリントされるかのイメージがサムネールとして表示されます。

次は、[設定]タブです。ここでは、[用紙サイズ]にプリントする用紙のサイズを指定します。併せて、用紙にどのようにプリントするかの[方向]も指定しておきます。なお、[オプション]では拡大・縮小印刷の指定も可能ですが、通常は原寸(100%)のままプリントします 図2 。

図2 「プリント」ダイアログ[設定]

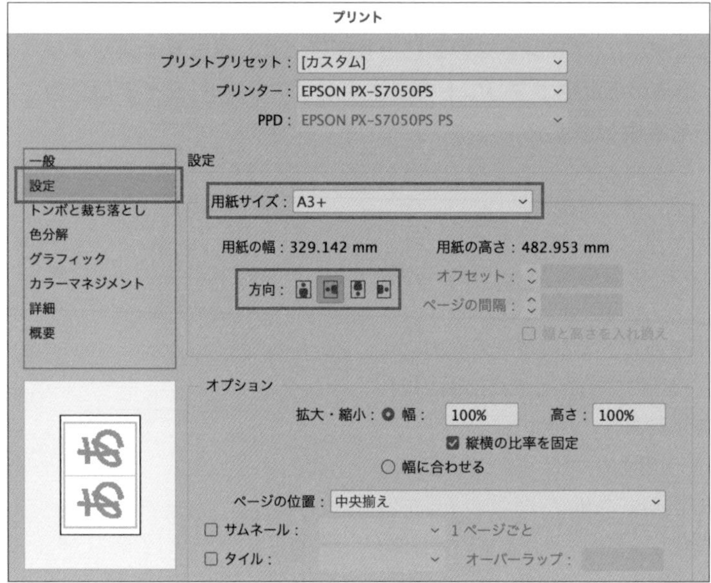

[トンボと裁ち落とし]タブでは、トンボの[種類]とその[太さ]を指定します。併せて、トンボとページ情報のそれぞれ何をプリントするかも指定します。なお、[ドキュメントの裁ち落とし設定を使用]はオンのままでプリントしましょう 図3 。

図3 「プリント」ダイアログ[トンボと裁ち落とし]

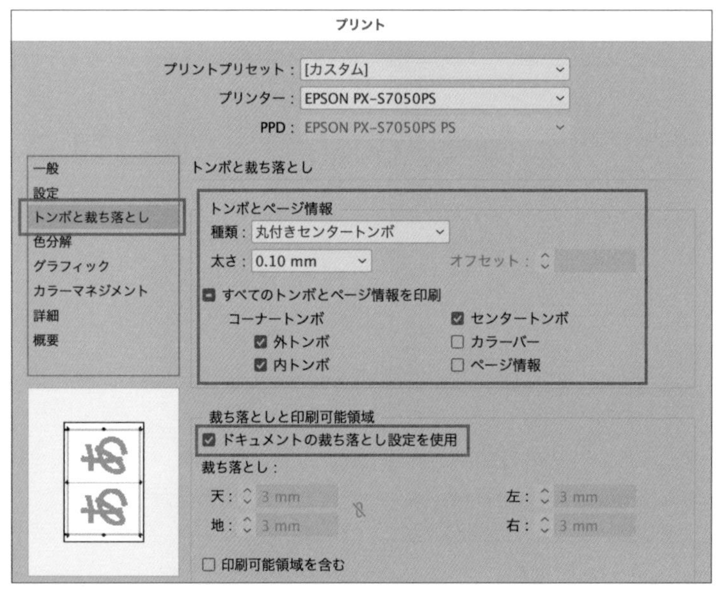

WORD トンボ

印刷物を仕上がりサイズに断裁する際に、位置や多色刷りの見当合わせのため、版下の天地・左右の中央と四隅に付ける目印。一般的に天地・左右の中央に付けるものをセンタートンボ、仕上がりサイズの四隅に付けるものをコーナートンボと呼び、コーナートンボには外トンボと内トンボがあります。その他、印刷物の形状に応じて折りトンボが用いられるケースもあります。

memo

InDesignでは、トンボ外に作成したオブジェクトはプリントされません。しかし、新規ドキュメントを作成する際に印刷可能領域を指定しておくと、その領域内のオブジェクトもプリントすることが可能です。プリントするためには[印刷可能領域を含む]をオンにします。

［色分解］タブでは、［カラー］のメニューから目的のものを選択しますが、コンポジット（分解せずに）でプリントする場合には、［コンポジットの変更なし］［コンポジットグレー］［コンポジットRGB］［コンポジットCMYK］のいずれかを選択します。色分解してプリントする場合には、［色分解（InDesign）］または［色分解（In-RIP）］のいずれかを選択します 図4。

memo

一般的に、プリンターからプリントする場合、［カラー］には［コンポジットCMYK］を選択しておけばOKです。

図4 「プリント」ダイアログ［色分解］

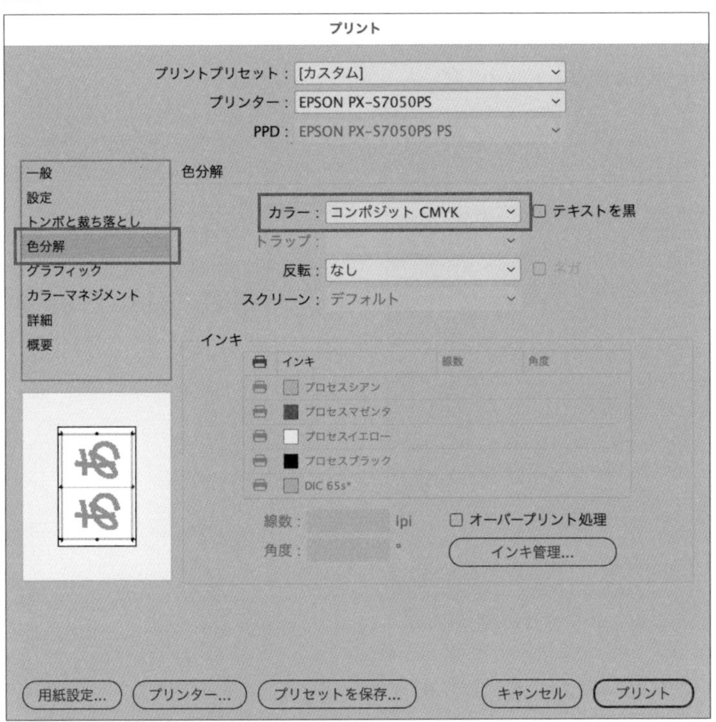

なお、［インキ管理］のボタンをクリックすると、「インキ管理」ダイアログを表示でき、特色版を他の版に置き換えて出力したり、すべての特色を**プロセス**カラーとして出力することも可能です 図5。

WORD プロセス

プロセスとは、印刷において基本となる4色のインキ（CMYK）のことを差します。

図5 「インキ管理」ダイアログ

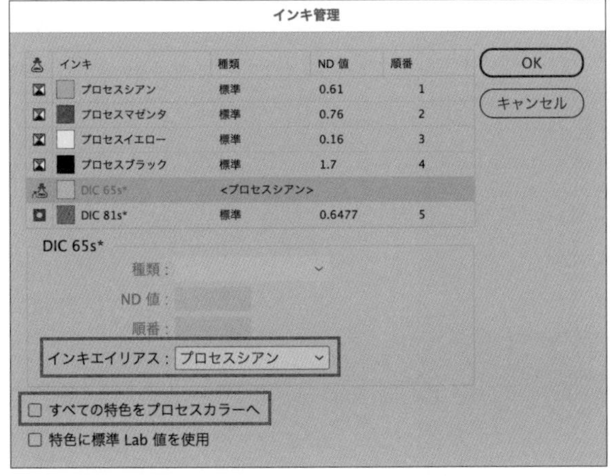

［グラフィック］タブでは、プリンタに送信する画像の品質やフォントのダウンロード設定を行います。［解像度］に［全データ］を選択すると画像の解像度そのままのデータを、［プリンタ解像度で最適化］を選択するとプリンタ解像度に合わせて再サンプリングしたデータを、［画面表示の解像度］を選択するとサムネール画像のデータが送信され、［なし］を選択すると画像はフレームだけがプリントされます。また、［ダウンロード］に［なし］を選択するとフォントの参照情報のみでフォントデータは送られず、［完全］を選択するとフォントデータすべて、［サブセット］ではドキュメントで使用している字形のフォントデータのみが送られます 図6。

memo

通常のプリントであれば、［解像度］は［プリンタ解像度で最適化］、［ダウンロード］は［サブセット］を選択しておけばOKです。

図6 「プリント」ダイアログ［グラフィック］

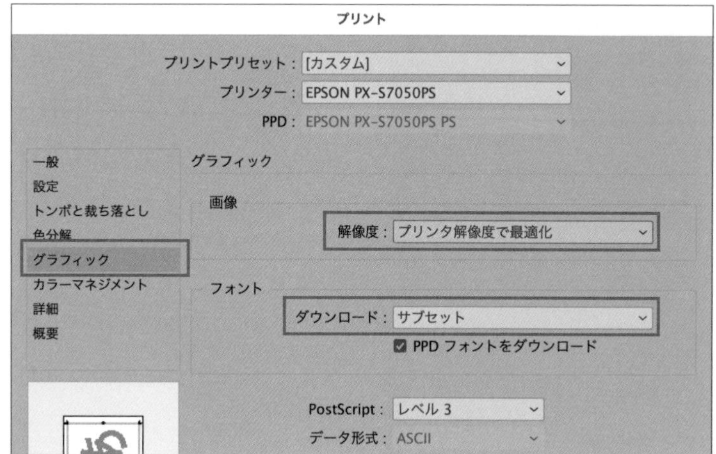

次は、［カラーマネジメント］タブです。［プリント］に［ドキュメント］を選択すると、ドキュメントで使用されているプロファイルで、［校正］を選択すると［表示］メニューの［校正設定］で選択されているプロファイルでプリントされます。なお、校正刷り用のプリンタープロファイルがある場合には、［プリンタープロファイル］に指定します 図7。

memo

印刷所によっては、専用の校正刷り用のプリンタープロファイルを配布していることがあります。入稿する印刷所に相談してみましょう。

図7 「プリント」ダイアログ［カラーマネジメント］

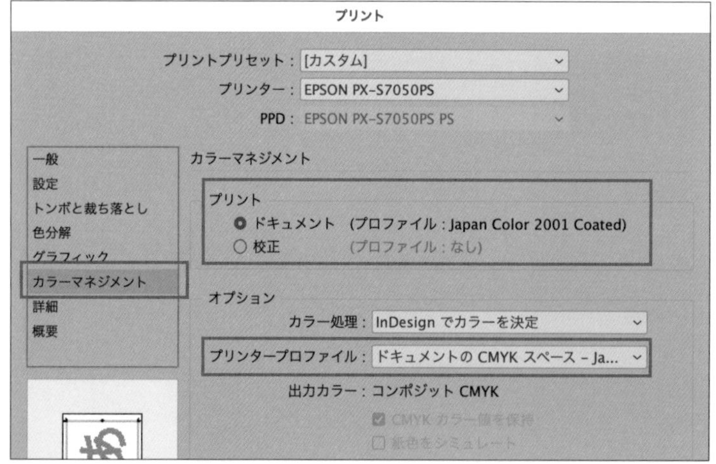

［詳細］タブでは、［OPI］の設定や［透明の分割・統合］に使用する［プリセット］を設定します 図8。なお、**OPI**は、現在ではあまり使用されていません。

図8 「プリント」ダイアログ［詳細］

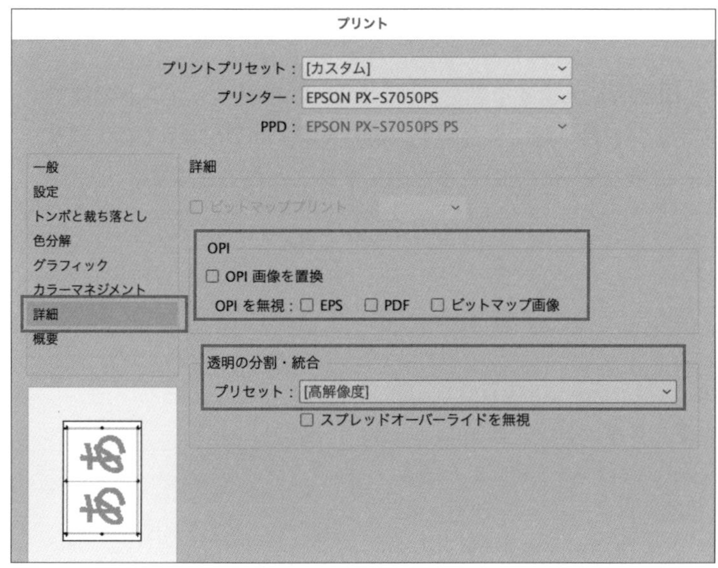

［概要］タブでは、「プリント」ダイアログで設定した内容が表示されます 図9。確認して問題ないようであればプリントを実行します。

図9 「プリント」ダイアログ［概要］

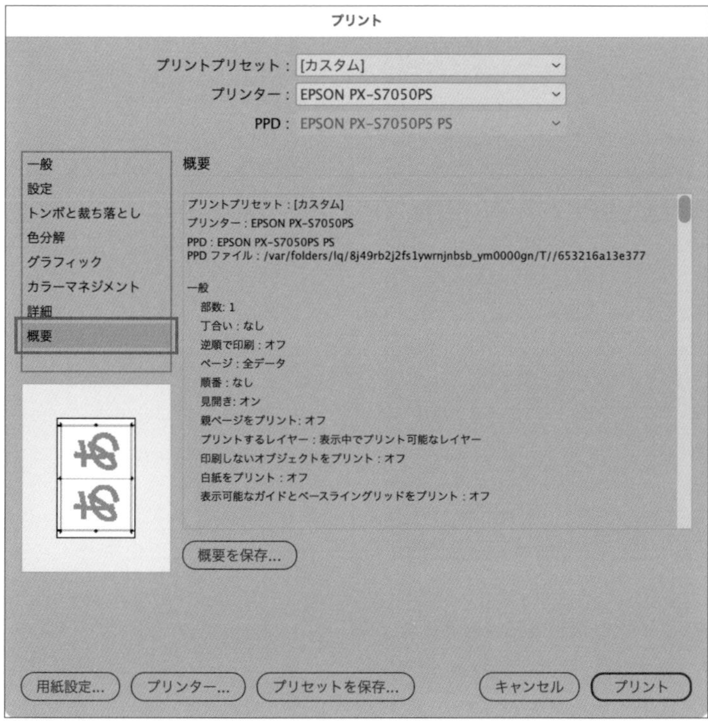

WORD OPI

OPIとは、高解像度と低解像度の2つの画像データを用意して、レイアウト時には低解像度データを使って作業し、出力時に高解像度データと自動的に置き換えて出力する技術のことです。かつて、コンピューターやネットワークのスペックが低かった当時は、出力やデータ保存の処理時間削減のためにOPIが使用されることがありました。

パッケージを実行する

THEME テーマ

InDesignドキュメントを印刷所に入稿する場合には、InDesignドキュメントだけでなく、リンク画像や欧文フォントも一緒にまとめて入稿します。InDesignでは、パッケージを実行することで、必要なデータをひとまとめにすることができます。

パッケージの実行

プリフライトを実行して問題がなければ、パッケージを実行して入稿に必要なファイルをひとまとめにします。まず、ファイルメニュー→"パッケージ..."を実行し、「パッケージ」ダイアログを表示します 図1。エラーがないことを確認したら［出力仕様書を作成］にチェックを入れ、［パッケージ...］ボタンをクリックします。なお、エラーが表示された場合には、［キャンセル］ボタンをクリックしてパッケージを中止し、ライブプリフライトの機能を使用して問題点を解消してから、再度パッケージを実行します。

図1 「パッケージ」ダイアログ

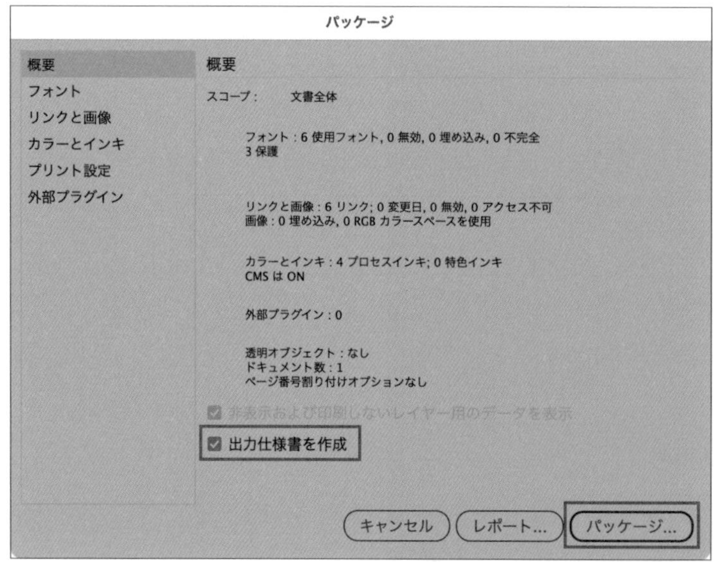

パッケージを実行すると、「出力仕様書」ダイアログが表示されるので、各項目を入力し［続行］ボタンをクリックします 図2。なお、何かあった時に印刷会社の人が連絡をとれるよう、きちんと入力しておきます。

図2 「出力仕様書」ダイアログ

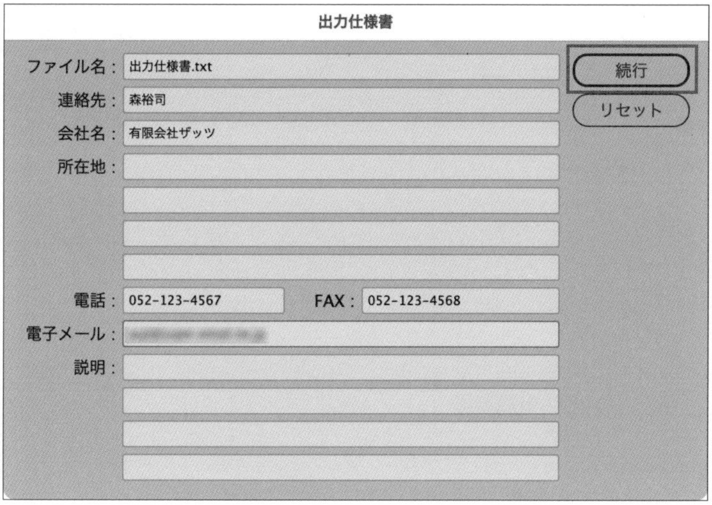

出力仕様書

ファイル名：出力仕様書.txt
連絡先：森裕司
会社名：有限会社ザッツ
所在地：
電話：052-123-4567　FAX：052-123-4568
電子メール：
説明：
続行
リセット

「パッケージ」ダイアログが表示されるので、[名前] と保存する [場所] を指定して、[パッケージ] ボタンをクリックします 図3。なお、各オプションをオンにすると、以下のような動作になります。必要に応じてオンにしておきましょう。

フォントをコピー（Adobe以外の日中韓フォント及びAdobe Fontsからのフォントを除く）：ドキュメントで使用している欧文フォントとアドビの和文フォントが「Document fonts」フォルダーに収集されます。ただし、Adobe Fontsのフォントは収集されません。

リンクされたグラフィックのコピー：ドキュメントにリンクされている画像のコピーが「Links」フォルダーにパッケージされます。

パッケージ内のグラフィックリンクの更新：コピーされたドキュメントと画像の関連付けを維持するため、画像のリンクをすべてパッケージフォルダの場所に変更します。

ドキュメントハイフネーション例外のみ使用：ドキュメントの制作環境にあるユーザ辞書を埋め込みます。

非表示および印刷しないコンテンツのフォントとリンクを含める：非表示レイヤーで使用しているフォントやリンク画像、および「プリント属性」パネルで [印刷しない] 設定になっているオブジェクトで使用しているフォントやリンク画像も収集します。

IDMLを含める：ドキュメントから書き出したIDMLファイルも一緒にパッケージします。

PDF（印刷）を含める：ドキュメントから書き出したPDFも一緒にパッケージします。その際、[PDFプリセットを選択] で指定したプリセットを使用してPDFが書き出されます。

レポートを表示：パッケージ終了後、出力仕様書を自動的に表示します。

memo

「パッケージ」ダイアログのオプション項目の [フォントをコピー（Adobe以外の日中韓フォント及びAdobe Fontsからのフォントを除く）] [リンクされたグラフィックのコピー] [パッケージ内のグラフィックリンクの更新] の3項目は、基本的にオンにしておきます。他の項目は、目的に応じてオン／オフを切り替えるとよいでしょう。

memo

パッケージを実行しても、ドキュメントで使用しているAdobe Fontsのフォントまでは収集されません。しかし、入稿先がCreative Cloudを契約している会社であれば、ドキュメントを開いた際に自動的にAdobe Fontsのフォントが同期されるので、出力に問題はありません。

図3 「パッケージ」ダイアログ

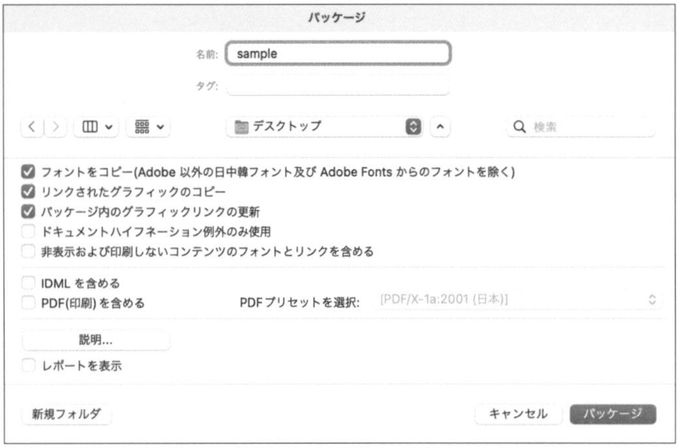

パッケージ
名前: sample
タグ:
デスクトップ
検索
フォントをコピー(Adobe 以外の日中韓フォント及び Adobe Fonts からのフォントを除く)
リンクされたグラフィックのコピー
パッケージ内のグラフィックリンクの更新
ドキュメントハイフネーション例外のみ使用
非表示および印刷しないコンテンツのフォントとリンクを含める
IDML を含める
PDF(印刷) を含める
PDF プリセットを選択:
[PDF/X-1a:2001 (日本)]
説明...
レポートを表示
新規フォルダ
キャンセル
パッケージ

次に「警告」ダイアログが表示されますが、そのまま［OK］ボタンをクリックします 図4 。なお、今後、「警告」ダイアログを表示させたくない場合は［再表示しない］にチェックを入れておきます。

図4 「警告」ダイアログ

警告
フォントソフトウェアのコピーには、サービスプロバイダーの制限が適用されます。特許権法およびライセンス同意書に従う必要があります。アドビのフォントソフトウェアについてはライセンス同意書で、他のサービスプロバイダーまたは特定の商業プリンターへ 1 つまたはそれ以上のフォントを 1 回コピーすることが許可されています。プロバイダーはフォント使用の権利を通知した上で、そのフォントを使用してファイルを出力します。他のフォントソフトウェアについては、ベンダーから直接許可を取得してください。
再表示しない
戻る
OK

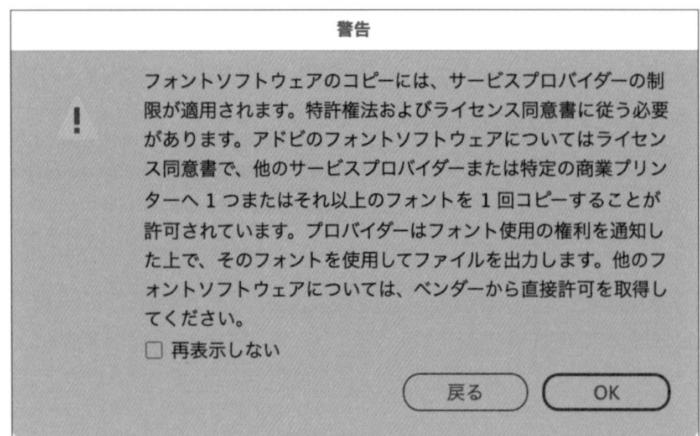

必要なファイル一式が指定した場所にパッケージされます 図5 。ただし、孫リンクのファイルまでは収集されないので、注意が必要です。

図5 パッケージされたファイル一式

sample
検索
よく使う項目
Dropbox
アプリケーション
書類
デスクトップ
最近の項目
AirDrop
yuji
ダウンロード
Document fonts
Links
sample.indd
出力仕様書.txt
Macintosh HD › ユーザ › yuji › デスクトップ › sample
4項目、60.71 GB空き

POINT

例えば、InDesignドキュメントにリンクしているIllustrator画像があったとします。このIllustratorドキュメントにさらにリンクしているPhotoshop画像があるような場合、InDesignドキュメントの孫リンクとなるPhotoshop画像は収集されないので、注意が必要です。このような場合は、手動で孫リンクの画像を収集しておきます。

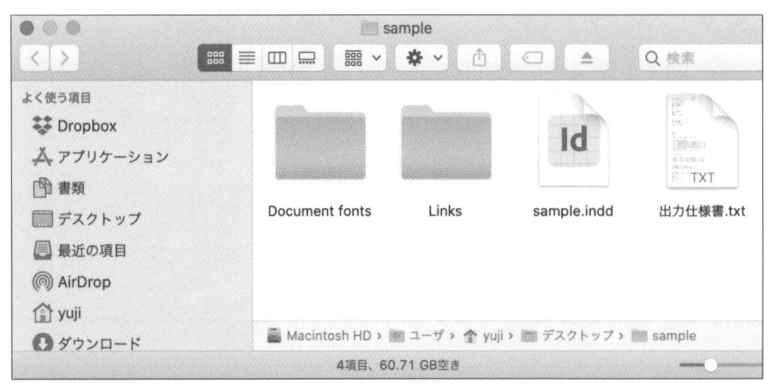

PDFを書き出す

PDFは、校正や出力等、さまざまな用途で使用されます。InDesignでは、簡単な操作で用途に応じたPDFを書き出すことができますが、その設定はプリントする時とほぼ同じです。このレッスンでは、各設定の意味を理解しておきましょう。

PDFの書き出し

PDFには、画像やフォントも埋め込むことができ、入稿時にはワンファイルで済むため、現在、印刷の最終フォーマットとしてもよく使用されています。PDFを書き出すためには、まずファイルメニュー→“書き出し...”を実行します。「書き出し」ダイアログが表示されるので、[形式]に[Adobe PDF(プリント)]を選択し、[名前]と保存する[場所]を指定して[保存]ボタンをクリックします 図1。

memo
InDesignの生データを入稿するのと違い、PDF入稿では、画像やフォントを添付し忘れるといったことがありません。

図1 「書き出し」ダイアログ

書き出し
名前: sample.pdf
タグ:
場所: デスクトップ
形式: Adobe PDF (プリント)
InDesign のドキュメント名を出力ファイル名として使用
キャンセル 保存

[Adobe PDFを書き出し]ダイアログが表示されるので、まずは、[PDF書き出しプリセット]を選択します 図2。いくつかのプリセットが用意されているので目的のものを選択しますが、ファイルメニュー→“PDF書き出しプリセット”→“プリセットを管理...”を実行して、カスタムのプリセットを作っておけば、そのプリセットを選択することも可能です。

どのようなPDFを書き出したいかで選択するプリセットは異なりますが、印刷会社に入稿する印刷用のPDFを作成したい場合は、PDF/X-1aやPDF/X-4を選択するのが一般的です。もちろん、印刷所から指定されたプリセットがある場合には、そのプリセットを使用します。

なお、[PDF書き出しプリセット]を選択すると、それに合わせて[標準]や[互換性]は自動的に選択されます([標準]や[互換性]を個別に指定することも可能です)。

memo
PDF書き出しプリセットは、オリジナルで作成することはもちろん、読み込むことも可能です。印刷会社から指定されたプリセットがある場合は、PDFを書き出す前に、事前に読み込んでおきましょう。

次に［ページ］を指定します。全ページ書き出す場合は［すべて］、任意のページのみ書き出す場合には［範囲］を指定します。また、［書き出し形式］では［ページ］単位、または［見開き］単位のどちらかで書き出せます。

図2 「Adobe PDFを書き出し」ダイアログ［一般］

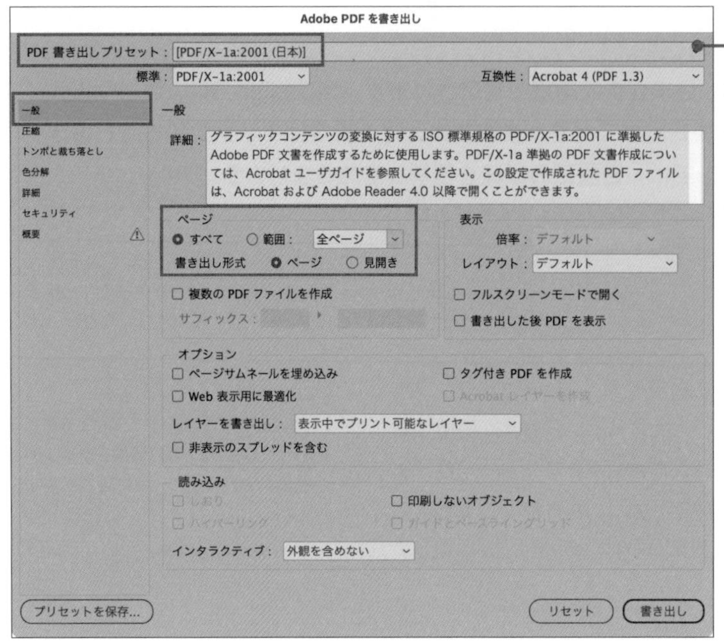

- [PDF/X-1a:2001 (日本)]
- [PDF/X-3:2002 (日本)]
- [PDF/X-4:2008 (日本)]
- [プレス品質]
- [最小ファイルサイズ]
- [雑誌広告送稿用]
- [高品質印刷]

memo

［複数のPDFファイルを作成］をオンにすると、1ページごとバラバラのPDFを書き出せます。なお、［サフィックス］には［ページサイズ］［ページ番号］［連番］が指定できます。

次に［圧縮］タブを指定します 図3。ここでは、［カラー画像］［グレースケール画像］［モノクロ画像］のそれぞれにおいて、画像圧縮の方法と解像度を指定します。なお、図の［カラー画像］のように、解像度が「300ppi」で、［次の解像度を超える場合］が「450ppi」の場合、450ppiを超える画像のみを300ppiまでダウンサンプルするという設定になります。

図3 「Adobe PDFを書き出し」ダイアログ［圧縮］

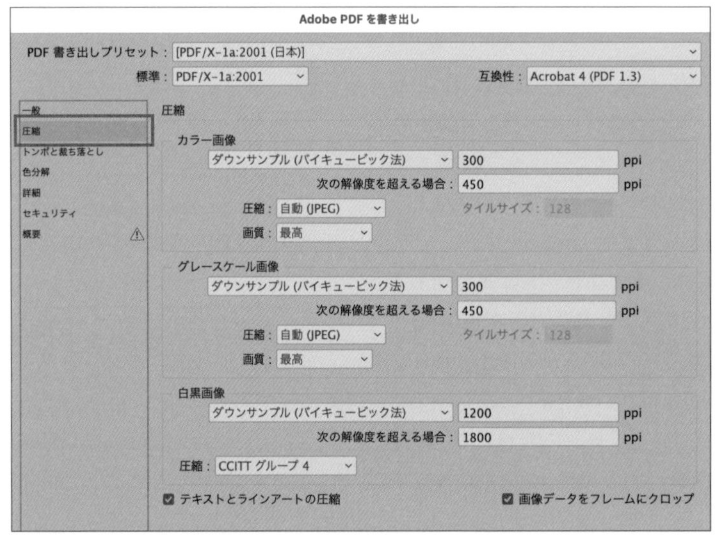

memo

［画像データをフレームにクロップ］がオンの場合、画像がトリミングされて非表示の部分のデータは書き出されません。

次に[トンボと裁ち落とし]を指定します 図4 。ここでは、[トンボとページ情報]、および[裁ち落としと印刷可能領域]を指定します。

図4 「Adobe PDFを書き出し」ダイアログ[トンボと裁ち落とし]

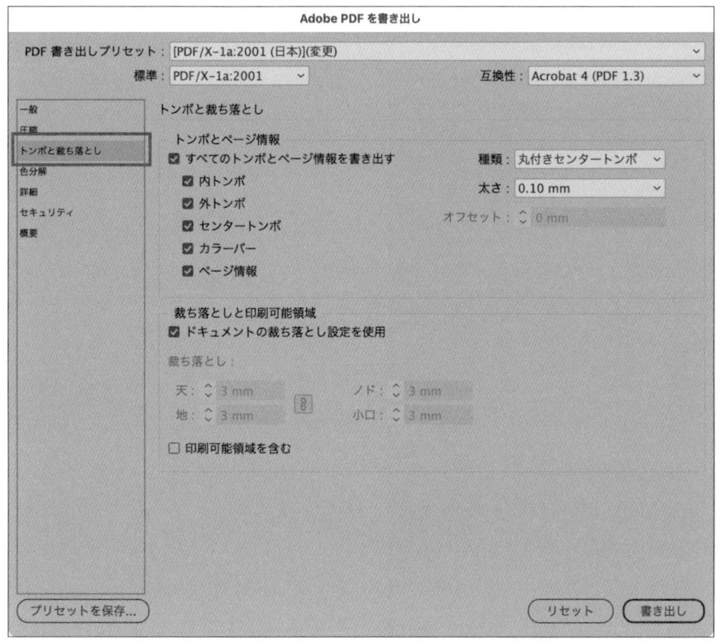

次に[色分解]を指定します 図5 。ここでは、[カラー変換]の方法と、[出力先][出力インテントのプロファイル]を指定します。印刷会社から指定されたプロファイルがある場合には、そのプロファイルを指定します。

図5 「Adobe PDFを書き出し」ダイアログ[色分解]

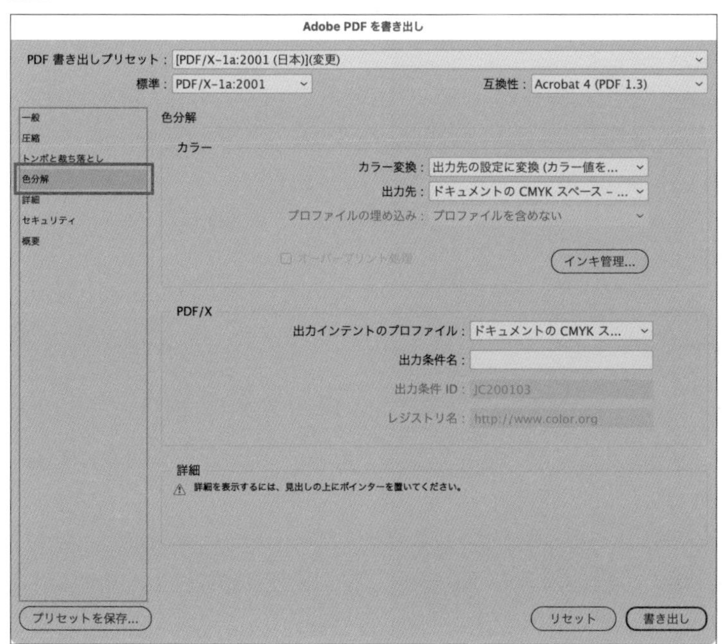

次に[詳細]を指定します 図6 。ここでは、[透明の分割・統合]を設定します。印刷目的であれば、印刷会社から指定されたプリセットを選択しますが、プリセットがない場合には[高解像度]を選択します。

図6 「Adobe PDFを書き出し」ダイアログ[詳細]

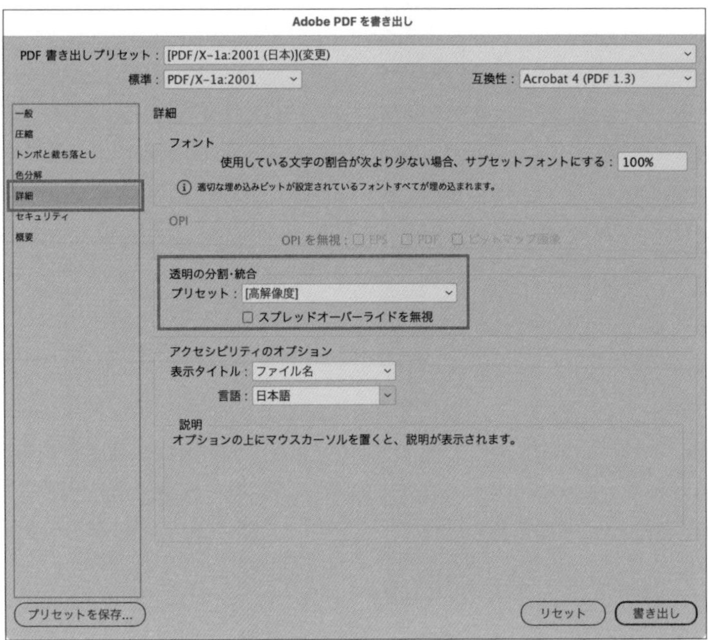

次に[セキュリティ]を指定します 図7 。ここでは、[セキュリティ]を設定しますが、印刷目的であれば設定する必要はありません。

図7 「Adobe PDFを書き出し」ダイアログ[セキュリティ]

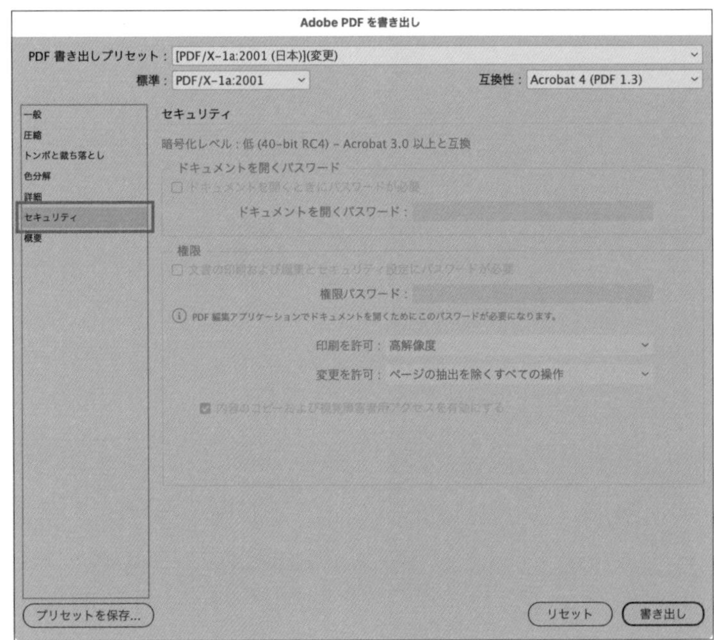

最後に[概要]を確認します 図8。ここでは、どのようなPDFを書き出すかの設定内容を確認できます。問題がなければ、[書き出し] ボタンをクリックしてPDFを書き出します。

> memo
> よく使用するPDF書き出しの設定は、プリセットとして保存しておくと便利です。「Adobe PDFを書き出し」ダイアログ左下にある[プリセットを保存]ボタンをクリックするか、ファイルメニュー→“PDF書き出しプリセット”→“プリセットを管理...”を選択することで作成可能です。

図8 「Adobe PDFを書き出し」ダイアログ[概要]

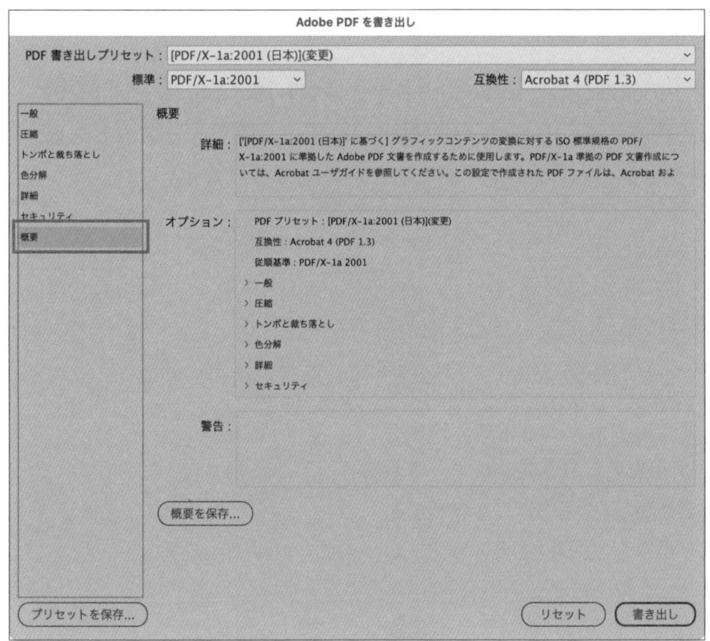

指定した場所にPDFが書き出されます 図9。

図9 書き出されたPDF

下位互換ファイル(IDML)を書き出す

基本的に、上位バージョンで作成されたInDesignドキュメントは、下位バージョンのInDesignで開くことはできません。しかし、IDMLという下位互換フォーマットを書き出すことで、下位バージョンのInDesignで開くことが可能になります。

下位互換ファイルの書き出し

上位バージョンで作成したInDesignドキュメントは、基本的に下位バージョンで開くことはできませんでした。しかし、IDML形式で書き出すことで、下位バージョンでも開くことが可能になります。まず、ファイルメニュー→"書き出し..."を実行し、「書き出し」ダイアログを表示します。[形式]に[InDesign Markup (IDML)]を選択し、[保存]ボタンをクリックします 図1。これにより、拡張子.idmlファイルが書き出され、下位バージョンのInDesignでも開くことが可能になります 図2。ただし、上位バージョンで追加された新機能を適用した箇所がそのまま反映される保証はないので、どうしてもといったケース以外では、異なるバージョンで開くのはお勧めできません。

POINT

上位バージョンで作成したInDesignドキュメントを、下位バージョンで開くと、元の体裁が保たれる保証はありません。

memo

「書き出し」ダイアログからではなく、ファイルメニュー→"別名で保存..."を実行すると表示される「別名で保存」ダイアログの[形式]に[InDesign CS4以降(IDML)]を選択しても、IDMLファイルを書き出すことができます。

図1 「書き出し」ダイアログ

書き出し

名前: sample.idml
タグ:
場所: デスクトップ
形式: InDesign Markup (IDML)
InDesign のドキュメント名を出力ファイル名として使用
キャンセル　保存

図2 IDMLファイル

なお、最近のバージョンでは、上位バージョンで作成したInDesignドキュメントを下位バージョンで開こうとすると、図のようなアラートが表示され、過去のバージョンで作成されたドキュメントであることを教えてくれます図3。続けて、[OK]ボタンをクリックするとダイアログが表示され、[ファイルを変換]ボタンをクリックすることでドキュメントを開くことが可能になります図4。これは、一度オンラインでIDMLに変換されたものを開くことで可能となるため、インターネットに繋がっており、Creative Cloudにログインしている必要があります。

図3 表示されるアラート

Adobe InDesign

「sample.indd」を開くことができません。Adobe InDesign (19.0) より新しいバージョンで保存されています。
そのバージョン以降を使用してファイルを開く必要があります。このバージョンで開けるようにするには、「InDesign CS4 以降で保存」を選択するか、IDML に書き出します。

OK

図4 ファイル変換を実行するためのダイアログ

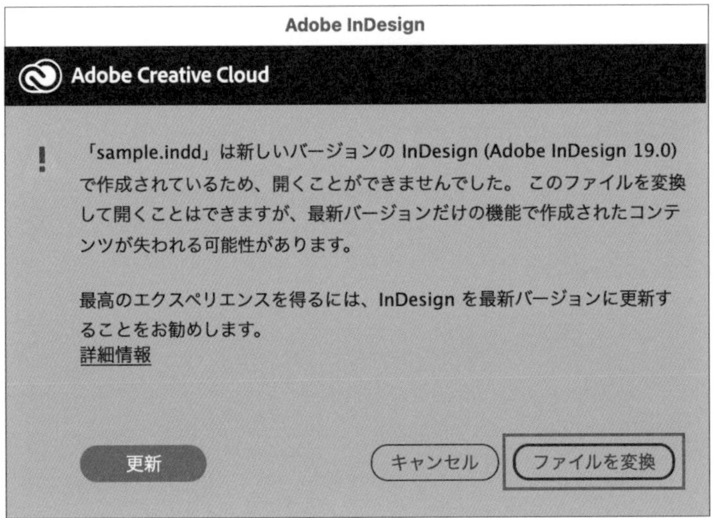

memo

ダイアログの[更新]ボタンをクリックすると、Creative Cloudデスクトップアプリが表示されます。

ちなみに、IDMLファイルはドキュメントの動作がおかしい時に使用するのも有効です。一度、IDMLファイルを書き出すと、ファイル内の余分なコードが削除され、エラーの起きにくいファイルとして開くことができます。ドキュメントの動作がおかしい時には、書き出したIDMLファイルを再度、同一バージョンで開き直してみるのも良いでしょう。

Publish Onlineでドキュメントを公開する

Publish Onlineの機能を利用すると、InDesignドキュメントをWeb上に公開することができます。これにより、ブラウザー上での校正が可能になりますが、ブラウザーからPDFをダウンロードしてもらうことも可能になります。

Publish Onlineによる公開

InDesignで作成したドキュメントを校正する方法はいろいろありますが、Publish Onlineの機能を利用すると、ブラウザー上でドキュメントの校正が可能になります。まず、目的のドキュメントを開いた状態で、ファイルメニュー→"Publish Online..."を実行します。すると、「ドキュメントをオンラインで公開」ダイアログが表示されるので各項目を設定します。

[一般]タブでは、公開するドキュメントの[タイトル]や[説明]を入力し、[ページ]で公開する範囲を設定します。[書き出し形式]では[単一]ページとして公開するか、[スプレッド]として公開するかを選択できます。なお、閲覧者がPDFをダウンロード可能にするには、[閲覧者がドキュメントをPDF(印刷)としてダウンロードすることを許可]にチェックを入れておきます 図1。

図1 「ドキュメントをオンラインで公開」ダイアログ[一般]タブ

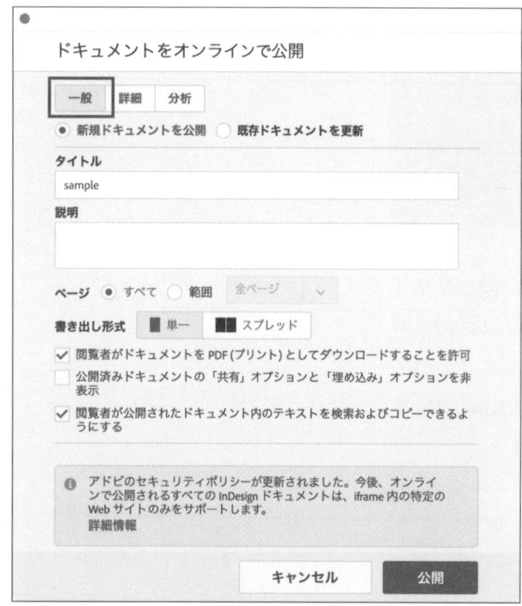

次に［詳細］タブを設定します。［カバーのサムネール］や［画像設定］が設定できますが、PDFのダウンロードを許可した場合には、書き出すPDFのプリセットを［PDFプリセットを選択］から指定します 図2。なお、デフォルトでは前回PDFを書き出した際の設定が反映されています。設定が終わったら［公開］ボタンをクリックします。

memo

2024年度版のInDesignから［分析］タブが追加されました 図3。「計測ID」を入力することで、Google Analyticsと統合して、ドキュメントのインサイトを得ることが可能になります。

図2 ［詳細］タブ

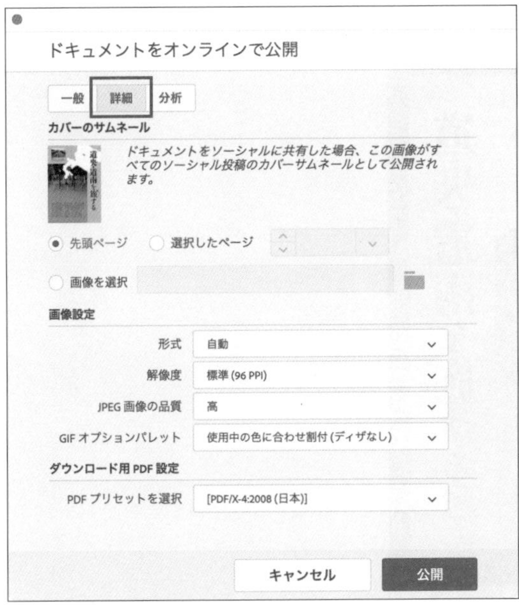

図3 ［分析］タブ

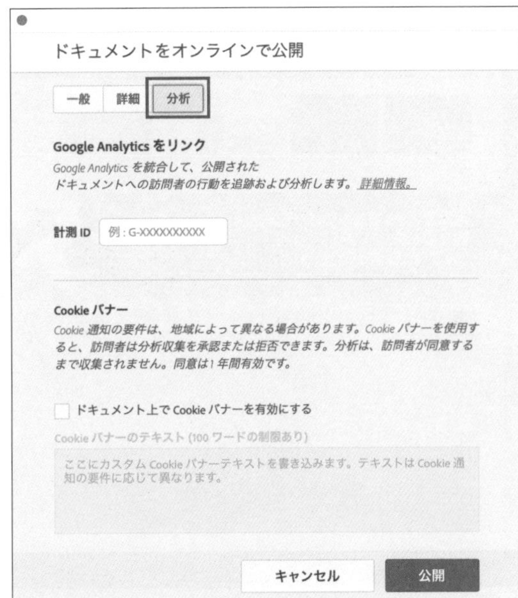

ドキュメントがアップロードされていることをあらわすダイアログが表示され、しばらく待つとアップロードが完了します。［ドキュメントを表示］ボタンをクリックすると、ブラウザーでドキュメントが表示されますが、他の人に校正してもらいたいようなケースでは、［コピー］ボタンをクリックして、そのURLを相手に伝えます 図4。最後に、［閉じる］ボタンをクリックしてダイアログを閉じます。

図4 アップロード時に表示されるダイアログ

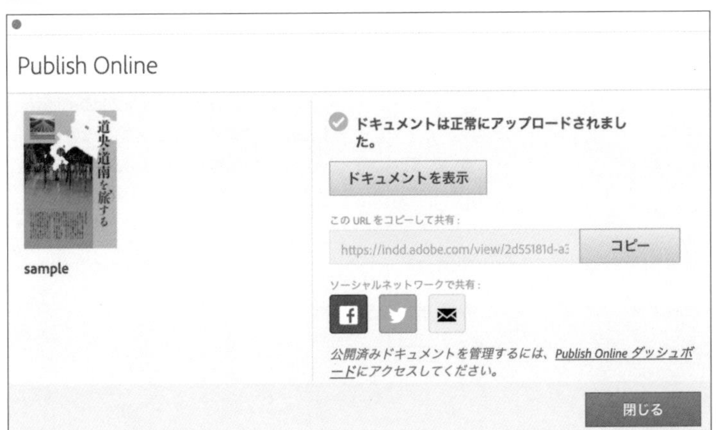

ドキュメントをブラウザーで表示します。フォントや文字組みもそのままの状態で表示されるので、ブラウザー上で校正することが可能です 図5 。とは言え、プリントした物で確認したい場合には、PDFをダウンロードします。ウィンドウ右下に表示されるボタンの中から［Download PDF］をクリックすれば、PDFをダウンロードすることが可能です。

図5 ブラウザーで表示したドキュメント

なお、オンラインで公開したドキュメントは管理することができます。ファイルメニュー→ "Publish Onlineダッシュボード..." を実行すると、これまで公開したドキュメントの一覧がブラウザーで表示されるので、解析結果を表示したり、ドキュメントを共有したりといったことが可能となります 図6 。

図6 Publish Onlineダッシュボード

Publish Online　ドキュメント　分析

公開したドキュメント

名前	計測ID	共有	最終変更日
sample		公開リンク	4分前
犬山城		公開リンク	2年前
pamfhlet		公開リンク	3年前
日本の名城		公開リンク	4年前
SportShop		公開リンク	7年前

ヘルプ　利用条件　プライバシーポリシー　Cookies　言語: 日本語　© 2023 Adobe. All rights reserved.

memo

2024年版以降のInDesignの公開済みドキュメントは、ダッシュボードからの統合分析をサポートしなくなります。なお、以前のバージョンのInDesignからの公開済みドキュメントの分析は、2024年10月15日まで引き続き収集され、それ以降は新しい分析は収集されなくなります。

レビュー用に共有する

「レビュー用に共有」の機能を利用すると、InDesignドキュメントをオンラインで公開し、ブラウザー上で注釈（赤字）を入れてもらうことが可能になります。入れてもらった注釈は、すぐにInDesignのコメントパネルに反映されます。

[レビュー用に共有]を利用した校正

「レビュー用に共有」という機能を利用すると、InDesignドキュメントをオンラインでWeb上に公開し、クライアント等にレビューしてもらうことが可能になります。公開するドキュメントを開いた状態で、ファイルメニュー→“レビュー用に共有…”、またはアプリケーションバー右上にある[共有]ボタンをクリックします。すると[レビュー用に共有]ウィンドウが表示されるので、[リンク名]を入力し、[リンクを作成]ボタンをクリックします 図1。この際、[公開範囲]も設定しておきます。[招待されたユーザーのみコメント可能]または[リンクを知っているユーザーがコメント可能]のいずれかを選択します。そのままの意味で、ここでは[招待されたユーザーのみコメント可能]を選択しておきます。

図1 [レビュー用に共有]ウィンドウ

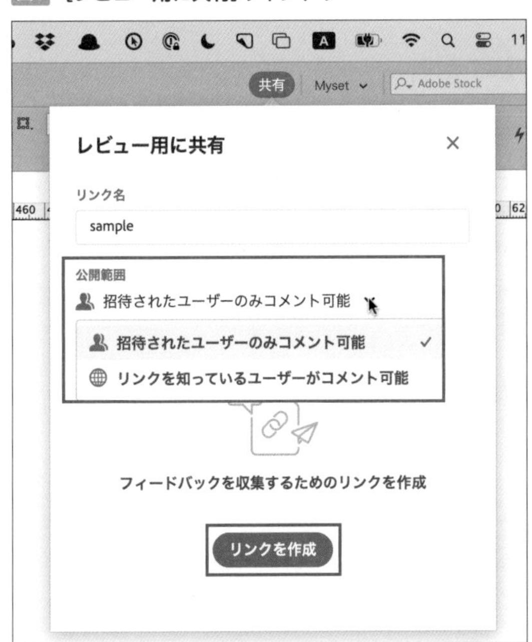

ドキュメントがWeb上にアップロードされ、そのURLが表示されます 図2。なお、[公開範囲]に[リンクを知っているユーザーがコメント可能]を選択していた場合は、レビューして欲しいユーザーにこのURLを伝えればOKですが、[公開範囲]に[招待されたユーザーのみコメント可能]を選択していた場合は、[ユーザーを招待]ボタンをクリックします。

図2 [レビュー用に共有]ウィンドウ

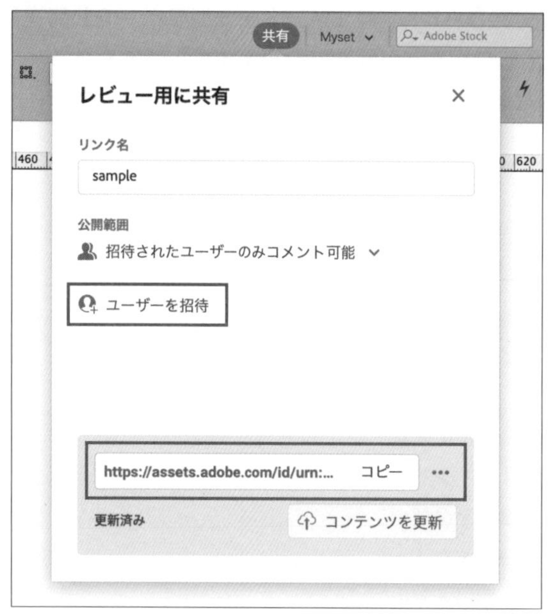

memo
リンクを作成後に表示されるURLの右側にある[コピー]をクリックすれば、そのURLをコピーできます。

[ユーザーを招待]ウィンドウが表示されるので、招待する相手のメールアドレスを入力し、メッセージ入力したら[閲覧用に招待]ボタンをクリックすると 図3、招待状が送信され、共有者が追加されます 図4。

図3 ユーザーを招待

図4 共有者の追加

共有者にメールが送信され、共有者は［レビュー］ボタンをクリックすると 図5 、ブラウザーでドキュメントが表示されます。なお、ブラウザーで表示されたドキュメントには、注釈ツールが用意されているので、目的に応じて注釈（コメント）を入れます 図6 。

memo

使用できる注釈ツールには、［ピン留め］［テキストをハイライト］［テキストに打ち消し線を引く］［テキストを置換］［シェイプを描く］があります。なお、それぞれ表示カラーを指定することもできます。

図5 招待メール

Adobe Creative Cloud

Mori Yuji さんにより、**sample**のレビューに招待されました

校正をお願いします。

レビュー

このレビューは、yuji_thats@me.com さんと共有されています。レビューにアクセスできない場合は、このメールアドレスに複数のアドビプロファイルがリンクされている可能性があります。他のプロファイルに切り替えて、アクセスを試みてください。ログインのヘルプ

図6 ブラウザーで表示されたドキュメントと共有者が入れたコメント

共有者が注釈を入れると、その内容はすぐに所有者のCCデスクトップアプリの［通知］に連絡が届き 図7 、さらにInDesignのレビューパネルにもその内容が即座に反映されます 図8 。また、メールでも修正内容が届きます。

図7 CCデスクトップアプリの[通知]

図8 InDesignのレビューパネル

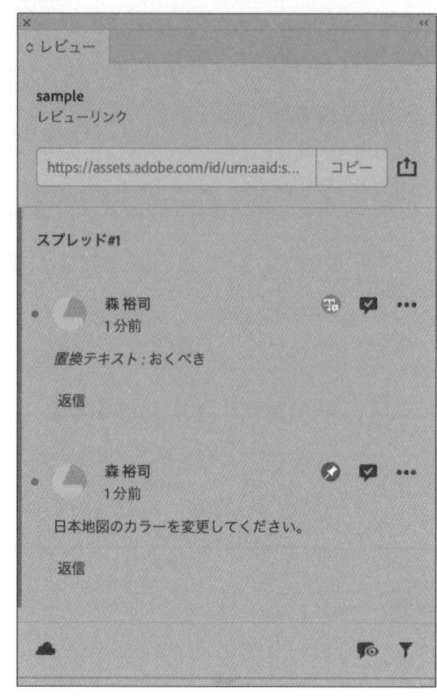

レビューパネルの各コメントをクリックすると、注釈を入れた箇所がハイライトされるので、コメントの内容に応じて修正します 図9。修正したら、レビューパネルのコメントに対し、[解決] を実行します 図10。なお、共有者に [返信] することもできるので、疑問点があればやり取りします。すべての注釈を修正すればできあがりです 図11。

memo

InDesignの表示モードが [標準モード] になっていないと、レビューパネルでコメントをクリックしても、注釈はハイライトされません。

図9 注釈によりハイライトされた箇所[通知]

図10 レビューパネルの解決ボタン

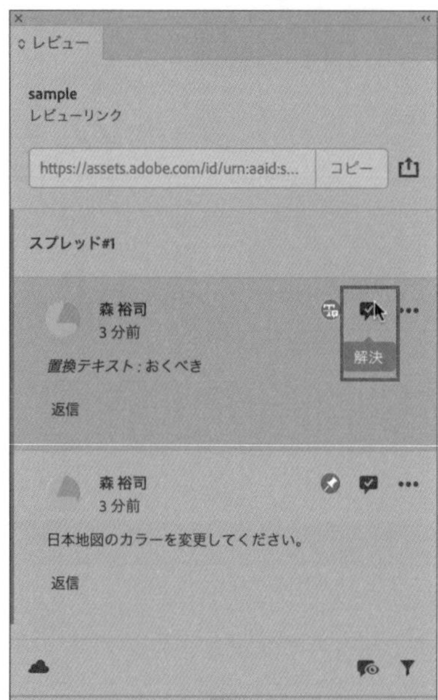

図11 コメントのないレビューパネル

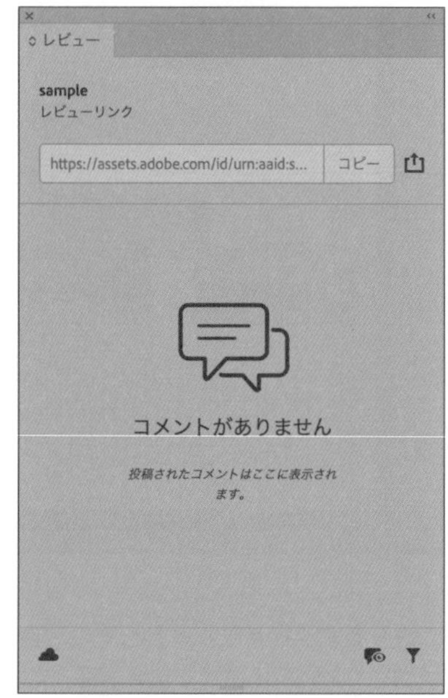

Lesson 12

修正に強い
データ作成

素早く修正できるようなデータを、事前に作成しておくことは非常に重要です。このセクションでは、できるだけミスを減らし、時短に繋がる作業について取り上げています。しっかりと覚えておきましょう。

CCライブラリを活用する

CCライブラリを活用することで、アプリケーションを超えて素材の管理が可能になります。ここでは、CCライブラリへの素材の登録、およびその使い方を学びます。なお、CCライブラリは共有が可能なので、グループワークにも最適です。

アセットの登録

アドビの各アプリケーションには、CCライブラリパネルが用意されています（ウィンドウメニュー→"CCライブラリ"を実行すると表示できます)。このパネルにオブジェクトやテキスト、カラーといった素材を登録すると、アドビから割り当てられたクラウド上に自動的に保存され、アドビのアプリケーションを超えて利用できます。

CCライブラリを使うためには、まず新しい「ライブラリ」を作成します。CCライブラリパネルの［新規ライブラリを作成］ボタンをクリックするか、パネルメニューから［新規ライブラリを作成］を選択します 図1。ライブラリ名が入力可能になるので、任意の名前を付けて［作成］ボタンをクリックすると 図2、新しいライブラリが作成されます 図3。なお、CCライブラリを利用するためにはインターネットに繋がっている必要があります。

memo

CCライブラリパネルに登録した素材のことを「アセット」と呼びます。なお、CCライブラリパネルを初めて使う場合、まだ何もアセットがなく、空の状態になっています。

図1 CCライブラリパネル

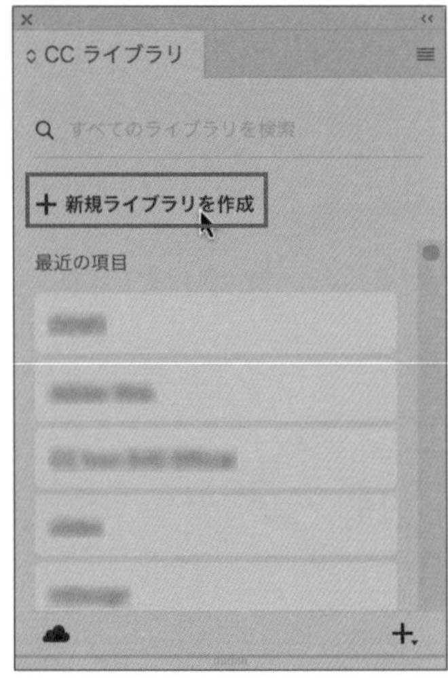

図2 ライブラリ名の入力

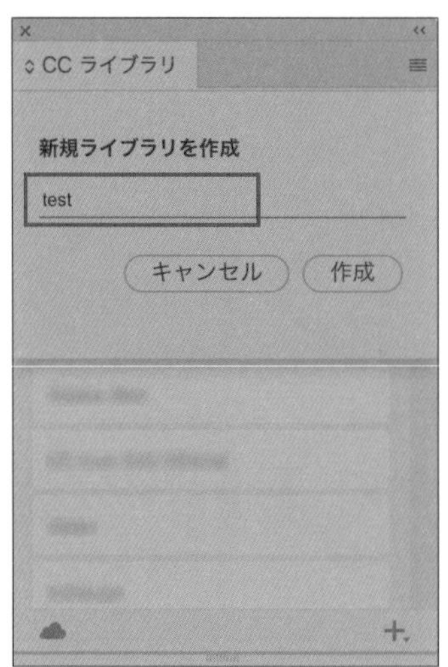

図3 作成されたライブラリ

では、アセットを登録してみましょう。登録したいアートワークを選択し、CCライブラリパネル上にドラッグ&ドロップします。あるいは、CCライブラリパネルの[エレメントを追加](＋ボタン)をクリックし、[画像]を選択します 図4。すると、選択していたオブジェクトがCCライブラリパネルに登録されます 図5。なお、[エレメントを追加]ボタンをクリックした場合に表示される項目は、アートワークの種類によって異なります 図6。また、登録されたアートワークは、名前部分をダブルクリックすることで任意の名前に変更できます 図7。

memo

CCライブラリパネルの[エレメントを追加] ボタンをクリックした場合には、選択しているオブジェクトの内容によって表示される項目が異なります。

図4 CCライブラリパネルへのオブジェクトの登録

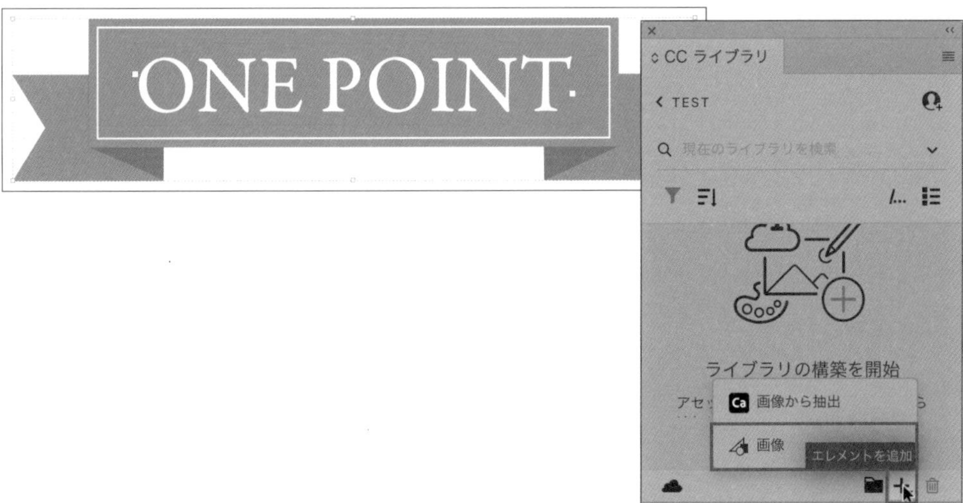

図5 登録されたアートワーク

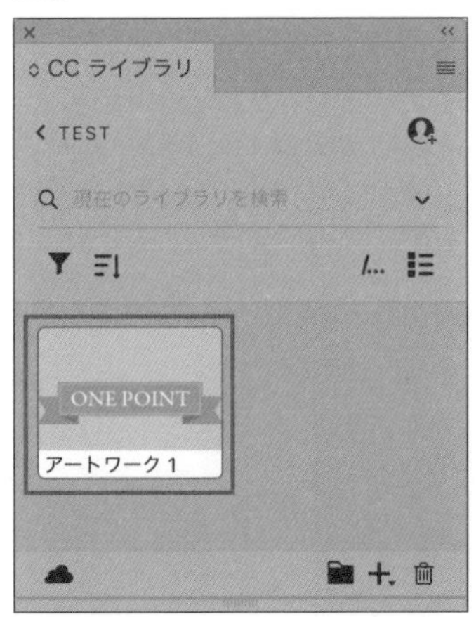

図6 [エレメントを追加]ボタン

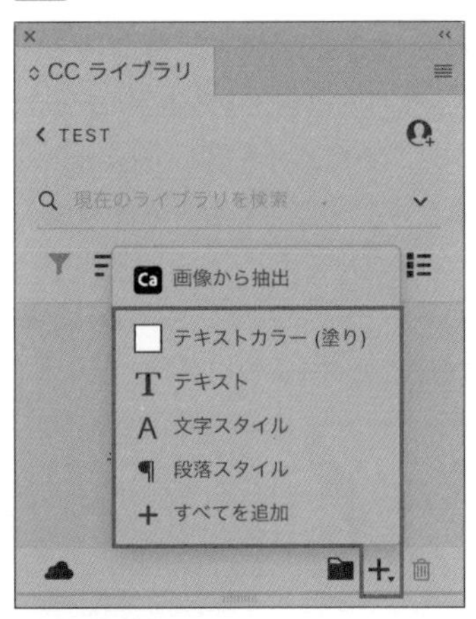

図7 名前の変更

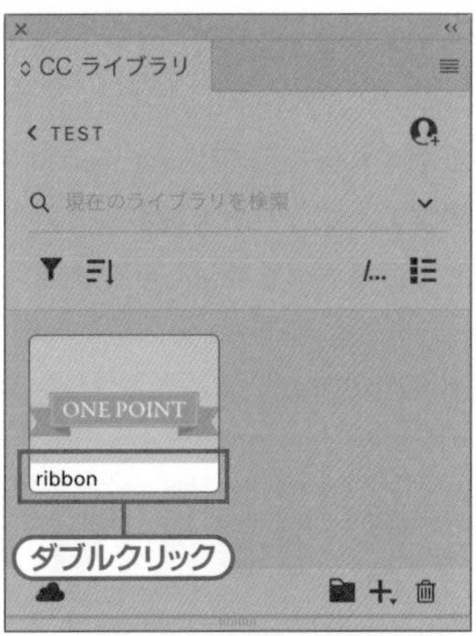

同様の手順で、登録したいオブジェクトを追加していきます。なお、この操作はPhotoshopやIllustratorでも同じで、CCライブラリのアセットは、アプリケーションを超えて運用できます。ただし、パターンやブラシ等、InDesignでは使えないアセットもあります。

POINT

InDesign上でCCライブラリパネルに登録したアセットは、自身に割り当てられたクラウド上に保存され、他のアドビのアプリケーションのCCライブラリパネルと同期されます。

アセットの使用

では、CCライブラリパネルに登録されたアセットを使用してみましょう。CCライブラリパネルから、目的のアセットをInDesignドキュメント上にドラッグ＆ドロップします。すると、マウスポインターが画像配置アイコンに変化するのでクリックして配置します 図8。このように、CCライブラリパネルからドラッグするだけで、登録したアセットを配置していくことが可能です。ただし、配置したオブジェクトは単なるコピーとして運用されます。

POINT

InDesign上でCCライブラリパネルに登録したアセットを、InDesignドキュメントに配置しても、そのアセットはコピーオブジェクトとして運用されます。

図8 CCライブラリパネルのアセットの配置

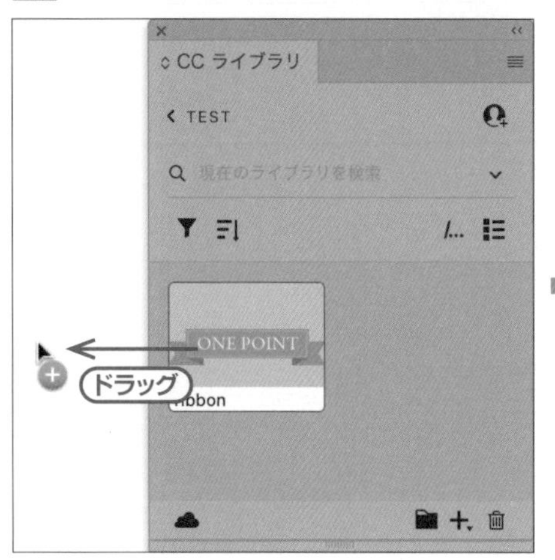

今度は、Illustrator上でCCライブラリパネルに登録したアートワークを配置してみましょう 図9。先の手順と同様に、CCライブラリパネルからInDesignドキュメント上にアセットをドラッグ＆ドロップすると、アセットが配置されます 図10。しかし、リンクパネルを見ると 図11、InDesign上で登録したアセットを配置した時とは異なり、クラウドからのリンクとして配置されたのが分かります。

POINT

IllustratorやPhotoshop等、他のアプリケーション上でCCライブラリパネルに登録したアセットをInDesignに配置すると、そのアセットはクラウドからのリンクとして運用できます。

図9 Illustrator上でCCライブラリパネルに登録したアートワーク

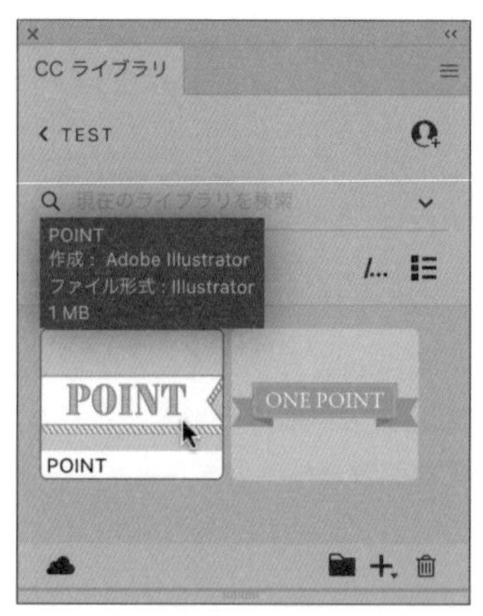

図10 InDesignドキュメントに配置したアセット

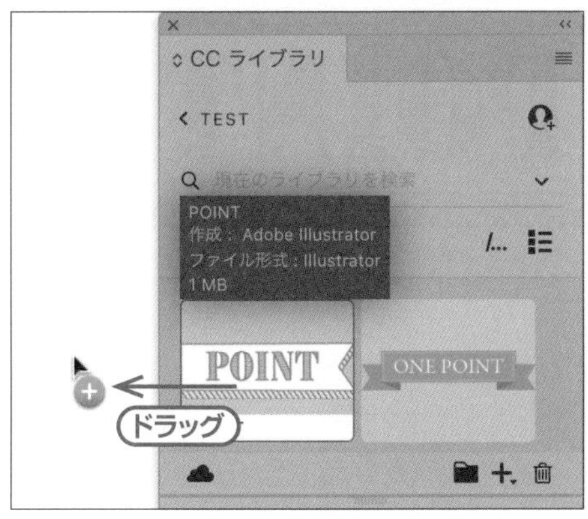

図11 リンクパネルの表示

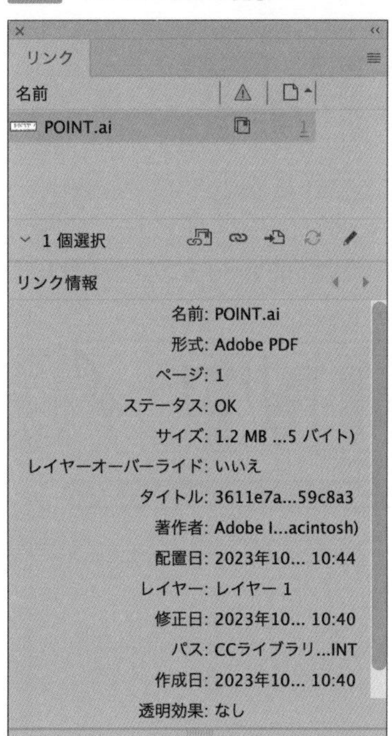

今度は、CCライブラリから配置したアセットを修正してみましょう。CCライブラリパネル上で修正したいアセットをダブルクリックします 図12 。すると、アセットを登録した際のアプリケーションでファイルが開くので、目的に応じて修正します 図13 。ファイルを保存して閉じ、InDesignに戻ると、InDesignドキュメントに配置したそのアセットがすべて更新されるのが分かります 図14 。ただし、とくにアラートもなく修正が反映されるので注意してください。なお、CCライブラリのアセットは、各アプリケーションのCCライブラリパネルからだけではなく、CCデスクトップアプリやブラウザーからも確認できます 図15 。

図12 CCライブラリパネル

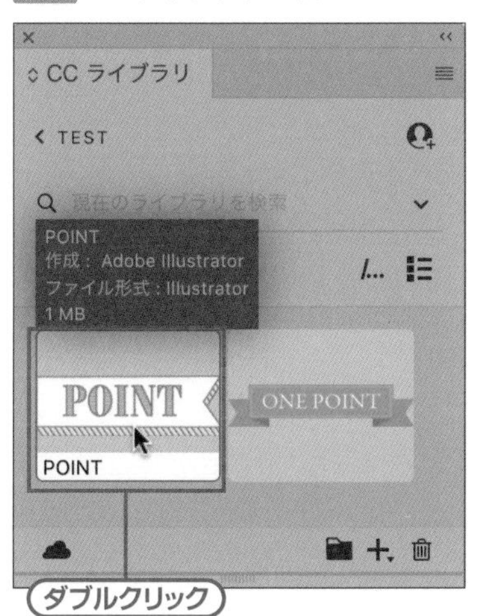

memo

PhotoshopやIllustrator上でアセットをCCライブラリパネルに登録し、InDesignに配置した場合は、アセットをクラウドからのリンクとして運用できますが、InDesign上で登録したアセットをInDesignに配置する場合は、単なるコピーとしてしか使用できません。

POINT

CCライブラリパネルに登録したアセットを編集した場合、その編集内容は、そのアセットを使用しているすべてのドキュメントに自動的に反映されます。とくにグループワーク等で、ライブラリを共有している場合は、アセットの運用に注意しましょう。

図13 Illustrator上でアセットを修正

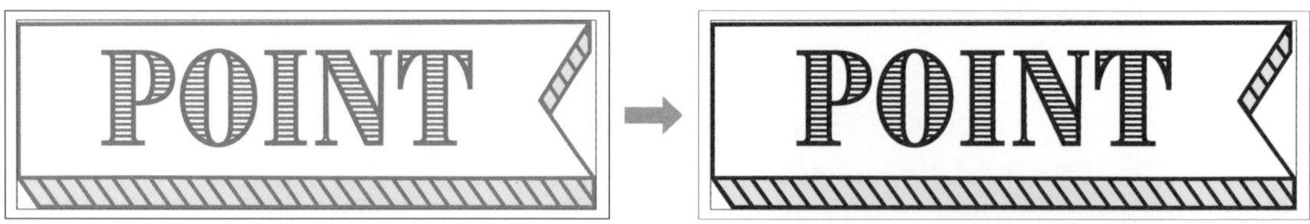

図14 InDesignに配置されていたアセットとCCライブラリパネル

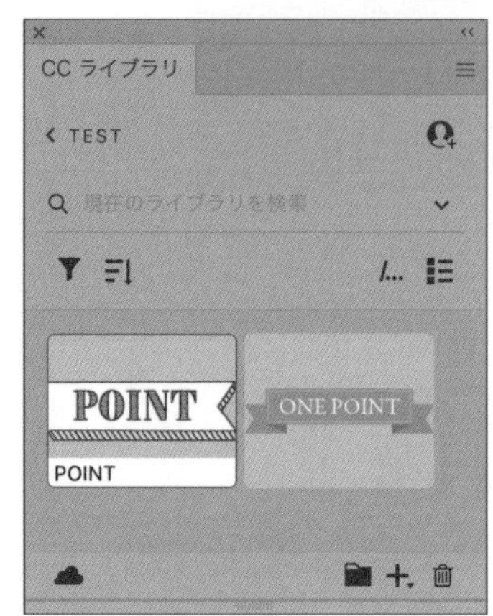

図15 CCデスクトップアプリのファイル／自分のライブラリ

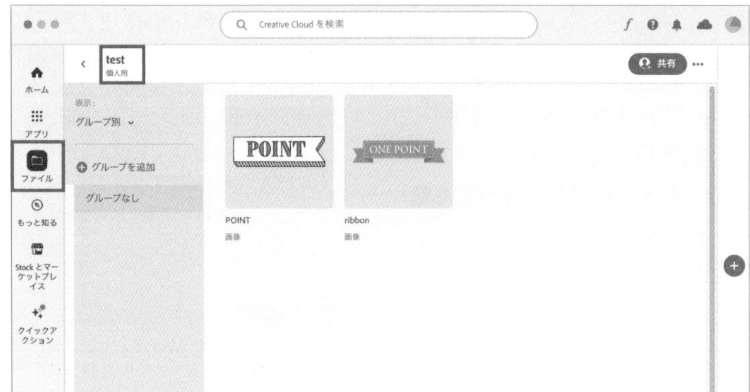

アセットの共有

CCライブラリの各ライブラリは、他の作業者と共有することができるため、グループワークで威力を発揮します。共有は、目的のライブラリを表示した状態で、CCライブラリパネルの[ライブラリに招待]ボタン、またはパネルメニュー→"ユーザーを招待..."を実行します 図16 。すると、CCデスクトップアプリが起動し、招待するための画面が表示されるので、メールアドレスとメッセージを入力して、[招待]ボタンをクリックします 図17 。なお、この時、閲覧のみを許可するのか、編集も可能にするのかが選択できます。

招待した方にメールが送信され、その作業者が［共同作業を開始］をクリックして共有をOKすると 図18 、そのライブラリが共有されます。共有されたライブラリには共有をあらわすアイコンが表示されます 図19 。

memo

CCライブラリは共有以外にも、書き出しや読み込みも可能です。ライブラリが多くなってきたら、あまり使わないライブラリを書き出して、どこかに保存しておき、必要になったら再度読み込みしても良いでしょう。

なお、CCライブラリには、グラフィック以外にも、カラーテーマやパターン、ブラシ、Look、モデル等を登録できます。また、各アセットに名前を付けたり、グループ分けしたりといったことも可能です。

図16 「ユーザーを招待」コマンド

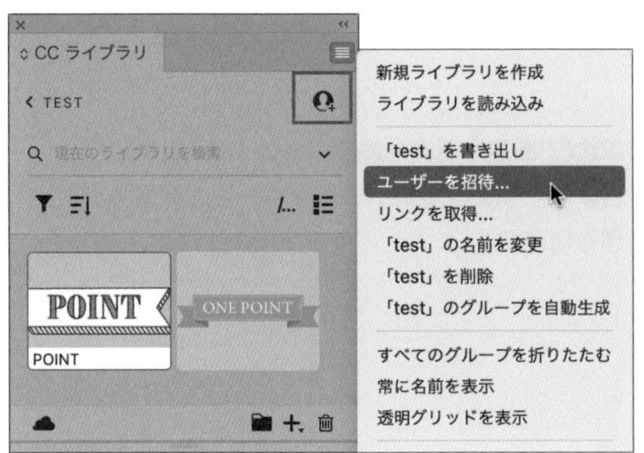

図17 招待の設定

図18 送信される招待メール

図19 CCライブラリの共有アイコン

Adobe Fontsの活用

THEME テーマ

Adobe Fontsを使用すると、20,000以上ある高品質な欧文フォントと、400以上ある和文フォントファミリーが利用できます。フォントのアクティベートも簡単で、CCデスクトップアプリでフォントの管理も可能です。

フォントの同期

Adobe Fontsには、2023年11月現在、20,000以上の欧文フォントと400以上の和文フォントファミリーが用意されており、Creative Cloudメンバーであれば無償で利用できます。文字パネルやコントロールパネルからフォントをアクティベート（追加）することもできますが、ここではCCデスクトップアプリからAdobe Fontsのサイトにジャンプして、気に入ったフォントを自分のマシンに同期してみましょう。

まず、CCデスクトップアプリで右上にある［フォント］をクリックし 図1、表示されたウィンドウで［別のフォントを探す］をクリックします 図2。ブラウザーでAdobe Fontsのサイトが表示されるので、左側に表示されるフィルターを使ってフォントを絞り込んでいきます。気に入ったフォントが見つかったら、［ファミリーを表示］をクリックすると、そのフォントのファミリーが表示されるので、使用したいウエイトを追加します。なお、ファミリーをまとめて追加することも可能です 図3。InDesignに戻ると、アクティベートしたフォントが使用可能になっています 図4。ちなみに、同期されたフォントはアドビ製品を含む、マシンにインストールされたすべてのアプリケーションで使用できます。

memo

Adobe Fontsのサイトでは、［言語および文字体系］に適切な言語を選択するとことで、その言語のフォントのみを表示できます。また、リスト表示やグリッド表示の切り替え、表示させるサンプルテキストの切り替え、テキストサイズの変更等が可能です。

図1 CCデスクトップアプリの［フォント］

memo

パッケージを実行しても、Adobe Fontsのフォントは収集されないので注意が必要です。ただし、入稿先の印刷会社がCreative Cloudメンバーであれば、Adobe Fontsのフォントを同期できるので問題ありません。

図2 CCデスクトップアプリのフォント管理画面

図3 Adobe Fontsのアクティベート

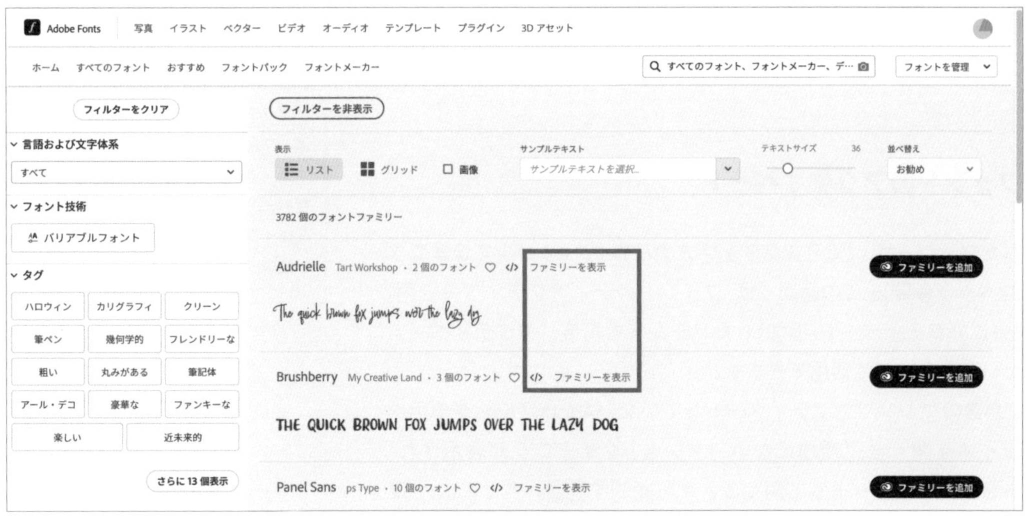

図4 アクティベートされたAdobe Fonts

memo

アクティベートされたAdobe Fontsは、フォントメニュー上ではクラウドアイコン（雲のアイコン）が表示されます。なお、Adobe Fontsのフォントは、どこにインストールされたかが分からない仕様になっています。

フォントのアクティベート

同期したフォントは、CCデスクトップアプリの［フォント］で管理できます（332ページ参照）。この画面では、フォントのディアクティベート（削除）や過去にアクティベート（追加）したフォントを再度、アクティベートしたいといったケースで活用できます。

なお、自身のマシンでアクティベートしていないAdobe Fontsが使用されたファイルを開くと、「環境にないフォント」ダイアログが表示され、フォントをアクティベートして開くことが可能です 図5。ちなみに、「環境設定」ダイアログの［ファイル管理］で［Adobe Fontsを自動アクティベート］をオンにしておくと、「環境にないフォント」ダイアログを表示させずにファイルを開くこともできます 図6。

図5 「環境にないフォント」ダイアログ

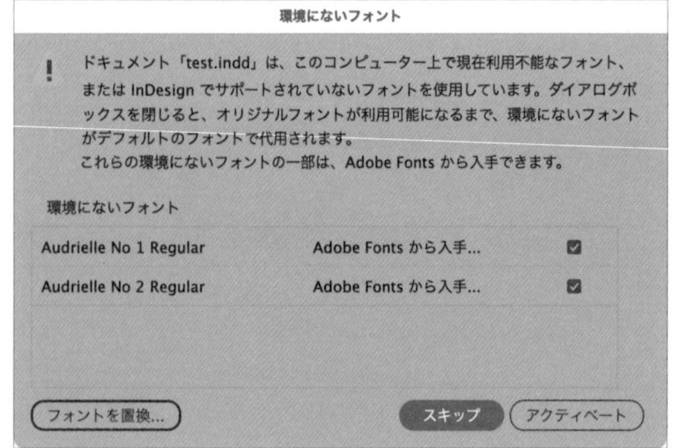

図6 「環境設定」ダイアログの［ファイル管理］

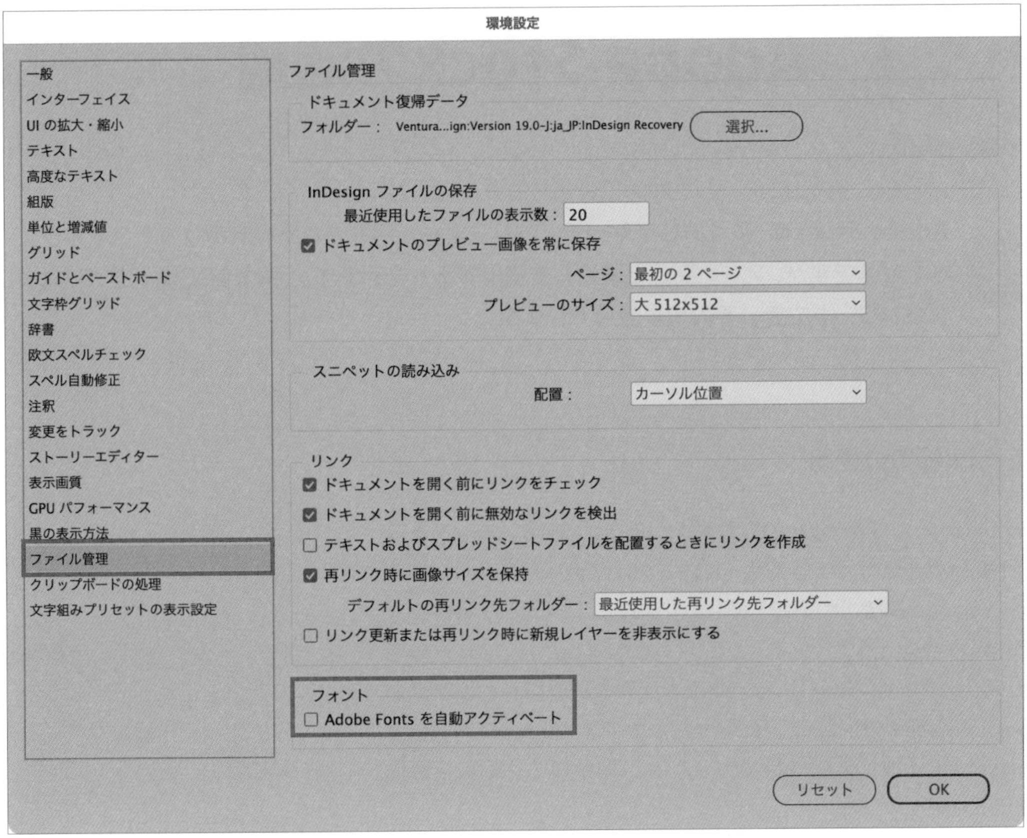

Adobe Stockの活用

THEME テーマ

Adobe Stockは、多くのロイヤルティフリー素材が用意された有料のフォトストックサービスですが、アドビ製品と連携して使用すると便利です。素材はCCライブラリにダウンロードでき、そのまま使用できます。

Stock画像の使用

Adobe Stockは、2.5億点以上の写真やイラスト、ビデオ、テンプレート等が用意されたストックフォトサービスです。一番のメリットは、自身のCreative Cloudと連携させて使用できる点です。ここでは、その使い方を理解しましょう。

まず、CCデスクトップアプリで[Stockとマーケットプレイス]をクリックしてAdobe Stockを表示させ、[種類]と探したい素材のキーワードを入力し、returnキーを押します図1。なお、ここでは[種類]に[画像]を選択し、「登山」と入力しました。

図1 Adobe Stockとマーケットプレイス

すると、ブラウザーが立ち上がり、入力したキーワードに関連のある素材がリストアップされます図2。気になった画像は、クリックすることで画像の詳細を確認することもできます図3。なお、左上に表示された[フィルターを表示]ボタンをクリックすると、さまざまな条件で絞り込みも可能なので、目的に応じて使用すると良いでしょう。そして、実際

> **memo**
> Adobe Stockのサイトでは、文字入力フィールドの右端にあるカメラアイコンをクリックすると、画像をアップロード可能となり、その画像に似た画像を検索することもできます。

に使用してみたい場合には、まず[ライブラリに保存]をクリックして、透かし(ウォーターマーク)入りの画像をダウンロードすると良いでしょう。この時、ウィンドウ右上からダウンロード先の[ライブラリ]を指定できます 図4。

図2 素材の閲覧

[フィルターを表示]ボタンをクリックして[フィルター]を表示させると、さまざまな条件で絞り込みができます。

図3 画像の詳細をチェックしてダウンロード

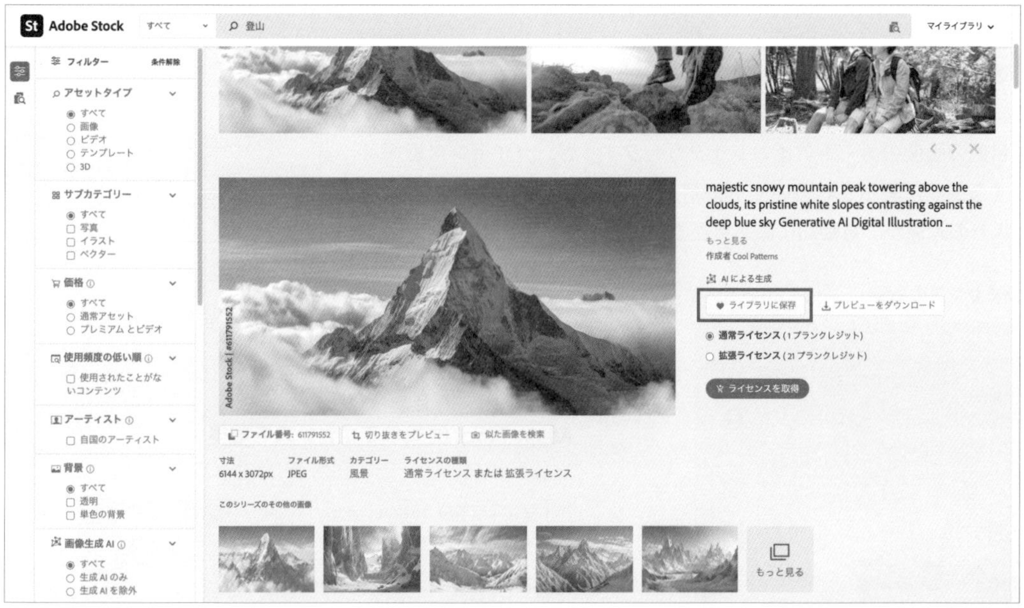

気になった画像をクリックすると、寸法やファイル形式、似た画像等、詳細な情報を表示できます。

図4 ダウンロードするライブラリの指定

memo

Adobe Stockの画像は、CCライブラリの任意のライブラリにダウンロードできるだけでなく、PC内の任意の場所にダウンロードしたり（[プレビューをダウンロード]ボタン）、その素材を作成したアプリケーションで開く（[アプリケーションで開く]ボタン）ことも可能です。

CCライブラリパネルの指定したライブラリに透かし入り画像がダウンロードされるので、InDesignドキュメントにドラッグして配置します 図5。

図5 Stock画像の配置

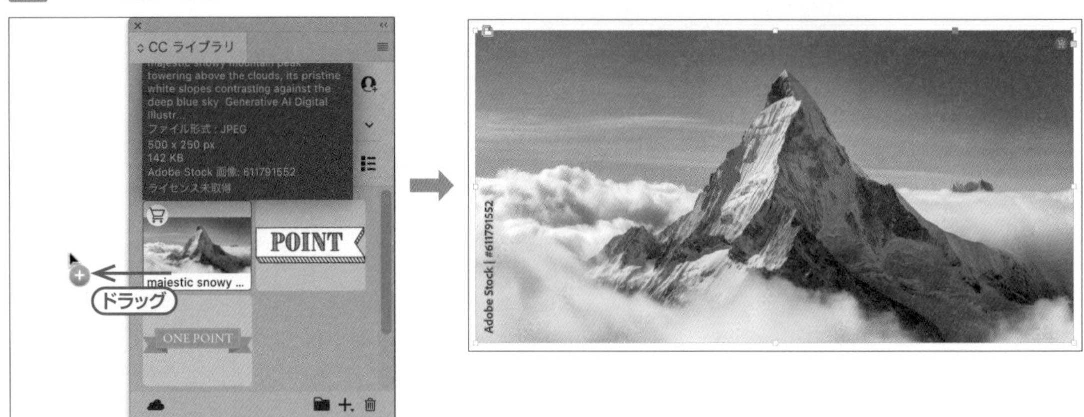

この透かし入り画像を使用したドキュメントをクライアントに見せ、使用のOKが出たら実際に画像を購入します。InDesignのCCライブラリパネルで目的の画像のカートアイコンをクリックすると、ライセンス取得を確認する画面が表示されるので［確認］ボタンをクリックします 図6。透かし入りの画像が、自動的に高品質な画像に差し変わります 図7。

memo

初めてAdobe Stock画像を購入する際には、クレジットカード等の入力が必要になる場合があります。

図6 ライセンスの取得

図7 高品質画像へ自動差し替え

> **memo**
> Adobe Stockからダウンロードした画像の多くは、RGBモードになっているので、必要に応じてCMYKに変換してください。

なお、現在のAdobe Stockでは、Adobe Fireflyの技術を活用した「テキストから画像生成」機能と「生成拡張」機能の提供が開始されています。例えば、図7の画像を縦長で使用したいとします。Adobe Stockのサイト上で目的の画像を表示させた状態で、[画像を拡張] ボタンをクリックします図8。すると、縦横比や位置が指定可能になるので、設定後、[生成]ボタンをクリックすると縦長の画像が3点生成されます図9。その中から、気に入った画像をダウンロードして使用します。

図8 Adobe Stock上で表示させた画像

> **memo**
> [画像の拡張] は、購入済みの画像でしかできません。

図9 Adobe Stock上で画像の拡張

アンカー付きオブジェクトを設定する

THEME テーマ InDesignでは、テキスト中に画像やイラスト等のオブジェクトをペーストして、文字のように扱うことが可能です。さらに、挿入したオブジェクトはテキストフレーム外に移動させて管理することも可能です。

アンカー付きオブジェクトの設定

InDesignでは、画像やパスオブジェクトをテキスト中にペーストして、文字のように扱うことが可能です。これにより、テキストに増減があった場合でも、ペーストしたオブジェクトはテキストと一緒に動くため、あとから位置を修正する必要はありません。このように、テキストに関連付けされたオブジェクトを「アンカー付きオブジェクト」と呼びます(バージョンCSまでは、インライングラフィックと呼ばれていました)。

アンカー付きオブジェクトの設定は、非常に簡単です。まず、挿入したいオブジェクトを選択してコピーしておきます 図1。次に、文字ツールに持ち替え、オブジェクトを挿入したいテキスト間にカーソルをおき、ペーストを実行すると、その位置にオブジェクトが挿入されます 図2。

memo
アンカー付きオブジェクトとして設定できるのは、画像やパスオブジェクトだけでなく、テキストフレームやグループ化されたオブジェクト等、すべてのアートワークをアンカー付けすることが可能です。

図1 オブジェクトのコピー

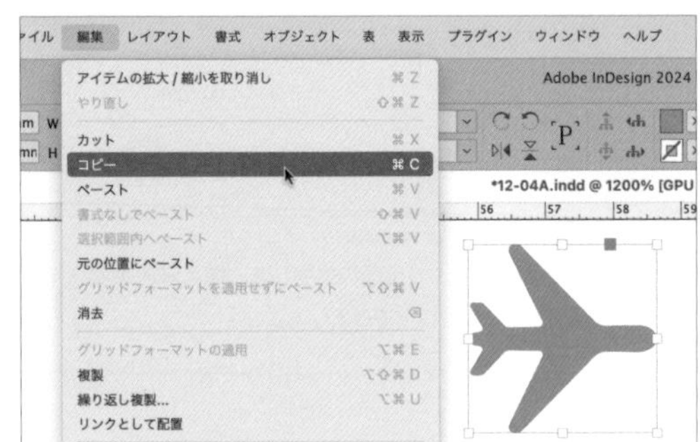

図2 インラインとしてペースト

羽田 新千歳 札幌

↓

羽田 新千歳 札幌

memo
アンカー付きオブジェクトとしてテキスト中に挿入されたオブジェクトには、アンカー(鎖)のアイコンが表示されます。これは、オブジェクトがテキストにアンカー付けされたことをあらわしています。

同様の手順でオブジェクトを挿入します。アンカー付けされたオブジェクトはテキストと関連付けされるため、テキストの増減に合わせて移動します 図3 。これにより、テキストに修正が入っても手動でオブジェクトの位置を調整する必要はありません。

図3 テキストの増減に合わせて移動するアンカー付きオブジェクト

羽田　新千歳　札幌

羽田　函館　札幌

では、文字の高さよりも小さなオブジェクト、および大きなオブジェクトをテキスト中にペーストした際の動作も理解しておきましょう。まずは、小さなオブジェクト（ここではマゼンタの正方形）をペーストした場合です 図4 。文字の仮想ボディの下辺にオブジェクトの下が揃うのが分かります。そのため、オブジェクトを文字の中心に揃えたければ、文字ツールでアンカー付きオブジェクトを選択し、ベースラインシフトで位置を調整します 図5 。

図4 文字の高さより小さなオブジェクトを挿入した場合

羽田　函館　札幌

図5 ベースラインシフトで位置を調整

羽田　函館　札幌

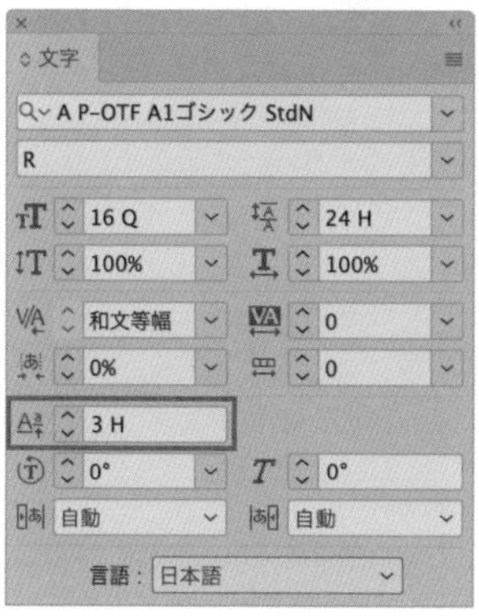

今度は、文字の高さよりも大きなオブジェクトをペーストした場合です。オブジェクトを挿入した行の位置がずれるのが分かるはずです 図6。これは、サイズの大きなオブジェクトを基準に行が送られるためです。行の位置がずれてしまっては問題があるので、位置を修正する必要があります。そこで選択ツールに持ち変え、アンカー付きオブジェクトを選択し、動かせるところまで下方向にめいっぱいドラッグします。これにより、オブジェクトの高さが内部的には0mmと判断され、ずれた行の位置が元に戻ります 図7。しかし、アンカー付きオブジェクトは下方向にずれたままなので、文字ツールで選択してベースラインを調整します 図8。

図6 オブジェクトを挿入して行の位置がずれた例

今回の旅程は
羽田 函館 札幌
となっています。

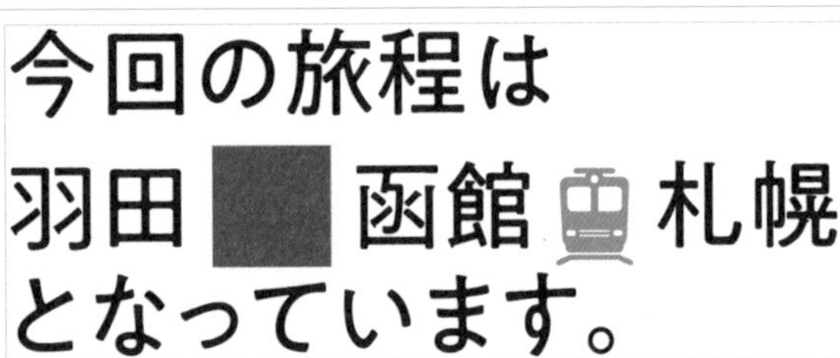

図7 行の位置を修正するため、アンカー付きオブジェクトを下方向にドラッグ

今回の旅程は
羽田 函館 札幌
となっています。

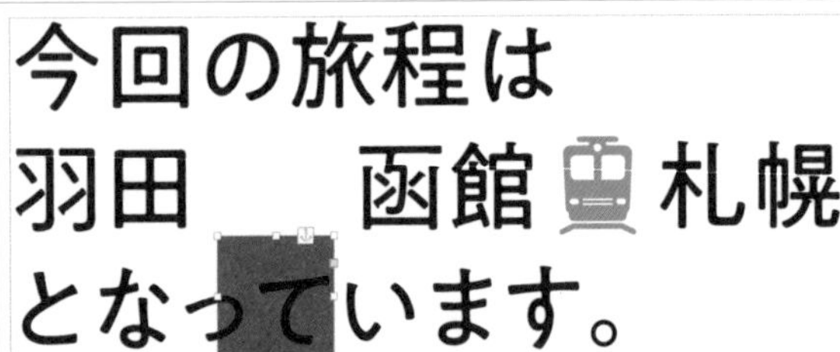

memo

アンカー付きオブジェクトを下方向にめいっぱいドラッグすると、テキストの仮想ボディの底辺に、アンカー付きオブジェクトの上辺が揃います。

図8 ベースラインシフトで位置を調整

今回の旅程は
羽田　函館　札幌
となっています。

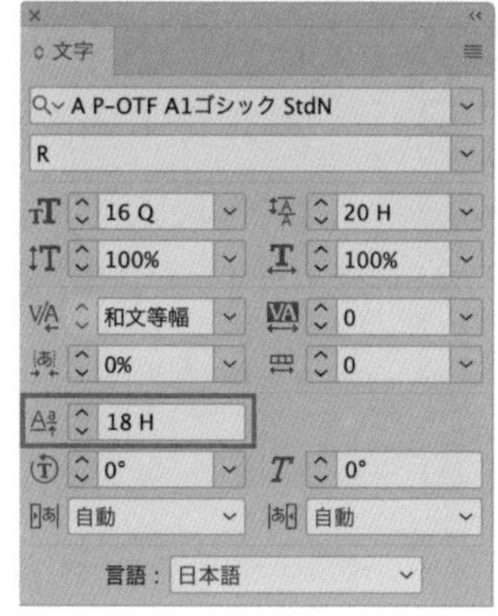

フレーム外のアンカー付きオブジェクトの運用

アンカー付きオブジェクトは、テキスト中にペーストするだけでなく、テキストフレーム外のオブジェクトに対しても有効です。例えば、テキストフレーム外に置いたオブジェクトをアンカー付けしたいとします。オブジェクトを選択すると、右上にレイヤーカラーで四角形が表示されます。この四角形を選択ツールで掴んで、アンカー付けしたい場所までドラッグして、マウスを離します 図9 。すると、その位置にアンカー付けが完了します（どこにアンカー付けされたかは、表示メニュー→“エクストラ”→“テキスト連結を表示”をオンにすると分かります）図10 。テキストに増減があった場合でも、アンカー付けされたオブジェクトは相対的な位置を保つため、テキストに合わせて自動的に動きます 図11 。なお、アンカー付けを解除したい場合には、オブジェクトメニュー→“アンカー付きオブジェクト”→“解除”を選択します。

図9 オブジェクトを選択した際に表示される四角形をドラッグしてアンカー付け

スト中にペーストできます。
　アンカー付きオブジェクトを効率良く使うと、テキスト修正時の手間を減らすことができます。

スト中にペーストできます。
　アンカー付きオブジェクトを効率良く使うと、テキスト修正時の手間を減らすことができます。

memo

アンカー付けが可能な箇所にくると、黒い太い線と、その右下に「T」のアイコンが表示されます。

図10 アンカー付けされたオブジェクト

図11 テキストの増減に応じて移動するアンカー付きオブジェクト

ちなみに、アンカー付きオブジェクトは、オプションダイアログから詳細な設定をすることも可能です。オブジェクトメニュー→“アンカー付きオブジェクト”→“オプション...”を選択すると、「アンカー付きオブジェクトオプション」ダイアログが表示されます。このダイアログでは、アンカー付きオブジェクトの［基準点］等、カスタムで設定できます 図12。ページの左右が入れ替わった時に、アンカー付きオブジェクトをどのように表示させるかコントロールしたいケース等で使用すると便利です。

図12 「アンカー付きオブジェクトオプション」ダイアログ

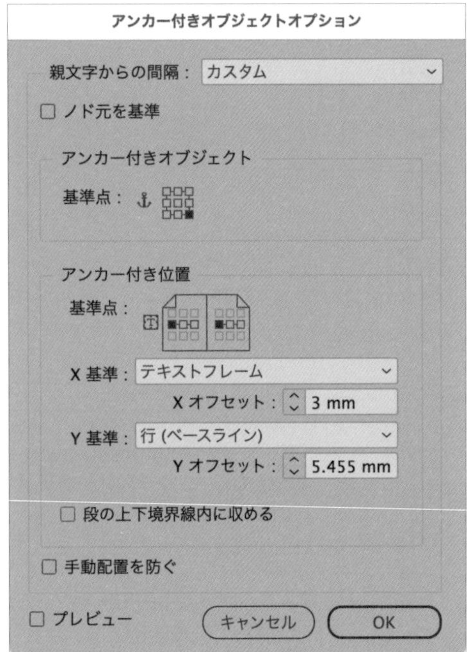

コンテンツ収集ツールとコンテンツ配置ツール

コンテンツ収集（配置）ツールを使用すると、複数回使用するオブジェクトを効率良く配置できます。また、オブジェクトを修正する必要が生じた際には、親のオブジェクトを修正すれば、配置したすべてのオブジェクトを一括で修正できます。

オブジェクトのリンク使用

コンテンツ収集ツールを使用すると、オブジェクトをリンクとして運用することができます。そのため、親となるオブジェクトを修正すれば、その修正は、リンクとして配置したすべてのオブジェクトに一括で反映できます。複数個使用するようなオブジェクトは、コンテンツ収集（配置）ツールで運用すると便利です。

ここでは、「POINT」というオブジェクトを使って運用してみます。まず、コンテンツ収集ツールを選択すると「コンベヤー」と呼ばれるパネルが表示されます。この状態で、登録したいオブジェクトをマウスオーバーすると、レイヤーカラーでハイライトされます。そのままクリックすれば、そのオブジェクトがコンベヤーに登録されます 図1 。

図1 コンベヤーにオブジェクトを登録

今度は、登録されたオブジェクト配置するため、コンベヤーでコンテンツ配置ツールに切り替えます。続けて、[リンクを作成]をオンにし、[コンベヤーに保持し、複数回配置] を選択します。すると、マウスポインターがオブジェクトを保持した状態になります 図2。この状態で、クリックしながらオブジェクトを配置していきます 図3。なお、配置したオブジェクトには、リンクであることをあらわすリンクバッチが表示されているのが分かります。

> **memo**
> コンベヤーには、[コンベヤーに保持し、複数回配置] ボタン以外にも、[配置後、コンベヤーから削除し、次を読み込み]ボタンと[配置後、コンベヤーに保持し、次を読み込み]ボタンがあります。どちらも、同じオブジェクトを続けて配置したい場合には使用しません。

図2 コンテンツ配置ツールに切り替えた状態

図3 オブジェクトを配置した状態

アンカー付きオブジェクトを効率良く使うと、テキスト修正時の手間を減らすことができます。

POINT

コンテンツ収集ツールは、Illustratorのシンボルのような使い方ができます。

> **memo**
> コンベヤーで [コンベヤーに保持し、複数回配置] ボタンを選択した状態で、続けてオブジェクトを配置後、配置を終了したい場合には他のツールに持ち変えます。

では、オブジェクトを修正してみましょう。ここでは、カラーを修正しましたが 図4、! 修正は必ず親のオブジェクトに対して行う必要があります（子のオブジェクトを修正しても、リンク配置したすべてのオブジェクトを修正することはできません）。すると、コンベヤーから配置したオブジェクトすべてに警告アイコンが表示されます 図5。そのまま警告アイコンをクリックしてリンクを更新してもかまいませんが、すべてのオブジェクトを一気に更新したいのであれば、リンクパネルメニュー→“「〈グループ〉」のすべてのインスタンスを更新”を実行します 図6。

> **! POINT**
> 親のオブジェクトとは、最初にコンベヤーに登録する際に使用したオブジェクトです。どれが親のオブジェクトかが分からない場合には、いずれかのオブジェクトを選択して、リンクパネルメニュー→“ソースに移動”を実行することで 図7、親のオブジェクトにジャンプできます。

図4 カラーを修正した親オブジェクト

図5 警告アイコンが表示されたオブジェクト

アンカー付きオブジェクトを効率良く使うと、テキスト修正時の手間を減らすことができます。

POINT

コンテンツ収集ツールは、Illustratorのシンボルのような使い方ができます。

図6 オブジェクトのリンクを更新する

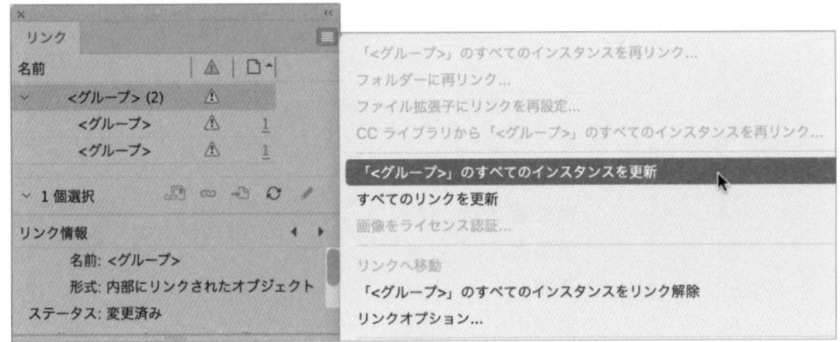

POINT

アンカー付きオブジェクトを効率良く使うと、テキスト修正時の手間を減らすことができます。

POINT

コンテンツ収集ツールは、Illustratorのシンボルのような使い方ができます。

図7 [ソースに移動]コマンド

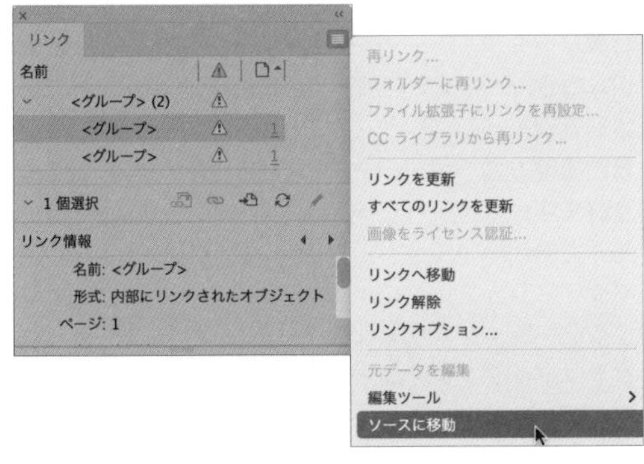

Index 用語索引

さ行

た行

Index 用語索引

著者紹介

森　裕司 （もり・ゆうじ）

名古屋で活動するデザイナー。Webサイト「InDesignの勉強部屋（https://study-room.info/id/）」や、名古屋で活動するDTP関連の方を対象にスキルアップや交流を目的とした勉強会・懇親会を行う「DTPの勉強部屋（https://study-room.info/dtp/）」を主催。また、日本に14人しかいないAdobe公認のエバンジェリスト「Adobe Community Evangelist（https://www.adobe.com/jp/information/creativecloud/adobe-community-evangelist.html）」にも認定されている。著書『InDesignプロフェッショナルの教科書　正しい組版と効率的なページ作成の最新技術　CC 2018/CC 2017/CC 2015/CC 2014/CC/CS6対応版』（エムディエヌコーポレーション）など、テクニカルライターとしても40冊以上の著書を持つ。さらに、YouTubeでInDesignの使い方を解説するチャンネル（https://www.youtube.com/@study-room）もスタートさせている。

●制作スタッフ

[装丁]　西垂水 敦(krran)
[カバーイラスト]　山内庸資
[本文デザイン]　加藤万琴
[DTP]　森 裕司、加藤万琴

[編集長]　後藤憲司
[担当編集]　塩見治雄、田邊愛也奈

初心者からちゃんとしたプロになる

InDesign基礎入門 改訂2版

2024年1月1日　初版第1刷発行

[著者]　森 裕司
[発行人]　山口康夫
[発行]　株式会社エムディエヌコーポレーション
〒101-0051　東京都千代田区神田神保町一丁目105番地
https://books.MdN.co.jp/
[発売]　株式会社インプレス
〒101-0051　東京都千代田区神田神保町一丁目105番地
[印刷・製本]　中央精版印刷株式会社

Printed in Japan

【カスタマーセンター】
造本には万全を期しておりますが、万一、落丁・乱丁などがございましたら、送料小社負担にてお取り替えいたします。お手数ですが、カスタマーセンターまでご返送ください。

落丁・乱丁本などのご返送先
〒101-0051　東京都千代田区神田神保町一丁目105番地
株式会社エムディエヌコーポレーション カスタマーセンター
TEL：03-4334-2915

書店・販売店のご注文受付
株式会社インプレス　受注センター
TEL：048-449-8040 ／ FAX：048-449-8041

【内容に関するお問い合わせ先】

株式会社エムディエヌコーポレーション
カスタマーセンター メール窓口

info@MdN.co.jp

本書の内容に関するご質問は、Eメールのみの受付となります。メールの件名は「InDesign基礎入門　改訂2版　質問係」、本文にはお使いのマシン環境（OSとアプリの種類・バージョンなど）をお書き添えください。電話やFAX、郵便でのご質問にはお答えできません。ご質問の内容によりましては、しばらくお時間をいただく場合がございます。また、本書の範囲を超えるご質問に関しましてはお答えいたしかねますので、あらかじめご了承ください。

ISBN978-4-295-20601-9　C3055